Jörg Schorn
UNIX® – Shellprogrammierung
De Gruyter Softwaretechnik

Softwaretechnik

——

Herausgegeben von
Bernd Ulmann, Frankfurt a.M., Deutschland

Band 2

Jörg Schorn

UNIX® – Shellprogrammierung

———

DE GRUYTER
OLDENBOURG

Autor
Jörg Schorn
41515 Grevenbroich
joerg_schorn@yahoo.de

Jörg Schorn ist seit 1999 als selbstständiger IT-Consultant tätig. Er unterstützt in der Administration von heterogenen Systemlandschaften und hält Workshops in den Bereichen Unix-Administration, Programmierung sowie Hochverfügbarkeit.

ISBN 978-3-11-044511-4
e-ISBN (PDF) 978-3-11-044512-1
e-ISBN (EPUB) 978-3-11-043741-6
ISSN 2364-9801

Library of Congress Control Number: 2018938022

Bibliografische Information der Deutschen Nationalbibliothek
Die Deutsche Nationalbibliothek verzeichnet diese Publikation in der Deutschen National-
bibliografie; detaillierte bibliografische Daten sind im Internet über http://dnb.dnb.de abrufbar.

© 2018 Walter de Gruyter GmbH, Berlin/Boston
Druck und Bindung: CPI books GmbH, Leck

www.degruyter.com

Gewidmet meinem Vater Wolfgang, der mit seinen didaktischen Fähigkeiten, seiner Geduld, seiner Empathie, seinem Fach- und Allgemeinwissen mein größtes Vorbild, eben ein wunderbarer Vater ist.

Danksagung

Das Buch wäre nicht realisierbar gewesen, hätte es nicht die Hilfe von vielen Menschen (und einem Kater) im nahen und entfernten Umfeld gegeben.

An erster Stelle sei hier meine Frau OLLA erwähnt, welche mir die nötige Zeit (und davon sehr viel) für die Erstellung dieses Buches ermöglicht hat, indem sie einen großen Teil meiner administrativen und logistischen Aufgaben übernommen und mir sehr viel Verständnis entgegengebracht hat.

Mein Sohn LIAM hat auf viele gemeinsame Stunden mit mir verzichtet, in welchen ich durch seinen Bruder ALEXANDER vertreten wurde. Beiden möchte ich an dieser Stelle meinen Dank ausdrücken.

Meinem Vater WOLFGANG sei hier ebenfalls ausdrücklich gedankt für die Unterstützung, die wertvollen Ideen, das Sichten der Kapitel und die Zeit, welche er sich in vielen schier endlosen Telefonaten für mich genommen hat.

Vielen Dank auch an unseren Kater TIGGER, welcher mir in vielen Nächten Gesellschaft am Computer geleistet hat. Allerdings muss er noch lernen, nicht ständig auf der Tastatur, der verwendeten Literatur oder dem Mousepad zu liegen.

Bei Herrn PROF. DR. BERND ULMANN möchte ich mich für das Vertrauen, die Zeit, welche er sich zur Durchsicht der Kapitel genommen hat und für die Möglichkeit bedanken, dieses Buch in seiner Reihe „Softwaretechnik" veröffentlichen zu dürfen.

Vielen Dank auch an Herrn OLIVER BACH, welcher mir ebenfalls mit Rat und Tat sowie wertvollen Tipps zur Seite stand.

Zudem möchte ich mich bei Frau NANCY CHRIST und Herrn LEONARDO MILLA vom De Gruyter Verlag für die sehr gute Zusammenarbeit, die entgegengebrachte Geduld und die vielen hilfreichen Hinweise zur Entwicklung des Manuskriptes bedanken.

Jörg Schorn, Grevenbroich

https://doi.org/10.1515/9783110445121-007

Vorwort des Herausgebers

Mit dem vorliegenden Buch zur Shellprogrammierung, das die Reihe „Softwaretechnik" deutlich erweitert, hat der Autor JÖRG SCHORN ein Werk vorgelegt, dass sich sicherlich schnell einen festen Platz auf dem Tisch von Programmierern, Administratoren, Studenten und Lehrenden erobern wird. Neben der großen thematischen Fülle – der Bogen wird hier von den Grundlagen der Shellprogrammierung bis hin zu Hochverfügbarkeitssystemen, Softwareversionierungssysteme usw. gespannt – zeichnet sich das Buch vor allem durch seinen starken Praxisbezug aus und lädt sowohl Anfänger als auch erfahrene Praktiker nicht nur zum Nachschlagen, sondern auch zum Experimentieren und Schmökern ein.

https://doi.org/10.1515/9783110445121-008

Vorwort

Bücher über die Entwicklung von Programmen mit Hilfe der gängigen Unix-Shells gibt es schon lange in sehr guter Qualität und großer Zahl. Mir persönlich hat als Systemadministrator jedoch ein Buch gefehlt, welches nicht nur die Möglichkeiten der Shells aufzeigt, sondern auch wichtige Randgebiete und direkte Übersichten inkludiert. Das Buch ist für jeden geeignet, der mit Unix zu tun hat.

Für Administratoren sind besonders die Kapitel über den Einsatz von Clustern und Storageadministration interessant.

Der Einsteiger erfährt von den Grundlagen in den ersten beiden Kapiteln bis hin zu komplexeren Themen wie Datenaustausch über Netzwerke mit Hilfe des *gawk* vieles, was für den alltäglichen Umgang mit Shells von Nutzen ist.

Softwareentwickler können sich zum Beispiel einen schnellen Überblick über die in den besprochenen Shells verfügbaren Umgebungsvariablen, Kontrollstrukturen, Datentypen oder Möglichkeiten zur Bitmanipulation verschaffen. Eine Liste mit den in den *awk*-Implementationen enthaltenen Funktionen ist ebenfalls vorhanden und kann zum raschen Nachschlagen genutzt werden.

Die Programme zum Erweitern von gespiegelten Volumes, zur Suche von ASM-Disks und zur Überwachungen von Prozessen können auf der Internetseite des Verlages heruntergeladen werden. Die Adresse hierzu lautet: *www.degruyter.com*

In der Produktsuche geben Sie bitte den Titel dieses Buches ein und können dann in der Ergebnisliste über einen Link die zugehörige Seite aufrufen und dort das Paket `shellprogramme.tar` herunterladen. Für die Programme kann selbstverständlich keine Haftung übernommen werden.

https://doi.org/10.1515/9783110445121-009

Inhalt

Tabellenverzeichnis

https://doi.org/10.1515/9783110445121-015

Abbildungsverzeichnis

https://doi.org/10.1515/9783110445121-017

1 Die Shell

1.1 Merkmale

Die Unix Shell ist die Schnittstelle vom Benutzer zum Betriebssystem. Meist handelt es sich bei der Shell um einen Kommandozeileninterpreter (sh, ksh, bash), eher selten um eine *GUI* (**G**raphical **U**ser **I**nterface -> Benutzeroberfläche). Die Bezeichnung *Shell* wurde gewählt, da die Schnittstelle wie eine Schale um das Betriebssystem gelegt ist. Die Shell nimmt Kommandos vom Benutzer entgegen, prüft die Syntax und führt bei korrekter Eingabe die gewünschten Aktionen aus. Der User kommuniziert über die Shell mit den Programmen, welche auf dem System installiert sind.

Das Konstrukt von Shell, Systemprogrammen und Kernel ist in **Abbildung 1.1** dargestellt:

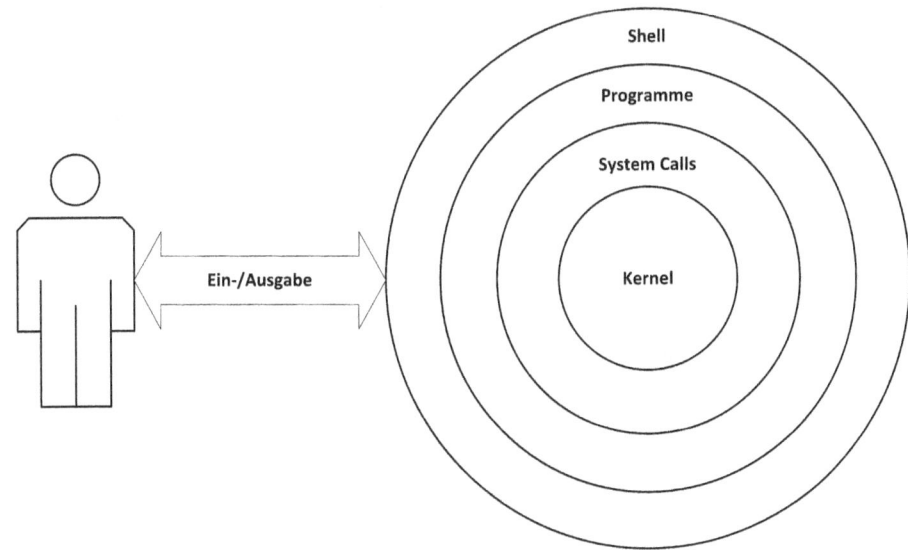

Abb. 1.1: Die Shell

https://doi.org/10.1515/9783110445121-019

1.2 Häufig eingesetzte Shells

1.2.1 Die Bourne-Shell (*sh*)

Die Bourne-Shell ist eine der ältesten Unix Shells. Sie wurde in den 70er Jahren des letzten Jahrhunderts entwickelt und galt lange als die Unix-Standardshell. Sie ist benannt nach ihrem Entwickler, *Stephen Bourne*. Programme, welche in der Bourne-Shell geschrieben werden, laufen meist ohne Änderung auch in der *ksh* oder *bash*.

Die wichtigsten Fähigkeiten, welche von der Bourne-Shell abgedeckt werden, sind unter anderem:
- Kontrollstrukturen
- Signalhandling
- skalare Variablen
- Funktionsdefinition durch Anwender

1.2.2 Kornshell (*ksh*)

Die *Kornshell* gilt als Nachfolger der Bourne-Shell. Sie wurde Anfang der 80er Jahre von *David G. Korn* entwickelt und vorgestellt. Am häufigsten wird derzeit noch die ksh88[1] eingesetzt.

Zusätzlich zu den Möglichkeiten der Bourne-Shell bietet die Kornshell noch weitere Funktionalitäten, wie zum Beispiel:
- Optionale Variablentypisierung
- Arrays
- Kommandozeilenhistorie
- Alias-Generierung
- Ganzzahlarithmetik
- Job Kontrolle
- erweiterte Eingabe- Ausgabefunktionalität

Mit Einführung der ksh93[2] wurde der Funktionsumfang dieser Shell nochmals erweitert. Die wichtigsten Neuerungen:
- arithmethische for-Schleife
- Floating-Point-Unterstützung
- Discipline-Funktionen
- Compound-Variablen
- Assoziative Arrays

---

1 Die ksh88 wurde 1988 vorgestellt.
2 Die ksh93 wurde 1993 vorgestellt.

1.2.3 Bourne-again-Shell (*bash*)

Die *Bourne-again-Shell* ist als weiterer Nachfolger der Bourne-Shell anzusehen. Die *bash* gilt als Standardshell in der Linux-Welt. Sie verfügt weitestgehend über die gleichen Funktionalitäten wie die Kornshell, bietet jedoch eine bessere Unterstützung im allgemeinen Umgang als dies in der zumeist noch eingesetzten ksh88 der Fall ist (zum Beispiel durch die *Command Completion*).

1.3 Startprozess der einzelnen Shells

Die vorgestellten Shells unterstützen verschiedene Konfigurationsdateien und weisen somit auch ein unterschiedliches Startverhalten auf.

1.3.1 Start einer Bourne-Shell

Wenn die gestartete Bourne-Shell eine Login Shell ist, werden nacheinander die Dateien /etc/profile und ${HOME}/.profile eingelesen. Handelt es sich nicht um eine Login Shell, so wird ein neuer Shell-Prozess gestartet, ohne weitere Konfigurationsdateien einzulesen.

Abbildung 1.2 zeigt, welche Schritte beim Start einer Bourne-Shell durchlaufen werden.

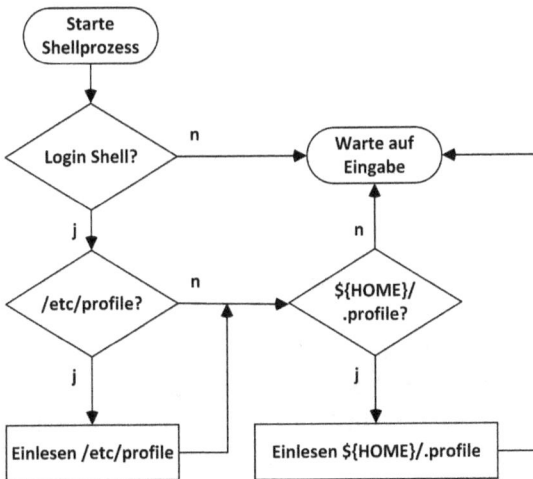

Abb. 1.2: Start einer Bourne-Shell

1.3.2 Start einer Kornshell

Die Kornshell kennt zwei Konfigurationsdateien. Wird die Kornshell als Login Shell gestartet, so werden die Dateien /etc/profile und ${HOME}/.profile eingelesen. Ist die Variable ENV gesetzt, wird zusätzlich die in dieser Variablen hinterlegte Datei eingelesen. Wenn es sich nicht um eine Login Shell handelt, wird nur auf die Variable ENV geprüft und gegebenenfalls die dort hinterlegte Datei eingelesen.

Der Start der Kornshell ist in **Abbildung 1.3** dargestellt.

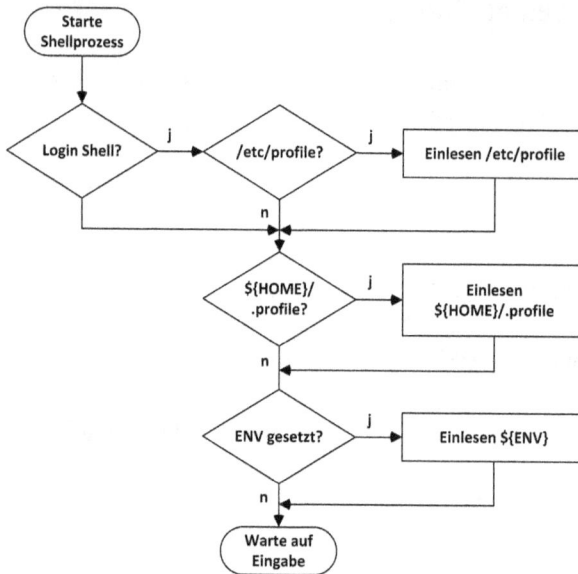

Abb. 1.3: Start einer Kornshell

1.3.3 Start einer Bourne-again-Shell

Die Bourne-again-Shell unterscheidet vier verschiedene Startmöglichkeiten.

- Interaktive Login Shell
  Beim Start als interaktive Login Shell oder mit der Option „--login", wird erst die /etc/profile gelesen. Danach wird nach ${HOME}/.bash_profile, ${HOME}/.bash_login und nach ${HOME}/.profile gesucht. Die erste Datei, welche gefunden wird (und lesbar ist), wird eingelesen.
- Interaktive Shell, keine Login Shell
  Der Shell-Prozess sucht die Datei ${HOME}/.bashrc und liest diese gegebenenfalls ein. Bei Verwendung der Option „--norc" wird dies unterbunden. Über die Option „--rcfile Datei" kann eine Datei zur Auswertung angegeben werden.

– Nicht interaktiv
  Wenn ein Shellprozess nicht interaktiv läuft (etwa bei Ausführung eines Shellprogramms), wird die in der Variablen BASH_ENV hinterlegte Datei eingelesen. Wenn die Variable nicht gesetzt ist, wird keine Datei eingelesen.
– Aufruf als sh und nicht als bash
  Wenn die bash als sh gestartet wird (durch Verwenden des Links /bin/sh, welcher auf /bin/bash zeigt), verhält sich der Prozess wie eine Bourne-Shell. Es wird also zuerst die Datei /etc/profile und daraufhin die Datei ${HOME}/.profile eingelesen.

In **Abbildung 1.4** sind die Schritte abgebildet, welche beim Start einer Bourne-again-Shell durchlaufen werden.

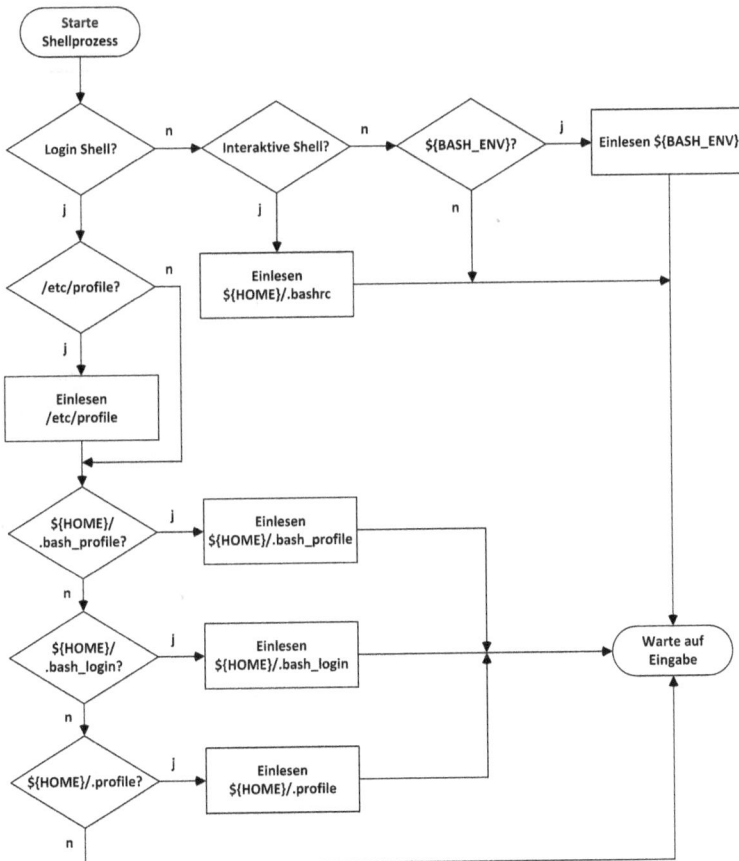

Abb. 1.4: Start einer Bourne-again-Shell

2 Nähere Betrachtung der Shells – Umgebungsvariablen und Settings

2.1 Umgebungsvariablen

Die Shells verfügen über eine Vielzahl an Umgebungsvariablen, um den regelmäßigen Umgang damit für den Anwender einfacher zu gestalten. So wird beispielsweise in der Variablen PATH festgehalten, in welcher Reihenfolge und in welchen Verzeichnissen die Shell nach eingegebenen Befehlen sucht.

Eine Übersicht der verwendeten Umgebungsvariablen der Kornshell, Bourne-Shell und Bourne-again-Shell ist **Tabelle 2.1** zu entnehmen.

Tab. 2.1: Umgebungsvariablen der Shells

Variable	Bedeutung	sh	ksh	bash
*	Übergebene Parameter	x	x	x
@	Übergebene Parameter	x	x	x
#	Anzahl übergebener Argumente	x	x	x
–	Gesetzte Optionen der Shell	x	x	x
?	Rückgabewert des letzten Kommandos	x	x	x
$	Aktuelle Prozess ID	x	x	x
!	PID des letzten Hintergrundprozesses	x	x	x
0	Aufruf des jeweiligen Programms	x	x	x
BASH	Pfad zur derzeit benutzten Bash	–	–	x
BASH_ALIASES	Array mit konfigurierten Aliases der laufenden Instanz	–	–	x
BASH_ARGC	Counter aller Argumente des execution Stacks	–	–	x^3
BASH_ARGV	Array aller Argumenten des execution Stacks	–	–	x^3
BASH_CMDS	Hashing von Kommandos	–	–	x
BASH_COMMAND	Momentan ausgeführtes Kommando	–	–	x
BASH_COMPAT	Setzt Kompatibilität zu bestimmter Version der bash	–	–	x
BASH_ENV	Enthält den Namen der Datei, welche beim Start der Shell zu lesen ist	–	–	x
BASH_EXECUTION_STRING	Mittels Option „-c" übergebenes Kommando	–	–	x
BASH_LINENO	Array mit Verweisen auf Zeilen in Dateien, welche Funktionsaufrufe enthalten	–	–	x
BASHPID	PID der aktuellen bash	–	–	x
BASH_REMATCH	Array mit gefundenen Suchmustern		x	
BASH_SOURCE	Array mit Dateinamen, welche Funktionsdefinitionen enthalten	–	–	x
BASH_SUBSHELL	Enthält Subshellebene	–	–	x
BASH_VERSINFO	ARRAY mit Informationen zur akt. Bash	–	–	x

https://doi.org/10.1515/9783110445121-024

Tab. 2.1: Umgebungsvariablen der Shells – Fortsetzung

Variable	Bedeutung	sh	ksh	bash
BASH_VERSION	Liefert Version der genutzten Bash	–	–	x
CDPATH	Reihenfolge für Verzeichniswechsel	x	x	x
COLUMNS	Liefert Anzahl Spalten an editor-Funktion	–	x	x
COMPREPLY	Für Programmable Completion Facilities	–	–	x
COMP_CWORD	Für Programmable Completion Facilities	–	–	x
COMP_LINE	Für Programmable Completion Facilities	–	–	x
COMP_POINT	Für Programmable Completion Facilities	–	–	x
COMP_WORDBREAKS	Für Programmable Completion Facilities	–	–	x
COMP_WORDS	Für Programmable Completion Facilities	–	–	x
DIRSTACK	Directory Stack für pushd, popd und dirs	–	–	x
EDITOR	Interface für Kommandozeilen-Editor	–	x	x
ENV	Datei, welche bei Start einer Shell gelesen wird	–	x	x
ERRNO	Fehlernummer des letzten nicht erfolgreichen System-Calls	–	x^4	–
EUID	Effektive UID des laufenden Prozesses	–	–	x
FCEDIT	Editor für fc (History-Funktion)	–	x^2	x
FIGNORE	Endungen, welche bei Dateinamensergänzung ignoriert werden	–	x^1	x
FPATH	Verzeichnisse, welche Funktionsdefinitionen enthalten	–	x	–
FUNCNAME	Name der aufgerufenen Funktion	–	–	x
GLOBIGNORE	Vom Globbing auszuschließende Muster	–	–	x
GROUPS	Array mit IDs der zugeordneten Gruppen des Benutzers	–	–	x
HISTCMD	Index aktuelles Kommando in der History	–	$x^{1,2}$	x
HISTFILE	Verweis auf Datei der History	–	x	x
HISTSIZE	Länge der Command-History	–	x	x
HOME	Verweis auf Homeverzeichnis	x	x	x
HOSTNAME	Enthält Hostnamen	–	–	x
HOSTTYPE	Beschreibt Architektur	–	–	x
IFS	Internal Field Separator (Feldtrenner)	x	x	x
INPUTRC	Datei für readline-Bibliothek	–	–	x
KSH_VERSION	Version der Kornshell (nur pdksh/ksh93)	–	x	–
LANG	Language Support	x	x	x
LC_ALL	Überschreibt alle anderen LC_-Variablen	x	x	x
LC_COLLATE	Sortierreihenfolge für Zeichen	x	x	x
LC_CTYPE	Zeicheninterpretation innerhalb Zeichenklassen	x	x	x
LC_MESSAGES	Sprache Systemmeldungen	x	x	x
LC_MONETARY	Formatierung von Geldbeträgen			
LC_NUMERIC	Formatierung von Zahlen	x	x	x
LC_TIME	Datumsformatierung	x	x	
LINENO	Zeile, welche gerade ausgeführt wird	–	x	x
LINES	Höhe in Zeilen des Terminals	–	x	x

Tab. 2.1: Umgebungsvariablen der Shells – Fortsetzung

Variable	Bedeutung	sh	ksh	bash
MACHTYPE	Systemtyp, auf welchem die bash läuft	–	–	x
MAIL	Name der Mailbox-Datei	x	x	x
MAILCHECK	Wie oft soll auf Mails geprüft werden	x	x	x
MAILPATH	Überschreibt MAIL	x	x	x
MANPATH	Pfad zu den Manpages	x	x	x
NLSPATH	Pfad zu Meldungen von LC_MESSAGES	–	x	x
OLDPWD	Verweist auf letztes Verzeichnis	–	x	x
OPTARG	getopts-Umgebung	x	x	x
OPTERR	getopts-Umgebung	–	–	x
OPTIND	getopts-Umgebung	x	x	x
OSTYPE	Verweist auf das installierte Betriebssystem	–	–	x
PATH	Zu durchsuchende Verzeichnisse	x	x	x
PIPESTATUS	Returncodes der letzten Befehlskette	–	–	x
POSIXLY_CORRECT	POSIX-Modus aktivieren	–	–	x
PPID	PID des Parent Process	–	x	x
PROMPT_COMMAND	Kommando vor Anzeige von PS1 ausführen	–	–	x
PS1	Primärer Prompt	x	x	x
PS2	Sekundärer Prompt	x	x	x
PS3	Select-Prompt	–	x	x
PS4	Debug-Prompt	–	x	x
PWD	Enthält Namen des aktuellen Verzeichnisses	–	x	x
RANDOM	Zufallszahl zwischen 0 und 32767	–	x	x
REPLY	Wert aus letztem read-Kommando	–	x	x
SECONDS	Anzahl Sekunden seit die Shell gestartet wurde	–	x	x
SHACCT	Datei für Accounting-Information	x	–	–
SHELL	Verweist auf die Login Shell	x	x	x
SHELLOPTS	Listet gesetzte Optionen der Shell	–	–	x
SHLVL	Counter für jede weitere Subshell	–	–	x
TIMEFORMAT	Ausgabeformat für time-Kommando	–	–	x
TMOUT	Timeout für read und Shell	–	x	x
UID	UID des Benutzers	–	–	x
VISUAL	Editor für Kommandozeilen	–	x	–
auto_resume	Verhalten der Job Kontrolle	–	–	x
histchars	Sonderzeichen zur Kontrolle der History	–	–	x
.sh.edchar	Für KEYBD-Trap	–	x[1]	–
.sh.edcol	Für KEYBD-Trap	–	x[1]	–
.sh.edmode	Für KEYBD-Trap	–	x[1]	–
.sh.edtext	Für KEYBD-Trap	–	x[1]	–
.sh.match	Pattern Matching der ksh	–	x[1]	–
.sh.name	Für Discipline-Funktionen	–	x[1]	–
.sh.value	Für Discipline-Funktionen	–	x[1]	–
.sh.subscript	Für Discipline-Funktionen	–	x[1]	–
.sh.version	Version der eingesetzten ksh	–	x[1]	–

[1] Erst ab ksh93

[2] Die ksh88 verwendet FCEDIT anstatt HISTCMD

[3] Benötigt Schalter „*extdebug*" der bash

[4] Nicht mehr in ksh93

2.2 Settings

Über bestimmte Schalter kann man das Verhalten der Shell und seiner Built-ins direkt beeinflussen. Gesetzt werden die Schalter über das Kommando set, gefolgt von einem „-", um einen Schalter zu setzen, oder von einem „+", um die gesetzte Option abzuschalten.

Die zur Verfügung stehenden Schalter sind in **Tabelle 2.2** aufgelistet.

Tab. 2.2: Verfügbare Shell-Optionen

Option	Bedeutung	sh	ksh	bash
-a	Alle Variablen und Funktionen werden an Subprozesse vererbt	x	x	x
-b	Beendigung von Jobs sofort melden	–	x	x
-c Kommando	Führe Kommando in einer Subshell aus	x^2	x^2	x^2
-e	Beende Shell bei Problemen	x	x	x
-f	Disable pathname expansion	x	x	x
-h	Kommandolokationen im Cache halten	x	x	x
-i	Shell wird als interactive Shell betrachtet	–	–	x^2
-k	Keyword Parameter Assignment Strings	x	x	x
-l	bash verhält sich wie eine login Shell	–	–	x^2
-m	Monitor Modus	–	x	x
-n	Kommandos nur lesen und nicht ausführen	x	x	
-o	Für zusätzliche Optionen	–	x	x
-p	Auswirkung auf User und Group (priviliged mode)	–	x	x
-r	Setzt Shell auf restricted	x^2	$x^{2,3}$	x
-s	Setzt Ein- und Ausgabeports	x	x	x
-t	Beendet die Shell nach dem ersten Kommando	x	x	x
-u	Nicht gesetzte Variablen werden als Fehler betrachtet	x	x	x
-v	Zeigt eingelesene Zeilen wie empfangen an	x	x	x
-x	Zeigt Kommandos und Argumente während Ausführung an	x	x	x
-A	Zuweisung für Array	–	x	–
-B	Brace Expansion	–	x^1	x
-C	Verhindert versehentliches Überschreiben bei Redirection	–	x	x
-D	Nur Zeichenketten in doppelten Anführungszeichen und vorausgehendem Dollar werden ausgegeben	–	$x^{1,2}$	x^2
-E	ERR Trap	–	–	x
-G	Zeigt alle Unterverzeichnisse mit an	–	x^1	–
-H	! Historie	–	–	x
-P	Shell folgt keinen symbolischen Links	–	–	x
-T	Bezieht sich auf den DEBUG Trap	–	–	x
--	Position der Parameter auf Variable	x	x	x
-	Signalisiert Ende der Optionen	x	x	x

[1] Erst ab ksh93

[2] Nur bei Aufruf der Shell, nicht mittels set

[3] Bei ksh93 auch mittels set

Zusätzlicher Optionsschalter bei ksh und bash

In der ksh und der bash können viele Schalter auch über die Syntax `set -o Option` gesetzt werden.

Tabelle 2.3 zeigt die in dieser Variante zur Verfügung stehenden Schalter.

Tab. 2.3: Alternative und zusätzliche Optionen für ksh und bash

OPTION	Bedeutung	ksh	bash
allexport	Siehe Schalter „-a"	x	x
bgnice	Low prio background jobs	x[1]	–
braceexpand	Siehe Schalter „-B"	x[2]	x
emacs	emacs-Funktionen in CLI	x	x
errexit	Siehe Schalter „-e"	x	x
errtrace	Siehe Schalter „-E"	x[2]	x
functrace	Siehe Schalter „-T"	x[2]	x
gmacs	gmax-CLI	x[1]	–
hashall	Siehe Schalter „-h"	x[2]	x
histexpand	Siehe Schalter „-H"	x[2]	x
history	Aktiviere HISTORY	x[2]	x
ignoreeof	Shell muss mit exit beendet werden (nicht EOF)	x	x
keyword	Siehe Schalter „-k"	x	x
markdirs	Fügt Verzeichnissen ein „/" an	[1]	–
monitor	Siehe Schalter „-m"	x	x
noclobber	siehe Schalter „-C"	x	x
noexec	Siehe Schalter „-n"	x	x
noglob	Siehe Schalter „-f"	x	x
nolog	Definition von Funktionen nicht in HISTORY sichtbar	x	x
notify	Siehe Schalter „-b"	x	x
nounset	Siehe Schalter „-u"	x	x
onecmd	Siehe Schalter „-t"	x[2]	x
physical	Siehe Schalter „-P"	x[2]	x
pipefail	Returncode innerhalb einer Pipe <> 0	x[2]	x
posix	POSIX-Modus	x[2]	x
privileged	Siehe Schalter „-p"	x	x
restricted	Siehe Schalter „-p"	x[1]	x
trackall	Siehe Schalter „-h"	x	–
verbose	Siehe Schalter „-v"	x	x
vi	Insert-Modus wie im vi	x	x
viraw	Alle Tasten wie im vi	x[3]	–
xtrace	Siehe Schalter „-x"	x	x

[1] Nicht in ksh93

[2] Erst ab ksh93

[3] Diese Option ist für den Schalter „vi" ab ksh93n per Default eingeschaltet

2.2.1 Gemeinsame Variablen der Bourne-Shell, Kornshell und Bourne-again-Shell

Einige interessante Variablen werden auf den folgenden Seiten näher erläutert.

Variablen: @ und *

Auf den ersten Blick sehen $@ und $* in ihrer Funktionsweise identisch aus. Beide listen alle übergebenen Argumente auf. Jedoch gibt es einen signifikanten Unterschied bei diesen beiden Variablen. Die Maskierung "$*" verhält sich wie "$1 $2 $3 $4" wohingegen "$@" die Argumente als "$1" "$2" "$3" und "$4" liefert.

Anhand eines kleinen Beispielprogramms lässt sich der Unterschied schnell erkennen:

```
#!/bin/sh
#
# Auflistung der Parameter
#
echo "Auflistung mittels \$*"
i=1
for arg in $*
do
 echo "Argument${i} $arg"
 i=`expr $i + 1`
done
echo
echo "Auflistung mittels \"\$*\""
i=1
for arg in "$*"
do
 echo "Argument${i} $arg"
 i=`expr $i + 1`
done
echo
echo "Auflistung mittels \$@"
i=1
for arg in $@
do
 echo "Argument${i} $arg"
 i=`expr $i + 1`
done
echo
echo "Auflistung mittels \"\$@\""
i=1
for arg in "$@"
do
 echo "Argument${i} $arg"
 i=`expr $i + 1`
done
```

Das Programm wird nun mit drei Parametern aufgerufen:

```
# ./uebergabe.sh eins zwei drei
Auflistung mittels $*
Argument1 eins
Argument2 zwei
Argument3 drei

Auflistung mittels "$*"
Argument1 eins zwei drei

Auflistung mittels $@
Argument1 eins
Argument2 zwei
Argument3 drei

Auflistung mittels "$@"
Argument1 eins
Argument2 zwei
Argument3 drei
```

"$*" liefert alle übergebenen Argumente als ein einzelnes Attribut zurück. Wenn man jedoch die Parameter maskiert, ergibt sich ein anderes Bild:

```
# ./uebergabe.sh "eins zwei" drei
Auflistung mittels $*
Argument1 eins
Argument2 zwei
Argument3 drei

Auflistung mittels "$*"
Argument1 eins zwei drei

Auflistung mittels $@
Argument1 eins
Argument2 zwei
Argument3 drei

Auflistung mittels "$@"
Argument1 eins zwei
Argument2 drei
```

Während "$*" wie im ersten Beispiel ein Argument zurückliefert, kann man mittels "$@" auf die jeweils maskierten Elemente zugreifen.

Variable: #

Die Variable # enthält die Anzahl übergebener Argumente. Der Programmaufruf count.sh eins zwei drei vier würde in der Variablen # den Wert 4 hinterlegen. Hier gilt es wieder zu beachten, dass die Maskierung der Argumente eine Rolle spielt. Für den Aufruf count.sh "eins zwei" "drei vier" würde in der Variablen # eine 2 hinterlegt werden.

Variable: ?

Das Fragezeichen enthält den Rückgabewert des letzten Kommandos. Wenn ein Kommando eine 0 als Returncode liefert, war es erfolgreich. Rückgabewerte ungleich 0 deuten im Allgemeinen auf ein Problem hin. Die Rückgabewerte der Kommandos sind den jeweiligen Manpages zu entnehmen.

```
# pwd
/
# echo $?
0
# cd /var/tmpp
/var/tmpp: does not exist
# echo $?
1
#
```

Variable: $

Der Dollar verweist auf die aktuelle Prozess-ID (*PID*[1]).

```
# ps -fp $$
    UID   PID  PPID  C    STIME TTY        TIME CMD
   root 11100 11094  0 10:51:46 pts/3      0:00 ksh
```

Variable: !

Das Ausrufezeichen enthält die PID des zuletzt im Hintergrund aufgerufenen Programms.

```
# sleep 60 &
11293
# ps -fp $!
    UID   PID  PPID  C    STIME TTY        TIME CMD
   root 11293 11254  0 12:15:31 pts/4      0:00 sleep 60
```

---

1 Die PID ist eine eindeutige Nummer, welche einem Prozess innerhalb der Prozesstabelle zugeordnet ist.

Variable: 0

Die Variable 0 beinhaltet den Namen des abfragenden Programms. Ein Shellprogramm, welches durch den Aufruf ./suchen.sh gestartet wird, setzt den Inhalt der Variablen auf „./suchen.sh".

Variable: IFS

Der *Internal Field Separator* dient als Feldtrenner beim Einlesen von Daten. Ist die Variable IFS nicht gesetzt, so werden *Whitespaces*[2] als Trennzeichen verwendet.

```
# echo $IFS

# var="a b c"
# for i in $var
> do
>   echo $i
> done
a
b
c
# var="a#b#c"
# for i in $var
> do
>   echo $i
> done
a#b#c
# IFS='#'
# for i in $var
> do
>   echo $i
> done
a
b
c
```

Variablen: OPTARG und OPTIND

Diese Variablen werden für das Built-in getopts[3] verwendet.

---

2 Als Whitespaces werden üblicherweise Space und Tab verwendet.
3 Siehe hierzu das Kapitel **Programmieren mit Shells**.

2.2.2 Variablen der Kornshell und Bourne-again-Shell

Durch die Weiterentwicklung der ksh und bash findet man in diesen Shells Variablen, welche in der rudimentären Bourne-Shell nicht zur Verfügung stehen. Die interessantesten Variablen werden hier kurz erläutert.

Variable: PPID
Diese Variable enthält die *Parent Process ID*[4] der aktuellen Shell.

Variable: REPLY
Die Variable REPLY[5] enthält die zuletzt durch das Kommando read eingelesene Zeichenkette, falls dem Kommando keine Variable zur Speicherung angegeben wurde. Die Variable REPLY findet ebenfalls Verwendung, wenn mit select[6] gearbeitet wird.

```
(1) # read
    TEST
    # echo $REPLY
    TEST
(2) # read name
    TESTNAME
    # echo $REPLY
    TEST
    # echo $name
    TESTNAME
```

In (1) wird eine Zeichenkette eingelesen, welche daraufhin über die Variable REPLY abgefragt werden kann. In (2) wird anschließend eine weitere Zeichenkette eingelesen und der Variablen name zugeordnet. Die Variable REPLY enthält immer noch den in (1) zugewiesenen String.

Variable: TMOUT
Wenn gesetzt, dient diese Variable als Timeout-Parameter für die Built-ins read und select sowie für die verwendete Shell. Bei Untätigkeit wird nach TMOUT Sekunden innerhalb eines Shellprogramms ein read oder select beendet. Eine interaktive Shell wird nach TMOUT Sekunden Inaktivität beendet.

---

4 Ein Prozess wird unter Unix von einem anderen Prozess (Elternprozess) gestartet. Die PID dieses Elternprozesses wird Parent Process ID genannt.
5 Siehe hierzu das Kapitel **Programmieren mit Shells**.
6 Siehe hierzu das Kapitel **Programmieren mit Shells**.

2.2.3 Variablen der Bourne-again-Shell

Die bash bietet noch einige weitere für die Programmierung interessante Variablen an, welche hier gezeigt werden:

BASH_ARGC und BASH_ARGV

Die aus der Programmiersprache *C* oder *awk* bekannten Variablen ARGC und ARGV sind in ähnlicher Funktion auch in der bash zu finden. Wichtig ist, dass die erweiterte Shell-Option „extdebug" gesetzt ist. BASH_ARGC steht für den *Argument Counter* und BASH_ARGV für die *Argument Values*. Diese Variablen werden von der bash bei Bedarf dynamisch erweitert.

Sowohl BASH_ARGC als auch BASH_ARGV werden als Stack verwaltet. Wenn ein bash-Programm initial gestartet wird, enthält BASH_ARGV alle an das Programm übergebenen Argumente, jedoch in umgekehrter Reihenfolge, und BASH_ARGC enthält die Anzahl der initial übergebenen Argumente. Wenn aus diesem Programm heraus nun ein weiteres Programm geparst oder eine Funktion innerhalb dieses Programms ausgeführt wird, so erweitert sich BASH_ARGV für die temporär geschaffene Umgebung um die zusätzlich übergebenen Argumente und BASH_ARGC wird um ein weiteres Feld erweitert, welches die Anzahl zusätzlicher Argumente enthält. Sobald das geparste[7] Programm oder die aufgerufene Funktion abgearbeitet wurde, fallen BASH_ARGC und BASH_ARGV wieder auf ihre ursprünglichen Werte zurück.

Das folgende Beispielprogramm soll das Verhalten nochmals verdeutlichen:

```
#!/bin/bash
shopt -s extdebug
# ARGV Beispiel
#
call() {
 echo "Wert \$# aus Funktion: $#"
 echo "Wert \$@ aus Funktion: $@"
 echo "Wert \${BASH_ARGC[@]} aus Funktion: ${BASH_ARGC[@]}"
 echo "Wert \${BASH_ARGV[@]} Funktion: ${BASH_ARGV[@]}"
}
echo "Wert \$# aus Hauptprogramm: $#"
echo "Wert \$@ aus Hauptprogramm: $@"
echo "Wert \${BASH_ARGC[@]} aus Hauptprogramm: ${BASH_ARGC[@]}"
echo "Wert \${BASH_ARGV[@]} aus Hauptprogramm: ${BASH_ARGV[@]}"
# Aufruf Funktion call mit fuenf Argumenten
echo 'Aufruf Funktion "call a b c d e"'
call a b c d e
echo "Wert \${BASH_ARGC[@]} aus Hauptprogramm nach Funktion: ${BASH_ARGC[@]}"
echo "Wert \${BASH_ARGV[@]} aus Hauptprogramm nach Funktion: ${BASH_ARGV[@]}"
```

---

7 Ein Parser prüft auf syntaktische Korrektheit.

Ein Aufruf zeigt:

```
# chmod +x arg.bash
# ./arg.bash eins zwei drei
Wert $# aus Hauptprogramm: 3
Wert $@ aus Hauptprogramm: eins zwei drei
Wert ${BASH_ARGC[@]} aus Hauptprogramm: 3
Wert ${BASH_ARGV[@]} aus Hauptprogramm: drei zwei eins
Aufruf Funktion "call a b c d e"
Wert $# aus Funktion: 5
Wert $@ aus Funktion: a b c d e
Wert ${BASH_ARGC[@]} aus Funktion: 5 3
Wert ${BASH_ARGV[@]} Funktion: e d c b a drei zwei eins
Wert ${BASH_ARGC[@]} aus Hauptprogramm nach Funktion: 3
Wert ${BASH_ARGV[@]} aus Hauptprogramm nach Funktion: drei zwei eins
```

Das Hauptprogramm wird mit den Argumenten *eins*, *zwei* und *drei* aufgerufen. Die Variable # enthält die Anzahl Argumente, die Variable @ die übergebenen Argumente selbst. Die Arrays BASH_ARGC und BASH_ARGV liefern die gleichen Werte, jedoch zeigt BASH_ARGV die übergeben Argumente in umgekehrter Reihenfolge. Nachdem die Funktion call mit den Argumenten *a*, *b*, *c*, *d* und *e* aufgerufen wird, enthalten die Variablen # und @ die für die Funktion gültigen Werte, also 5 Argumente und die jeweiligen Positionsparameter. Die Arrays BASH_ARGC und BASH_ARGV liefern jedoch Werte für sowohl das Hauptprogramm als auch für die Umgebung der Funktion. Das erste Element aus BASH_ARGC liefert die Anzahl der an die Funktion übergebenen Argumente, und das zweite Element enthält die Anzahl der Argumente, welche an das Hauptprogramm übergeben wurden. Das Array BASH_ARGV beinhaltet die 5 Positionsparameter, welche an die Funktion übergeben wurden, gefolgt von den drei Positionsparametern, welche beim Aufruf des Hauptprogramms angegeben wurden. Es besteht also die Möglichkeit, aus der Funktion heraus ohne weitere Umwege auf Parameter des Hauptprogramms zuzugreifen. Sobald die Funktion beendet wurde, fallen BASH_ARGC und BASH_ARGV auf ihre alten Werte zurück.

Variable: BASH_EXECUTION_STRING

Diese Variable enthält die Kommandos, welche zur Ausführung an eine Subshell übergeben wurden.

Das folgende Beispiel zeigt, dass bei fehlerhafter Maskierung die Variable in der falschen Shell aufgelöst wird.

```
    # var=Parent
    # echo $var
    Parent
(1) # bash -c "var=Subshell ; echo $var \#${BASH_EXECUTION_STRING}\#"
    Parent ##
```

```
(2) # bash -c 'var=Subshell ; echo $var \#${BASH_EXECUTION_STRING}\#'
    Subshell #var=Subshell ; echo $var \#${BASH_EXECUTION_STRING}\##
```

In Beispiel (1) werden aufgrund der doppelten Anführungszeichen die Variablen vor Aufruf der Subshell aufgelöst. So wird zwar die Variable var in der Subshell gesetzt, jedoch wurde vor Aufruf der Subshell der vorherige Wert von var bereits aufgelöst. Identisch wurde mit der Variablen BASH_EXECUTION_STRING vorgegangen. Da die Parent-Shell als interaktive Shell betrieben wird, ist die Variable leer und wird somit als Leerstring zurückgegeben. In (2) bewirken die einfachen Anführungszeichen, dass die Variablen erst in der neu erzeugten Subshell aufgelöst werden. Somit wird in diesem Beispiel der neu zugewiesene Wert von var ausgegeben und die Variable BASH_EXECUTION_STRING enthält die an die Shell übergebene Kommandozeile.

Variable: BASH_REMATCH
Das Array BASH_REMATCH kommt beim Umgang der bash mit regulären Ausdrücken zum Einsatz. Ab Version 3 kann die bash selbst reguläre Ausdrücke verarbeiten. Wenn ein Suchmuster mehrere Treffer liefert, können diese über das Array BASH_REMATCH angesprochen werden:

```
# [[ "22.08.2016" =~ ([0-9]{1,2})\.([0-9]{1,2})\.([0-9]{2,4}) ]]
# echo ${BASH_REMATCH[@]}
22.08.2016 22 08 2016
# echo ${BASH_REMATCH[0]}
22.08.2016
# echo ${BASH_REMATCH[1]}
22
# echo ${BASH_REMATCH[2]}
08
# echo ${BASH_REMATCH[3]}
2016
```

Variable: FUNCNAME
Die Variable FUNCNAME enthält den Namen der aktuell aufgerufenen Funktion.

```
# function aufruf {
   echo "Aufgerufen wurde: $FUNCNAME"
   }
# function neuer_aufruf {
   echo "Aufgerufen wurde: $FUNCNAME"
   }
# aufruf
Aufgerufen wurde: aufruf
# neuer_aufruf
Aufgerufen wurde: neuer_aufruf
```

Variable: GLOBIGNORE

Über die Variable GLOBIGNORE definiert man Zeichenketten, welche nicht bei der Auflösung von Dateinamen (*Globbing*[8]) verwendet werden sollen. Einige Beispiele:

```
(1) # ls *
    eins.txt funk.conf funk.confneu  funk.ksh test.tst zwei.txt
(2) # GLOBIGNORE=*.txt
    # ls *
    funk.conf funk.confneu funk.ksh test.tst
(3) # GLOBIGNORE="*.txt:*.conf*"
    # ls *
    funk.ksh  test.tst
(4) # ls
    eins.txt funk.conf funk.confneu funk.ksh test.tst zwei.txt
```

In (1) ist die Variable GLOBIGNORE noch nicht gesetzt, weshalb alle Dateien innerhalb des Verzeihnisses aufgelistet werden. In (2) wird die Variable GLOBIGNORE auf den Wert „*.txt" gesetzt, weshalb ein erneutes Auflisten nur diejenigen Dateien anzeigt, welche nicht auf der Zeichenkette „.txt" enden. Beispiel (3) zeigt, wie mehrere Muster zur Auswertung des Globbing angegeben werden und in (4) wird deutlich, dass das Globbing nur greift, falls Wildcards verwendet werden.

Variable: MACHTYPE

Diese Variable enthält den CPU-Typ sowie das OS, für welches die Shell kompiliert wurde. Hierbei spielt es auch eine Rolle, mit welchen Librarys[9] die Shell kompiliert wurde. Beispielausgaben des Kommandos:

```
(1) bash-3.00# echo $MACHTYPE ; type bash
    i386-pc-solaris2.10
    bash is /usr/bin/bash
    bash-3.00# file /usr/bin/bash
    /usr/bin/bash:  ELF 32-bit LSB executable 80386 Version 1, dynamically linked,
    stripped
(2) # echo $MACHTYPE ; type bash
    x86_64-redhat-linux-gnu
    bash is /bin/bash
    # file /bin/bash
    /bin/bash: ELF 64-bit LSB executable, x86-64, version 1 (SYSV), dynamically
    linked
    (uses shared libs), for GNU/Linux 2.6.18, stripped
```

---

8 Siehe hierzu auch das Kapitel **Datenverarbeitung**.
9 Als Library wird eine Sammlung von Funktionen bezeichnet, welche bei Bedarf aufgerufen werden.

Beispiel (1) zeigt die Ausgabe der Variablen in einer 32-Bit-bash und in (2) ist die Ausgabe einer 64-Bit-Version zu sehen.

Variable: OPTERR

OPTERR ist eine Variable, welche durch das Built-in getopts[10] ausgelesen wird.

Variable: PIPESTATUS

Das Array PIPESTATUS enthält alle Returncodes der letzten Kommandopipeline.

Im folgenden Beispiel sieht man, dass die vier Kommandos abwechselnd einen Returncode von 0 und 1 zurückliefern:

```
# true|false|true|false
# echo ${PIPESTATUS[@]}
0 1 0 1
```

Ein weiteres Beispiel unter Solaris:

```
# ls /tmp|wc -l|pwwd|sort -u|true
bash: pwwd: command not found
# echo ${PIPESTATUS[@]}
0 0 127 0 0
```

Das dritte Element des Arrays enthält eine 127, da das Kommando pwwd nicht gefunden wurde. Es folgt nochmals das gleiche Beispiel unter Linux:

```
# ls /tmp|wc -l|pwwd|sort -u|true
-bash: pwwd: command not found
# echo ${PIPESTATUS[@]}
0 141 127 0 0
```

Man erkennt auch hier, dass die Status, welche aus dem Array ausgelesen werden, sich auf die Reihenfolge der Kommandos in der Pipeline beziehen. 0 ist der Rückgabewert des Kommandos ls /tmp.

Das Kommando wc -1 liefert 141 als Returncode, obwohl es ja erfolgreich sein sollte. Der Returncode besagt, dass die Ausgabe des Kommandos nicht erfolgreich geschrieben werden konnte. Dies ist dadurch bedingt, dass das nachfolgende Programm pwwd nicht existiert, um die Ausgabe einzulesen.

Die nächste Stelle des Arrays zeigt, dass das Kommando pwwd nicht aufgerufen werden konnte (127), sort -u kann jedoch die leere Ausgabe einlesen, liefert somit eine 0 und true ist ohnehin wahr.

---

10 Siehe hierzu das Kapitel **Programmieren mit Shells.**

Tabelle 2.4 zeigt nochmals die im Beispiel aufgeführte Kommandokette und die dadurch hinterlegten Werte in PIPESTATUS.

Tab. 2.4: Hinterlegte Returncodes in der Variablen PIPESTATUS

Wert	Bedeutung
0	ls /tmp findet Dateien in /tmp
141	wc -l kann Ausgabe nicht in pwwd umlenken
127	Kommando pwwd nicht gefunden
0	sort -u liest leeren Stream ein
0	true ist wahr

Variable: POSIXLY_CORRECT

Wenn die Variable POSIXLY_CORRECT beim Start der bash gesetzt ist, so hat dies den Effekt, dass die posix-Option innerhalb der Shell gesetzt wird. Linux ist nicht zu hundert Prozent POSIX[11]-konform. Laut POSIX darf beispielsweise eine Shellfunktion nicht mit einer Ziffer beginnen.

Ein Beispiel mit abgeschalteter POSIX-Option:

```
# 1_function() {
  echo "Testfunktion 1"
  }
```

Nun wird der POSIX-Modus aktiviert und eine weitere Funktion definiert:

```
# set -o posix
# 2_function() {
  echo "Testfunktion 2"
  }
-bash: `2_function': not a valid identifier
```

Man kann allerdings auf die vorher definierte Funktion zugreifen. Es wäre also möglich, erst Funktionen zu definieren, welche nicht dem POSIX-Standard entsprechen und danach den POSIX-Modus einzuschalten.

Variable: SHELLOPTS

Diese Variable enthält alle für die Shell gesetzten Optionen.

---

11 POSIX steht für *Portable Operating System Interface*.

2.2.4 Variablen der Kornshell

Variable: ERRNO

Die Variable ERRNO, welche ab der ksh93 nicht mehr verfügbar ist, enthält den Fehlercode des letzten nicht erfolgreichen System-Calls. In folgendem Beispiel kann das Kommando ls -l nicht auf das Verzeichnis /var/tmmp zugreifen, weshalb der System-Call EACCESS[12] einen Fehler generiert, welchem die Fehlernummer 13 zugewiesen ist.

```
# ls -l /var/tmmp
/var/tmmp: No such file or directory
# echo $?
2
# echo $ERRNO
13
```

Variable: FPATH

Diese Variable hat eine ähnliche Funktion wie die Variable PATH, bezieht sich jedoch auf Funktionen. Die Shell durchsucht bei Aufruf einer noch nicht definierten Funktion die in FPATH hinterlegten Verzeichnisse nach einer Datei, welche den Namen der aufgerufenen Funktion trägt. Wenn eine Datei mit einem Namen identisch der Funktion gefunden wird, so wird diese gelesen.

Ein Beispiel:

```
# ls -l /var/tmp/funktionen
total 4
-rw-r--r--  1 root      root            39 Mar  3 13:35 funktion1
-rw-r--r--  1 root      root            39 Mar  3 13:35 funktion2
#
# FPATH=/var/tmp/funktionen
# typeset -f
#
# funktion1
Aufruf funktion1
# typeset -f
function funktion1
{
 echo Aufruf funktion1
}
```

Wichtig ist, dass der Name der Datei und der Name der Funktion, welche in der Datei definiert wird, übereinstimmen, wie das folgende Beispiel zeigt:

---

12 EACCESS wird genutzt, um über die effektive User ID Berechtigungen auf eine Datei zu prüfen.

```
# ls -l /var/tmp/funktionen
total 4
-rw-r--r--   1 root      root          39 Mar  3 13:35 funktion1
-rw-r--r--   1 root      root          39 Mar  3 13:35 funktion2
#
# echo $FPATH
/var/tmp/funktionen
#
# funktion2
ksh: funktion2:  not found
#
# cat /var/tmp/funktionen/funktion2
funktion3() {
 echo Aufruf funktion3
}
```

Da in der Datei funktion2 eine Funktion function3 definiert wird, kann die Shell die angeforderte Funktion nicht bereitstellen.

2.2.5 Beispiele für Shell-Settings

Shellvariablen beeinflussen oft das Zusammenspiel von Programmen. Bei den *Shell-Settings* wird das Verhalten der Shell selbst verändert. Es sollen die für die Programmierung interessanten Schalter anhand von Beispielen erläutert werden.

Es wird mit den Schaltern begonnen, welche sowohl für die sh, die ksh als auch für die bash gelten.

Schalter: -a
Dient dem Exportieren von Variablen und Funktionen, welche in der Shell definiert werden.

```
# # kein automatisches Exportieren
# var1="EINS"
# # Aufruf einer Subshell
# ksh -o vi
# echo $var1

# exit
# # jetzt wird automatischer Export eingeschaltet
# set -a
# var2="ZWEI"
# # Aufruf einer Subshell
# ksh -o vi
# echo $var2
ZWEI
```

Schalter: -c

Shell-Aufruf mit Kommandoübergabe. Sobald die Befehle abgearbeitet sind, wird die Shell beendet, wie das folgende Beispiel zeigt.

```
# echo PID $$ ; sh -c 'echo PID $$'; echo PID $$
PID 5287
PID 5305
PID 5287
```

Schalter: -e

Abfangen von Fehlern. Wenn diese Option gesetzt ist, wird die laufende Shell bei auftretenden Fehlern beendet. Die folgenden Beispiele zeigen das Verhalten der Shell mit und ohne diesen Schalter.

```
# cat prog.sh
#!/bin/sh
echo "Programm gestartet"
ecco "Falscher befehl abgesetzt"
echo "Das Programm wird nicht abgebrochen"
# ./prog.sh
Programm gestartet
./prog.sh: ecco: not found
Das Programm wird nicht abgebrochen
```

Das Kommando ecco wurde nicht gefunden, jedoch setzt die Shell die Ausführung mit dem nächsten Kommando fort.

Die Shebang-Zeile wird nun in #!/bin/sh -e abgeändert und daraufhin das Programm erneut gestartet:

```
# ./prog.sh
Programm gestartet
./prog_e.sh: ecco: not found
```

Die Shell wird nach Aufruf des fehlerhaften Kommandos beendet und das Programm nicht weiter ausgeführt.

Schalter: -h

Hashing von Eingaben. Die Shell speichert die Lokation von Kommandos in der *Hash Table* und kann so schneller auf sie zugreifen, wenn diese wieder aufgerufen werden. Im Beispiel wird geprüft, ob man sich auf einer *VAX*[13] befindet.

---

13 Ein Supermini-Computer, welcher von der *Digital Equipment Corporation* entwickelt wurde.

Sobald das Kommando vax aufgerufen wurde, befindet es sich in der Hash-Tabelle der Shell:

```
# type vax
vax is /usr/bin/vax
# vax
# type vax
vax is hashed (/usr/bin/vax)
#
```

Schalter: -k

Automatischer Variablenexport für aufgerufene Programme. Dies kann zum Beispiel nützlich sein, wenn man an zwei unterschiedlichen Versionen eines Programms arbeitet und jeweils unterschiedliche Werte von Variablen austesten möchte. Die Variablen werden beim Aufruf an das Programm übergeben und müssen von dort nicht explizit eingelesen werden.

```
    # cat ./k_option.sh
    #!/bin/sh
    echo "Variable a: " $a
    echo "Variable b: " $b
(1) # set +k
    # ./k_option.sh a=1 b=2
    Variable a:
    Variable b:
(2) # set -k
    # ./k_option.sh a=1 b=2
    Variable a:   1
    Variable b:   2
```

In (1) wird das gezeigte Shellprogramm aufgerufen, nachdem der Schalter „-k" explizit ausgeschaltet wurde. Die Variablen sind innerhalb des Programms nicht bekannt. Nachdem in (2) die Option „-k" eingeschaltet wurde, kann innerhalb des Programms mit den übergebenen Variablen gearbeitet werden.

Schalter: -n

Testhilfe für Kommandos. Über diesen Switch wird der Shell mitgeteilt, dass Kommandos nur gelesen und geparst, jedoch nicht ausgeführt werden sollen. Sollte man versehentlich in der laufenden Shell diesen Schalter setzen, wird kein weiteres Kommando mehr ausgeführt. Diese Shelloption ist nützlich, wenn Programme auf syntaktische Fehler hin untersucht werden sollen.

Das folgende Beispiel zeigt, dass bei Aufruf des Programms das Kommando echo nicht ausgeführt, von der Shell jedoch eine Meldung ausgegeben wird, dass ein syntaktischer Fehler gefunden wurde:

```
#!/bin/sh -n
echo "Programm gestartet"
if [ -d /tmp ]
 cd /tmp
fi
# ./prog1.sh
./prog1.sh: syntax error at line 5: `fi' unexpected
```

Schalter: --

Erfassen von Positionsparametern mit vorangestelltem „-". Shellprogramme werden oft mit zusätzlichen Argumenten aufgerufen, welche dann über ihre Positionsparameter ($1, $2...$n)[14] angesprochen werden. Dieses Verfahren kann auch auf Variablen angewendet werden. Sobald aber eine Variable ein Minuszeichen vorangestellt hat, wird diese von der Shell als Option interpretiert. Aus diesem Grund kann man mit zwei aufeinanderfolgenden Minuszeichen signalisieren, dass die nachfolgende Zeichenkette als Positionsparameter eingelesen werden soll.

```
# set -i -o -v
-i: bad option(s)
# echo $#
0
# set -- -i -o -v
# echo $#
3
```

2.2.6 Settings der bash und ksh93

Schalter: -B

Die *Brace Expansion* ist ein Algorithmus, welcher beliebige Zeichenketten nach bestimmten Mustern generiert. Die Zeichen, welche dem String hinzugefügt werden sollen, sind in geschweiften Klammern enthalten. Man kann Bereiche angeben, wobei Anfang und Ende durch zwei Punkte getrennt werden, oder man verwendet das Komma als Trennzeichen. Es können sowohl Zahlenbereiche als auch Buchstaben verwendet werden. Die Verwendung sieht wie folgt aus:

```
[String]{Start..Ende}[String]
[String]{Zeichen1,Zeichen2,...,Zeichenn}[String]
```

```
bash-3.00# echo Datei{1..5}.txt
Datei1.txt Datei2.txt Datei3.txt Datei4.txt Datei5.txt
bash-3.00# echo Datei{1,3,6}.txt
```

---

14 Siehe dazu auch die Erläuterungen zu den Variablen #, @ und *.

```
Datei1.txt Datei3.txt Datei6.txt
DateiA.txt DateiB.txt DateiC.txt DateiD.txt
bash-3.00# echo Datei{D..A}.txt
DateiD.txt DateiC.txt DateiB.txt DateiA.txt
```

Ab Version 4 der bash können auch Schrittgrößen für das Auf- und Abzählen angegeben werden, wobei die Schrittgrößen auf Zahlen oder auf Buchstaben angewendet werden können. Die Syntax lautet dann:

[String]*{Start..Ende..Sprunggröße}*[String]

```
# echo {0..10..2}
0 2 4 6 8 10
# echo {a..z..5}
a f k p u z
```

3 Programmieren mit Shells

3.1 Wozu werden Shellprogramme eingesetzt

Fast jeder Unix-Administrator wird in seiner Laufbahn auf Shellprogramme zurückgreifen. Sie finden dort Einsatz, wo es auf Portabilität und Funktionalität ankommt und weniger auf Geschwindigkeit oder grafische Besonderheiten. Die Vorteile:

– Portabilität

Ein Shellprogramm, welches sich an geltende Standards hält und keine Besonderheiten der jeweiligen Unix-Variante nutzt, kann meist ohne weiteren Aufwand auf andere Unix-Derivate portiert werden.

– Entwicklungszeit

Programmieren in einer Hochsprache wie C, C++ oder Java ist üblicherweise mit einem höheren Zeitaufwand verbunden. Dies liegt in der Tatsache begründet, dass es für Unix bereits sehr viele Tools gibt, welche direkt aus dem Shellprogramm heraus genutzt werden können. Die Kommunikation zwischen zwei Programmen innerhalb einer Shell ist zudem oft sehr einfach zu realisieren, da durch Pipes die Ausgabe eines Kommandos oder Tools als Eingabe eines anderen Programms genutzt werden kann.

– Betriebssicherheit

Die Wahrscheinlichkeit, dass aufgrund eines Programmierfehlers ein Unix-System zum Stillstand kommt, ist bei Shellprogrammen geringer, da nicht so tief in das System eingegriffen werden muss. Des Weiteren sind die Kommandos, welche in der Shell verwendet werden, oft schon sehr lange in der jeweiligen Unix-Distribution implementiert, so dass ein betriebsgefährdender *Bug*[1] nahezu ausgeschlossen werden kann.

– Wartbarkeit

Programme, welche für die oft eingesetzten Standardshells geschrieben wurden, sind in der Regel einfacher zu warten, als dies für entsprechende Programme in C oder einer anderen Hochsprache der Fall wäre. Durch die Tatsache begründet, dass allein die Namen vieler verwendeter Tools (zum Beispiel sort, cd oder ls) dem Administrator sofort verraten, was deren Aufgabe ist, wird das Lesen und Verstehen eines solchen Programms wesentlich vereinfacht. Natürlich kann durch entsprechend lange Kommando-Pipelines eine Komplexität erreicht werden, welche auch ein Shellprogramm nur sehr schwer lesbar macht, was jedoch nicht die Regel sein sollte.

---

1 Ein Fehlverhalten eines Programms wird allgemein als Bug bezeichnet.

https://doi.org/10.1515/9783110445121-046

3.2 Erzeugen von Programmen

3.2.1 Shebang

Alle Programme, welche für Shells geschrieben werden, sollten über eine sogenannte *Shebang* eingeleitet werden. Warum die Zeichenkombination „#!" als Shebang bezeichnet wird, ist nicht zu hundert Prozent geklärt. Es wird oft vermutet, dass sie als Abkürzung von *Hashbang* genutzt wird. Das Doppelkreuz „#" wird als *Hash* und das Ausrufezeichen „!" als *Bang* bezeichnet. Das *Oxford Dictionary of English* sagt zu *Shebang*:

> shebang ... 1. a matter, operation, or set of circumstances: the Mafia boss who's running the whole shebang. 2. N. Amer. archaic a rough hut or shelter. Unknown origin.

Es ist also eine Umschreibung für einen Schutzraum oder eine einfache Hütte.
Das Doppelkreuz wird dort wie folgt erklärt:

> hash [also hash sign]: Brit. the symbol #. Origin 1980s, probably from -> HATCH, altered by folk etymology.

Und unter *Hatch* findet sich:

> hatch: A small opening in a floor, wall or roof allowing access from one area to another ...

Ein *Hatch* ist also eine Möglichkeit, von einem Raum in einen anderen zu gelangen. So könnte die Wortschöpfung auf einen sicheren Übergang hindeuten, was auch passen würde, denn die Zeichenkombination besagt, dass das nachfolgende Programm gestartet werden soll. Etwaige Whitespaces zwischen „#!" und dem aufzurufenden Programm werden ignoriert. Somit ist die Bedeutung von „#!/bin/sh" und „#!   /bin/sh" identisch.

Die Shebang sollte immer eingesetzt werden, damit garantiert ist, dass die richtige Shell für das jeweilige Programm gestartet wird. In folgendem Beispiel wird eine Datei prg1.ksh erzeugt, welche folgenden Inhalt hat:

```
# Pruefe eingelesenen Namen
echo "Bitte Namen eingeben"
read name
if [[ -z $name ]]
then
 echo "Es wurde kein Name eingegeben"
fi
ps -fp $$ # aktuellen Prozess anzeigen
```

Im ersten Test wird das Programm aus einer Bourne-Shell gestartet. Die Ausgabe zeigt, dass das Programm ebenfalls in einer Bourne-Shell läuft, weshalb es zu einer Fehlfunktion kommt, da das Schlüsselwort [[in dieser Shell nicht bekannt ist.

```
# ./prg1.ksh
Bitte Namen eingeben

./prg1.ksh: [[: not found
     UID   PID  PPID   C    STIME TTY          TIME CMD
     root  769   734   0 20:49:48 pts/1        0:00 -sh
```

Nun wird eine Shebang eingefügt, welche besagt, dass eine Kornshell gestartet werden soll.

```
#!/bin/ksh
# Pruefe eingelesenen Namen
echo "Bitte Namen eingeben"
read name
if [[ -z $name ]]
then
 echo "Es wurde kein Name eingegeben"
fi
ps -fp $$
```

Wenn nun das Programm aufgerufen wird, startet das Betriebssystem die benötigte Shell und das Schlüsselwort [[wird richtig erkannt.

```
# ./prg1.ksh
Bitte Namen eingeben

Es wurde kein Name eingegeben
     UID   PID  PPID   C    STIME TTY          TIME CMD
     root  773   734   0 20:51:42 pts/1        0:00 /bin/ksh ./prg1.ksh
```

3.2.2 vi

Um auf unixoiden Betriebssystemen Programme erstellen zu können, benötigt man einen Editor. Der *vi* ist quasi der Standardeditor unter Unix. Entwickelt wurde er 1976 von *William Nelson Joy*. Da der vi sehr ressourcenschonend, schlank und schnell ist, trotzdem über sehr viele Editier- und Programmiermöglichkeiten verfügt, findet man ihn auf fast allen Unix Distributionen, welche heute angeboten werden.

Der vi verfügt über drei unterschiedliche Arbeitsmodi. Es gibt den *Kommandozeilen-Modus* (ex mode), den *Befehls-Modus*, in welchem die Kommandos nicht sichtbar sind, und den *Einfüge-Modus*.

Tabelle 3.1 und **Abbildung 3.1** zeigen, wie zwischen den einzelnen Modi gewechselt wird.

Tab. 3.1: Wechsel der Arbeitsmodi im vi

Aktueller Modus	Zielmodus	Taste
Befehls-Modus	Kommandozeilen-Modus	„:"
Kommandozeilen-Modus	Befehls-Modus	STRG-C oder ENTER
Befehls-Modus	Einfüge-Modus	Taste „i", „I", „a", „A", „o" oder „O"
Einfüge-Modus	Befehls-Modus	STRG-C oder ESC

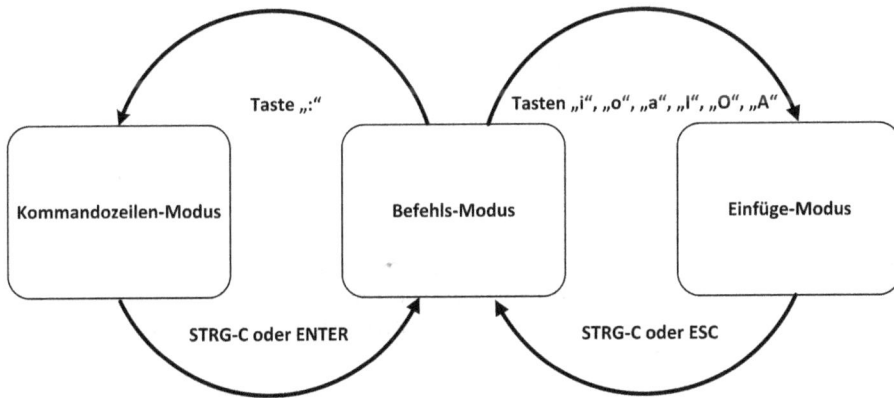

Abb. 3.1: vi Modi

Hat man den vi gestartet, so befindet man sich im *Befehls-Modus*. Man kann durch den Text navigieren und Kommandos eingeben, welche jedoch nicht angezeigt werden. Die Navigation erfolgt mittels der Tasten „h" (links), „j" (runter), „k" (rauf) und „l" (rechts). Viele Varianten des vi lassen auch eine Steuerung über die Pfeiltasten zu, jedoch nicht alle. Von daher ist man mit den Standardtasten auf der sicheren Seite.

Viele Befehle können mit einer Angabe von Wiederholungen versehen werden oder lassen sich auf einen Bereich im Text beschränken. Man kann zum Beispiel 5 mal die Taste „x" drücken, um insgesamt 5 Zeichen zu löschen. Man kann aber auch die Kombination „5x" wählen, um mit einer Operation 5 Zeichen zu löschen.

Tabelle 3.2 zeigt die wichtigsten Tastenbelegungen im Befehlsmodus. Wenn Kommandowiederholungen möglich sind, werden diese durch ein vorangestelltes *N* dargestellt.

Tab. 3.2: Tastenbelegung im Befehlsmodus des vi

Taste[nkombination]	Bedeutung
_N_h	Cursor _N_ Zeichen nach links
_N_l	Cursor _N_ Zeichen nach rechts
_N_j	Cursor _N_ Zeichen nach unten
_N_k	Cursor _N_ Zeichen nach oben
_N_w	Cursor _N_ Wörter nach rechts auf Anfang des betreffenden Wortes
_N_b	Cursor _N_ Wörter nach links auf Anfang des betreffenden Wortes
_N_e	Cursor _N_ Wörter nach rechts auf das Ende des betreffenden Wortes
_N_W	Cursor _N_ Zeichenketten nach rechts auf Anfang der betreffenden Zeichenkette
_N_B	Cursor _N_ Zeichenketten nach links auf Anfang der betreffenden Zeichenkette
_N_E	Cursor _N_ Zeichenketten nach rechts auf das Ende der betreffenden Zeichenkette
0	Cursor auf erste Spalte der Zeile
_N_|	Cursor auf angegebene Spalte der Zeile
^	Cursor auf erstes Zeichen der Zeile
$	Cursor auf letztes Zeichen der Zeile
_N_f<Zeichen>	Cursor um _N_ Wiederholungen von <Zeichen> nach rechts
_N_F<Zeichen>	Cursor um _N_ Wiederholungen von <Zeichen> nach links
_N_t<Zeichen>	Cursor um <Zeichen> vor das angegebene Zeichen nach rechts
_N_T<Zeichen>	Cursor um <Zeichen> hinter das angegebene Zeichen nach links
_N_;	Wiederholen eines der f- oder t-Kommandos
_N_,	Wiederholen eines der f- oder t-Kommandos in entgegengesetzter Richtung
_N_G	Zu angegebener Zeile springen
gg	Zur ersten Zeile springen (identisch zur Kombination 1G)
_N_+	Cursor nach unten auf erstes Zeichen
_N_-	Cursor nach oben auf erstes Zeichen
_N_H	Cursor auf Anfang der angegebenen sichtbaren Zeile von oben
M	Cursor auf Anfang der mittleren sichtbaren Zeile
_N_L	Cursor auf Anfang der angegebenen sichtbaren Zeile von unten
_N_%	Cursor auf Anfang der angegebenen Zeile (prozentual zur Gesamtdatei)
%	Wenn auf einer Klammer, springe zum jeweiligen Klammerpartner
_N_)	Cursor um Satz nach vorne springen
_N_(	Cursor satzweise zurück bewegen
_N_}	Cursor um Absatz nach vorne bewegen
_N_{	Cursor um Absatz zurück bewegen
_N_z-	angezeigten Text verschieben, dass Textzeile ganz unten erscheint
_N_z.	angezeigten Text verschieben, dass Textzeile in der Mitte erscheint
_N_z RETURN	angezeigten Text verschieben, dass Textzeile ganz oben erscheint

Tabelle 3.3 stellt die wichtigsten Tasten dar, welche vom Befehlsmodus aus zur Textmanipulation verwendet werden können.

Tab. 3.3: Tastenbelegung zur Textmanipulation im vi

Taste	Bedeutung
	Wechsel in Eingabemodus
i	Eingabe vor aktueller Position
I	Eingabe am Zeilenanfang
a	Eingabe nach aktuellen Zeichen
A	Eingabe ab Zeilenende
o	Eingabe unterhalb der aktuellen Zeile
O	Eingabe oberhalb der aktuellen Zeile
	Löschoperationen
Nx	Löschen von Zeichen ab Cursor nach rechts
NX	Löschen von Zeichen nach links
Ndd	Löschen von Zeilen ab aktueller Zeile
D oder d$	Löschen bis Ende aktueller Zeile
dt\<Zeichen\>	Löscht bis \<Zeichen\>
d^	Löscht bis Zeilenanfang
d0	Löscht bis zum linken Rand
Ndw	Löschen von Wörtern bis zum darauffolgenden Wortanfang
Ndb	Löschen von Buchstaben
Nde	Löschen von Wörtern bis zum betreffenden Wortende
Nd}	Löschen von Blöcken
	Zeichenketten ändern
Nr\<Zeichen\>	\<Zeichen\> ändern
Nr\<Zeichenkette\>\<ESC\>	\<Zeichenkette\> ändern
N˜	Zwischen Groß- und Kleinschreibung wechseln
	Kopieren und Einfügen
Nyy|NY	Zeilen in Puffer kopieren
y$	Von Cursor bis Zeilenende kopieren
y^	Von Zeilenbeginn bis vor Cursor kopieren
Nyw	Wörter rechts kopieren
Nyb	Wörter nach links kopieren
Ny}	Bis Absatzende kopieren
Np	Einfügen aus Zwischenspeicher ab kommende Zeile
NP	Einfügen oberhalb der aktuellen Zeile
	Textmuster suchen
/\<Muster\>	Nach \<Muster\> suchen (vorwärts)
?\<Muster\>	Nach \<Muster\> suchen (rückwärts)
/\<ENTER\>	Vorwärtssuche nach letztem Muster
?\<ENTER\>	Suche rückwärts nach letztem Suchmuster
n	Suche weiterführen
N	Suche in Gegenrichtung weiterführen

Suchen und ersetzen

Man kann mit dem vi auch Zeichenketten suchen und diese ersetzen. Dabei können auch *Basic Regular Expressions*[2] (*BRE*s) eingesetzt werden, um nach Textmustern zu suchen oder diese zu ersetzen. Um Text zu ersetzen, wird das Kommando „s" (für *substitute*) verwendet. Suchen und Ersetzen wird im Kommandozeilen- oder ex-Modus ausgeführt. Die Syntax lautet:

```
:<Addr>s<F><Muster><F><Text><F>[g]
```

Wenn man sich schon im Kommandozeilen-Modus befindet, wird der einleitende Doppelpunkt weggelassen. Das Kommando ist wie folgt zu verstehen:
- Addr
  Zu Beginn wird der Bereich festgelegt, für den die Ersetzung gültig sein soll. Die Adressierung kann wie folgt aussehen (eine Auswahl der häufigsten Adressierungen):
  - *Start,Ziel*
    Das Ersetzen wird von Zeile *Start* bis einschließlich Zeile *Ziel* durchgeführt.
  - %
    Das Prozent steht für den gesamten Text.
  - *Zeile*
    Die Ersetzung findet nur in *Zeile* statt.
  - .
    Der Punkt steht für die aktuelle Zeile.
- s
  Durch den Buchstaben „s" wird das Substituieren (Ersetzen) aufgerufen.
- F
  Dieses Zeichen steht für ein beliebiges Trennzeichen. In den meisten Fällen wird der Slash (/) verwendet. Oft wird angenommen, dass nur der Slash als Trennzeichen verwendet werden kann, was manchmal zu recht komplizierten Zeichenketten beim Suchen und Ersetzen führt (siehe dazu Beispiel 2).
- g
  Über diese Option kann man angeben, ob nur das erste Vorkommen von <Muster> in einer Zeile ersetzt werden soll, oder ob alle <Muster> durch <Text> ersetzt werden sollen. Die Option „g" steht für *global* und kann optional angegeben werden. Diese Option gilt pro Zeile und nicht für den gesamten Text. Wenn die Option gesetzt ist, werden alle gefundenen Muster pro Zeile ersetzt, ansonsten nur das erste Muster.

---

2 Siehe dazu das Kapitel **Datenverarbeitung.**

Beispiel 1
Möchte man in einem Text alle Vorkommen von „Tom" durch „Sam" ersetzen, so kann man die Adressierung 1,$ s/Tom/Sam/g oder % s/Tom/Sam/g verwenden.

Beispiel 2
Soll in einer Konfigurationsdatei der Mountpoint
/export/home/benutzer1/migrate in /exp/home_neu/benutzer1 umbenannt werden, so kann entweder die mit maskierten Sonderzeichen versehene Variante
s/\/export\/home\/benutzer1\/migrate/\/exp\/home_neu\/benutzer1/ zur Substitution verwendet werden, oder man wählt als Feldtrenner ein Zeichen ungleich „/", zum Beispiel die Raute „#". Das Kommando sieht dann wie folgt aus:
s#/export/home/benutzer1/migrate#/exp/home_neu/benutzer1#

Beispiel 3
Zeile 50 eines Textes lautet „Auch wenn das Flusspferd als sehr tolpatschig und gemütlich empfunden wird, gilt: Ein Flusspferd kann sehr ungemütlich werden."

50s#Flusspferd#Nilpferd# ersetzt nur das erste Flusspferd in Zeile 50.
50s#Flusspferd#Nilpferd#g ersetzt beide Vorkommen in Zeile 50.

3.3 Programmiertechniken

3.3.1 Ein- und Ausgabe von Daten

Damit eine Interaktion mit dem Benutzer gewährleistet ist, stellen die verschiedenen Shells Kommandos zur Verfügung, welche Daten einlesen oder diese ausgeben.

Einlesen von Daten
Im folgenden Abschnitt werden Kommandos zum Einlesen von Daten vorgestellt.

read
Das Built-in read liest Daten von STDIN ein. Wird keine Variable als Ziel angegeben, speichert das Kommando die eingelesene Zeichenkette in der Shellvariablen REPLY[3]. Je nach verwendeter Shell werden unterschiedliche Optionen unterstützt, wobei die Version der Bourne-Shell keine Optionen anbietet.

---

3 Siehe hierzu auch das Kapitel **Nähere Betrachtung der Shells**.

Der IFS dient der Unterteilung des eingelesenen Datensatzes in einzelne Felder. Enthält der Datensatz mehr Felder, als Variablen angegeben sind, werden der letzten Variablen alle übrigen Felder des Datensatzes zugewiesen.

Es werden kurz die Unterschiede und wichtigsten Optionen der einzelnen Implementationen des Kommandos in den unterschiedlichen Shells vorgestellt.

Bourne-Shell
Die Variante der Bourne-Shell bietet keine Optionen an und ist dementsprechend einfach in der Handhabung. Die Syntax:

```
read [Variable₁...Variableₙ]
```

Kornshell
Die Kornshell stellt eine erweiterte Variante des Kommandos zur Verfügung, wobei die ksh93 nochmals einen erweiterten Leistungsumfang gegenüber der ksh88 aufweist. Der Aufruf innerhalb der ksh88:

```
read [-prs [-un]] [Variable₁[?Prompt]...Variableₙ]
```

Die ksh93-Version des Kommandos:

```
read [-ACprs] [-d Zeichen] [-(n|N) Anzahl] [-t Sekunden] \
  [-un] [Variable₁[?Prompt]...Variableₙ]
```

Tabelle 3.4 enthält die Optionen mit entsprechender Beschreibung.

Tab. 3.4: Optionen des Kommandos read in der ksh

Option	Bedeutung
-A [Array][1]	Löscht Array und liest Variablen in Array ein, wobei erstes Element mit Index 0 beginnt
-C [Variable][1]	Löscht Var und liest Variablen in Compound-Variable Var ein
-N Anzahl[1]	Liest genau Anzahl Zeichen ein
-d Zeichen[1]	Einzulesende Zeichenkette endet bei Zeichen und nicht bei Zeilenende
-n Anzahl[1]	Liest bis zu Anzahl Zeichen ein
-p	Eingabe durch eine Pipe von Hintergrundprozess einlesen
-r	Backslashes werden nicht als Sonderzeichen gewertet
-s	Eingabe wird in der HISTORY abgespeichert
-t Sekunden[1]	Bricht Einlesen nach Sekunden ab, wenn keine Eingabe erfolgt
-u n	Eingaben über Filedescriptor n einlesen

[1] Nur in ksh93

Bourne-again-Shell

Das Kommando read bringt zum größten Teil die gleichen Optionen mit, wie es bei der ksh93 der Fall ist. Die Syntax hier lautet:

```
read [-rs] [-a Array] [-d Zeichen] [-(n|N) Anzahl] [-p Prompt] \
  [-t Sekunden] [-un] [Variable₁...Variableₙ]
```

Tabelle 3.5 enthält die Optionen des Kommandos in der Variante für die bash.

Tab. 3.5: Optionen des Kommandos read in der bash

Option	Bedeutung
-N Anzahl	Liest genau Anzahl Zeichen ein
-a Array	Löscht Array und liest Variablen in Array ein, wobei erstes Element bei 0 beginnt
-d Zeichen	Einzulesende Zeichenkette endet bei Zeichen und nicht bei Zeilenende
-n Anzahl	Liest bis zu Anzahl Zeichen ein
-p Prompt	Es erfolgt eine Ausgabe von Prompt, welcher dem Einlesen vorangestellt ist
-r	Backslashes werden nicht als Sonderzeichen gewertet
-s	Eingabe wird nicht auf dem Bildschirm ausgegeben
-t Sekunden	Bricht Einlesen nach Sekunden ab, wenn keine Eingabe erfolgte
-u [n]	Eingaben über Filedescriptor n einlesen

Es gilt zu beachten, dass die Schalter „-p" und „-s" des Kommandos read sowohl von der ksh93-Implementation als auch von der Version der bash erkannt werden, diese jedoch gänzlich unterschiedlichen Funktionen dienen.

Beispiele des Kommandos read für die verschiedenen Shell-Implementationen

Gültig für alle Shells:

```
(1) $ read var1 var2 var3
    eins zwei
    # echo "#${var1}#" ; echo "#${var2}#" ; echo "#${var3}#"
    #eins#
    #zwei#
    ##
(2) $ read var1 var2 var3
    eins zwei drei vier fuenf
    # echo "#${var1}#" ; echo "#${var2}#" ; echo "#${var3}#"
    #eins#
    #zwei#
    #drei vier fuenf#
```

In (1) werden drei Variablen zum Einlesen von Werten angegeben, jedoch nur zwei Werte an das Kommando übergeben. Dementsprechend ist die Variable var3 leer. In Beispiel (2) werden mehr Werte übergeben, als Variablen angegeben sind. Somit enthält die Variable var3 alle Werte, welche nach Zuweisung an var1 und var2 noch übrig sind.

Gültig für ksh:

```
(1) $ echo "eins zwei drei vier fuenf" |&
    [1]     3994
    $ read -p var1 var2 var3
    [1] + Done                    echo "eins zwei drei vier fuenf" |&
    $ echo "#${var1}#" ; echo "#${var2}#" ; echo "#${var3}#"
    #eins#
    #zwei#
    #drei vier fuenf#
(2) $ cat einzulesen
    Eine Textdatei
    $ exec 3<einzulesen # Kanal drei zum Einlesen oeffnen
    $ read -u3 var
    $ echo "#${var}#"
    #Eine Textdatei#
    $ exec 3<&- # Kanal 3 schliessen
    $ read -u3 var
    ksh: read: bad file unit number
```

In (1) wird die Ausgabe eines Co-Prozesses gelesen. Zu diesem Zweck wird das echo-Kommando in den Hintergrund gelegt. Die dem Ampersand vorangestellte Pipe besagt, dass STDOUT des Kommandos in eine Pipe gelenkt werden soll. Diese Pipe kann im zweiten Schritt durch die Option „-p" des read-Kommandos eingelesen werden. Sobald das Einlesen erfolgt ist, wird der Hintergrundprozess beendet. In (2) wird erst ein dritter Kanal zum Lesen der Datei einzulesen geöffnet. Im nächsten Schritt wird dem Kommando read über den Schalter „-u" mitgeteilt, dass es aus dem Kanal Nummer 3 lesen soll. Die Variable var hat den Inhalt der eingelesenen Datei. Nachdem der Kanal 3 geschlossen wurde, kann das Kommando nicht mehr aus diesem lesen, weshalb dies mit einer Fehlermeldung quittiert wird.

Ab ksh93:

```
(1) $ read -A baum
    Ahorn Eberesche Eiche Kiefer Tanne
    $ echo ${baum[@]}
    Ahorn Eberesche Eiche Kiefer Tanne
(2) $ read -A
    Ahorn Eberesche Eiche Kiefer Tanne
    $ echo ${REPLY[@]}
```

```
      Ahorn Eberesche Eiche Kiefer Tanne
(3) $ read -d c alphabet <<EOF
    > abcdefghijklmnopqrstuvwxyz
    > EOF
    $ echo $alphabet
    ab
```

In (1) wird das Array baum erzeugt. Die bash verfügt über die gleiche Möglichkeit, jedoch wird hier statt des Schalters „-A" der Schalter „-a" verwendet. Beispiel (2) zeigt, dass die Shell bei fehlender Angabe des zu erzeugenden Arrays ein Array mit Namen REPLY erzeugt, in welches die übergebenen Werte eingelesen werden. Dies funktioniert jedoch nur in der Kornshell und nicht in der Bourne-again-Shell. Beispiel (3) zeigt das Verhalten der Option „-d". In diesem Beispiel wird als Trennzeichen der Buchstabe „c" gewählt. In die Variable alphabet sollen alle Kleinbuchstaben geschrieben werden. Durch das angegebene Trennzeichen wird die Zeichenkette jedoch nur bis zum Buchstaben „c" eingelesen.

Ein Beispiel für die bash:

```
$ read -p "Name: " name
Name: Schorn
$ echo $name
Schorn
```

Das Beispiel zeigt die Option „-p", welche mit anderer Bedeutung in der Kornshell verwendet wird. Durch diesen Schalter kann eine Zeichenkette übergeben werden, welche als Prompt für den Benutzer dient. Diese Funktionalität wird in der Kornshell durch das Fragezeichen abgebildet.

Ausgabe von Daten

Um Daten auszugeben, können die Kommandos echo und printf verwendet werden. Zusätzlich kann zur besseren Kontrolle der Eigenschaften von Terminal und Cursor das Kommando tput verwendet werden. Die Kommandos werden auf den folgenden Seiten kurz vorgestellt.

echo

Zur einfachen Ausgabe von Zeichenketten wird das Kommando echo verwendet. Das Kommando verfügt in den meisten Installationen nur über eine mögliche Option. Die Syntax des Kommandos:

```
echo [-n] Zeichenkette
```

Wenn unterstützt, wird über den Schalter „-n" ein Zeilenumbruch in der Ausgabe unterbunden.

Ein Beispiel:

```
$ echo -n "Bitte geben Sie Ihren Namen ein: " ; read name
Bitte geben Sie Ihren Namen ein: Schorn
```

printf

Um auszugebenden Text zu formatieren, steht dem Programmierer das Kommando printf zur Verfügung, welches der Standardbibliothek der Programmiersprache C entliehen ist.

Es stehen Formatierungsmöglichkeiten für die Darstellung von Zahlen als auch von Zeichenketten im Allgemeinen zur Verfügung. Das Kommando stellt viele Möglichkeiten der Ausgabe von Daten zur Verfügung. Es werden hier die interessantesten Ausgabeformate vorgestellt. Für weitergehende Informationen wird empfohlen, die entsprechende Manpage zu lesen. Die Syntax des Kommandos:

printf [*Ausgabeformat*] *Arg*$_1$...*Arg*$_n$

Die Beschreibung des Ausgabeformats wird durch das Prozentzeichen eingeleitet. Diesem Zeichen können bestimmte Schalter folgen. Abgeschlossen wird die Beschreibung des Ausgabeformats mit einem Buchstaben, welcher den darzustellenden Datentyp bezeichnet. Wenn kein Format vorgegeben wird, setzt das Kommando eine linksbündige Ausgabe einer Zeichenkette voraus. Das Ausgabeformat wird folgendermaßen aufgebaut:

%[*Schalter*][(*Länge*|*Genauigkeit*)]*Datentyp*

Tabelle 3.6 zeigt die wichtigsten Schalter des Kommandos.

Tab. 3.6: Wichtige Schalter des Kommandos printf

Schalter	Bedeutung
-	Linksbündige Ausgabe
+	Vorzeichen soll immer mit angegeben werden
0	Führende Nullen angeben

Tabelle 3.7 enthält die wichtigsten Datentypvorlagen des Kommandos.

Tab. 3.7: Wichtige darstellbare Datentypen durch printf

Vorlage	Bedeutung
d	Ganzzahl
f	Gleitkommazahl
o	Ganzzahl zur Basis 8 ohne Vorzeichenbit
u	Ganzzahl ohne Vorzeichenbit
x	Ganzzahl zur Basis 16 ohne Vorzeichenbit
c	Ausgabe eins Zeichens
s	Ausgabe einer Zeichenkette

Zusätzlich kann das Kommando noch verschiedene Escape-Sequenzen interpretieren, um beispielsweise einen Zeilenvorschub oder einen Zeilenumbruch durchzuführen.

Tabelle 3.8 enthält einige Sequenzen, welche durch das Kommando umgesetzt werden können.

Tab. 3.8: Escape-Sequenzen und deren Bedeutung für das Kommando printf

Sequenz	Bedeutung
\\	Ausgabe eines Backslashes
\a	Warnton
\b	Backspace
\f	Form Feed
\n	Zeilenumbruch
\r	Cursor auf Beginn der aktuellen Zeile
\t	Horizontaler Tabstop
\v	Vertikaler Tabstop

Einige Beispiele des Kommandos:

```
(1) # printf "%10i %10i\n" -1 1
            -1          1
(2) # printf "%-10i %-10i\n" -1 1
    -1         1
(3) # printf "%+10i %+10i\n" -1 1
            -1         +1
(4) # printf "%-+10i %-+10i\n" -1 1
    -1         +1
(5) # printf "%+010i %+010i\n" -1 1
    -000000001 +000000001
(6) # printf "%-10s %-10s %10s %10s\n" "links" "links" "rechts" "rechts"
    links      links          rechts     rechts
```

In (1) werden zwei Ganzzahlen, welche intern mit Vorzeichenbit dargestellt sind, ausgegeben. Es werden pro Zahl 10 Stellen reserviert. In (2) erfolgt die Ausgabe der gleichen Zahlen linksbündig. Beispiel (3) zeigt die Verwendung des Schalters „+", welcher bewirkt, dass auch ein positives Vorzeichen dargestellt wird. In Beispiel (4) werden die Zahlen linksbündig mit Angabe des Vorzeichens ausgegeben und in (5) werden zusätzlich noch alle zu belegenden Stellen, welche nicht durch das Ergebnis belegt sind, mit einer „0" aufgefüllt. Beispiel (6) zeigt, wie Text links- oder rechtsbündig ausgegeben wird.

Cursorsteuerung und Abfrage der Terminalcharakteristika

Mithilfe des Kommandos tput ist es dem Programmierer möglich, Angaben über das verwendete Terminal abzufragen oder bestimmte Effekte ein- und auszuschalten.

Das Kommando tput liest zu diesem Zweck die terminfo-Datenbank des jeweils verwendeten Betriebssystems aus, welche die Zuordnungen von Kommandos zu Escape-Sequenzen der verschiedenen Terminals enthält. Die Syntax des Kommandos:

```
tput [-T Typ] Befehl [Parameter₁...Parametern]
tput [-T Typ] init
tput [-T Typ] reset
tput [-T Typ] longname
tput -S <<
```

Über den Schalter „-T" kann ein Terminaltyp angegeben werden. Wenn kein Typ angegeben wird, verwendet das Kommando die Umgebungsvariable TERM.

Tabelle 3.9 enthält eine Auswahl von Unterkommandos, welche durch tput verwendet werden können.

Tab. 3.9: Unterbefehle des Kommandos tput

Kommando	Bedeutung
init	Terminal initialisieren
reset	Terminal zurücksetzen
longname	Name des abgefragten Terminals
lines	Anzahl Zeilen des Terminals
cols	Anzahl Spalten des Terminals
colours	Verfügbare Farben des Terminals
sc	Cursorposition speichern
rc	Gespeicherte Cursorposition wiederherstellen
home	Cursor an Position 0/0
cup *Zeile Spalte*	Cursor auf Position *Zeile, Spalte* setzen
bold	Zeichen werden fett dargestellt
smul	Text wird unterstrichen

Tab. 3.9: Unterbefehle des Kommandos tput – Fortsetzung

Kommando	Bedeutung
rmul	Text wird nicht mehr unterstrichen
sgr0	Alle Effekte abschalten
smcup	Bildschirminhalt speichern
rmcup	Gespeicherten Bildschirminhalt wiederherstellen
el	Von Cursorposition bis Zeilenende löschen
el1	Von Cursorposition bis Anfang der Zeile löschen
ed	Von Cursorposition bis Ende des Bildschirms löschen
clear	Bildschirm leeren

Das folgende kurze Programm demonstriert die Steuerung des Cursors mit Hilfe von tput. Das Programm läuft in dieser Version nur in einer ksh93, da die anderen Shells nicht über die verwendeten mathematischen Funktionen verfügen.

Näheres zu den erweiterten Funktionen der ksh93 findet sich im Kapitel **Datenverarbeitung.**

```
#!/bin/ksh
typeset -F s y divisor
typeset -i i center endcol remain zeile spalte cosl lines
lines=$(tput lines) # Anzahl Zeilen bestimmen
cols=$(tput cols) # Anzahl Spalten bestimmen
endcol=$(( cols - 3 )) # Anzuzeigender Text ist 3 Zeichen lang
remain=$(( lines % 2 ))
center=$(( (lines - remain) / 2 )) # Bildmitte bestimmen
divisor=$(( (cols - 2) / (2 * 3.1415) )) # Eine Schwingung
tput smcup # aktuellen Bildschirminhalt speichern
clear
for (( i=0; i <= $endcol; i++ ))
do
 s=$i
 y=$(( sin(s/divisor) * center ))
 y=$(echo $y|cut -d "." -f1)
 spalte=$i
 zeile=$(( $center + $y ))
 tput cup $zeile $spalte
 printf "sin"
 y=$(( cos(s/divisor) *center ))
 y=$(echo $y|cut -d "." -f1)
 zeile=$(( $center + $y ))
 tput cup $zeile $spalte
 printf "cos"
done
read key
tput rmcup # gespeicherten Bildschirm wiederherstellen
```

Die Ausgabe des Programms:

```
                        cccccccccccos    sssssssssssin
                ccos              ccos ssin         sssin
              ccos                  ccsin          ssin
            ccos                   ssiccos        sin
           cos                  ssin cos         ssin
          ccos                  sin ccos        sin
         cos                   sin cos         ssin
        cos                  ssin cos         sin
 ssin        cccos              ssin      cccos      sin
  sin      cos              ssin       cos
  ssin     ccos            sin        ccos
   sin    cos             sin        cos
   ssin  ccos            ssin       ccos
     sincos            ssin        cos
      ccos           ssin         ccos
    cccosssin      ssin          cccos
 ccccccos       sssssssssssin             ccccccos
```

3.3.2 Ausgabeumlenkung

Sobald eine Shell gestartet wird, werden ihr Kanäle zur Kommunikation durch das Betriebssystem bereitgestellt. Standardmäßig existieren drei Kanäle:

- STDIN   (Kanal 0)
  Über diesen Kanal liest die Shell Daten ein.
- STDOUT   (Kanal 1)
  Dieser Kanal wird vom der Shell genutzt, um Daten zu senden.
- STDERR   (Kanal 2)
  An diesen Kanal werden Fehlermeldungen gesendet. Im Normalfall wird für diesen Kanal das gleiche Device verwendet wie für Kanal 1.

In den häufigsten Fällen entspringen die Kanäle einem *Character Device File* oder münden in einem solchen. Ein Character Device File ist die Schnittstelle zu einem Treiber, welcher zeichenorientierte Geräte bedient. Ein zeichenorientiertes Gerät kann zum Beispiel ein Terminal sein, jedoch auch eine Festplatte, wenn diese nicht über ein Filesystem angesprochen wird.

Die Ein- und Ausgabe von Kommandos kann auf Ebene der Shell umgelenkt werden. Die Syntax dafür lautet:

```
Kommando [Kanal]  [<(Datei|[&]Kanal)]  [>(Datei|[&]Kanal)]
```

Das Ampersand (&) ist für die Standard-Ein- und Ausgabekanäle optional anzugeben.
Abbildung 3.2 zeigt die Zuordnung der Kanäle anhand einiger Beispiele.

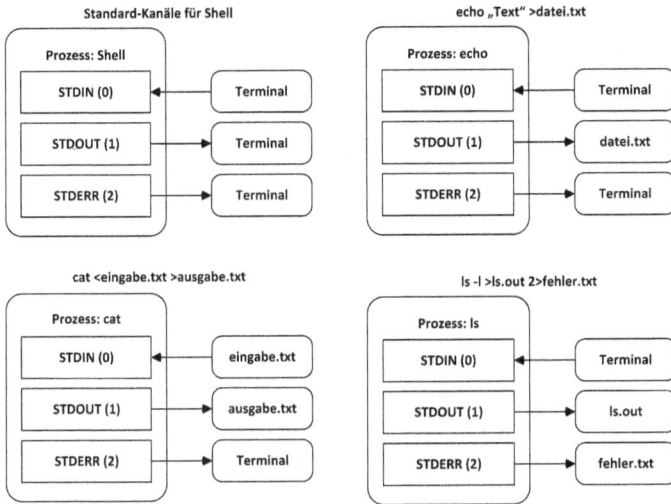

Abb. 3.2: Beispiele zur Ein- und Ausgabe von Prozessen

Es folgt ein Beispiel unter Linux:

Der Ausgabekanal des Kommandos cat wird in die Textdatei /var/tmp/ausgabe.txt umgelenkt. Das Kommando soll Text protokollieren, der über die Tastatur eingegeben wird. Wenn keine Datei zum Einlesen übergeben wird, liest cat von STDIN. Der Aufruf des verwendeten Kommandos lautet dementsprechend:
cat >/var/tmp/ausgabe.txt. In einer weiteren Session wird nun nach dem Programm cat im Prozessbaum gesucht:

```
# ps -ef|grep cat
root      4038  3910  0 13:09 pts/0    00:00:00 cat
root      4045  4006  0 13:11 pts/2    00:00:00 grep cat
```

Das zu untersuchende Programm hat die Process ID 4038. Mit dem Kommando lsof werden nun die Filedeskriptoren 0, 1 und 2 des Prozesses aufgelistet:

```
# lsof -p 4038 -a -d 0,1,2
COMMAND  PID USER  FD TYPE DEVICE SIZE/OFF  NODE NAME
cat      4038 root  0u CHR  136,0    0t0       3 /dev/pts/0
cat      4038 root  1w REG  253,0      0 395159 /var/tmp/ausgabe.txt
cat      4038 root  2u CHR  136,0    0t0       3 /dev/pts/0
```

Eine kurze Erläuterung der zum Verständnis wichtigen Spalten:
– FD
  Diese Spalte beinhaltet die Nummer des Filedeskriptors und einem zugehörigen Flag.

- r   lesender Zugriff
- w   schreibender Zugriff
- u   lesender und schreibender Zugriff
- TYPE
  Welcher Device-Typ über den Filedeskriptor angesprochen wird. Einige
  Beispiele:
  - CHR   ein RAW-Device
  - DIR   ein Verzeichnis
  - PIPE   eine Pipe
  - LINK   ein symbolischer Link
  - REG   eine Datei
- DEVICE
  Die *Major-* und *Minor-ID* des Devices. Die Major-ID gibt eine Geräteklasse an und
  die Minor-ID wird für jede Instanz innerhalb dieser Geräte-Klasse vergeben.
- NODE
  Eine Inode (Inode im Filesystem) oder Vnode (Abbildung von Kernel zu Inode).
- NAME
  Ziel des Deskriptors, zum Beispiel eine Datei, ein Socket oder ein Character-
  Special-File.

Linux bietet unter /proc/devices eine Liste mit den Zuordnungen von Major-IDs zu
Gerätename an. In dem oben gezeigten Beispiel werden die Geräteklassen 136 für die
Kanäle 0 und 2, sowie die 253 für den Kanal 1 angesprochen. Die zugehörigen Geräte:

```
# egrep -w "136|253" /proc/devices
136 pts
253 device-mapper
```

Kanal 0 und 2 werden also in ein Terminal umgeleitet, wohingegen Kanal 1 in eine
Datei schreibt.

Da die Datei in einem Filesystem liegt, welches unter der Kontrolle des von *Red
Hat* unterstützten Multipath-Treibers (zur redundanten Anbindung von LUNs über
mehrere Host Bus Adapter-Ports) eingebunden wurde, wird hier als Device der *Device-
Mapper* angezeigt.

Einige weitere Beispiele

```
(1) # echo "Kanal 2" 2>/var/tmp/error.txt >&2
    # cat /var/tmp/error.txt
    Kanal 2
(2) # grep "sys" < /etc/passwd
    sys:x:3:3::/:
(3) # ls -ld /var/tmp >/dev/null ; echo $?
    0
```

```
(4) # ls -ld /var/tmmp >/dev/null ; echo $?
    /var/tmmp: No such file or directory
    2
(5) # ls -ld /var/tmmp 2>/dev/null ; echo $?
    2
```

In (1) wird erst definiert, dass der Kanal STDERR in die Datei /var/tmp/error.txt umgelenkt wird. Die Standardausgabe (STDOUT) wird wiederum nach STDERR umgelenkt. Die Textdatei enthält nach Aufruf dementsprechend den Text „Kanal 2". In (2) wird dem Kommando grep keine Datei zum Einlesen direkt übergeben, sondern es liest von STDIN ein. Dieser Kanal ist wiederum ein Stream mit dem Inhalt der Textdatei /etc/passwd. In (3) wird die Ausgabe des Kommandos ls nach /dev/null umgelenkt. Der Returncode des Kommandos wird von der Umlenkung nicht beeinflusst. In (4) wird die Standardausgabe des Kommandos ebenfalls umgeleitet, jedoch erscheint eine Fehlermeldung, da es das Verzeichnis /var/tmmp nicht gibt. Der Returncode ist dementsprechend 2. Das gleiche Kommando wird in (5) nochmals ausgeführt, wobei jedoch der Kanal STDERR (Kanal 2) nach /dev/null umgelenkt wird. Es erscheint keine Fehlermeldung mehr, der Returncode bleibt jedoch zu dem in (4) identisch.

Die Reihenfolge ist wichtig

Es ist wichtig, darauf zu achten, in welcher Reihenfolge die umzuleitenden Kanäle angegeben werden. Die Shell arbeitet die Argumente von links nach rechts ab. Im folgenden Beispiel wird innerhalb einer Subshell je eine Zeichenkette nach STDOUT und eine weitere nach STDERR geschrieben. Ausserhalb der Subshell (also in der *Parent-Shell*) können diese Kanäle dann gezielt umgelenkt werden. Die Kanäle zeigen im folgenden Beispiel zu Beginn nach pts/1, was dem ersten zugewiesenen Pseudo-Terminal entspricht.

```
# ps -fp $$
     UID   PID  PPID  C   STIME TTY      TIME CMD
    root  1135  1128  0  17:54:58 pts/1   0:00 sh
```

Dies hat für das Verhalten der gezeigten Beispiele keinen Einfluss, jedoch wird im erklärenden Text und in der zugehörigen Abbildung darauf referenziert.

```
(1) # ( echo "STDOUT" >&1; echo "STDERR" >&2 )
    STDOUT
    STDERR
(2) # ( echo "STDOUT" >&1; echo "STDERR" >&2 ) >Datei1
    STDERR
    # cat Datei1
    STDOUT
```

```
(3) # ( echo "STDOUT" >&1; echo "STDERR" >&2 ) >Datei1 2>&1
    # cat Datei1
    STDOUT
    STDERR
(4) # ( echo "STDOUT" >&1; echo "STDERR" >&2 ) 2>&1 >Datei1
    STDERR
    # cat Datei1
    STDOUT
(5) # ( echo "STDOUT" >&1; echo "STDERR" >&2 ) 1>Datei2 2>Datei1
    # cat Datei1
    STDERR
    # cat Datei2
    STDOUT
```

In (1) findet keine Umlenkung statt. In (2) bleibt STDERR pts/1 zugeordnet, STDOUT wird in die Textdatei Datei1 umgelenkt. In (3) wird erst STDOUT in die Datei Datei1 umgelenkt und daraufhin STDERR nach STDOUT geschrieben, weshalb die Textdatei beide Zeichenketten enthält, pts/1 diese jedoch nicht automatisch anzeigt. In Beispiel (4) wird erst STDERR in STDOUT umgelenkt und zeigt somit auf das verwendete Terminal, weshalb in diesem der Text erscheint. Nachdem der Kanal für STDERR gesetzt wurde, wird STDOUT in die Datei Datei1 umgelenkt. In Beispiel (5) wird im ersten Schritt STDOUT in die Textdatei Datei2 umgelenkt und daraufhin STDERR nach Datei1, weshalb keine automatische Ausgabe auf dem Bildschirm (pts/1) erfolgt.

Abbildung 3.3 zeigt nochmals die Beispiele in grafischer Darstellung, wobei die einzelnen Schritte anhand eines Zeitstrahls wiedergegeben werden.

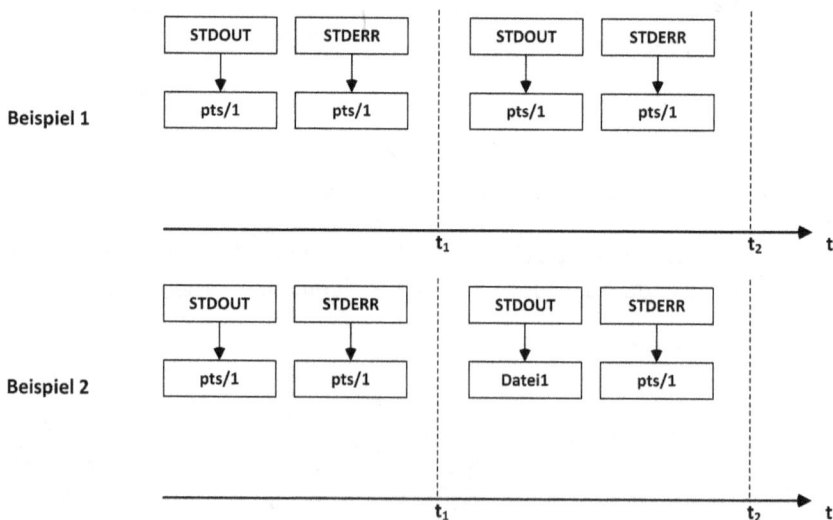

Abb. 3.3: Beispiele zur Umlenkung von Kanälen

Beispiel 3

STDOUT	STDERR	STDOUT	STDERR
pts/1	pts/1	Datei1	STDOUT
			Datei1

t_1 t_2 t

Beispiel 4

STDOUT	STDERR	STDERR	STDOUT
pts/1	pts/1	STDOUT	Datei1
		pts/1	

t_1 t_2 t

Beispiel 5

STDOUT	STDERR	STDOUT	STDERR
pts/1	pts/1	Datei2	Datei1

t_1 t_2 t

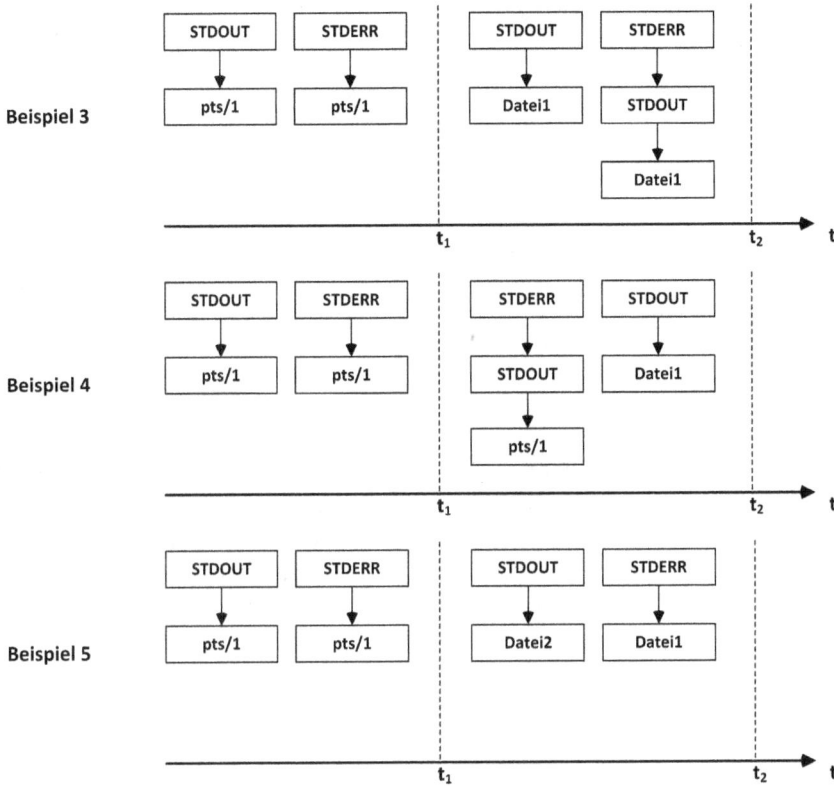

Abb. 3.3: Beispiele zur Umlenkung von Kanälen – Fortsetzung

Zusätzliche Kanäle erzeugen

Mit Hilfe des Kommandos exec können weitere Kanäle für Ein- und Ausgabe der Shell erzeugt oder gelöscht werden. Es besteht auch die Möglichkeit, temporär die Standardeingabe und Standardausgabe durch exec umzulenken, so dass nicht für jedes einzelne Kommando die Ein- oder Ausgabe umgelenkt werden muss. Die Syntax zum Erzeugen von Kanälen:

exec *Kanal* (<|>) (*Gerät*|*Datei*)

Die Syntax, um Kanäle zu löschen:

exec *Kanal* (<|>)&–

Ob ein Kanal zur Ausgabe oder Eingabe dient, wird bei der Erzeugung durch die verwendete Klammer festgelegt. Das Größerzeichen (>) findet Verwendung, wenn dieser

Kanal der Ausgabe dient, und das Kleinerzeichen (<), wenn aus diesem Kanal gelesen werden soll.

Die Anzahl der möglichen Kanäle ist auf die jeweilige Shell begrenzt. Die Bourne-Shell unterstützt bis zu 9 Kanäle (0-8). Die bash und ksh können als höchste Kanalnummer die 254 ansprechen.

Beispiele zum Erzeugen und Löschen von Kanälen

In den folgenden Beispielen sollen aus der Textdatei text zwei Zeilen eingelesen werden. Der Inhalt der Datei:

```
Zeile 1
Zeile 2
```

Im ersten Beispiel wird für jeden Aufruf des Kommandos read der Eingabekanal auf die einzulesende Datei umgelenkt. Es werden zwei Aufrufe des Kommandos durchgeführt. Bei der Ausgabe der Variablen a und b fällt auf, dass beide den gleichen Inhalt haben. Dies liegt darin begründet, dass für jeden Lesezugriff die Datei neu geöffnet und dabei der Cursor zum Lesen auf den Anfang der Datei gesetzt wird. Beide Aufrufe lesen also die erste Zeile der Datei ein.

Code:

```
read a <text # einlesen
read b <text # einlesen
echo "a hat den Wert: $a"
echo "b hat den Wert: $b"
```

Ergebnis:

```
# ./einlesen1.sh
a hat den Wert: Zeile 1
b hat den Wert: Zeile 1
```

Im zweiten Beispiel wird erst die Konfiguration des Eingabekanals dupliziert, indem Kanal 3 als Kopie erstellt wird. Daraufhin wird der Standardeingabekanal auf die einzulesende Datei gelegt. Es wird also zu diesem Zeitpunkt nicht mehr von der Tastatur eingelesen, sondern aus der Datei text. Nun bekommen die Variablen a und b durch das Kommando read wieder einen Wert zugewiesen. Da STDIN auf die zu lesende Datei verweist, wartet das Programm nicht auf eine Eingabe, sondern liest die Werte direkt aus der Datei ein. Da die Datei bei der Zuweisung zum Kanal geöffnet wird, bleibt der Cursor nach jedem Aufruf von read an seiner aktuellen Position stehen, weshalb die Variablen auch die gewünschten Werte zugewiesen bekommen.

Nachdem die Ausgabe der Variablen erfolgt ist, wird Kanal 0 wieder zurückgesetzt und Kanal 3 gelöscht.

Code:

```
exec 3<&0 # STDIN sichern
exec <text # STDIN auf Datei text setzen
read a # einlesen
read b # einlesen
echo "a hat den Wert: $a"
echo "b hat den Wert: $b"
exec <&3 # STDIN wiederherstellen
exec 3<&- # Kanal 3 entfernen
```

Ergebnis:

```
# ./einlesen2.sh
a hat den Wert: Zeile 1
b hat den Wert: Zeile 2
```

Wenn Zeilen aus einer Datei eingelesen werden sollen, zusätzlich aber auch Eingaben von der Tastatur benötigt werden, bietet es sich an, lediglich einen zusätzlichen Kanal zu erstellen und diesen auf das benötigte Device oder die benötigte Datei umzulenken. Im folgenden Beispiel wird nur Kanal 3 erzeugt, welcher dem Einlesen der Zeilen aus der Textdatei dient. Es wird eine dritte Variable c zusätzlich von STDIN eingelesen.

Code:

```
exec 3<text # Kanal 3 zum Einlesen verwenden
read a <&3 # einlesen
read b <&3 # einlesen
# dritte Variable manuell einlesen
echo "Bitte Wert von Variable c eingeben"
read c
echo "a hat den Wert: $a"
echo "b hat den Wert: $b"
echo "c hat den Wert: $c"
exec 3<&- # Kanal 3 entfernen
```

Ergebnis:

```
# ./einlesen3.sh
Bitte Wert von Variable c eingeben
Hier wird von Tastatur eingegeben
a hat den Wert: Zeile 1
b hat den Wert: Zeile 2
c hat den Wert: Hier wird von Tastatur eingegeben
```

Die Verwaltung von Ausgabekanälen erfolgt analog. Hierzu noch ein kurzes Beispiel. Auf einem System sind zwei Sitzungen aktiv. Eine Session läuft über pts/1 und eine über pts/2. Die Voraussetzungen:

Sitzung 1:

```
# tty
/dev/pts/1
```

Sitzung 2:

```
# tty
/dev/pts/2
```

Nun wird in der ersten Session ein Kanal Nummer 3 zur Ausgabe geöffnet. Diesem wird als Gerät pts/2 zugeordnet, eine Ausgabe auf diesen Kanal gesendet und der Kanal daraufhin geschlossen:

```
# exec 3>/dev/pts/2
# echo "Ausgabe auf zweite Terminalsession" >&3
# exec 3>&-
```

In der zweiten Sitzung wird folgender Text im Terminalfenster sichtbar:

```
# Ausgabe auf zweite Terminalsession
```

Es bestehen viele Möglichkeiten, die Ein- und Ausgabe zu kombinieren. So wäre es etwa möglich, die Kanäle STDIN und STDOUT als normale Kommunikationskanäle zu nutzen, zwei weitere Kanäle auf ein anderes Terminal umzulenken und über dieses dann unter bestimmten Voraussetzungen Daten zu senden und zu empfangen.

Here-Document

Ein Here-Document ist eine weitere Form der Umlenkung von Kanälen. Bei dieser Variante wird ein *Stream* (Datenstrom) in den Eingabekanal eines Programms gesendet und durch einen zuvor definierten String terminiert. Die Syntax lautet:

```
Kommando << String
   Zeichenfolge
   ...
String
```

Ein Beispiel:

```
# cat << EOF
> Dieser Text
> wird von cat eingelesen.
> EOF
Dieser Text
wird von cat eingelesen.
```

Wenn der String, welcher das Ende des Here-Documents kennzeichnet (in oben ge-
zeigtem Beispiel „EOF"), eingerückt werden soll, kann zwischen dem Kleiner-Zeichen
und der Zeichenkette ein Minus eingeschoben werden. Dies bedeutet, dass beliebig
viele Tabulator-Zeichen (keine Leerzeichen) dem String vorangestellt sein dürfen. Die
Syntax ist analog zum bereits gezeigten Beispiel:

```
Kommando <<- String
    Zeichenfolge
    ...
String
```

Auch hierzu ein Beispiel:

```
# cat <<- EOF
>                 Das ist ein
>        weiterer Text.
>        EOF
Das ist ein
weiterer Text.
```

Wichtig ist, dass der begrenzende String genau so angegeben wird, wie er zu Beginn
definiert wurde. Es dürfen keine weiteren Zeichen folgen (auch keine Kommentare).
Wenn man die Ausgabe eines Kommandos, welches Daten über ein Here-Document
einliest, nach einem Zeichen durchsuchen möchte, funktioniert folgende Methode
nicht:

```
bash-3.00# cat << ENDE
> 1
> 2
> 3
> ENDE | grep 2
>
```

Da die letzte Zeile nicht „ENDE", sondern „ENDE | grep 2" lautet, ist das Here-
Document für die Shell noch nicht beendet. In der letzten Zeile nach dem Muster
„ENDE" eine Pipe einzufügen funktioniert ebenfalls nicht, da die Ausgabe zu diesem

Zeitpunkt schon stattgefunden hat. Wenn jedoch ein Whitespace der Definition des Begrenzers folgt, kann dort die Ausgabe des Kommandos abgefragt werden. Nachfolgend die korrigierte Version des zuvor gezeigten Beispiels:

```
bash-3.00# cat << ENDE | grep 2
> 1
> 2
> 3
> ENDE
2
```

Here-String
Die bash und ksh93 verfügen über eine weitere Möglichkeit, Daten durch Umleitung in ein Programm zu laden. Der Here-String ist dem Here-Document sehr ähnlich, wird jedoch durch einen erfolgten Zeilenumbruch beendet. Wenn mehrere Elemente im Here-String vorhanden und durch Whitespaces getrennt sind, muss der String durch Anführungszeichen maskiert werden. Die Syntax:

```
Kommando <<< String
```

Beispiele für einen Here-String:

```
(1) # cat <<< String
    String
(2) # cat <<< Here String
    cat: String: No such file or directory
(3) # cat <<< "Here String"
    Here String
```

In (1) wird eine zusammenhängende Zeichenkette in das Kommando cat umgelenkt. In (2) kann das Kommando cat die Datei String nicht finden, weshalb die Ausführung abgebrochen wird und in (3) werden die Worte „Here" und „String" zu einer Zeichenkette zusammengefasst, wodurch die Umlenkung erfolgreich durchgeführt werden kann.

Kommandosubstitution
Die Kommandosubstitution ist ebenfalls eine Form der Ausgabeumlenkung. In diesem Fall wird die Ausgabe eines in einer Subshell ablaufenden Programms einer Variablen zugewiesen. Die Syntax:

```
var='Kommando'
```

Die bash und ksh bieten alternativ noch das Konstrukt:

var=$(Kommando)

Wichtig ist bei der Kommandosubstitution zu wissen, dass standardmäßig nur STDOUT in die Variable umgelenkt wird. Wenn das Kommando einen Fehler erzeugt, wird dieser nach STDERR geschrieben und die Variable ist nach Ausführung leer. Es folgen einige Beispiele, welche in einer Kornshell ausgeführt wurden.

```
(1) # dir=`pwd`
    # echo $dir
    /
(2) # target=`ls /tmmp`
    /tmmp: No such file or directory
    # echo $target

(3) # dir=$(pwd)
    # echo $dir
    /
(4) # target=`ls /tmmp 2>&1`
    # echo $target
    /tmmp: No such file or directory
```

In (1) wurde die Ausgabe des Kommandos pwd in die Variable dir umgelenkt. Dementsprechend hat die Variable den Wert „/". In Beispiel (2) soll die Ausgabe des Kommandos ls in die Variable umgelenkt werden. Das Kommando soll den Inhalt eines nicht vorhandenen Verzeichnisses auflisten. Die Fehlermeldung des Kommandos wird jedoch in Kanal 2 geschrieben, weshalb die Variable target leer ist. In (3) wird die Form der Kommandosubstitution aufgerufen, welche von der bash und ksh zusätzlich unterstützt wird, und in (4) wird der Fehlerkanal des Kommandos nach STDOUT innerhalb der Substitution umgelenkt, weshalb die Variable nach Zuweisung als Inhalt die Fehlermeldung des aufgerufenen Kommandos enthält.

3.4 Variablen

Variablen sind Platzhalter für Daten, welche von Programmen verwaltet werden sollen. Eine Variable bezeichnet einen logischen Speicherplatz und hat die beiden Attribute *Name* und *Wert*. Bei der Deklaration werden der Datentyp, die Größe (oder Dimension) und ein Name festgelegt.

Die Kornshell und die Bourne-again-Shell unterstützen die Datentypen Integer und String sowie Arrays, wohingegen die Bourne-Shell nur mit Strings arbeiten kann.

Die ksh93 kann zusätzlich noch mit Fließkomma-Zahlen in doppelter Genauigkeit und Compound-Variablen aufwarten.

Tabelle 3.10 enthält die Datentypen, welche von den Shells unterstützt werden.

Tab. 3.10: Unterstützte Datentypen der verschiedenen Shells

Datentyp	sh	ksh	bash	Bemerkung
String	x	x	x	Beliebige Zeichenkette
Integer	–	x	x	64 Bit mit Vorzeichen
Float	–	x	–	64 Bit Floating-Point erst ab ksh93
Array	–	x	x	Integer als Index
Assoziatives Array	–	x	x	String als Index erst ab ksh93
Compound-Variable	–	x	–	Erst ab ksh93
Referenz	–	x	–	Erst ab ksh93

3.4.1 typeset / declare

Das Kommando typeset dient in der Korn- und Bourne-again-Shell dazu, Variablen einen bestimmten Datentyp und/oder ein bestimmtes Merkmal zuzuweisen. Ein der Option vorangestelltes Minus aktiviert ein Merkmal, ein vorangestelltes Plus schaltet ein aktiviertes Merkmal wieder aus. Die Syntax:

```
typeset -Option var[=Wert]
typeset +Option var[=Wert]
```

In der bash kann alternativ zum Kommando typeset auch das Synonym declare verwendet werden. Es empfiehlt sich jedoch aus Gründen der Portabilität, typeset zu verwenden, da somit Shellprogramme weniger Nacharbeiten erfordern, falls eine Umgebung von einer bash auf eine ksh migriert werden muss. Die Syntax des declare-Kommandos:

```
declare -Option var[=Wert]
declare +Option var[=Wert]
```

Tabelle 3.11 enthält die Schalter, welche mittels typeset gesetzt werden können.

Tab. 3.11: Optionen des Kommandos typeset

Option	Bedeutung	ksh	bash
	Funktionen		
-f	Nachfolgender Schalter bezieht sich auf Funktionen	x	x
-t *Funktion*	Gibt *trace*-Attribut an *Funktion*	x	x

Tab. 3.11: Optionen des Kommandos `typeset` – Fortsetzung

Option	Bedeutung	ksh	bash
-u *Funktion*	*Funktion* wird als Funktionsname reserviert	x	x
-x *Funktion*	*Funktion* an Subshells exportieren	x	x
	Datentypen		
-a	Array initialisieren	x^2	x
-A	Assoziatives Array initialisieren	x^1	x
-i	Variable wird wie ein Integer behandelt	x	x
-E	nachfolgende Variable wird als 64 Bit Floating-Point behandelt	x^1	–
-F	nachfolgende Variable wird als 64 Bit Floating-Point behandelt	x^1	–
-b	Variable kann einen beliebige Anzahl Bytes enthalten	x^1	–
-n	Referenziert auf eine Variable	x^1	–
	Formatierung von Zeichenketten		
-l	Alle Großbuchstaben in Kleinbuchstaben umwandeln	x	–
-L	Linksbündiges Schreiben	x	–
-R	Rechtsbündiges Schreiben	x	–
-u	Alle Klein- in Großbuchstaben umwandeln	x	x
-Z	Rechtsbündiges Schreiben und mit Nullen auffüllen, wenn erstes Feld eine Ziffer ist	x	–
	Zusätzliche Möglichkeiten		
-r	Variable als read-only markieren	x	x
-H	Unix zu Hostname-Zuordnung	x	–
-t *Var*	Zusätzliches Attribut für Variable *Var*	x	–
-x	Variable für automatischen Export markieren	x	x

[1] Erst ab ksh93
[2] In ksh88 wird ein Array mittels `set -A` initialisiert

Löschen von Variablen

Deklarierte Variablen können mit Hilfe des Kommandos `unset` wieder gelöscht werden. Die Syntax des Kommandos:

`unset [-(v|f)] (Variable|Funktion) [...(Variable|Funktion)ₙ]`

Der Schalter „-v" ist optional und bedeutet, dass eine Variable zu löschen ist. Wenn er nicht vorhanden ist, wird eine Variable als zu löschendes Element vorausgesetzt. Die Option „-f" wird verwendet, wenn eine Funktion gelöscht werden soll.

Die folgenden Seiten zeigen einige Beispiele zu den verschiedenen Bereichen des Kommandos `typeset`.

Bereich: Datentypen

String

Ein String ist eine Folge von Zeichen, welche zu einer Kette mit variabler Länge zusammengefasst sind. Alle in diesem Buch besprochenen Shells können mit Strings arbeiten. Wenn nicht anders angegeben, wird bei einer Variablen davon ausgegangen, dass sie wie ein String behandelt werden soll. Die Syntax zur Deklaration:

var=*Zeichenkette*

Um den Inhalt einer Variablen abzurufen, wird die Form $*var* verwendet.

```
# zeichenkette="Dies ist eine Zeichenkette"
# echo $zeichenkette
Dies ist eine Zeichenkette
```

Es ist oftmals nützlich, die Variable durch geschweifte Klammern zu maskieren, da dies Fehler bei der Abfrage vermeidet. In folgendem Beispiel gibt es zwei Dateien mit den Namen temp_a und temp_b. Beide Dateien fangen mit der Zeichenkette „temp" an, weshalb dieser String in einer Variablen mit Namen fix abgespeichert wird. Die Datei mit der Endung „_a" ist früher angelegt worden, weshalb die Endung in der Variablen first hinterlegt wird, wohingegen der Wert „_b" in der Variablen second abgelegt wird.

Strings werden in der Shell (dies gilt für sh, ksh und bash) verbunden, indem die Zeichenketten hintereinander angegeben werden. Somit kann die Datei temp_a angesprochen werden über die zusammengesetzte Zeichenkette aus $fix und $first.

Im Beispiel wird der Inhalt des Verzeichnisses aufgelistet, daraufhin werden die Variablen mit entsprechenden Werten belegt und die erste Datei aus den zusammengesetzten Variablen angezeigt:

```
# ls
temp_a  temp_b
# fix="temp"
# first="_a"
# second="_b"
# ls $fix$first
temp_a
```

Es kann auch in der Form temp$second auf die Datei temp_b zugegriffen werden:

```
# ls temp$second
temp_b
```

Wenn jedoch das Konstrukt $*fix_b* angewendet wird, kommt es zu folgendem Verhalten:

```
# ls $fix_b
temp_a  temp_b
```

Es werden beide Dateien angezeigt, obwohl nur die Datei temp_b abgefragt werden sollte. Dies liegt darin begründet, dass die Shell versucht, die Variable fix_b aufzulösen, anstatt den Inhalt der Variablen fix abzufragen und die Zeichenkette „_b" anzuhängen. Da es keine Variable fix_b gibt, wird ein Leerstring zurückgeliefert und nur das Kommando ls ausgeführt, welches alle in dem Verzeichnis befindlichen Dateien auflistet. Damit die Shell Variablen entsprechend auflösen kann, sollten diese in geschweifte Klammern gesetzt werden. Der korrekte Aufruf sieht wie folgt aus:

```
# ls ${fix}_b
temp_b
```

Im folgenden Beispiel werden die zuvor definierten Variablen fix, first und second mithilfe des Kommandos unset gelöscht. Im ersten Schritt wird nur die Variable first entfernt. Im zweiten Schritt werden die restlichen beiden Variablen mit einem Aufruf gelöscht, wobei nun auch der optionale Schalter angegeben wird.

```
# echo $fix $first $second
temp a b
# unset first
# echo $fix $first $second
temp b
# unset -v fix second
# echo $fix $first $second
#
```

Arrays

Ein Array ist eine Zusammenfassung von einzelnen Elementen, wobei der Zugriff auf die Elemente über den Namen des Arrays und einen Index erfolgt. Die allgemeine Syntax zum Adressieren eines Feldes aus einem Array:

Arrayname[*Index*]

Der Index ist eine fortlaufende Nummer, welche für jedes hinzugefügte Element inkrementiert wird. Die ksh93 unterstützt im Gegensatz zu der bash und der Bourne-Shell auch mehrdimensionale Arrays.

Tabelle 3.12 zeigt die Möglichkeiten zur Manipulation von Daten innerhalb von Arrays.

Tab. 3.12: Array-Operationen

Operation	Bedeutung	Kommentar
`[ typeset -a ] Array=(Element...)`	Eindimensionales Array initalisieren	bash + ksh93
`set -A Array Element Element ...`	Eindimensionales Array initialisieren	ksh88
`unset Array[Index]`	Löscht Element mit Index aus Array	
`unset Array`	Löscht gesamtes Array	
`array+=(Wert)`	Hinzufügen eines Elementes	
`Array[Index]=Wert`	Schreibt Wert in Array an Stelle Index	
`Array[Spalte][Zeile]=Wert`	Schreibt in mehrdimensionales Array	ksh93
`${Array[Index]}`	Inhalt von Element an Stelle Index	
`${#Array[@]}`	Anzahl Elemente in Array	
`${!Array[@]}`	Index der Elemente in Array	bash + ksh93
`${Array[@]}`	Inhalt aller Elemente in Array	

Es folgen einige Beispiele für die ksh88 sowie für die ksh93 und die bash.

Beispiele für ksh88:

```
(1) # set -A zahlen eins zwei drei vier
(2) # echo ${zahlen[@]}; echo ${#zahlen[@]}; echo ${zahlen[3]}
    eins zwei drei vier
    4
    vier
(3) # unset zahlen[2]
(4) # echo ${zahlen[@]}; echo ${#zahlen[@]}; echo ${zahlen[3]}
    eins zwei vier
    3
    vier
(5) # zahlen+=(fuenf)
(6) # echo ${zahlen[@]}; echo ${#zahlen[@]}; echo ${zahlen[3]}
    eins zwei vier fuenf
    4
    vier
```

In (1) wird das Array zahlen bestehend aus vier Elementen erstellt. In (2) wird der Inhalt aller Felder des erzeugten Arrays, die Anzahl von Feldern im Array und der Inhalt des dritten Feldes abgefragt. In (3) wird das Element mit Index „2" gelöscht. Die erneute Abfrage in (4) zeigt, dass weiterhin ein Feld mit Index „3" besteht, dies also nicht auf den gelöschten Index verschoben wurde, wohingegen der Zähler für belegte Felder von 4 auf 3 reduziert wurde. In (5) wird dem Array ein weiteres Feld hinzugefügt. Wie die Abfrage in (6) zeigt, wurde das neue Element an das Array angehängt.

Beispiele für ksh93 und bash:

```
(1) # zahlen=(eins zwei drei vier)
(2) # echo ${zahlen[@]}; echo ${#zahlen[@]}; echo ${zahlen[3]};\
    echo ${!zahlen[@]}
    eins zwei drei vier
    4
    vier
    0 1 2 3
(3) # unset zahlen[2]
(4) # echo ${zahlen[@]}; echo ${#zahlen[@]}; echo ${zahlen[3]};\
    echo ${!zahlen[@]}
    eins zwei vier
    3
    vier
    0 1 3
(5) # zahlen+=(fuenf)
(6) # echo ${zahlen[@]}; echo ${#zahlen[@]}; echo ${zahlen[3]};\
    echo ${!zahlen[@]}
    eins zwei vier fuenf
    4
    vier
    0 1 3 4
```

In der ksh93 und der bash werden die Elemente identisch zur ksh88 angesprochen. Bei der Initialisierung gibt es jedoch einen Unterschied, wie in Beispiel (1) zu erkennen ist, in welchem erneut ein Array zahlen mit dem Inhalt „eins", „zwei", „drei" und „vier" initialisiert wird. In (2) wird zusätzlich zu den Parametern, welche in der ksh88 zur Vefügung stehen, noch der Laufindex des Arrays abgefragt. Es sind die Felder 0, 1, 2 und 3 belegt. Nachdem in (3) wieder Feld 2 gelöscht wurde, zeigt sich in (4) erneut das Bild, wie es auch bei der ksh88 der Fall war. Zusätzlich erkennt man, dass der Index mit dem Wert 2 nicht mehr vorhanden ist. In (5) wird dem Array wieder ein Element mit Inhalt „fuenf" hinzugefügt. In (6) erkennt man, dass der Laufindex nun aus den Werten 0, 1, 3 und 4 besteht und der Index 2 weiterhin nicht belegt ist.

Assoziative Arrays

Der Vorteil von assoziativen Feldern ist, dass der Index über eine beliebige Zeichenkette aufgebaut werden kann. Üblicherweise besteht ein Array aus Feldern, welche über fortlaufende Nummern angesprochen werden. Bei assoziativen Arrays ist dies jedoch nicht notwendig. Ein gutes Beispiel ist eine Liste, welche Zuordnungen von Telefon-Vorwahlen zu Orten enthält. Man kann eine Liste mit Zuordnungen von Vorwahl zu Ort und eine Liste mit Zuordnung von Ort zu Vorwahl erstellen. Man könnte auch beide Tabellen über ein Feld abbilden, jedoch ist es übersichtlicher, wenn die Zuordnung aus dem Namen des Arrays herleitbar ist.

Bei der Verwendung von assoziativen Feldern muss beachtet werden, dass der Index auch bei der reinen Verwendung von Zahlen weiterhin lexikographisch sortiert wird. Ein Array mit den Indizes „23", „51", „100" und „3000" würde in der Reihenfolge „100",„23", „3000" und „51" abgebildet.

Abbildung 3.4 zeigt, wie ein assoziatives Feld für Telefonnummern aussehen könnte. Auf der linken Seite werden die Felder über die Vorwahl des Ortes angesprochen und auf der rechten Seite wird der Index auf Basis des Ortsnamens erstellt.

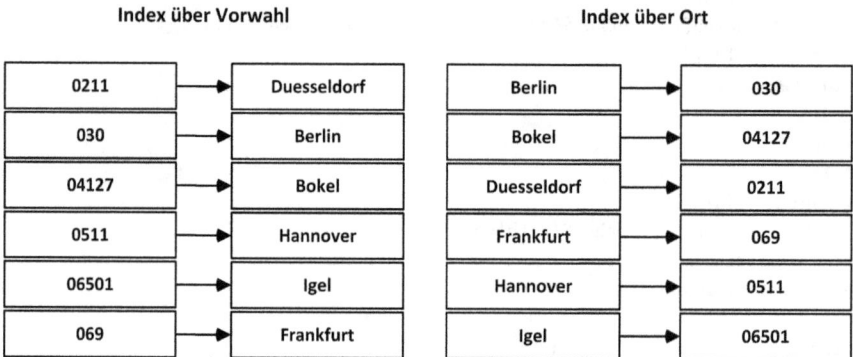

Abb. 3.4: Assoziative Felder

Um die Listen aus **Abbildung 3.4** abzubilden, wird wie folgt vorgegangen:

```
# typeset -A vorwahl ort
# vorwahl=([Frankfurt]="069" [Berlin]="030")
# ort=(["069"]="Frankfurt" ["030"]="Berlin")
# typeset -A
ort=([030]=Berlin [069]=Frankfurt)
vorwahl=([Berlin]=030 [Frankfurt]=069)
```

Es können für den Index Anführungszeichen verwendet werden,müssen jedoch nicht. Die Abfrage wird dann über den jeweiligen Schlüssel getätigt. Möchte man zum Beispiel die Vorwahl von Frankfurt erfragen, so wird das Array mit dem Ort-Index verwendet:

```
# echo ${vorwahl[Frankfurt]}
069
```

Die Rückwärtssuche wird dann über das Feld, welches über die Vorwahlen aufgebaut wurde, getätigt:

```
# echo ${ort[069]}
Frankfurt
```

Elemete aus assoziativen Arrays zu entfernen oder diesen hinzuzufügen geschieht auf die gleiche Art und Weise, wie es bereits gezeigt wurde. Hierzu nochmals einige Beispiele:

```
(1) # typeset -A vorwahl=([Frankfurt]="069" [Berlin]="030")
(2) # echo ${vorwahl[@]}; echo ${#vorwahl[@]}; echo ${!vorwahl[@]}
    030 069
    2
    Berlin Frankfurt
(3) # vorwahl+=([Neuss]=02131)
(4) # echo ${vorwahl[@]}; echo ${#vorwahl[@]}; echo ${!vorwahl[@]}
    030 069 02131
    3
    Berlin Frankfurt Neuss
(5) # unset vorwahl[Frankfurt]
(6) # echo ${vorwahl[@]}; echo ${#vorwahl[@]}; echo ${!vorwahl[@]}
    030 02131
    2
    Berlin Neuss
(7) # vorwahl+=([Grevenbroich]="02181")
    # echo ${vorwahl[@]}; echo ${#vorwahl[@]}; echo ${!vorwahl[@]}
    030 02181 02131
    3
    Berlin Grevenbroich Neuss
```

In (1) wird nochmals ein Array mit Städtenamen als Index erstellt. In (2) werden der Inhalt des gesamten Arrays, die Inhalte der Felder und die Inhalte des verwendeten Index aufgelistet. In (3) wird dem Array ein weiteres Element mit dem Index „Neuss" und dem zugehörigen Wert „02131" hinzugefügt. Die Abfrage in (4) zeigt, dass das Element als letztes Feld dem Array hinzugefügt wurde. Nachdem in (5) das Element mit Index „Frankfurt" aus dem Array entfernt wurde, besteht in (6) das Array noch aus den Elementen mit Index „Berlin" und „Neuss". Dass der Index über den Stadtnamen gebildet wird, zeigt sich, nachdem in (7) die Vorwahl der Stadt „Grevenbroich" hinzugefügt wurde. Da dieser Name bei alphabetischer Sortierung vor „Neuss", jedoch nach „Berlin" gelistet ist, wird auch das Feld dementsprechend intern einsortiert.

Compound-Variablen

In einer Compound-Variablen können mehrere Elemente zu einer Einheit zusammengefasst werden (ähnlich dem Datentyp struct der Programmiersprache C).

Es müssen also keine Verbindungen mehr zwischen mehreren Variablen hergestellt werden, sondern es werden bei der Initialisierung alle Daten zu einem Konstrukt zusammengefasst. Ein Beispiel einer Compound-Variablen:

```
# musiker=(vorname="Mike" nachname="Oldfield")
```

Abgefragt werden Compound-Variablen über das Konstrukt:

Variable.Feldname

Die Felder der erstellten Variablen musiker werden dementsprechend wie folgt abgefragt:

```
# echo ${musiker.vorname}
Mike
# echo ${musiker.nachname}
Oldfield
```

Die Elemente, welche in einer Compound-Variablen zusammengefasst werden, müssen dabei auch nicht vom gleichen Datentyp sein, sondern dürfen gemischt werden, wobei dann jedoch der jeweils zu verwendende Datentyp angegeben werden muss, da im Regelfall der Datentyp String vorausgesetzt wird.

Im folgenden Beispiel sind Vor- und Nachname des Musikers zusammen mit seinem Alter und veröffentlichten Alben in einer Compound-Variablen abgespeichert.

Der Aufbau geschieht in drei Schritten. Zuerst werden Vorname und Nachname deklariert, da dies Zeichenketten sind. Danach folgt eine Ganzzahl, welche das Alter enthält und zum Schluss wird ein assoziatives Feld hinzugefügt, in welchem über das Jahr als Index die jeweils erschienenen Alben gelistet sind. Das Alter des Musikers als festen Wert zu hinterlegen würde in der Praxis natürlich keinen Sinn ergeben. Dies ist nur zur Veranschaulichung gedacht.

Aufbau der Compund-Variable musiker:

```
# musiker=(vorname="Mike" nachname="Oldfield"
> typeset -i alter=64
> typeset -A alben=([1973]="Tubular Bells" \
[1974]="Hergest Ride" \
[1975]="Ommadawn, The OrchestralTutbular Bells" \
[1978]="Incantations" [1979]="Platinum" [1980]="QE2" \
[1982]="Five Miles Out" [1983]="Crisis" [1984]="Crisis" \
[1987]="Islands" [1989]="Earth Moving" [1990]="Amarok" \
[1991]="Heaven's Open" [1992]="Tubular Bells II" \
[1994]="The Songs of Distant Earth" [1996]="Voyager" \
[1998]="Tubular Bells III" \
[1999]="Guitars, The Millenium Bell" [2002]="Tr3s Lunas" \
[2003]="Tubular Bells 2003" \
[2005]="Light + Shade" [2008]="Music of the Spheres" \
[20014]="Man on the Rocks")
> )
#
```

Es können nun die zusätzlichen Datentypen und Arrayelemente über die Variable abgefragt werden:

```
# echo ${musiker.alter}
64
# echo ${musiker.alben[2003]}
Tubular Bells 2003
```

Floating-Point
Die ksh93 bietet als weiteren Datentypen Gleitkommazahlen in 64 Bit an. Hierfür stehen die Schalter „-E" und -F" zur Verfügung. Die Syntax zur Deklaration:

```
typeset -E[Stellen] var=Wert
typeset -F[Nachkommastellen] var=Wert
```

Wird der Schalter „-E" verwendet, so kann die Anzahl relevanter Stellen angegeben werden. Die Variante „-F" wird verwendet, wenn die Anzahl Nachkommastellen anzugeben ist. Damit die Verwendung von Nachkommastellen richtig interpretiert wird, muss bei der arithmetischen Operation explizit der Punkt innerhalb der Literale angegeben werden. Dies gilt auch, wenn mit ganzen Zahlen gearbeitet wird. Hierzu nochmals einige Beispiele:

```
1) # typeset -E5 x
   # let x=500/3
   # echo $x
   166
2) # typeset -E5 x
   # let x=500/3.0
   # echo $x
   166.67
3) # typeset -F5 x
   # let x=500/3.0
   # echo $x
   166.66667
```

In (1) wird eine Gleitkommazahl mit 5 Stellen definiert. Da jedoch für die Division nur eine ganze Zahl verwendet wird, erfolgt die Ausgabe ebenfalls ohne Nachkommastellen. In (2) dürfen insgesamt fünf Stellen zur Darstellung der Geitkommazahl verwendet werden und in (3) werden fünf Stellen für die Darstellung nach dem Komma verwendet.

Bereich: Formatierung von Zeichenketten

Die Kornshell bietet über das Kommando typeset auch Schalter zur Darstellung von
Zeichenketten an. Durch diese können die maximale Länge, die Ausrichtung und die
Groß- beziehungsweise Kleinschreibung von Zeichenketten gesteuert werden. Hierzu
wieder einige Beispiele:

```
(1) # typeset -L10 var="rechts"
    # echo "#${var}#"
    #rechts    #
(2) # typeset -R20 var
    # echo "#${var}#"
    #              rechts#
(3) # typeset +R var
    # echo "#${var}#"
    #              rechts#
    # var="rechts"
    # echo "#${var}#"
    #rechts#
    #
(4) # typeset -l var="KLEIN"
    # echo $var
    klein
(5) # typeset -u var
    # echo $var
    KLEIN
    #
(6) # typeset -Z20 a="5" b="sechs" c="70 (siebzig)"
    # echo $a; echo $b; echo $c
    00000000000000000005
    sechs
    0000000070 (siebzig)
```

In (1) wird ein String deklariert, welcher linksbündig ausgerichtet ist und eine maximale Länge von 10 Zeichen erreichen darf. Die Ausgabe zeigt, dass die Zeichenkette
links beginnt und dem letzten Buchstaben noch Leerzeichen folgen, da für die Zeichenkette 10 Zeichen reserviert wurden. In (2) erkennt man, dass die Attribute für
Ausrichtung und maximale Länge auch nachträglich angepasst werden können. Beispiel (3) zeigt, dass das Abschalten eines Attributes keine sofortige Auswirkung auf
die interne Darstellung der Variablen hat. In (4) wird eine Zeichenkette definiert, welche jedoch nur aus Kleinbuchstaben bestehen soll und in (5) sind nur Großbuchstaben erlaubt. Beispiel (6) zeigt die Anwendung der führenden Nullen. Nur wenn die
Zeichenkette mit einer Ziffer beginnt, werden dieser bei Bedarf Nullen vorangestellt.

3.4.2 Variablensubstitution

Variablen werden üblicherweise in der Form *Variable=Wert* gesetzt. Dies birgt jedoch die Gefahr in sich, dass eine Variable fälschlicherweise mit einem neuen Wert überschrieben wird.

Alle drei Shellvarianten (sh, ksh und bash) bieten die Möglichkeit, Variablen zu prüfen und ihnen unter bestimmten Voraussetzungen Werte zuzuweisen. Über die Variablensubstitution kann angegeben werden, ob und wie eine Variable gesetzt werden soll.

Tabelle 3.13 enthält die vier Varianten der Variablensubstitution, welche von allen Shells unterstützt werden.

Tab. 3.13: Variablensubstitution

Formel	Bedeutung
${Var:-Default}	Wenn *Var* einen Wert hat, wird dieser ausgegeben, ansonsten wird *Default* ausgegeben
${Var:=Default}	Wenn *Var* einen Wert hat, wird dieser ausgegeben, ansonsten wird *Var* auf den Wert *Default* gesetzt und ausgegeben
${Var:?Text}	Wenn *Var* einen Wert hat, wird dieser ausgegeben. Ansonsten wird der Variablenname *Var* gefolgt von *Text* ausgegeben und das Programm beendet. Ist *Text* nicht angegeben, wird als Text „parameter not null or set" ausgegeben
${Var:+Text}	Wenn *Var* einen Wert hat, wird *Text* ausgegeben, ansonsten NUL

Hierzu zwei Beispiele:

```
(1) # echo ${var:-"Nicht definiert"}
    Nicht definiert
    # echo $var

(2) # echo ${var:="Nicht definiert"}
    Nicht definiert
    # echo $var
    Nicht definiert
```

In (1) wird eine Variable var abgefragt, welche noch nicht initialisiert wurde. Erwartungsgemäß wird die Meldung „Nicht definiert" ausgegeben. Die Variable var ist jedoch immer noch nicht initialisiert. In (2) wird über die Substitution bewirkt, dass die Variable var einen Wert zugewiesen bekommt, falls sie noch nicht definiert ist. Nach Aufruf der Substitution enthält die Variable die Zeichenkette „Nicht definiert".

Das folgende kurze Beispiel zeigt, dass die Variablensubstitution auch als Kontrollstruktur innerhalb eines Programms verwendet werden kann. Das Programm sieht wie folgt aus:

```
# cat substitution.sh
#!/bin/sh
#
# Variablensubstitution
echo ${var:?"Nicht definiert"}
echo "Inhalt von var: $var"
```

Ein Aufruf des Programms zeigt folgendes Verhalten:

```
# ./substitution.sh
./substitution.sh: var: Nicht definiert
# echo $?
1
```

Da die Variable var noch nicht gesetzt wurde, bricht das Programm mit der hinterlegten Meldung und einem Returncode von 1 ab. Die nachfolgende Zeile echo "Inhalt von var: $var" wird nicht mehr abgearbeitet.

Das letzte Beispiel zeigt, wie der Operator „:+" angewendet wird. Nur wenn var ein Wert zugewiesen wurde, wird der Text „Variable var ist gesetzt" ausgegeben.

```
# var="Eine Variable"
# echo $var
Eine Variable
# echo ${var:+"Variable var ist gesetzt"}
Variable var ist gesetzt
# unset var
# echo ${var:+"Variable var ist gesetzt"}
#
```

Die ksh93 und die bash bieten noch weitere Formen der Variablensubstitution an. Bei diesen Varianten handelt es sich aber nicht nur um reine Fallunterscheidungen, sondern es ist hierbei auch möglich, Zeichenfolgen zu ersetzen oder Teilstrings zu extrahieren.

Tabelle 3.14 enthält die zusätzlichen Möglichkeiten der ksh93 und der bash.

Tab. 3.14: Zusätzliche Substitutionsmöglichkeiten der bash und ksh93

Formel	Bedeutung
${!Array[@]}	Indizes von *Array*
${String:Offset}	Unterzeichenfolge (Substring) von *String* ab Position *Offset*

Tab. 3.14: Zusätzliche Substitutionsmöglichkeiten der bash und ksh93 – Fortsetzung

Formel	Bedeutung
${String:Offset:Len}	Unterzeichenfolge von *String* ab Position *Offset* mit Länge *Len*
${@:Offset}	Alle Positionsparameter ab *Offset*
${@:Offset:Num}	*Num* Positionsparameter ab *Offset*
${String/Pattern/Repl}	ersetzt erstes Vorkommen von *Pattern* durch *Repl* in *String*
${String//Pattern/Repl}	ersetzt jedes Vorkommen von *Pattern* durch *Repl* in *String*
${String/#Pattern/Repl}	Wenn *String* mit *Pattern* beginnt, wird *Pattern* durch *Repl* ersetzt
${String/%Pattern/Repl}	Wenn *String* mit *Pattern* endet, wird *Pattern* durch *Repl* ersetzt

Hierzu nochmals einige Beispiele:

```
     # ziffern="123456789"
(1)  # echo ${ziffern:0}
     123456789
(2)  # echo ${ziffern:5}
     6789
(3)  # echo ${ziffern:0:2}
     12
(4)  # echo ${ziffern:5:2}
     67
     # set eins zwei drei vier
(5)  # echo ${@:2}
     zwei drei vier
(6)  # echo ${@:2:1}
     zwei
     # zahlen="eins zwei drei eins"
(7)  # echo ${zahlen/eins/start: eins}
     start: eins zwei drei eins
(8)  # echo ${zahlen//eins/start: eins}
     start: eins zwei drei start: eins
     # kette="ersetzen bitte"
(9)  # echo ${kette/#ersetzen/nicht ersetzen}
     nicht ersetzen bitte
     # kette="nicht ersetzen"
(10) # echo ${kette/%ersetzen/ersetzen bitte}
     nicht ersetzen bitte
```

In (1) wird die zuvor definierte Zeichenkette ab dem Index 0 ausgegeben. In (2) wird die Zeichenkette ab Index 5 ausgegeben. In (3) wird nochmals ab Index 0 ausgegeben, allerdings wird hier die Länge auf 2 Zeichen beschränkt, wohingegen in (4) die Länge zwar ebenfalls auf zwei Zeichen beschränkt wurde, jedoch hier als Start das sechste Zeichen (Index 5) gewählt wurde. Nachdem Positionsparameter auf „eins", „zwei", „drei" und „vier" gelegt wurden, werden in (5) alle Parameter ab Position 2 angezeigt.

In (6) wird ab Position 2 genau ein Parameter ausgegeben. In (7) wird das erste Vorkommen von „eins" im zuvor definierten String zahlen durch „start: eins" ersetzt. In (8) findet ebenfalls diese Ersetzung statt, jedoch wird hier jedes Vorkommen von „eins" durch „start: eins" ersetzt. In (9) wird „ersetzen" durch „nicht ersetzen" ausgetauscht, wenn die Zeichenkette kette mit den Zeichen „ersetzen" beginnt. Und in (10) wird aus „ersetzen" ein „ersetzen bitte", falls die Zeichenkette mit „ersetzen" aufhört.

3.4.3 Maskieren von Variablen und Sonderzeichen

Um bestimmte Sonderzeichen anzuzeigen, müssen diese maskiert werden, da die Shell sie ansonsten interpretieren würde. Es gibt drei Arten der Maskierung:
- Backslash \
  Mit dem Backslash wird das direkt folgende Zeichen maskiert und somit nicht als Sonderzeichen ausgewertet.
- Anführungszeichen "
  Die Anführungszeichen maskieren alle Sonderzeichen außer dem Dollarzeichen, dem Backquote-Zeichen und dem Backslash.
- Einfache Anführungszeichen '
  Alle Zeichen, welche zwischen einfachen Anführungszeichen stehen, werden nicht ausgewertet.

Einige Beispiele:

```
    # var="Eine Variable"
(1) # echo $var
    Eine Variable
(2) # echo \$var
    $var
(3) # echo \$$var
    $Eine Variable
(4) # echo # Kein Kommentar $var

    # echo "# Kein Kommentar $var"
    # Kein Kommentar Eine Variable
(5) # echo '# Kein Kommentar $var'
    # Kein Kommentar $var
```

In (1) wird der Inhalt der Variablen var abgerufen. Durch einen vorangestellten Backslash wird das nachfolgende Zeichen maskiert, weshalb in (2) die Zeichenkette „$var" ausgegeben wird. Dass durch den Backslash nur das direkt nachfolgende Zeichen maskiert wird, zeigt Beispiel (3). In (4) wird gezeigt, wie die doppelten Anführungszeichen eingesetzt werden können. Sie maskieren das Kommentarzeichen, lassen jedoch zu, dass die Variable var aufgelöst werden kann. Wohingegen in (5) auch die Auflösung der Variablen durch die einfachen Anführungszeichen verhindert wird.

3.5 Das Kommando eval

Das Kommando eval dient dazu, alle Variablen einer Kommandozeile aufzulösen und das daraus gewonnene Konstrukt zur Auswertung und Ausführung an die Shell zu übergeben. Die Flexibilität von Shellprogrammen wird somit wesentlich gesteigert. So ist es zum Beispiel möglich, dynamisch Namen von Variablen zu generieren und diese dann durch eval extrahieren zu lassen, um deren Inhalt zu lesen. In dem folgenden Beispiel wird eine Zeichenkette in der Variablen temp gespeichert. Die Variable ist zur Laufzeit generiert worden. Referenziert wird ihr Name durch die Variable varname.

```
# temp="Dynamisch generierte Daten"
# varname="temp"
```

Wenn auf die Variable zugegriffen werden soll, deren Name in der Variablen varname abgespeichert ist, steht der Programmierer vor dem Problem, dass erst die Variable varname aufgelöst und daraufhin der Ausgabe ein Dollar vorangestellt werden muss, um über diesen Weg indirekt auf den Inhalt der Variablen temp zuzugreifen. Dies kann mit dem Kommando eval sehr einfach gelöst werden. Es wird folgende Kommandosequenz verwendet:

```
eval echo \$$varname
```

Diese Eingabe wird zweimal geparst. Im ersten Durchlauf wird die Variable varname aufgelöst. Der Backslash vor dem ersten Dollarzeichen bewirkt, dass dieses als Sonderzeichen bestehen bleibt und nur der Backslash entfernt wird. Nun wird das erste Schlüsselwort als eval erkannt, was bewirkt, dass die Zeile nochmals aufgerufen wird, wobei jedoch das eval weggelassen wird. Nach dem ersten Durchlauf ergibt sich:

```
echo $temp
```

Diese Zeile wird nun nochmals ausgeführt und liefert das gewünschte Ergebnis:

```
# eval echo \$$varname
Dynamisch generierte Daten
```

Einige weitere Beispiele:

```
(1) # tmpcount=ls /tmp|wc -1
    -bash: /tmp: is a directory
         0
    # tmpcount="ls /tmp|wc -1"
(2) # $tmpcount
    /tmp|wc: No such file or directory
    -1: No such file or directory
(3) # $"tmpcount"
    -bash: ls /tmp|wc -1: No such file or directory
(4) # eval $tmpcount
         6
(5) # eval "$tmpcount"
         6
```

In (1) interpretiert die Shell die eingegebene Zeile in der Form, dass erst der Variablen tmpcount der Wert „ls" zugewiesen und danach ein Kommando /tmp aufgerufen werden soll, dessen Ausgabe in das Kommando wc -1 umgeleitet wird. Da der rechts von der Pipe stehende Teil in einer Subshell läuft, wird dieser ausgeführt, wohingegen der linke Teil zu einer Fehlermeldung führt. Das Gesamtkonstrukt ist nicht valide. Nachdem die Kommandokette mit doppelten Anführungszeichen zusammengefügt und der Variablen tmpcount zugewiesen wurde, soll diese nun in (2) ausgeführt werden. Da die Auflösung von Variablen in der Shell nach der Erkennung und Verarbeitung von Pipes stattfindet, wird die Zeile interpretiert, als sollte der Inhalt von tmp|wc und -1 angezeigt werden. In (3) versucht die Shell das Kommando „ls /tmp|wc -1" auszuführen, welches es nicht gibt. Die Beispiele (4) und (5) führen beide zum gleichen Ergebnis. Dies liegt darin begründet, dass das Kommando eval nach erfolgtem Parsen und Entfernen von umgebenden Anführungszeichen die eingelesene Zeile nochmals interpretieren und danach ausführen lässt. Da in (4) keine Anführungszeichen vorhanden sind, wird nach Auflösen der Variablen die dahinter liegende Kommandozeile nochmals interpretiert ausgeführt, wobei in (5) erst die Variable aufgelöst wird, dann die umgebenden Anführungszeichen entfernt werden und daraufhin die Kommandozeile nochmals interpretiert und ausgeführt wird.

3.6 Testen von Bedingungen

Das Shell-Built-in test ist wesentlicher Bestandteil in der Erstellung von Shellprogrammen. Die Syntax des Kommandos:

test *Ausdruck*

In der ursprünglichen Form wurde das Kommando `test` ausgeschrieben. Allerdings wurde es als Vorteil angesehen, wenn Programme für die Shell denen von Hochsprachen auch in den Kontrollstrukturen ähnlich sind, weshalb das Kommando auch als geöffnete Klammer bereitgestellt wurde. Die Syntax dieser Variante:

`[ AUSDRUCK ]`

Zwischen den Klammern und dem Ausdruck müssen Whitespaces enthalten sein, da die öffnende Klammer selber ein Kommando ist und Positionsparameter erwartet. Zusätzlich ist die schließende Klammer ein weiterer Parameter, welcher von `test` erwartet wird. Damit die Klammer als abschließendes Argument erkannt wird, muss sie vom vorherigen Parameter durch mindestens einen Whitespace getrennt sein.

Der zu testende Ausdruck stellt sich für das Kommando wie folgt dar:

Variante 1

Variante 2

`Argument1 Operator Argument2`
Beispiel: `[ 5 -gt 3 ]`

`Operator Argument`
Beispiel: `[ -z "$name"]`

Zusätzlich zum Built-in gibt es auf den meisten Unix-Distributionen noch Executables wie `/usr/bin/test` oder `/bin/test`, um auch alte Programme weiterhin zu unterstützen. Solaris-Installationen etwa lösen die Kompatibilitätsfrage dadurch, dass Shell-Programme mit Namen `/usr/bin/test` oder `/bin/test` vorliegen. Die Programme sehen unter Solaris wie folgt aus:

```
# cat /bin/test
#
#!/bin/ksh -p
#
#ident  "@(#)alias.sh  1.2    00/02/15 SMI"
#
# Copyright (c) 1995 by Sun Microsystems, Inc.
#
cmd=`basename $0`
$cmd "$@"
```

Über das Kommando basename wird nur der eigentliche Kommandoname extrahiert. Im zweiten Schritt wird das herausgelöste Kommando mit sämtlichen Parametern, welche an das Programm übergeben wurden, aufgerufen. Es wird über `/bin/test` oder `/usr/bin/test` das Built-in `test` der Shell mit allen übergebenen Argumente aufgerufen. Der Vorteil dieser Lösung liegt darin, dass für andere Built-ins das gleiche Shellprogramm verwendet werden kann, wenn diese aus Kompatibilitätsgründen ebenfalls ein Kommando gleichen Namens in /usr/bin, /bin oder einem anderen Verzeichnis erwarten. Als weiteres Beispiel sei hier /usr/bin/cd genannt.

Installationen wie Linux stellen eigene Binaries im Filesystem bereit:

```
# ls -li /usr/bin/test /usr/bin/[
267077 -rwxr-xr-x. 1 root root 37000 Apr 17  2012 /usr/bin/[
282522 -rwxr-xr-x. 1 root root 33808 Apr 17  2012 /usr/bin/test
```

Bei FreeBSD wird für die Kommandos test und [die gleiche Binärdatei verwendet, wie anhand der identischen *Inode* [4] zu erkennen ist:

```
root@freebsd:~ # ls -li /bin/test /bin/[
321053 -r-xr-xr-x  2 root  wheel  11400 Aug 12  2015 /bin/[
321053 -r-xr-xr-x  2 root  wheel  11400 Aug 12  2015 /bin/test
```

Wird unter FreeBSD das Kommando test in [umbenannt, verhält es sich auch dementsprechend anders und erwartet eine schließende Klammer.

Tabelle 3.15 gibt einen Überblick der zur Verfügung stehenden Testmöglichkeiten.

Tab. 3.15: Testmöglichkeiten der Shells

Ausdruck	Bedeutung	[*Ausdruck*]	[[*Ausdruck*]]
-a *Datei*	existiert *Datei*	–	x
-b *Datei*	ist *Datei* ein Blockdevice	x	x
-c *Datei*	ist *Datei* ein Rawdevice	x	x
-d *Datei*	ist *Datei* ein Verzeichnis	x	x
-e *Datei*	ist *Datei* vorhanden	–	x
-f *Datei*	ist *Datei* eine reguläre Datei	x	x
-g *Datei*	hat *Datei* das GID Flag gesetzt	x	x
-G *Datei*	GID der *Datei* = GID des Prozesses	x	x
-h *Datei*	ist *Datei* ein symbolischer Link	x	x
-k *Datei*	hat *Datei* das sticky bit gesetzt	x	x
-L *Datei*	ist *Datei* ein symbolischer Link	x	x
-n *String*	ist Länge von *String* > 0	x	x
-o *Option*	ist *Option* in der Shell gesetzt	–	x
-p *Datei*	ist *Datei* eine named Pipe	x	x
-r *Datei*	ist *Datei* lesbar	x	x
-s *Datei*	ist Größe von *Datei* > 0	x	x
-S *Datei*	ist *Datei* ein Socket	–	x
-t *FD*	ist *FD* einem Terminal zugeordnet	x	x

---

4 Eine Inode ist eine Datenstruktur, welche alle Metadaten einer Datei enthält.

Tab. 3.15: Testmöglichkeiten der Shells – Fortsetzung

Ausdruck	Bedeutung	[*Ausdruck*]	[[*Ausdruck*]]
-u *Datei*	hat *Datei* das SUID-Flag gesetzt	x	x
-w *Datei*	ist *Datei* beschreibbar	x	x
-x *Datei*	ist *Datei* ausführbar	x	x
-z *String*	hat *String* die Länge 0	x	x
Datei1 -nt *Datei2*	ist *Datei1* neuer als *Datei2*	–	x
Datei1 -ot *Datei2*	ist *Datei1* älter als *Ddatei2*	–	x
Datei1 -ef *Datei2*	ist *Datei1* gleich *Datei2*	–	x
String1 = *String2*	ist *String1* gleich *String2*	x	x
String1 != *String2*	ist *String1* ungleich *String2*	x	x
Zahl1 -eq *Zahl2*	ist *Zahl1* gleich *Zahl2*	x	x
Zahl1 -ne *Zahl2*	ist *Zahl1* ungleich *Zahl2*	x	x
Zahl1 -gt *Zahl2*	ist *Zahl1* größer als *Zahl2*	x	x
Zahl1 -ge *Zahl2*	ist *Zahl1* größer oder gleich *Zahl2*	x	x
Zahl1 -lt *Zahl2*	ist *Zahl1* kleiner als *Zahl2*	x	x
Zahl1 -le *Zahl2*	ist *Zahl1* kleiner oder gleich *Zahl2*	x	x
Fall1 -a *Fall2*	ist *Fall1* und *Fall2* wahr	x	x
Fall1 -o *Fall2*	ist *Fall1* oder *Fall2* wahr	x	x
Var1 == *Var2*	ist *Var1* identisch mit *Var2*	–	x
Var1 != *Var2*	ist *Var1* nicht identisch mit *Var2*	–	x
Var1 > *Var2*	ist *Var1* alphanumerisch größer als *Var2*	–	x
Var1 < *Var2*	ist *Var1* alphanumerisch kleiner als *Var2*	–	x
String == *Muster*	ist *String* in *Muster* abbildbar	–	x
String != *Muster*	ist *String* nicht in *Muster* abbildbar	–	x

Die Verwendung des Schlüsselwortes [[bietet einige Vorteile, welche anhand von Beispielen deutlich gemacht werden sollen. Die Beispiele werden in einer Kornshell und in einer Bourne-again-Shell gezeigt. Zuerst wird eine leere String-Variable erzeugt und dann getestet, ob diese Variable die Zeichenkette „Test" enthält.

Kornshell:

```
# kette=""
# [ $kette = "Test" ]
ksh: test: argument expected
# echo $?
2
```

Die Meldung zeigt, dass das Kommando test ein Argument erwartet. Dies erscheint verwirrend, da eine Variable zum Vergleich übergeben wurde. Setzt man in der Umgebung den Schalter „-x", so erkennt man, warum das Kommando ein Problem meldet:

```
# set -x
# [ $kette = "Test" ]
+ [ = Test ]
ksh: test: argument expected
```

Da die Variable vor Ausführung des Tests aufgelöst wird, bleibt ein Leerstring übrig, welcher jedoch nicht maskiert ist.

In der Bourne-again-Shell führt das Testen einer leeren Variablen ebenfalls zu diesem Problem, wie das nachfolgende Beispiel zeigt:

```
# kette=""
# [ $kette = "Test" ]
bash: [: =: unary operator expected
# echo $?
2
```

Auch hier erkennt man, wenn man die Auflösung von Variablen und Kommandos in der Shell aktiviert, dass erst die Variable aufgelöst wird:

```
bash-3.00# [ $kette = "Test" ]
+ '[' = Test ']'
bash: [: =: unary operator expected
```

Ein weiteres Problem kann entstehen, wenn man eine Zeichenkette mit Leerzeichen prüfen möchte. Das Verhalten in der Kornshell:

```
# kette="Dies ist ein Test"
# [ $kette = "Test" ]
ksh: ist: unknown test operator
```

Die Meldung lässt schon vermuten, welches Problem aufgetreten ist. Auch hier wurde erst die Variable aufgelöst und dann an das test-Kommando übergeben. Die Zeichenkette „ist" stellt keine Operation im test-Kommando dar. Nach Einschalten der Variablenauflösung erkennt man:

```
# set -x
# [ $kette = "Test" ]
+ [ Dies ist ein Test = Test ]
ksh: ist: unknown test operator
```

Wie das folgende Beispiel zeigt, kann das Built-in der bash schon besser einordnen, was syntaktisch falsch ist, jedoch kann auch hier die Variable nicht geprüft werden:

```
bash-3.00# kette="Dies ist ein Test"
bash-3.00# [ $kette = "Test" ]
bash: [: too many arguments
```

Dem Kommando werden zu viele Argumente übergeben. Ein Blick auf die Tabelle der Testmöglichkeiten zeigt, dass pro Subtest maximal zwei Argumente möglich sind. Nachdem die Variable kette aufgelöst wurde, liest sich die Abfrage jedoch als:
[-z Dies ist ein Test].

Das Kommando test kann nicht eindeutig bestimmen, was auf Länge Null zu prüfen ist, da nur genau eine Zeichenkette geprüft werden kann. In dem Beispiel sind aber vier Zeichenketten enthalten, nämlich „Dies", „ist", „ein" und „Test".

Wird jedoch das Keyword [[verwendet, so werden erst die Argumente zwischen den Klammern ausgewertet und danach der Test durchgeführt.
Das Ergebnis:

```
# [[ -z $kette ]]
# echo $?
1
```

Ein weiterer Vorteil des Schlüsselwortes [[liegt in der Geschwindigkeit. In dem folgenden Programm werden zwei Schleifen abgearbeitet. In der ersten Schleife wird das Kriterium zum Abbruch mit dem Kommando test ermittelt, wohingegen im zweiten Durchlauf mit dem Schlüsselwort [[gearbeitet wird.

Das zum Test verwendete Programm:

```
#!/bin/ksh
#
typeset -i i=1 # Integer als Zaehler
echo
echo "Schleife mit test-Kommando..."
# Kommandoblock 1
time while [ $i -le 20000000 ]
do
 ((i++)) # Zaehler inkrementieren
done
#
i=1 # Zaehler zuruecksetzen
echo
echo "Schleife mit test-Keyword..."
# Kommandoblock 2
time while [[ $i -le 20000000 ]]
do
 ((i++)) # Zaehler inkrementieren
done
```

Die Schleife, welche mithilfe von [[das Abbruchkriterium überprüft, benötigt nur knapp 70 Prozent der Zeit, welche die erste Schleife zur Abarbeitung benötigt, wie der folgenden Ausgabe zu entnehmen ist.

```
# ./messung.ksh

Schleife mit test-Kommando...

real    0m16.61s
user    0m16.57s
sys     0m0.00s

Schleife mit test-Keyword...

real    0m11.38s
user    0m11.36s
sys     0m0.00s
```

3.7 Kontrollstrukturen

Um Programme in einer Shell zu erstellen, sind sogenannte *Kontrollstrukturen* nötig. Folgende Kontrollstrukturen werden von den hier besprochenen Shells unterstützt:

- Verzweigungen
  Eine Verzweigung stellt den Einsprung in einen bestimmten Programmbereich dar, sobald eine angegebene Bedingung erfüllt ist.
- Schleifen
  Eine Schleife definiert einen Bereich innerhalb eines Programms, welcher so lange durchlaufen wird, bis eine Bedingung erfüllt ist. Es gibt die folgenden Schleifenkonstrukte:
  - Kopfgesteuerte Schleifen
  - Fußgesteuerte Schleifen (indirekt durch Verwendung des Kommandos break)
  - Endlosschleifen
  - Mengenschleifen
  - Zählschleifen

Es folgt eine nähere Betrachtung der einzelnen Kontrollstrukturen.

3.7.1 Verzweigungen

Verzweigungen werden über das Schlüsselwort if eingeleitet. Auf dieses Schlüsselwort folgt eine zu prüfende Bedingung in Form eines Ausdrucks, welche erfüllt (Resultat true) oder nicht erfüllt (Resultat false) sein kann. Ein dem Ausdruck vorangestelltes Ausrufezeichen wirkt negierend.

Die Syntax:

```
if [!] Ausdruck
```

In den folgenden zwei kurzen Beispielen wird gezeigt, wie Bedingungen mit Hilfe des Schlüsselwortes if geprüft werden. Eine Textdatei text enthält genau ein Zeichen, nämlich den Buchstaben „a". Im ersten Durchgang wird geprüft, ob der Buchstabe „a" in dem Text enthalten ist. Wenn das Kommando grep den Buchstaben in der Textdatei findet, ist die Bedingung erfüllt.

Der Programmcode:

```
# cat text
a
#
# if grep a text
> then
>   echo "Buchstabe a gefunden"
> fi
a
Buchstabe a gefunden
```

Es gibt auch Fälle, in welchen ein Kommando einen Returncode ungleich 0 liefern muss, damit eine Bedingung erfüllt ist.

Dies kann zum Beispiel in der Überwachung von Computersystemen der Fall sein. Ein Alarm soll ausgelöst werden, wenn ein Rechner nicht mehr erreichbar ist (wenn etwa ein ping einen Returncode von 1 liefert). Um solche Bedingen abzubilden, wird das Ausrufezeichen verwendet, welches der Bedingung vorangestellt ist.

Im zweiten Beispiel wird geprüft, ob der Buchstabe „b" **nicht** in der Datei enthalten ist. Wenn also das Kommando grep einen Rückgabewert ungleich 0 liefert (Buchstabe nicht gefunden), ist die Bedingung erfüllt.

Das angepasste Beispiel:

```
# if ! grep b text
> then
>   echo "Buchstabe b nicht gefunden"
> fi
Buchstabe b nicht gefunden
```

Es gibt drei Varianten der Verzweigung, welche von allen hier besprochenen Shells unterstützt werden.

Einfache Auswahl

Die einfache Auswahl prüft eine Bedingung und verzweigt bei Erfüllung in einen entsprehenden Programmblock. Die Syntax:

```
if [!] Kommandos
then
  Kommandoblock1
fi
```

Einfache Alternative

In dieser Variante wird *Kommandoblock1* ausgeführt, wenn die Bedingung erfüllt ist. In allen anderen Fällen wird *Kommandoblock2* ausgeführt. Die Syntax:

```
if [!] Kommandos
then
  Kommandoblock1
else
  Kommandoblock2
fi
```

Mehrfache Alternative

Bei der mehrfachen Alternative werden Kommandos in Bedingungen, welche sich gegenseitig ausschließen, geprüft. Die Syntax:

```
if [!] KommandosA
then
  Kommandoblock1
elif [!] KommandosB
then
  Kommandoblock2
elif [!] KommandosC
then
  Kommandoblock3
fi
```

In **Abbildung 3.5** sind die Verzweigungen abgebildet, welche von den in diesem Buch besprochenen Shells unterstützt werden.

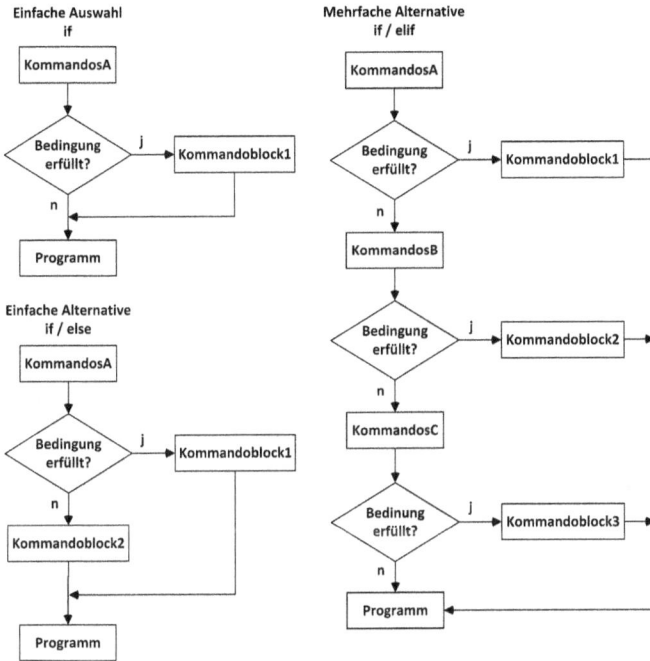

Abb. 3.5: Verzweigungen

case

Das case-Konstrukt vergleicht einen String mit einer vordefinierten Menge an Zeichenmustern und bearbeitet den Anweisungsblock des jeweils ersten Treffers. Sollte es ein weiteres Suchmuster geben, welches auf die zu prüfende Zeichenkette passen würde, hätte dies keine weiteren Auswirkungen, da nach dem ersten Treffer zum Ende des case-Blocks gesprungen wird [5]. Die Syntax:

```
case $var in
"Muster1")
  Kommandoblock1
;;
...
"MusterN")
  KommandoblockN
;;
esac
```

---

[5] Man spricht hierbei auch von der *Lazy Evaluation*.

Für die Suchmuster können keine *regulären Ausdrücke*[6], jedoch das shellinterne *Globbing*[7] verwendet werden.

Abbildung 3.6 zeigt den Aufbau eines case-Konstruktes.

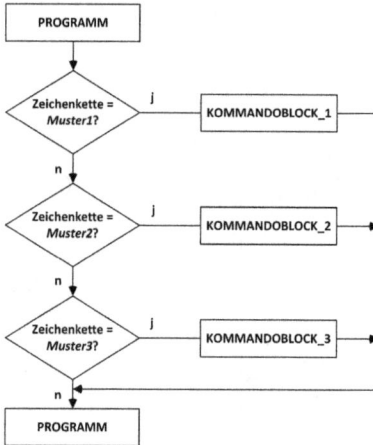

Abb. 3.6: case

3.7.2 Schleifen

Alle in diesem Buch besprochenen Shells unterstützen die folgenden Schleifenkonstrukte:

– Kopfgesteuerte Schleife
  Bei der kopfgesteuerten Schleife wird erst eine Bedingung geprüft und dann entschieden, ob der *Schleifenrumpf* oder auch *Schleifenkörper* durchlaufen wird.
– Mengenschleife
  Die Mengenschleife wird für eine vorher definierte Menge von Elementen durchgeführt. Für jedes Element wird eine bestimmte Aktion aufgerufen. Die Mengenschleife kann über eine Liste oder ein Array aufgebaut werden.

Es handelt sich bei der Mengenschleife um eine Sonderform der kopfgesteuerten Schleife, was sich daran festmacht, dass die Anzahl Elemente vor dem ersten Schleifendurchlauf geprüft wird. Ist kein Element in der Liste oder dem Array vorhanden, so wird der Schleifenrumpf nicht aufgerufen.

---

6 Siehe hierzu auch das Kapitel **Datenverarbeitung**.
7 Siehe hierzu auch das Kapitel **Datenverarbeitung**.

Die fußgesteuerte Schleife wird von den hier besprochenen Shells nicht direkt unterstützt, kann jedoch in der Form realisiert werden, dass über das Built-in break[8] eine Schleife verlassen wird, sobald eine Bedingung nicht mehr erfüllt ist.

Abbildung 3.7 zeigt die Schleifen-Varianten, welche mit allen besprochenen Shells realisierbar sind.

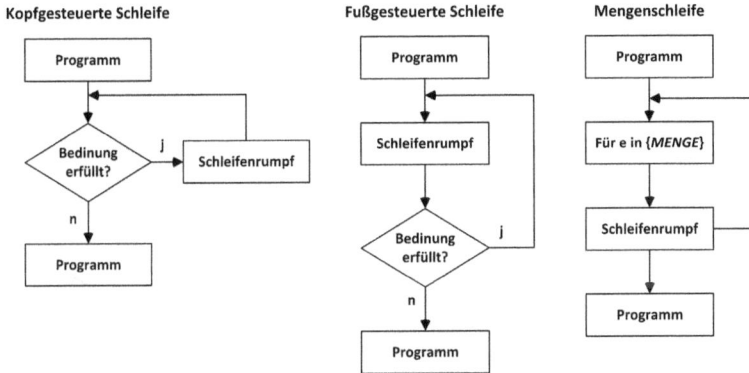

Abb. 3.7: Unterstützte Schleifenkonstrukte

Kopfgesteuerte Schleifen

Bei einer kopfgesteuerten Schleife wird die Bedingung zur Ausführung des Schleifenkörpers vor jedem Durchlauf geprüft. Ist die Bedingung nicht erfüllt, wird das Programm hinter dem Schleifenkörper weiter fortgeführt. Im folgenden Programm wird eine Schleife zweimal durchlaufen.

```
#!/bin/sh
#
# Beispiel einer kopfgesteuerten Schleife
#
i=1
while [ $i -le 2 ]
do
 echo "Variable i hat den Wert: $i"
 i=`expr $i + 1`
done
#
# ./kopfgesteuert.sh
Variable i hat den Wert: 1
Variable i hat den Wert: 2
```

---

8 Das Kommando wird am Ende dieses Abschnittes besprochen.

Fußgesteuerte Schleifen

Im Gegensatz zur kopfgesteuerten Schleife wird bei der fußgesteuerten Schleife die Bedingung jeweils nach erfolgtem Durchlauf des Schleifenkörpers überprüft. Der Schleifenkörper wird also mindestens ein Mal durchlaufen.

```
#!/bin/sh
#
# Beispiel einer fussgesteuerten Schleife
# mit Hilfe des built-ins break
#
i=1
while true
do
 echo "Variable i hat den Wert: $i"
 if [ $i -gt 1 ]
 then
  break
 fi
 i=`expr $i + 1`
done
```

In der kopfgesteuerten Schleife wird vor jedem Durchlauf geprüft, ob der Wert der Variablen i noch im Gültigkeitsbereich liegt und die Bedingung somit wahr ist. In der zweiten Variante muss dementsprechend die Bedingung angepasst werden, denn die Prüfung findet nach jedem Durchlauf der Schleife statt.

Mengenschleifen (for - Schleifen)

Mengenschleifen werden mithilfe des Schlüsselwortes for eingeleitet. Bei der Mengenschleife wird eine Liste definiert, welche dann über die Schleife abgearbeitet wird. Die Elemente dieser Liste sind, wenn nicht anders definiert, durch Whitespaces voneinander getrennt. Die Syntax:

```
for var [ in Element₁...Elementₙ ]
do
 Kommandos
done
```

Ein Beispiel einer Mengenschleife:

```
for i in 1 2
> do
>  echo "Variable i hat den Wert: $i"
> done
Variable i hat den Wert: 1
Variable i hat den Wert: 2
```

Arithmetische for Schleifen

Die bash und ksh93 bieten zusätzlich zu der gezeigten for Schleife noch die Möglichkeit, eine Zählschleife zu konstruieren, welche stark an C angelehnt ist. Die Syntax für dieses Konstrukt:

```
for (( Start; Endbedingung; Inkrement|Dekrement ))
do
  Kommandos
done
```

Beispiele für beide Varianten:

Inkrement

```
# typeset -i i
# for (( i=0; i<=3; i++ ))
> do
>   echo $i
> done
0
1
2
3
```

Dekrement

```
# typeset -i i
# for (( i=6; i>=0; i-=2 ))
> do
>   echo $i
> done
6
4
2
0
```

3.7.3 break / continue

Schleifen (for oder while) können mit dem Kommando break verlassen werden. Als Argument kann eine positive Ganzzahl übergeben werden, welche das Level der zu überspringenden Schleifen angibt. Die Syntax des Kommandos:

```
break [Level]
```

Wenn kein Argument übergeben wird, veranlasst das Kommando, dass die aktuelle Schleife verlassen wird. Der Aufruf break ist also dem Aufruf break 1 gleichzusetzen.

Abbildung 3.8 zeigt das Verhalten des Kommandos in verschachtelten Schleifen. Mittels break oder break 1 gelangt man aus Schleife 4 in 3. Analog können die anderen umgebenen Schleifen erreicht werden. Durch Verwendung von break 4 würde in das Hauptprogramm zurückgesprungen. Das Hauptprogramm kann man nicht durch Verwendung von break verlassen.

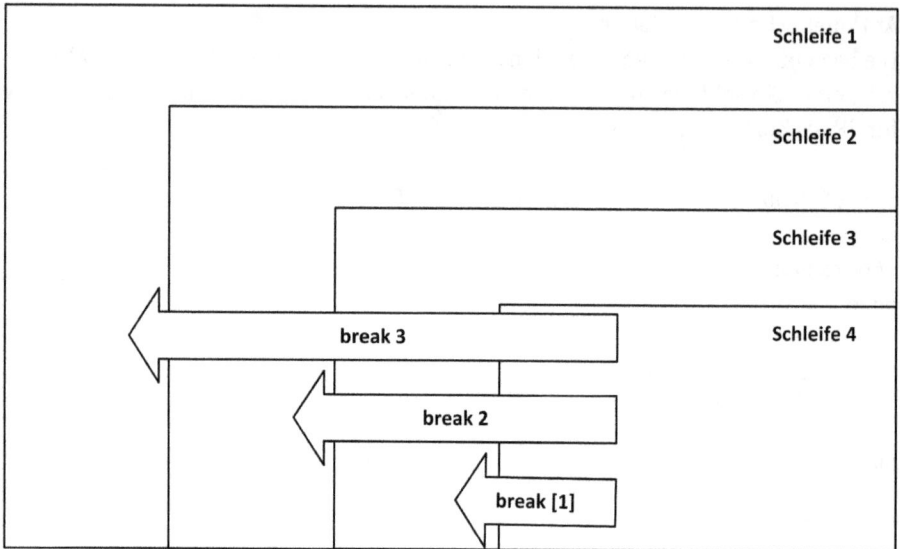

Abb. 3.8: Funktionsweise des Kommandos break

Das Kommando continue sorgt dafür, dass eine Schleife mit dem nächsten Element weiter bearbeitet wird. Der Schleifenkörper wird für das aktuelle Argument nicht weiter bearbeitet, sondern stattdessen sofort mit dem nächsten Durchlauf begonnen oder die Schleife verlassen, falls das Abbruchkriterium erfüllt ist.

Das Kommando kann zum Beispiel eingesetzt werden, wenn für bestimmte Elemente eine Verarbeitung nicht nötig ist, die zu verarbeitende Liste jedoch dynamisch erzeugt wird. Die Syntax:

```
continue
```

Ein Beispiel:

```
# for i in 1 2 3 4 5
> do
>   if [ $i -lt 4 ]
>   then
>     continue
>   fi
>   echo "i hat den Wert: $i"
> done
i hat den Wert: 4
i hat den Wert: 5
```

3.7.4 getopts

Um mehrere Optionen und zugehörige Argumente in einem Shellprogramm abzufragen, kann man entweder mit einer Schleife alle übergebenen Argumente einlesen oder das Built-in getopts verwenden.

Angenommen, es werden für ein Programm folgende Schalter benötigt:

-v (für verbose)
-l *Logverzeichnis*
-i (für interaktiv)

Die Liste zeigt, dass einer der Schalter ein zusätzliches Argument benötigt (Logverzeichnis), wohingegen die anderen Schalter nur ein- oder ausgeschaltet sein müssen. Wenn die übergebenen Optionen und Argumente in einem Programm abgefragt werden sollen, kann das auf folgendem Wege gemacht werden:

```
#!/bin/sh
while [ $# -gt 0 ]
do
 case $1 in
 "-v")
  verbose="true"
 ;;
 "-l")
  shift
  logdir=$1
 ;;
 "-i")
  interactive="true"
 ;;
 esac
 shift
done
echo "Verbose: $verbose"
echo "Logdir: $logdir"
echo "Interactive: $interactive"
done
```

Ein Test:

```
# ./getopts.sh -l /var/tmp/logdir -v -i
Verbose: true
Logdir: /var/tmp/logdir
Interactive: true
```

Oftmals möchte man aber die Optionen über einen gemeinsamen Schalter übergeben. Es ist beispielsweise wesentlich schneller, „ls -ltr" aufzurufen, als „ls -l -t -r" einzugeben. Das Programm kann die Kurzform jedoch nicht interpretieren, wie das folgende Beispiel zeigt:

```
# ./getopts.sh -vil /var/tmp/logdir
Verbose:
Logdir:
Interactive:
```

Dieses Problem lässt sich mithilfe von getopts recht einfach lösen. Die Syntax des Kommandos:

getopts [:]*Optstring Name* [*Argument...Argument*n]

Die Argumente und Optionen haben folgende Bedeutung:
- :

  Der Doppelpunkt hat in dem Argument *Optstring* eine doppelte Bedeutung. Wenn der Optstring mit einem Doppelpunkt beginnt, werden Fehlermeldungen durch das Kommando getopts nicht ausgegeben. Oft möchte man in seinem Programm selber auf eventuell falsch eingegebene Argumente reagieren und eine entsprechende Meldung ausgeben lassen. Die zweite Funktion ist im nachfolgenden Punkt zum *Optstring* angegeben.
- *Optstring*

  Diese Zeichenkette enthält alle Options-Zeichen, welche ausgewertet werden sollen. Wenn einem auszuwertenden Zeichen ein Doppelpunkt folgt, bedeutet dies, dass die Option ein zusätzliches Argument benötigt.
- *Name*

  Der Name der Shell-Variablen, welche die Option enthält.
- *Argument*

  Wenn keine weiteren Argumente an getopts übergeben werden, verwendet das Built-in den Inhalt von @. Alternativ kann aber auch eine Liste an Optionen und Argumenten angeführt werden, zum Beispiel while getopts vil: opt -vi -l /var/tmp/logdir ......

Es folgt nun die Abfrage der eingangs erwähnten Optionen über das Built-in getopts. Da der Schalter „-l" ein zusätzliches Argument (ein Logverzeichnis) benötigt, ist dem Zeichen „l" ein Doppelpunkt angefügt. Die verbleibenden Zeichen werden nur auf ein Vorhandensein geprüft. Wenn sie beim Aufruf des Programms nicht verwendet werden, bleiben die Variablen unbesetzt.

```
#!/bin/sh
while getopts vl:i opt
do
 case $opt in
 "v")
  verbose="true"
 ;;
 "l")
  logdir=$OPTARG
 ;;

 "i")
  interactive="true"
 ;;
 esac
done
echo "Verbose: $verbose"
echo "Logdir: $logdir"
echo "Interactive: $interactive"
```

Es können nun auch mehrere Optionen über einen Schalter gesetzt werden:

```
# ./getopts.sh -vil /var/tmp/logdir
Verbose: true
Logdir: /var/tmp/logdir
Interactive: true
```

Wenn getopts mehrfach hintereinander aufgerufen wird, gilt es zu beachten, dass der Laufindex OPTIND zurückgesetzt werden muss. Dies ist auch dann der Fall, wenn zuvor eine Funktion aufgerufen wurde, welche mit getopts arbeitet. Ein kurzes Beispiel:

```
#!/bin/sh
get_names() {
 while getopts abc var
 do
  echo "Option: $var OPTIND: $OPTIND"
 done
}
echo "Funktionsaufruf"
get_names -a -b -c
echo "OPTIND hat den Wert: $OPTIND"
echo "Aufruf Hauptprogramm"
while getopts :vl:i opt
do
 case $opt in
 "v")
  verbose="true"
 ;;
```

```
"l")
 logdir=$OPTARG
 ;;
"i")
 interactive="true"
 ;;
 esac
done
echo "Verbose: $verbose"
echo "Logdir: $logdir"
echo "Interactive: $interactive"
```

Bevor die Optionen des Hauptprogramms abgefragt werden, wird erst die Funktion get_names aufgerufen. Das Ergebnis:

```
# ./getopts.sh -v -l /var/tmp/logdir -i
Funktionsaufruf
Option: a OPTIND: 2
Option: b OPTIND: 3
Option: c OPTIND: 4
OPTIND hat den Wert: 4
Aufruf Hauptprogramm
Verbose:
Logdir:
Interactive: true
```

Dies ist auf den ersten Blick etwas verwirrend, denn die Option „-i" wurde noch erkannt. In der Manpage getopts(1) findet sich folgende Passage:

> Each time it is invoked, getopts places the next option in the shell variable name, initializing name if it does not exist, and the index of the next argument to be processed into the variable OPTIND.

Der Index OPTIND zeigt also auf die Stelle der nächsten Option, während die aktuelle Option bearbeitet wird.

Tabelle 3.16 zeigt, wie OPTIND inkrementiert wird, wenn übergebene Optionen ausgewertet werden.

Tab. 3.16: Verhalten OPTIND

Durchlauf	Aktuelles Kommando	Aktuelles Argument	Wert von OPTIND
1	get_names -a -b -c	a	2
2	get_names -a -b -c	b	3
3	get_names -a -b -c	c	4
1	getopts.sh -v -l /var/tmp/logdir -i	i	4

Ein zweites Beispiel zeigt, wie sich OPTIND verändert, wenn mehrere Optionen über einen Switch geschaltet werden.

```
#!/bin/sh
get_names() {
 while getopts abc var
 do
  echo "Option: $var OPTIND: $OPTIND"
 done
}
get_args() {
 while getopts de:f var
 do
  echo "Option: $var OPTIND: $OPTIND"
 done
}
echo "Aufruf: get_names -a -b -c"
get_names -a -b -c
echo "OPTIND hat den Wert: $OPTIND"
# OPTIND zurücksetzen
OPTIND=1
echo "Aufruf: get_names -abc"
get_names -abc
echo "OPTIND hat den Wert: $OPTIND"
# OPTIND zurücksetzen
OPTIND=1
echo "Aufruf: get_args -e VARIABLE -df"
get_args -e VARIABLE -df
echo "OPTIND hat den Wert: $OPTIND"
```

Die Ausgabe:

```
Aufruf: get_names -a -b -c
Option: a OPTIND: 2
Option: b OPTIND: 3
Option: c OPTIND: 4
OPTIND hat den Wert: 4
Aufruf: get_names -abc
Option: a OPTIND: 1
Option: b OPTIND: 1
Option: c OPTIND: 2
OPTIND hat den Wert: 2
Aufruf: get_args -e VARIABLE -df
Option: e OPTIND: 3
Option: d OPTIND: 3
Option: f OPTIND: 4
OPTIND hat den Wert: 4
```

Tabelle 3.17 zeigt nochmals, wie der Index OPTIND für die verschiedenen Aufrufe inkrementiert wird.

Tab. 3.17: Verhalten OPTIND

Durchlauf	Aktuelles Kommando	Aktuelles Argument	Wert OPTIND
1	get_names -a -b -c	a	2
2	get_names -a -b -c	b	3
3	get_names -a -b -c	c	4
1	get_names -abc	a	1
2	get_names -abc	b	1
3	get_names -abc	c	2
1	get_args -e VARIABLE -df	e	3
1	get_args -e VARIABLE -df	d	3
1	get_args -e VARIABLE -df	f	4

Interessant ist, dass der Index für die erste Variante mit 2 beginnt, für das zweite Kommando mit 1 und bei der dritten Verion mit 3. Dies ist auch logisch, denn beim Aufruf get_names -a -b -c sind insgesamt drei Schalter angegeben. Während der erste Switch bearbeitet wird, zeigt der Index auf das nächste Feld.

Das Beispiel get_names -abc macht dies nochmal deutlich. Alle Optionen werden über einen Switch gesetzt. OPTIND zeigt also auf Index 1, da die Option „b" sich im gleichen Feld wie „a" befindet. Während Option„b" bearbeitet wird, zeigt OPTIND immer noch auf das erste Feld, denn die nächste Option ist „c". Erst wenn Option „c" bearbeitet wird, wird OPTIND inkrementiert, da Option „c" am Ende des übergebenen Blocks steht.

Auch der Aufruf get_args -e VARIABLE -df ist schlüssig. Wenn die Option „-e" bearbeitet wird, ist das Feld, welches die nächste Option enthält, Feld Nummer 3, da Feld Nummer 2 ein Argument für Option „-e" enthält.

Wie bereits erwähnt, muss unbedingt darauf geachtet werden, dass bei mehrfacher Benutzung des Kommandos der Index zurückgesetzt wird, da es ansonsten zu unerwarteten und schwer zu findenden Fehlern kommen kann.

Auch wenn der Index OPTIND so hoch gesetzt ist, dass keins der zu überprüfenden Argumente abgefragt werden kann, wird dies von getopts nicht als Fehler gewertet, was höchstwahrscheinlich zu unerwünschten Effekten führt.

3.7.5 select

Die Kornshell und die bash stellen noch ein weiteres Konstrukt zur Verfügung, um
Abfragen über eine Liste zu unterstützen. Mit dem Kommando select können sehr
einfach Menüs generiert werden, aus welchen der Benutzer dann eine Auswahl tref-
fen kann. Die Syntax:

```
select var [ in Liste ]
do
  Kommandos
done
```

Die Funktionsweise des Kommandos:
- Erzeugt für jedes Element in *Liste* einen Menüpunkt mit fortlaufender Nummer.
  Wenn keine Liste übergeben wurde, erzeugt select für jedes Element in @ einen
  Menüpunkt.
- Zeigt den Prompt PS3 als Menüprompt unter der Liste und wartet auf eine Eingabe.
- Speichert den ausgewählten Punkt in der Variablen var und die Nummer des
  Menüpunktes in der Umgebungsvariable REPLY.
- Führt *Kommandos* aus.

Bei dem select-Konstrukt handelt es sich um eine Endlosschleife. Sie wird so lange
durchlaufen, bis der Benutzer diese abbricht oder einen Menüpunkt auswählt, welcher die Schleife verlässt, wie im folgenden Beispiel gezeigt wird.

```
#!/bin/sh
#
select var
do
  test "$var" = "exit" && break
  test -z "$var" && var="LEER"
  echo "Variable var:" $var "Variable REPLY:" $REPLY
done
#
echo "Das Programm wurde verlassen"
```

Das Programm wird mit beliebigen Argumenten aufgerufen, welche dann als Menüpunkt dargestellt werden. Wenn die Variable var dem String „exit" entspricht, wird
die Schleife verlassen. Wenn var leer ist, wird ihr der String „LEER" zugewiesen. Das
Argument *exit* muss mit übergeben werden, da man ansonsten das Menü nur durch
Abbruch des Programms verlassen kann.

```
# ./select.sh eins zwei drei vier exit
1) eins
2) zwei
3) drei
4) vier
5) exit
#? 1
Variable var: eins Variable REPLY: 1
#? 3
Variable var: drei Variable REPLY: 3
#? fünf
Variable var: LEER Variable REPLY: fünf
#? 5
Das Programm wurde verlassen
```

Wenn statt der Nummer „5" der String „fünf" eingegeben wird, bekommt die Variable REPLY die Zeichenkette „fünf" zugewiesen und die Variable var enthält keinen gültigen Wert.

3.7.6 Codeblocks und Subshells

Es gibt zwei Möglichkeiten, um Kommandos gekapselt laufen zu lassen, ohne dabei zusätzliche Shellprogramme oder Funktionen einzusetzen. Man kann auf *Subshells* und *Codeblocks* zurückgreifen. Das Verhalten der beiden Varianten ist ähnlich, jedoch erzeugt die Subshell einen neuen Prozess, wohingegen ein Codeblock in der jeweiligen Shell ausgeführt wird. Ein Codeblock wird durch geschweifte Klammern begrenzt, wohingegen eine Subshell zwischen runden Klammern ausgeführt wird.

Codeblock	Subshell
{	(
Kommandos	Kommandos
}	)

Ein klassisches Einsatzgebiet von Subshells oder Codeblöcken ist das Duplizieren von Filesystemen oder Verzeichnissen. Dies funktioniert mit beiden Varianten, da durch den Pipe-Mechanismus an sich schon eine Subshell erzeugt wird. Ein Beispiel:

```
#  tar cf - * | gzip -c | (ssh backupserver \
> "cd /var/backup ; gzip -dc - | tar xf -")
root@backupserver's password:
```

Alternativ kann auch der Codeblock verwendet werden. Wichtig ist hierbei zu beachten, dass das Symbol { ein *Shell Keyword* darstellt. Damit die schließende Klammer richtig erkannt wird, muss sie entweder zu Beginn einer neuen Zeile stehen oder alternativ einem Semikolon folgen.

```
# tar cf - * | gzip -c | { ssh backupserver \
> "cd /var/backup ; gzip -dc - | tar xf -"; }
root@backupserver's password:
```

Wenn jedoch für bestimmte Kommandos temporär Umgebungsvariablen neu gesetzt oder Verzeichnisse gewechselt werden müssen, bietet es sich an, mit Subshells zu arbeiten, da diese Veränderungen sich nur auf die temporär erzeugte Umgebung beziehen und keinen Einfluss auf den restlichen Programmablauf haben. Auch hier ein Beispiel:

```
# var="Aussen"
# echo "Variable aussen: " $var; (echo "Subshell"; var="Innen"; \
    echo "Variable in Subshell: " $var; echo "Verlasse Subshell"); \
    echo "Variable aussen:" $var
Variable aussen:  Aussen
Subshell
Varriable in Subshell:  Innen
Verlasse Subshell
Variable aussen:  Aussen
```

Die Variable var behält für die aufrufende Umgebung ihren Wert, kann in der Subshell jedoch frei verändert werden.

Das gleiche Konstrukt, jedoch in diesem Fall mit einem Codeblock, zeigt, dass die neue Zuordnung der Variablen innerhalb des Blocks auch für die aufrufende Umgebung gilt:

```
# var="Aussen"
# echo "Variable aussen: " $var; { echo "Kommandoblock"; \
    var="Innen"; echo "Varriable in Kommandoblock: " $var; \
    echo "Verlasse Kommandoblock"; }; echo "Variable aussen:" $var
Variable aussen:  Aussen
Kommandoblock
Varriable in Kommandoblock:  Innen
Verlasse Kommandoblock
Variable aussen:  Innen
```

3.7.7 Funktionen

Wenn bestimmte Befehlsfolgen häufig in einem Programm vorkommen, bietet es sich an, Funktionen zu definieren. Eine Funktion ist ein Unterprogramm (ein Codeblock) innerhalb eines Shellprogramms. Parameter können wie an ein normales Shellprogramm übergeben werden und werden auch auf die gleiche Art innerhalb der Funktion ausgelesen ($1, $2, ... $n). Über den Befehl return kann ein Rückgabewert an das aufrufende Programm geliefert werden, ansonsten wird der Rückgabewert des zuletzt in der Funktion aufgerufenen Befehls verwendet.

Eine Funktion kann über die Syntax *Funktionsname*() definiert werden, welche von allen drei Shellvarianten unterstützt wird. Die Bourne-again-Shell und die Kornshell bieten zusätzlich das Schlüsselwort function an, welches alternativ zur Funktionsdefinition verwendet werden kann.

Definition von Funktionen

Gültig für alle Shells

```
fname() {
   Kommandoblock
   [return [Returncode]]
}
```

Alternative für ksh und bash

```
function fname {
   Kommandoblock
   [return [Returncode]]
}
```

Im Beispiel ist eine einfache Funktion definiert, welche zwei Zahlen addiert und das Ergebnis zurückliefert:

```
#!/bin/sh
#
# Beispiel einer Funktion
#
summme() {
 a=$1
 b=$2
 nawk -v a=$a -v b=$b 'BEGIN {print (a+b)}'
}
#
# Aufruf Funktion
summme 5.5 3.4
```

Bei Aufruf wird erst die Funktion summe definiert. Die Funktion ruft wiederum den nawk auf, welcher dann die gewünschte Addition durchführt und das Ergebnis nach STDOUT schreibt.

```
# ./funktion1.sh
8.9
```

Variablen in Funktionen
Sowohl ksh als auch bash bieten die Möglichkeit an, mit lokalen Variablen in Funktionen zu arbeiten, wohingegen in der sh nur globale Variablen zur Verfügung stehen.

Damit die Variablen lokal verwendet werden, muss entweder das Schlüsselwort local oder das Schlüsselwort typeset bei der Zuweisung verwendet werden. Hierzu ein kurzes Beispiel:

```
#!/bin/ksh
string="Main"
#
# lokale variablen in ksh und bash
#
function funk {
 typeset string="Funktion"
 echo "Wert der Variablen: $string"
}
# Hauptprogramm
echo "Wert der Variablen vor Aufruf der Funktion: $string"
echo "Funktionsaufruf..."
funk
echo "Wert der Variablen nach Aufruf der Funktion: $string"
```

Ein Aufruf unter der Kornshell zeigt, dass die Variable string zu Beginn des Programms den Wert „Main" zugewiesen bekommt. Innerhalb der Funktion wird eine lokale Variable mit gleichem Namen verwendet und mit einem anderen Wert besetzt, was jedoch auf die zuvor im Hauptprogramm erstellte Variable keinen Einfluss hat.

```
# ./prog.ksh
Wert der Variablen vor Aufruf der Funktion: Main
Funktionsaufruf...
Wert der Variablen: Funktion
Wert der Variablen nach Aufruf der Funktion: Main
```

3.7.8 Signale

Unix kann über Signale das Verhalten von laufenden Prozessen beeinflussen. Ein Signal ist eine Ganzzahl, die eine bestimmte Reaktion hervorruft, wenn sie an einen Prozess geschickt wird. Alle Signale, welche von einem Programm verwendet werden können, sind in den jeweiligen Programmen fest hinterlegt, so dass nicht jedes Programm jedes Signal interpretieren kann.

Tabelle 3.18 zeigt eine Übersicht von eingesetzten Prozess-Signalen. Die Angaben in den Spalten **Aktion** und **Wert Linux** sind wie folgt zu verstehen:
– Spalte „Aktion"
    – Exit
      Prozess beenden
    – Core
      Prozess beenden und Core-File in aktuelles Arbeitsverzeichnis schreiben

- Stop
  Prozess anhalten
- Cont
  Prozess weiterführen
- Ignore
  Signal ignorieren
- Spalte „Wert Linux"
  Die Ganzzahlen, welche in dieser Spalte angegeben sind, beziehen sich auf unterschiedliche Architekturen.
  - Links: Alpha und Sparc Archtitektur
  - Mitte: Intel x86 und x64, Itanium, Power PC, IBM s390, ARM und Hitachi-SuperH
  - Rechts: MIPS Architektur

Tab. 3.18: Auswahl an Signalen für Linux und Solaris

Name	Wert Linux	Wert Solaris	Aktion	Kommentar
SIGHUP	1	1	Exit	
SIGINT	2	2	Exit	STRG-C
SIGQUIT	3	3	Core	
SIGILL	4	4	Core	Illegal Instruction
SIGTRAP	5	5	Core	Breakpoint Trap
SIGABRT	6	6	Core	Abbruch
SIGEMT	7,-,7	7	Core	Emulation Trap
SIGFPE	8	8	Core	Arithmetic Exception
SIGKILL	9	9	Exit	Kill-Signal
SIGBUS	10,7,10	10	Core	Speicherfehler
SIGSEGV	11	11	Core	Segmentation Fault
SIGSYS	12,-,12	12	Core	Bad System Call
SIGPIPE	13	13	Exit	Broken Pipe
SIGALRM	14	14	Exit	Alarm
SIGTERM	15	15	Exit	Termination Signal
SIGUSR1	30,10,16	16	Exit	User Signal 1
SIGUSR2	31,12,17	17	Exit	User Signal 2
SIGCHLD	20,17,18	18	Ignore	Child Prozess gestorben/abgebrochen
SIGPWR	29,30,19	19	Ignore	Power Fail or Restart
SIGWINCH	28,28,20	20	Ignore	Windows Size changed
SIGURG	16,23,21	21	Ignore	Urgent Socket Condition
SIGPOLL	Leer	22	Exit	Pollable Event
SIGSTOP	17,19,23	23	Stop	Stop Process
SIGTSTP	18,20,24	24	Stop	Stop typed at tty
SIGCONT	19,18,25	25	Continue	Continue if stopped
SIGTTIN	21,21,26	26	Stop	tty input for background process
SIGTTOU	22,22,27	27	Stop	tty output for background process

Tab. 3.18: Auswahl an Signalen für Linux und Solaris – Fortsetzung

Name	Wert Linux	Wert Solaris	Aktion	Kommentar
SIGVTALRM	26,26,28	28	Exit	Virtual alarm clock
SIGPROF	27,27,29	29	Exit	Profiling Timer Expired
SIGXCPU	24,24,30	30	Core	CPU time limit exceeded
SIGXFSZ	25,25,31	31	Core	File size limit exceeded

Auch wenn **Tabelle 3.18** nur eine Auswahl an Signalen zeigt, erkennt man, dass einige Signale auf verschiedenen Architekturen unterschiedliche Ganzzahlen aufweisen. Aus diesem Grund empfiehlt es sich, mit den Signalnamen zu arbeiten, anstatt die jeweiligen Nummern zu verwenden.

Signalklassen

Es gibt die folgenden zwei Klassen von Signalen:
- Nicht abfangbare Signale
  Die Signale KILL (Signal Nummer 9) und STOP (Signal Nummer 23) können nicht von Programmen selbst ausgewertet werden.
- Abfangbare Signale
  Auf diese Signale kann der Programmierer Einfluss nehmen, indem er sie durch das Verwenden von *Traps* in Shellfunktionen abfängt.

Signale an Prozesse senden

Um Signale an Prozesse zu senden, wird das Kommando kill verwendet. Die Syntax:

```
kill [-s SIGNAME] PID [PID₂...PIDₙ]]
kill [-SIGNUMMER] PID [PID₂...PIDₙ]]
kill -l
```

Wenn weder der Name des Signals (*SIGNAME*) noch die Signalnummer (*SIGNUMMER*) angegeben wird, verwendet kill das Signal TERM, was den adressierten Prozess veranlassen soll, sich zu beenden.

Das Signal KILL sollte nur Verwendung finden, wenn ein normales Terminieren eines Prozesses nicht erfolgreich ist. Wenn ein Prozess das Signal KILL erhält, wird er mit dem nächsten Systemcall beendet, ohne etwa Filedescriptoren zu schließen, Shared-Memory-Segmente aufzuräumen, Kind-Prozessen eine Ende-Signal zu schicken oder erzeugte temporäre Dateien zu löschen. Dies wird in der Regel vom Betriebssystem übernommen, kann jedoch in manchen Fällen zu Fehlfunktionen führen.

Signale abfangen

Um auf empfangene Signale reagieren zu können, wird das Kommando trap verwendet. Die Syntax:

```
trap ['Kommandos'] [Signal...Signaln]
```

Sonderzeichen werden von der Shell schon beim Definieren des Traps ausgelesen und interpretiert. Aus diesem Grund empfiehlt es sich, beim Anlegen einfache Anführungszeichen zu verwenden. Hierzu ein kurzer Test, zu welchem das *Trace*-Flag der Shell gesetzt wurde, um die Auflösung der Argumente anzuzeigen:

```
      # var="Eine Variable"
      # set -x
(1) # trap "echo $var" SIGINT
      + trap 'echo Eine Variable' SIGINT
(2) # trap 'echo $var' SIGINT
      + trap 'echo $var' SIGINT
```

In Beispiel (1) ist erkennbar, dass bei Ausführung des Traps der String „Eine Zeichenkette" ausgegeben werden soll, wohingegen in (2) der Inhalt der Variablen var ausgegeben wird. Sämtliche interpretierbaren Zeichen werden also bei Erstellung des Traps ausgewertet, weshalb die einfachen Anführungszeichen zum Maskieren verwendet werden sollten.

Traps werden oft eingesetzt, um Programme auch bei einem Abbruchsignal geordnet zu verlassen. So können beispielsweise Inhalte von Variablen weggeschrieben werden, wie das folgende kurze Beispiel zeigt.

```
#!/bin/sh
# Beispiel eines Traps
trap 'echo "Programm wurde unterbrochen. Schreibe counter nach counterfile"; \
 echo counter=${counter} >counterfile; exit' INT
if [ -r counterfile ] # wenn Datei "counter" vorhanden, einlesen
then
 echo "Programm wird nach Abbruch fortgesetzt"
 . ./counterfile
 rm -f counterfile
else
 echo "Programm startet neu"
 counter=1
fi
while [ $counter -le 10 ] # Inkrementieren von counter
do
 echo "Counter: $counter"
 counter=`expr $counter + 1`
 sleep 3
done
```

In dem oben gezeigten Programm wird ein Trap definiert, welcher auf das Signal INT reagiert. Sobald das Programm abgebrochen wird, gibt der Trap eine Meldung aus, schreibt den aktuellen Wert der Variablen counter in der Form counter=${counter} in die Datei counterfile und beendet das Programm.

Beim Start des Programms wird geprüft, ob eine Datei counterfile vorhanden und lesbar ist. Wenn dies der Fall ist, wird die Datei eingelesen und danach gelöscht. Durch das Einlesen wird die Variable counter mit dem zuletzt gültigen Wert besetzt.

Wenn keine Datei zum Einlesen vorhanden ist, wird die Variable mit dem Startwert 1 initialisiert.

Ein Test zeigt, dass beim ersten Aufruf des Programms die Variable counter von 1 an hochgezählt wird. Nach Abbruch und Neustart zeigt sich, dass die Variable abgespeichert wurde und das Programm mit dem nächsten Durchlauf fortfährt, anstatt die ersten Durchläufe zu wiederholen.

```
# chmod +x trap.sh
# ./trap.sh
Programm startet neu
Counter: 1
Counter: 2
^CProgramm wurde unterbrochen. Schreibe counter nach counterfile
# ./trap.sh
Programm wird nach Abbruch fortgesetzt
Counter: 3
Counter: 4
^CProgramm wurde unterbrochen. Schreibe counter nach counterfile
```

4 Datenverarbeitung

4.1 Reguläre Ausdrücke

Als *reguläre Ausdrücke* oder auch *Regular Expressions* bezeichnet man Formeln, welche Textmuster beschreiben. Unix bietet mehrere Tools an, welche mit regulären Ausdrücken umgehen können.

Unterschieden wird zwischen den **B**asic **R**egular Expressions, welche oft auch als *BRE*s abgekürzt werden, und den **E**xtended **R**egular Expressions oder auch *ERE*s.

Die Wortwahl *extended* ist ein wenig irreführend, denn die EREs sind nicht unbedingt eine Erweiterung der BREs. So bieten die EREs zum Beispiel keinen Rückverweis auf eine gefundene Zeichenkette, wie es mit den BREs möglich ist. Dafür sucht man bei den BREs die Möglichkeit, mehrere Alternativen für Zeichenketten in einer Gruppe zu benennen, vergebens.

Tabelle 4.1 gibt eine Übersicht der Metazeichen, welche für BREs und EREs verwendet werden können.

Tab. 4.1: Regular Expressions

Zeichen	BRE	ERE	Bedeutung
\	x	x	Nachfolgendes Sonderzeichen maskieren
.	x	x	beliebiges Zeichen
^	x	x	Beginn einer Zeichenkette
$	x	x	Ende einer Zeichenkette
*	x	x	0 – beliebige Wiederholung von Elementen
+	–	x	Zeichenkette muss mindestens ein Mal vorkommen
?	–	x	Zeichenkette darf bis zu ein Mal vorkommen
[...]	x	x	Menge an Zeichen
[^...]	x	x	Zeichen dürfen nicht enthalten sein
\(...\)	x	–	Speichert gefundene Zeichenketten (bis zu 9 Zeichenketten) in \E
\E	x	–	Verweis auf Element E der gefundenen Zeichenketten $1 <= E <= 9$
\{M\}	x	x	Genau M Wiederholungen von vorausgegangenem Element $(0 <= M <= 255)$
\{M,\}	x	x	Mindestens M Wiederholungen von vorausgegangenem Element $(0 <= M <= 255)$
\{,M\}	x	x	Maximal M Wiederholungen von vorausgegangenem Element $(0 <= M <= 255)$
\{N,M\}	x	x	N bis M Wiederholungen von vorausgegangenem Element $(0 <= [N,M] <= 255)$
\<...	x	–	Wort fängt mit Zeichenkette an
...\>	x	–	Wort hört mit Zeichenkette auf
...|...	–	x	Alternative Zeichenketten
(...)	–	x	Gruppierung von Zeichenketten

https://doi.org/10.1515/9783110445121-120

Folgende Sonderzeichen stehen für reguläre Ausdrücke zur Verfügung:

- Buchstaben und Zeichen abcABC
  Der einfachste reguläre Ausdruck ist ein Zeichen, welches kein Sonderzeichen ist (a, b, A, B usw.). So bedeutet das Suchmuster "b" beispielsweise, dass alle Zeilen ausgegeben werden, welche das Zeichen „b" enthalten.
- Punkt .
  Der Punkt beschreibt ein beliebiges Zeichen. Dementsprechend liefert die Formel "." alle Zeilen des Textes, welche ein beliebiges Zeichen enthalten. Es gilt hierbei jedoch zu beachten, dass der Punkt den Zeilenumbruch nicht auswertet. Wenn ein Text eine Leerzeile enthält, so wird diese durch den Punkt nicht beschrieben.
- Zirkumflex (oder auch Caret) ^
  Mit dem Zirkumflex wird der Beginn einer Zeichenkette (oftmals eine Zeile) markiert. Alle Zeilen, welche mit dem Zeichen „J" beginnen, werden mit der Formel "^J" beschrieben.
- Dollar $
  Der Dollar steht für das Ende einer Zeichenkette (meist eine Zeile). Die Beschreibung "t$" gilt für alle Zeilen, welche auf einem „t" enden.
- Asterisk *
  Der Asterisk steht für beliebige Wiederholungen des vorangegangenen Zeichens oder der vorangegangen Zeichengruppe. Das schließt auch 0 Wiederholungen ein. "Pap*" würde zum Beispiel auf „Pappplakat", „Pappe" oder auch „Pappa" zutreffen. Die Zeichenketten „Paella" oder „Paradies" würden jedoch auch erkannt, da der Zeichenfolge „Pa" 0 Wiederholungen des Zeichens „p" folgen.
- Mindestens ein Vorkommen des Zeichens +
  Das Pluszeichen unterscheidet sich zum Asterisk in der Form, dass das vorausgehende Zeichen mindestens ein Mal vorkommen muss.
- Bis zu einmalige Wiederholung des Zeichens ?
  Das Fragezeichen bedeutet, dass das vorausgegangene Zeichen bis zu ein Mal vorkommen darf.
- Zeichenmengen [...]
  Innerhalb von eckigen Klammern werden Mengen angegeben, die jeweils für ein Zeichen innerhalb der Zeichenkette gelten. Dabei ist zu beachten, dass die Klammern genau 1 Zeichen beschreiben. Die Formel "Scha[ll]en" gilt für das Wort „Schalen", jedoch nicht für „Schallen", denn der Ausdruck besagt, dass alle Zeichenketten gültig sind, welche mit „Scha" beginnen, dann ein „l" oder ein „l" enthalten, worauf die Buchstabenfolge „en" folgen soll. „Schalentiere" würde durch diese Formel erkannt werden, da hier nur ein „l" vorkommt.
- Negierte Zeichenmengen [^...]
  Ist das erste Zeichen innerhalb der eckigen Klammern ein Zirkumflex, so sind alle weiteren innerhalb der Klammern angegebenen Zeichen nicht erlaubt. "Okto[^b]" lässt also (wohl durchaus berechtigt) die intelligenten „Oktopoden" gewähren, wohingegen der „Oktober" nicht gültig ist.

- Wiederholungen { }
Die geschweiften Klammern legen eine Anzahl an Wiederholungen für das vorangegangene Zeichen fest. Mit dem Suchmuster "a{2}l" würde man zum Beispiel
den neuseeländischen „Langflossenaal" finden, wohingegen "Schne{2,3}" sowohl auf die „Schneeeule" als auch auf die bevorzugte Beute der Schneeeule, die
„Schneehühner", passt. Die „Schnecke" würde man mit diesem Suchmuster nicht
finden.
- Anfang und Ende eines Wortes \< \>
Möchte man Wörter finden, welche auf einem bestimmten Muster beginnen oder
enden, so verwendet man dafür die spitzen Klammern. Die Schneeeule ließe sich
also auch mit der Formel \<Schneee finden und der Oktopus mittels topus\>.
- Alternative Zeichenketten |
Über das Pipesymbol können mehrere Zeichenketten zur Auswahl angegeben
werden. Die Formel "Katze|Maus" gilt für alle Zeichenketten, welche entweder
den String „Katze" oder den String „Maus" enthalten.
- Gruppen von Zeichenketten (...)
Zwischen runden Klammern können Zeichengruppen angegeben werden. Nachfolgende Beschreibungen wie zum Beispiel Wiederholungen beziehen sich dann
nicht mehr auf ein einzelnes Zeichen, sondern auf die Gruppe von Zeichen in-
nerhalb der Klammern. „(Wolf|Löwe)+(Schaf| Gazelle)+" bedeutet, dass
entweder die Zeichenkette „Wolf" oder die Zeichenkette „Löwe" entweder von
„ Schaf" oder „ Gazelle" gefolgt werden muss, wobei beide Gruppen mindestens ein Mal hintereinander vorkommen müssen.

Es folgen einige Beispiele anhand des folgenden Textes, welcher als monate abgespeichert wurde. Es werden die Tools grep (BRE) und egrep (ERE) herangezogen.

```
Januar ist kalt und winterlich
Der Februar ist dies ebenfalls
Maerz bedeutet, dass der Fruehling kommt
April wird noch besser
Mai wird mit einem Tanz begruesst, dem Tanz in den Mai am 1.5.
Juni ist der Beginn des Sommers
Der Mai mit seinem Tanz ist nun schon lange her
Juli ist schon mitten im Sommer
August ist der letzte Sommermonat
September laeutet den Herbst ein
Oktober ist schon ziemlich nass
November zeigt sich von der kalten Seite
Dezember bringt offiziell den Winter und am 24.12. den Kindern viel Freude
```

Die folgenden Formeln wurden auf den Text angewendet:

```
1)  # grep "^J" monate
    Januar ist kalt und winterlich
    Juni ist der Beginn des Sommers
    Juli ist schon mitten im Sommer
2)  # grep "^J... " monate
    Juni ist der Beginn des Sommers
    Juli ist schon mitten im Sommer
3)  # grep "^J.\{3\} " monate
    Juni ist der Beginn des Sommers
    Juli ist schon mitten im Sommer
4)  # grep "^.\{31\}$" monate
    Juni ist der Beginn des Sommers
    Juli ist schon mitten im Sommer
    Oktober ist schon ziemlich nass
5)  # grep "^.\{32\}$" monate
    September laeutet den Herbst ein
6)  # grep "^\(Mai\) .* \(Tanz\) .* \2 .* \1" monate
    Mai wird mit einem Tanz begruesst, dem Tanz in den Mai am 1.5.
7)  # grep "\(Mai\).*\(Tanz\).*" monate
    Mai wird mit einem Tanz begruesst, dem Tanz in den Mai am 1.5.
    Der Mai mit seinem Tanz ist nun schon lange her
8)  # grep "\(.\)\1" monate
    Der Februar ist dies ebenfalls
    Maerz bedeutet, dass der Fruehling kommt
    April wird noch besser
    Mai wird mit einem Tanz begruesst, dem Tanz in den Mai am 1.5.
    Juni ist der Beginn des Sommers
    Juli ist schon mitten im Sommer
    August ist der letzte Sommermonat
    Oktober ist schon ziemlich nass
    Dezember bringt offiziell den Winter und am 24.12. den Kindern viel Freude
9)  # grep "[^iao]\(.\)\1" monate
    April wird noch besser
    Mai wird mit einem Tanz begruesst, dem Tanz in den Mai am 1.5.
    Dezember bringt offiziell den Winter und am 24.12. den Kindern viel Freude
10) # grep "\<Kindern\>" monate
    Dezember bringt offiziell den Winter und am 24.12. den Kindern viel Freude
11) # grep "Sommer" monate
    Juni ist der Beginn des Sommers
    Juli ist schon mitten im Sommer, den alle Kinder lieben
    Mit dem August kommt das Ende der Sommerzeit
    August ist der letzte Monate im Sommer
12) # grep "Sommer[^s]" monate
    Juli ist schon mitten im Sommer, den alle Kinder lieben
    Mit dem August kommt das Ende der Sommerzeit
13) # egrep "Beginn|Ende" monate
    Juni ist der Beginn des Sommers
```

```
        Mit dem August kommt das Ende der Sommerzeit
14) # egrep "(Januar|Juli|August) ist" monate
    Januar ist kalt und winterlich
    Juli ist schon mitten im Sommer
    August ist der letzte Sommermonat
15) # egrep "(Januar|Juli|August) ist (schon|der)" monate
    Juli ist schon mitten im Sommer
    August ist der letzte Monate im Sommer
16) # egrep "(Januar|Juli|August) ist [^(schon|der)]" monate
    Januar ist kalt und winterlich
```

In (1) werden alle Zeilen ausgegeben, welche mit einem „J" beginnen. Beispiel (2)
ermittelt alle Zeilen, welche mit einem „J" beginnen und daraufhin drei beliebige Zeichen, gefolgt von einem Leerzeichen, enthalten. In (3) wird die gleiche Ergebnismen-
ge ermittelt, jedoch wird ein beliebiges Zeichen mit drei Wiederholungen gefolgt von
einem Leerzeichen als Suchmuster angegeben. Beispiel (4) sucht nach allen Zeilen,
welche genau 31 Zeichen lang sind und (5) ermittelt alle Zeilen, welche genau 32 Zeichen lang sind. In (6) wird nach Zeilen gesucht, welche mit dem Wort „Mai" beginnen, danach das Wort „Tanz" enthalten und danach wiederum aus dem Speicher das
zuerst gefundene Wort („Mai", welches durch „\1" referenziert wird) sowie das danach gefundene Wort („Tanz", referenziert durch „\2") enthalten. Zwischen den gefundenen Zeichenketten dürfen beliebig viele Zeichen stehen. In (7) wird nach Zeilen
gesucht, welche das Wort „Mai" und „Tanz" in dieser Reihenfolge enthalten. Auch hier
dürfen zwischen den Wörtern beliebig viele Zeichen stehen. Beispiel (8) zeigt nochmals, wie nützlich die Referenzen sind. Hier wird nach doppelten Zeichen gesucht.
Der Punkt steht für jedes beliebige Zeichen und „\1" referenziert auf das vorher gefundene Zeichen. Dieses Suchmuster ist von dem Muster „.." zu unterscheiden, welches
nach zwei aufeinanderfolgende Zeichen sucht, wobei diese auch unterschiedlich sein
dürfen. In Beispiel (9) wird diese Suche weiter eingeschränkt. Hier wird nochmals
nach Wiederholungen von Zeichen gesucht, wobei der Wiederholung kein Buchstabe
„a", „o" oder „i" vorausgehen darf. In Beispiel (10) werden alle Zeilen ausgegeben,
welche das Wort „Kindern" enthalten. In (11) werden alle Zeilen angezeigt, welche
die Zeichenkette (nicht das exakte Wort) „Sommer" enthalten. In (12) soll die Suche
weiter eingeschränkt werden, indem dem Buchstaben „r" aus „Sommer" alle Zeichen
außer dem „s" folgen dürfen. Dies schließt jedoch auch die Zeile „August ist der
letzte Monat im Sommer" mit aus. Denn die Formel besagt, dass ein beliebiges Zeichen außer dem „s" folgen soll. Die genannte Zeile endet jedoch auf „Sommer" und
darf somit ebenfalls nicht angezeigt werden. Beispiel (13) listet alle Zeilen auf, in denen mindestens die Zeichenkette „Beginn" oder die Zeichenkette „Ende" enthalten
ist. In (14) wird eine Gruppe von Zeichenketten erstellt. Es soll entweder „Januar",
„Juli" oder „August" von einem Leerzeichen und der Zeichenkette „ist" gefolgt werden. Beispiel (15) erweitert das vorangegangene Beispiel in der Form, dass der Zeichenkette „ist" nochmals ein Leerzeichen und entweder ein „schon" oder ein „der"

folgen muss. Und in (16) wird die letzte Gruppierung negiert. Es soll der Zeichenkette „ist" ein Leerzeichen und dann eine beliebige Zeichenkette außer „schon" oder
„der" folgen.

Zeichenklassen

Viele Tools bieten zusätzlich noch die Möglichkeit, auf Zeichenklassen zurückzugreifen. Dies kann bei der Ausformulierung von Zeichenketten behilflich sein.

Tabelle 4.2 gibt einen Überblick der Zeichenklassen, welche angegeben werden
können.

Tab. 4.2: Zeichenklassen

Zeichenklasse	ASCII-Beschreibung	Bedeutung
[:alnum:]	[a-zA-Z0-9]	Buchstaben und Ziffern
[:alpha:]	[a-zA-Z]	Buchstaben
[:blank:]	[\t]	Whitespaces
[:cntrl:]	[\x00-\x1F\x7F]	Kontrollzeichen
[:digit:]	[0-9]	Ziffern
[:graph:]	[0x21-0x7E]	Alle Zeichen außer Tabs und Leerzeichen
[:lower:]	[a-z]	Kleinbuchstaben
[:print:]	[\x20-\x7E]	Wie graph, jedoch inkl. Whitespaces
[:punct:]	[\/!"#$&'()*+,-.:;<>=?@[]^_'|]	Satzzeichen
[:space:]	[\t\r\n\v\f]	Leerzeichen und Tabs
[:upper:]	[A-Z]	Großbuchstaben
[:xdigit:]	[A-Fa-f0-9]	Hex-Zahlen

Da die Klammern zur Beschreibung der Zeichenklassen gehören, diese jedoch auf ein
Zeichen innerhalb der Beschreibung angewendet werden, ergibt sich für die Beschreibung innerhalb eines regulären Ausdrucks die Form "[[:*Klasse*:]]". Da die Angabe
von Zeichenklassen zum POSIX-Standard gehört, wird für die folgenden zwei Beispiele das Kommando /usr/xpg4/grep unter Solaris verwendet.

```
(1) # /usr/xpg4/bin/grep "[[:digit:]]\{2\}" monate
    Dezember bringt offiziell den Winter und am 24.12. den Kindern viel Freude
(2) # /usr/xpg4/bin/grep "[[:digit:]][[:punct:]][[:digit:]]" monate
    Mai wird mit einem Tanz begruesst, dem Tanz in den Mai am 1.5.
    Dezember bringt offiziell den Winter und am 24.12. den Kindern viel Freude
```

In (1) besagt die Vorschrift, dass alle Zeilen angezeigt werden sollen, welche zwei
aufeinander folgende Ziffern enthalten. In Beispiel (2) muss zwischen den beiden
Ziffern ein Satzzeichen enthalten sein.

4.2 Globbing

Die Shell an sich bietet ebenfalls eine interne Verarbeitung von Suchmustern an, welche man *Globbing* nennt. Sie kann keine regulären Ausdrücke verarbeiten, jedoch über sogenannte *Wildcards* Dateinamen oder andere Textvariablen expandieren.

Tabelle 4.3 enthält eine Liste mit den für das Globbing verwendeten Sonderzeichen.

Tab. 4.3: Sonderzeichen für Dateinamenexpansion (Globbing)

Zeichen	Bedeutung	Kommentar
~	Homeverzeichnis des aktuellen Users	nicht in Bourne-Shell
~User	Homeverzeichnis von *User*	nicht in Bourne-Shell
/	Feldtrenner für Verzeichnisse	
?	Ein beliebiges Zeichen	
*	0 - beliebige Zeichen außer /	
**	0 - beliebige Zeichen inkl. /	
[a-z]	Ein beliebiges Zeichen von a bis z	
[aei]	Zeichen a, e oder i	
{txt,csv,???}	Genau drei Zeichen lang	Nur in bash und ksh93
	Extended Globbing (ksh93 und bash)	
?(...|...)	0 - 1 Wiederholungen der Muster	
*(...|...)	0 - beliebig viele Wiederholungen der Muster	
+(...|...)	1 - beliebig viele Wiederholungen der Muster	
@(...|...)	Eines der Muster	
!(...|...)	Alles außer den angegebenen Mustern	

Beim Globbing werden von der Shell erst die zu verarbeitenden Muster ausgewertet und dann an das jeweils aufgerufene Programm übergeben. In folgendem Beispiel enthält ein Verzeichnis zwei Dateien. Es gibt eine Datei a und eine Datei a.txt.

```
# ls -l
total 0
-rw-r--r--. 1 root root 0 May 1 08:08 a
-rw-r--r--. 1 root root 0 May 1 08:08 a.txt
```

Nun wird eine Variable var initialisiert und bekommt den Wert „*.txt" zugewiesen. Ruft man das Kommando ls mit dem Argument *$var* auf, so wird von der Shell ausgewertet, welche Dateien mit dem Muster *.txt* enden, und diese Liste an das Kommando ls übergeben.

```
# ls $var
a.txt
```

Nun wird eine weitere Datei mit Namen b.txt angelegt und das gleiche Kommando nochmals aufgerufen.

```
# touch b.txt
# ls $var
a.txt  b.txt
```

Die Shell ermittelt erst den Inhalt der Variablen var, wendet die Wildcards auf die vorhandenen Dateien an und übergibt die generierte Liste an das Kommando ls. Die Schritte, welche durchgeführt werden:
1. Wert von var auslesen
    Ergebnis: *.txt
2. Ermitteln, welche Dateinamen auf Beschreibung passen
    Ergebnis: a.txt, b.txt
3. Kommando ls mit Ergebnisliste als Übergabeparameter aufrufen
    Ergebnis: ls a.txt b.txt

Die Auflösung der Suchmuster in Dateinamen findet in der Shell statt und nicht innerhalb des ls-Kommandos. Aus diesem Grund können auch andere Kommandos diese Funktionalität nutzen, wie folgendes Beispiel zeigt:

```
# echo $var
a.txt b.txt
```

4.3 Arithmetische Operationen

Arithmetische Operationen sind innerhalb der Shells nur rudimentär (ksh, bash) oder gar nicht (sh) unterstützt. Wenn man in der Bourne-Shell mit arithmetischen Ausdrücken arbeiten will, muss man entweder auf die Programme expr für Integer beziehungsweise auf bc oder awk im Falle von Gleitkommazahlen zurückgreifen.

Die ksh und bash unterstützen Ganzzahl-Operationen, müssen aber im Falle von Gleitkommazahlen ebenfalls externe Programme konsultieren. Die ksh93 beherrscht sowohl Integer- als auch Floating-Point-Arithmetik, ist jedoch nicht so häufig anzutreffen wie die anderen genannten Vertreter.

Wenn Unsicherheit darüber besteht, welche Shellvarianten die Programme unterstützen sollen, ist es ratsam, externe Kommandos im Bereich Arithmetik zu verwenden, wobei jedoch Flexibilität mit Einbußen in der Performance erkauft wird. Es werden kurz die Möglichkeiten der Kommandos expr und bc erläutert, bevor auf diejenigen Möglichkeiten eingegangen wird, welche direkt durch die ksh und die bash unterstützt werden.

4.3.1 expr

Das Kommando dient der allgemeinen Verarbeitung von Ausdrücken, woher auch der Name rührt (**expr**ession). Beim Aufruf kann dem Kommando ein regulärer Ausdruck übergeben werden, es können Zeichenketten verglichen oder arithmetische Ausdrücke verarbeitet werden. Dabei werden je nach umgebender Hardware Ganzzahlen à 32- oder 64-Bit mit Vorzeichen unterstützt. Die Syntax lautet:

expr *Ausdruck*

Tabelle 4.4 enthält die Operatoren, welche der Verarbeitung von Zahlen dienen.

Tab. 4.4: Arithmetische Operatoren des Kommandos expr

Operator	Bedeutung
<	Kleiner-Vergleichsoperator
>	Größer-Vergleichsoperator
<=	Kleiner-gleich-Vergleichsoperator
=	Gleich-Vergleichsoperator
!=	Nicht-gleich-Vergleichsoperator
>=	Größer-gleich-Vergleichsoperator
>	Größer-Vergleichsoperator
+	Addition
–	Subtraktion
*	Multiplikation
/	Division
%	Modulo

Bei der Verwendung des Kommandos sind drei Punkte zu beachten:
- Sonderzeichen, welche von der Shell interpretiert werden, müssen mit einem Backslash maskiert werden (z. B. 5 * 5).
- Zwischen allen Operatoren und Argumenten müssen Leerzeichen bestehen, da das Kommando ansonsten einen Fehler auswirft.
- Wenn der zu verarbeitende Ausdruck einen String enthält, wird diese Operation auf Zeichenketten und nicht auf Zahlen angewendet.

Beispiele:

```
(1) # ls ; set -x
    a.txt  b.txt
    # expr 5 * 5
    + expr 5 a.txt b.txt 5
    expr: syntax error
```

```
(2) # expr 5 \< a
    1
(3) # expr 8 % 3
    2
(4) # expr \( 1 + 5 \) \* \( 3 + 3 \)
    36
    # expr 1 + 5 \* 3 + 3
    19
```

In (1) kann das Kommando mit dem übergebenen Ausdruck nicht arbeiten. Dies liegt daran, dass der Asterisk von der Shell ausgewertet wird (Globbing), bevor das Kommando aufgerufen wird. Beispiel (2) zeigt, dass bei Verwendung von Buchstaben der Vergleichsoperator auf Basis lexikalischer Sortierung angewendet wird. In (3) wird eine Restwertdivision (Modulo) durchgeführt und Beispiel (4) zeigt, dass expr auch mit geklammerten Ausdrücken umgehen kann.

4.3.2 bc

Der *Basic Calculator* dient als Schnittstelle zum recht spartanisch zu bedienenden dc. Mithilfe des bc können Programme zur Kalkulation geschrieben werden, welche in der Syntax stark an die Programmiersprache C angelehnt sind. Das Kommando liest zu verarbeitende Ausdrücke entweder aus einer Textdatei oder alternativ über STDIN ein. Die Ausgabe erfolgt immer nach STDOUT. Die Syntax des Kommandos:

```
bc [-c] [-l] [Datei]
```

Die Optionen und ihre Bedeutung:
- -c
  Dieser Schalter besagt, dass bc nur als Compiler für den darunter liegenden dc dienen soll. Alle Kommandos und Operationen werden in der Syntax des dc nach STDOUT geschrieben.
- -l
  Wenn diese Option gesetzt ist, wird die Library für mathematische Funktionen geladen und die Genauigkeit bei Fließkommaoperationen auf 20 Stellen nach dem Komma gesetzt.

Der Umfang des bc umfasst unter anderem:
- Schleifenkonstrukte
- Prüfung von Konditionen
- Frei definierbare Funktionen

Da Shellprogramme nur in Ausnahmefällen tiefergehende mathematische Funktionen benötigen, soll hier nur ein grober Überblick gegeben werden.

Allgemeine Syntax

Der bc liest auszuwertende Ausdrücke von STDIN ein und schreibt die Ergebnisse nach STDOUT. Die Syntax hierzu lautet:

Ausdruck [Verknüpfung Ausdruck$_2$ [...Verknüpfung$_n$] Ausdruck$_n$]

Einige Beispiele:

```
# bc -l
1
1

1 + 5
6

6 * (7 + 1)
48

2 * (1 + 2) + (2 * 2)
10
```

Variablen im bc

Variablen werden innerhalb des bc durch einen Kleinbuchstaben dargestellt. Großbuchstaben, Zeichenketten oder Kombinationen aus beidem sind im bc laut POSIX nicht erlaubt und führen bei Verwendung zu einer Fehlermeldung. Die Definition einer Variablen erfolgt in der Form:

v=Wert

Arrays im bc

Es können im bc auch Arrays definiert werden, um Informationen zu speichern. Hier gilt ebenfalls die Beschränkung, dass der Name des Arrays nur aus einem Kleinbuchstaben bestehen darf. Es besteht jedoch die Möglichkeit, für eine Variable und ein Array den gleichen Bezeichner zu verwenden. So ist es möglich, eine Variable a und ein Array a[] in einem Programm zu verwenden. Die Syntax zur Definition eines Arrays:

a[i]=Wert

Abfrage von Variablen und Arrays

Um die Inhalte von Variablen und Arrays im bc abzufragen wird der Name der Variablen oder die Kombination *Arrayname*[*Index*] verwendet. Es wird kein Kommando wie zum Beispiel echo benötigt. Im folgenden Beispiel werden eine Variable und ein Array mit zwei Elementen definiert und anschließend deren Werte abgefragt.

```
a=2 /* Skalar a mit Wert 2 belegen */
a[1]=3.33 /* Array a Index 1 mit Wert 3.33 belegen */
a[2]=45 /* Array a Index 2 mit Wert 45 belegen */
a /* Abfrage Skalar a */
2
a[1] /* Abfrage Array a[1] */
3.33
a[2] /* Abfrage Array a[2] */
45
```

Schleifen

Der bc bietet auch die Möglichkeit, Schleifenkonstrukte über die Schlüsselwörter for und while zu bilden.

Über die Variante for wird ein Zähler definiert, welcher einen Start- und einen Endwert sowie ein Inkrement oder Dekrement aufweist. Die Syntax einer for-Schleife:

```
for (Start; Bedingung; Inkrement|Dekrement) {
    Kommandos
}
```

Die while-Schleife wird eingesetzt, wenn ein Schleifenkörper durchlaufen werden soll, bis ein bestimmtes Ereignis eingetroffen ist. Die Syntax der while-Schleife:

```
while (Bedingung) {
    Kommandos
}
```

Beispiel eines Inkrements:

```
i=1000000
while (i <= 1000003) {
i++
}
1000000
1000001
1000002
1000003
```

Definition neuer Funktionen

Wie die Shells bietet auch der bc die Möglichkeit an, wiederkehrende Bereiche eines
Programms durch Funktionen abzubilden. Funktionsdefinitionen werden über das
Schlüsselwort define eingeleitet und das an das Hauptprogramm zurückzugebende
Ergebnis wird mittels return übermittelt. Die Syntax zur Definition einer Funktion
lautet:

```
define f (p₁[,...,pₙ]) {
    Kommandos
    return (Ergebnis)
}
```

In der gezeigten Formel steht f für einen beliebigen Kleinbuchstaben als Bezeichner
der Funktion, und p steht für einen beliebigen Kleinbuchstaben als Bezeichner von
Übergabeparametern.

Im folgenden Beispiel wird eine Funktion t definiert, welche die beiden Parameter x
und y verwendet, um den Quotienten q zu ermitteln, und diesen an das Hauptprogramm zurückzugeben:

```
# bc -l
define t (x,y) { /* Funktion t erstellen */
 q=x/y /* q ist Quotient aus x und y */
 return (q) /* q an Hauptprogramm senden */
}
/* Aufruf der Funktion */
t (2, 2)
1.00000000000000000000
/* Ergebnis in Variable v abspeichern */
v=t (2, 3)
/* v abfragen */
v
.66666666666666666666
```

Anzahl Nachkommastellen definieren

Wie das oben gezeigte Beispiel verdeutlicht, werden Ergebnisse von arithmetischen
Operationen mit 20 Nachkommastellen angezeigt. Gesteuert wird die Darstellung über
die Umgebungsvariable scale.

In dem folgenden kurzen Beispiel wird die Auswirkung der Variable scale auf
die Ausgabe der Nachkommastellen gezeigt. Wenn die Variable den Wert 0 hat, werden sämtliche Nachkommastellen vom Ergebnis abgeschnitten. Zusätzlich wird die
gleiche Operation nochmals mit einer und zwei Nachkommastellen ausgegeben.

```
6/4
1
scale=1
6/4
1.5
scale=2
6/4
1.50
```

Umrechnung zwischen verschiedenen Zahlensystemen
Eine sehr nützliche Funktionalität des bc ist die Definition von Eingangs- und Ausgangszahlensystem. Über die Variablen ibase und obase kann das jeweilige Zahlensystem angegeben werden. Die Basis der eingelesenen Zahlen wird durch die Variable
ibase definiert, wohingegen die Basis der Ausgabe durch die Variable obase vorgegeben wird. Der Default für ibase und obase ist die Basis 10.

Es gilt zu beachten, dass die Variablen im momentan verwendeten Zahlensystem
interpretiert werden. Wird also die Variable ibase anfangs auf den Wert 2 gesetzt, so
gilt der Wert, welchen die Zahl 2 im Dezimalsystem hat. Hierzu folgendes Beispiel:

```
(1) ibase=2
    ibase
    2
(2) 120
    8
(3) 999
    63
(4) ibase=16
    FF
    135
(5) ibase
    8
(6) ibase=20
    FF
    255
```

In (1) wird ibase auf 2 gesetzt, was dem Dualsystem entspricht. Der bc ist allerdings
nicht konsistent was die Umsetzung der erlaubten Ziffern innerhalb eines Zahlensystems angeht. Das bedeutet, man kann zum Beispiel als Basis 2 verwenden und
trotzdem mit Ziffern eines andern Zahlensystems arbeiten. Aus diesem Grund ist (2)
von rechts nach links zu interpretieren als $0 \times 2^0 + 2 \times 2^1 + 1 \times 2^2 = 0 + 4 + 4$ und (3)
entspricht dann $9 \times 2^0 + 9 \times 2^1 + 9 \times 2^2 = 9 + 18 + 36$. Aus diesem System heraus wird
die Basis des Zahlensystems in (4) auf 16 gesetzt. Da 16 in diesem System jedoch
$6 \times 2^0 + 1 \times 2^1$, also 8, entspricht, führt die Umrechnung von FF nicht zu 255, wie
man erwarten würde, sondern zu 135, denn $15 \times 8^0 + 15 \times 8^1$ ist gleichbedeutend mit
$15 + 120$. In (5) wird nochmals ersichtlich, dass die derzeit verwendete Basis dem

Wert 8 entspricht. Somit muss in (6) die Variable ibase auf 20 gesetzt werden, was $0 \times 8^0 + 2 \times 8^1$, also 16 entspricht, woraufhin FF korrekt als 255 wiedergegeben wird.

Um zwischen verschiedenen Zahlensystemen umzurechnen, müssen das Eingangszahlensystem sowie das Ausgangszahlensystem angegeben werden. In der Programmierung finden sich oft die Systeme zur Basis 2 (*Binär-* oder *Dualsystem*), zur Basis 8 (*Oktalsystem*), die Basis 10 (*Dezimalsystem*) und die Basis 16 (*Hexadezimalsystem*).

Es folgen nochmals drei Beispiele, welche das Umrechnen zwischen verschiedenen Zahlensystemen zeigen:

```
    # bc -l
(1) ibase=16 /* hexadezimal einlesen */
    obase=2 /* binär ausgeben */
    FF /* Wert von FF ausgeben */
    11111111
(2) ibase=2 /* binär einlesen */
    obase=10000  /* hexadezimal ausgeben */
    11111111
    FF
(3) obase=8 /* oktal ausgeben */
    10000
    20
```

In (1) wird aus dem hexadezimalen Zahlensystem in das Dualsystem umgerechnet. In (2) wird vom Dualsystem in das Hexadezimalsystem umgerechnet. Zu beachten ist hierbei wieder, dass die Variable obase im Dualsystem angegeben werden muss. In (3) wird die Binärzahl 10000 im Oktalsystem ausgegeben, was einer 20 entspricht.

Es werden die von den Programmiersprachen C oder awk bekannten Operatoren für arithmetische Ausdrücke unterstützt. An dieser Stelle sei auf die Manpages (bc(1)) verwiesen, welche eine detaillierte Auflistung der Möglichkeiten des Basic Calculators enthalten.

Variablen mit externen Kommandos bearbeiten

Um Variablen mit Kommandos wie expr oder bc zu bearbeiten, wird die Kommandosubstitution[1] angewendet. Der Variablen wird dabei das Ergebnis einer Operation, welche in einer Subshell ausgeführt wurde, zugewiesen.

Im folgenden Beispiel wird der Variablen i der Wert „5" zugewiesen. Daraufhin wird ein neuer Wert für i berechnet, indem in einer Subshell das Kommando expr aufgerufen wird, welches den Wert von i um eins inkrementiert. Die Ausgabe erfolgt nicht nach STDOUT, sondern wird in die Variable i umgelenkt.

---

[1] Siehe hierzu auch das Kapitel **Programmieren mit Shells**.

```
# i=5
# i=`expr $i + 1` ; echo $i
6
```

Die Form der Kommandosubstitution wird von allen Shells unterstützt. Jedoch ist dies auch die langsamste Form der Shellarithmetik. Dies liegt darin begründet, dass für jede arithmetische Operation eine Subshell geöffnet werden muss. Wenn eine Schleife tausend Durchläufe zur Abarbeitung benötigt, bedeutet dies, dass allein zum Inkrementieren oder Dekrementieren tausend Subshells geöffnet und geschlossen werden müssen.

Hierzu noch ein kurzer Test, welcher die Geschwindigkeit der Kommandosubstitution im Vergleich zum im Anschluss besprochenen Built-in let misst. Es wird ein Zähler eine Million Mal inkrementiert und die Zeit für beide Schleifen gemessen.

Über das Konstrukt der Kommandosubstitution:

```
# ( time { i=1; while [[ $i -le 1000000 ]]; do  i=`expr $i + 1`; done; } ) 2>&1 \
> |grep real
real     14m33.74s
```

Und mit Hilfe des Built-ins let:

```
# ( time { i=1; while [[ $i -le 1000000 ]]; do  ((i++)); done; } ) 2>&1 \
> | grep real
real     0m2.986s
```

Die erste Variante benötigt etwa 870 Sekunden für eine Million Durchläufe, wohingegen die zweite Version nur knapp 3 Sekunden benötigt, was etwa dem Faktor 290 entspricht. Allerdings muss hierzu auch gesagt sein, dass die meisten Shellprogramme keine leeren Schleifen abarbeiten und die wenigste Zeit innerhalb eines Programms für Additionen oder andere arithmetische Aufgaben verwendet wird.

4.3.3 Arithmetische Operationen mit let und (( ))

Die ksh und die bash unterstützen arithmetische Operationen für Ganzzahlen sowie Bitmanipulationen über das Built-in let. Die Syntax des Kommandos:

let [Basis#]Arg_1 [Operator [Basis#]Arg_2 [Operator [...Basis#]Arg_n]]

oder alternativ

(([Basis#]Arg_1 [Operator [Basis#]Arg_2 [Operator [...Basis#]Arg_n]]))

Es empfiehlt sich, die Variante „(( ))" zu verwenden, da Whitespaces zwischen den Operatoren und Argumenten in dieser Variante keine Fehlermeldungen auslösen.

Wenn explizit das Kommando „let" eingesetzt wird, sollten Anführungszeichen den zu verarbeitenden Ausdruck maskieren, um Leerzeichen verwenden zu können.

Tabelle 4.5 enthält die Operatoren, welche dem Kommando zur Verfügung stehen.

Tab. 4.5: Operatoren des Kommandos let

Operator	Bedeutung
+, –	Addition, Subtraktion
*, /	Multiplikation, Division
%	Restwertdivision (Modulo)
<<, >>	Bit-Shift links, Bit-Shift rechts
~	Einerkomplement
&	Bitweise UND (AND)
^	Bitweise exklusives ODER (XOR)
		Bitweise ODER (OR)
C-Notation mit Zuweisung	
+=,–=	Addition, Subtraktion
=,/=	Multiplikation, Division
%=	Restwertdivision
<<=, >>=	Bit-Shift links, Bit-Shift rechts
Vergleichsoperationen	
<, >	kleiner, größer
<=, >=	kleiner oder gleich, größer oder gleich
!	logische Negation
==	logisches UND
			logisches ODER
nicht in POSIX enthaltene Operationen	
**	Potenzieren
++, ––	Inkrementieren, Dekrementieren

Für die zu verarbeitenden Argumente kann eine Basis angegeben werden. Als Default wird eine Basis von 10 vorausgesetzt.

Tabelle 4.6 enthält die Ziffern, welche für die unterstützten Zahlenbereiche Verwendung finden.

Tab. 4.6: Verwendbare Ziffern des Kommandos let

Zahlenbereich Dezimal	Ziffern
0 - 9	0 - 9
10 - 35	a - z
36 - 61	A - Z
62	@
63	_

Auch wenn mit einer Basis ungleich 10 innerhalb des Kommandos gerechnet wird, erfolgt das Ergebnis immer im Dezimalsystem. Es folgen einige Beispiele:

```
(1) # typeset -i x=5; ((x = x+5)); echo $x
    10
    # typeset -i x=5; ((x += 5)); echo $x
    10
(2) # typeset -i x=10; ((y = x%3)); echo $y
    1
(3) # typeset -i x=10; $(( x+1 ** 2 ))
    11
    # echo $(( (x+1) ** 2 ))
    121
(4) # echo $((2#101 * 10))
    50
(5) # echo $((2#101 * 2#10))
    10
(6) # echo $(( 64#_@Z ))
    262077
(7) # echo $(( 63 * (64 ** 2) + 62 * 64 + 61 ))
    262077
```

In (1) sind beide Varianten der Addition gezeigt. Die zweite Variante enthält eine direkte Zuweisung des Ergebnisses an die Variable. In Beispiel (2) wird eine Restwertdivision durchgeführt und in (3) wird der Unterschied eines geklammerten Ausdruckes zu einem nicht geklammerten, jedoch identischen Ausdruck gezeigt. Da die „Punkt vor Strich"-Regel anzuwenden ist, gilt im ersten Abschnitt die Formel als $10 + 1^2$ und im zweiten Abschnitt aufgrund der Klammerung als $(10 + 1)^2$ beziehungsweise 11^2. Beispiel (4) zeigt, dass für jedes Argument der Formel eine Basis gesetzt werden muss, wenn diese ungleich 10 ist. Dies gilt auch, wenn alle Operanden der Formel im gleichen Zahlensystem liegen. Während in diesem Beispiel die Formel als binär 101 multipliziert mit dezimal 10 ausgewertet wird, was dezimal 5 * 10 entspricht, wird in Beispiel (5) binär 101 mit binär 10 multipliziert, was dezimal 5 * 2 ergibt. Beispiel (6) zeigt einige Ziffern des 64er Zahlensystems. Die Verifizierung des Ergebnisses findet sich in (7).

Bitmanipulation

Über das Kommando let ist es auch möglich, Operationen auf Bitebene durchzuführen, welche hier erläutert werden. Das Kommando stellt die Möglichkeiten eines *Bitshifts*, einer *UND*-, einer *ODER*-, einer *Exklusiv-ODER*-Verknüpfung sowie das *Einerkomplement* zur Verfügung.

Die erläuternden Texte zu den vorhandenen Methoden verwenden die Begriffe *Bitmuster*, *Bitfolge*, *Wort* oder *Datenwort*, welche das gleiche Konstrukt beschreiben.

Bitshift

Der Bitshift wird verwendet, um Bits aus einem Bitmuster nach links oder nach rechts zu verschieben. Der Bitshift kann zur schnellen Multiplikation oder Division einer Variablen mit Mehrfachen von 2 verwendet werden. Die Richtung wird durch die Spitze der eckigen Klammer angegeben. So bedeutet die Sequenz „<<", dass die Bits nach links geschoben werden, wohingegen „>>" als Schiebeoperation nach rechts interpretiert wird.

Hierzu einige Beispiele, welche zusätzlich in **Abbildung 4.1** dargestellt sind:

```
(1)  # echo $((16 << 1))
     32
(2)  # echo $((16 >> 1))
     8
(3)  # echo $((1 >> 1))
     0
(4)  # echo $((3 << 2))
     12
```

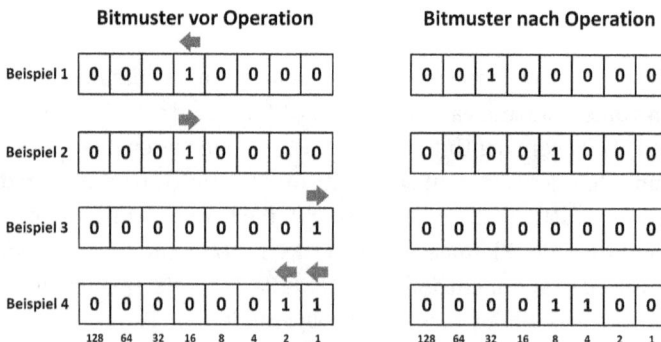

Abb. 4.1: Schiebeoperationen mittels let

Beispiel (1) zeigt einen Bit-Shift um eine Stelle nach links, Beispiel (2) eine Shift-Operation um eine Stelle nach rechts. In (3) erkennt man, dass die Bits nicht rotieren, sondern herausgeschoben werden, da das erste gesetzt Bit (Wert 1) nach der Schiebe-operation nicht mehr vorhanden ist. Und in (4) wird deutlich, dass alle gesetzten Bits verschoben werden.

Bitweise UND-Verknüpfung (AND)

Mit dem Operator „&" ist es möglich, Datenwörter durch ein logisches „UND" zu ver-knüpfen. Bei dieser Verknüpfung werden im Ergebnis die Stellen auf 1 gesetzt, welche in allen Operanden auf 1 gesetzt sind. Mit diesem Operator kann geprüft werden, ob ein bestimmtes Bit gesetzt ist. Zu diesem Zweck wird ein zu untersuchendes Muster mit dem Wert der zu prüfenden Bitfolge durch ein UND verknüpft. Wenn das Ergeb-nis mit der für die Prüfung verwendeten Bitfolge übereinstimmt, sind die Bits im zu untersuchenden Datenwort gesetzt.

Es folgen hierzu zwei Beispiele, welche in **Abbildung 4.2** dargestellt sind.

```
(1) # echo $((9 & 3))
    1
(2) # echo $((31 & 17))
    17
```

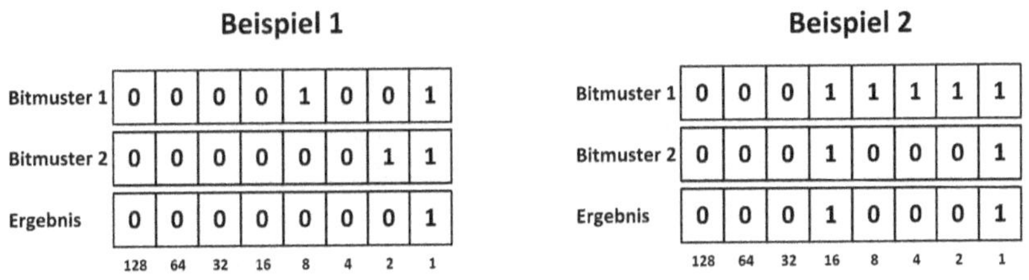

Abb. 4.2: Bitweise UND-Verknüpfung

Da in (1) nur das erste Bit in beiden Bitfolgen gesetzt ist, wird auch nur dieses im Ergebnis dargestellt. In (2) ist das Ergebnis 17, da sowohl das fünfte Bit (Wertigkeit 16) als auch das erste Bit (Wertigkeit 1) in beiden Bitmustern gesetzt sind. Auch hier fallen die Bits, welche nur in einem der Operanden gesetzt sind, nicht ins Gewicht.

Bitweise ODER-Verknüpfung (OR)

Über den Operator „|" können Bitmuster durch ein logisches „ODER" verknüpft wer-den. Hierbei finden sich im Ergebnis Bits an den Stellen, an welchen mindestens einer der Operanden eine 1 gesetzt hatte. Eine typische Anwendung einer ODER-Verknüpfung ist es, Bits innerhalb eines Wortes gezielt zu setzen. Zu diesem Zweck wird ein Datenwort mit einem Bitmuster, welches alle zu setzenden Bits enthält, durch ein ODER verknüft. Das Ergebnis enthält dann zusätzlich zu den bereits gesetzten Bits auch die Bits, welche in dem für die Verknüfung verwendeten Bitmuster gesetzt sind.

Nochmals zwei Beispiele, welche in **Abbildung 4.3** grafisch dargestellt sind. Es wird mit den gleichen Bitfolgen gearbeitet wie in dem vorangegangenen Beispiel.

```
(1) # echo $((9 | 3))
    11
(2) # echo $((31 | 17))
    31
```

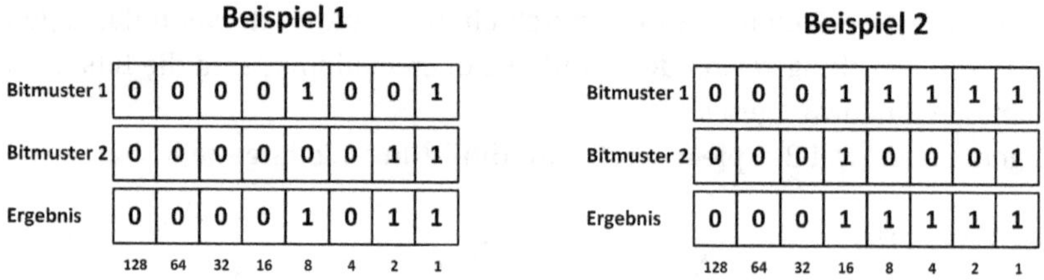

	Beispiel 1									Beispiel 2						
Bitmuster 1	0	0	0	0	1	0	0	1	Bitmuster 1	0	0	0	1	1	1	1	1
Bitmuster 2	0	0	0	0	0	0	1	1	Bitmuster 2	0	0	0	1	0	0	0	1
Ergebnis	0	0	0	0	1	0	1	1	Ergebnis	0	0	0	1	1	1	1	1
	128	64	32	16	8	4	2	1		128	64	32	16	8	4	2	1

Abb. 4.3: Bitweise ODER-Verknüpfung

Bitweise Exklusiv-ODER-Verknüpfung (XOR)

Für diesen Operator gilt, dass im Ergebnis dort ein Bit gesetzt ist, wo über alle Operanden eine ungleiche Anzahl an gesetzten Bits vorhanden ist. Dieser Operator kann zum Beispiel eingesetzt werden, um Daten hochverfügbar zu machen.

Bei Wegfall eines Datenwortes kann dieses aus den verbleibenden Bitmustern errechnet werden (einige Stichwörter hierzu: *VRC*[2], *LRC*[3], *CRC*[4] und die sogenannte *Hamming-Distanz*[5]).

Die folgenden Beispiele sind in **Abbildung 4.4** dargestellt:

```
(1) # echo $((9 ^ 3 ^ 120))
    114
(2) # echo $((9 ^ 120 ^ 114))
    3
(3) # echo $((3 ^ 120 ^ 114))
    9
```

---

2 Vertical Redundancy Check
3 Longitudinal Redundancy Check
4 Cyclical Redundancy Check
5 Die Hamming-Distanz gibt an, wie viele Bits innerhalb von zwei identisch langen Bitmustern unterschiedlich sind.

Beispiel 1

Bitmuster 1	0	0	0	0	1	0	0	1

Bitmuster 1: 0 0 0 0 1 0 0 1
Bitmuster 2: 0 0 0 0 0 0 1 1
Bitmuster 3: 0 1 1 1 1 0 0 0
Ergebnis: Parität: 0 1 1 1 0 0 1 0
(128 64 32 16 8 4 2 1)

Beispiel 2

Bitmuster 1: 0 0 0 0 1 0 0 1
Bitmuster 3: 0 1 1 1 1 0 0 0
Parität: 0 1 1 1 0 0 1 0
Ergebnis: Bitmuster 2: 0 0 0 0 0 0 1 1
(128 64 32 16 8 4 2 1)

Beispiel 3

Bitmuster 2: 0 0 0 0 0 0 1 1
Bitmuster 3: 0 1 1 1 1 0 0 0
Parität: 0 1 1 1 0 0 1 0
Ergebnis: Bitmuster 1: 0 0 0 0 1 0 0 1
(128 64 32 16 8 4 2 1)

Abb. 4.4: Bitweise Exklusiv-ODER-Verknüpfung

In Beispiel (1) wird aus den ersten drei Bitmustern die Parität errechnet. Jede 1, welche in der Parität gesetzt ist, stellt dabei eine ungerade Anzahl an Einsen in den verknüpften Bitmustern dar. Die Parität hat einen Wert von 114. In (2) wird angenommen, dass die Information *Bitmuster 2* nicht mehr vorhanden ist. Zur Wiederherstellung werden *Bitmuster 1*, *Bitmuster 2* und die Parität in einer Exklusiv-ODER-Schaltung miteinander verknüpft. Als Ergebnis wird *Bitmuster 2* geliefert. Und in (3) wird die gleiche Bitoperation mit *Bitmuster 2*, *Bitmuster 3* und der Parität vorgenommen, um *Bitmuster 1* wiederherzustellen.

Ein solches Verfahren muss nicht zwingend nur zur Wiederherstellung von Daten genutzt werden. Ein anderer interessanter Aspekt ergibt sich etwa beim Auslesen aus einem *RAID-5*-Plattenverbund. Bei diesem Konstrukt werden mehrere Platten zu einem *Stripe* verbunden, wobei immer eine Spalte, welche über alle Platten des Verbundes verteilt wird, zur Speicherung der Parität dient. Wenn mehrere Blöcke gleichzeitig aus diesem Verbund gelesen werden, kommt es vor, dass eine Platte zwar zum Lesen angefragt wird, jedoch gerade schon in Benutzung ist. In diesem Fall kann aus den verbleibenden Blöcken und der Parität der angefragte Block errechnet werden, was einen Zusatz an Geschwindigkeit bringt.

Abbildung 4.5 zeigt exemplarisch, wie ein RAID-5-Verbund aussehen könnte. Die Platte *Disk 1* enthält die Parität der restlichen vier Spalten für die ersten *N* Datenblöcke. Die Parität der nächsten *N* Datenblöcke wird auf *Disk 2* gespeichert und so weiter.

Die Prüfsumme rotiert für je *N* Blöcke über alle im Konstrukt verfügbaren Plattenspeicher. Für das Beispiel wurden 5 Platten gewählt, was jedoch keine zwingende Voraussetzung für einen solchen Verbund ist.

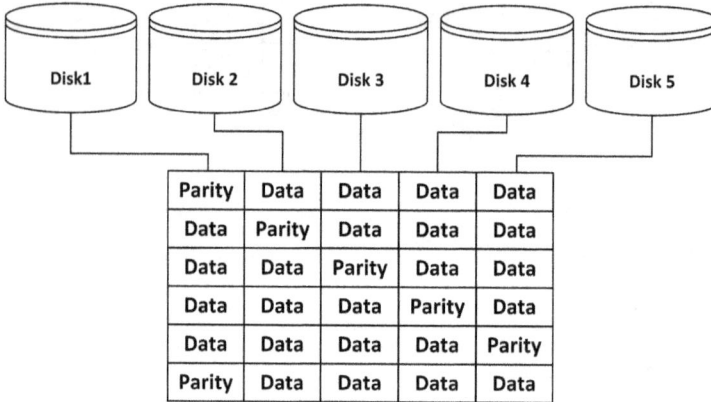

Parity	Data	Data	Data	Data
Data	Parity	Data	Data	Data
Data	Data	Parity	Data	Data
Data	Data	Data	Parity	Data
Data	Data	Data	Data	Parity
Parity	Data	Data	Data	Data

Abb. 4.5: Beispiel einer RAID-5-Konfiguration

Alle Bits invertieren (Einerkomplement)

Das Einerkomplement invertiert alle Bits einer Bitfolge, wobei eine 1 in eine 0 umgewandelt wird und umgekehrt. Ein Anwendungsbeispiel ist es, gezielt Bits in einem Bitmuster aufgrund eines anderen Bitmusters zu setzen.

Beispiele des Einerkomplements, welche in **Abbildung 4.6** dargestellt sind:

```
(1) # echo $((~9))
    -10
(2) # echo $((~31))
    -32
(3) # echo $((~128))
    -129
(4) # echo $((~-128))
    127
```

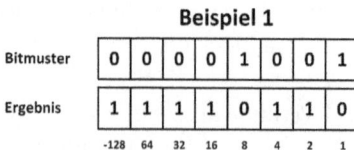

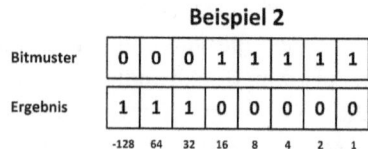

Beispiel 1

Bitmuster	0	0	0	0	1	0	0	1
Ergebnis	1	1	1	1	0	1	1	0
	-128	64	32	16	8	4	2	1

Beispiel 2

Bitmuster	0	0	0	1	1	1	1	1
Ergebnis	1	1	1	0	0	0	0	0
	-128	64	32	16	8	4	2	1

Abb. 4.6: Einerkomplement

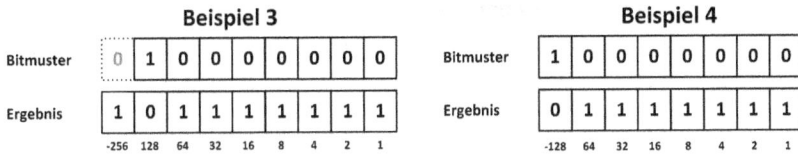

Abb. 4.6: Einerkomplement – Fortsetzung

Um die Ergebnisse zu interpretieren muss man wissen, dass die meisten Systeme das *Zweierkomplement*[6] zur Darstellung negativer Zahlen verwenden. Die Darstellung negativer Zahlen mit dem Verfahren des Zweierkomplements hat gegenüber der Darstellung im Einerkomplement den Vorteil, dass die Null nicht doppelt belegt ist und somit mehr Informationen in einem Wort untergebracht werden können.

Die Darstellung negativer Zahlen wird in der Form ermöglicht, dass das *Most Significant Bit*[7] auf 1 gesetzt wird. Dieses Bit stellt den Wert $-(2^n)$ dar. Bei 8 Bit wären dies -128, bei 16 Bit -32768, bei 32 Bit -4294967296 und so weiter. Alle weiteren Bits innerhalb des Bitmusters stellen positive Werte dar.

Um eine negative Zahl intern darzustellen, wird wie folgt vorgegangen:
- Datenwort invertieren
- Das Ergebnis um 1 inkrementieren

Somit wird eine -1 wie folgt in 8 Bit dargestellt:
- Ausgangswert:
  00000001
- Erster Schritt: Invertieren
  Ergebnis: 11111110
- Zweiter Schritt: Ergebnis um 1 inkrementieren
  Ergebnis: 11111111

Dementsprechend erklärt sich das Ergebnis aus Beispiel (1):
- Ausgangswert: 1001
  Vorzeichen wird negiert
- Invertieren und negatives Vorzeichen setzen
  Ergebnis: 10110 (-16 + 0*8 + 1*4 + 1*2 + 0*1)

---

6 Alternativ wird auch die Bezeichnung *Einerkomplement + 1* verwendet.
7 Most Significant Bit bezeichnet das Bit mit der höchsten Wertigkeit.

Zusätzliche mathematische Funktionen der ksh93

Mit der ksh93 wurde das Kommando let um weitere mathematische Funktionen erweitert, welche in **Tabelle 4.7** angegeben sind.

Tab. 4.7: Arithmetische Funktionen ab ksh93

Ganzzahl	Gleitkomma	Bedeutung	Kommentar
abs(x)	fabs(x)	Absolutwert von x	$|x|$
–	acos(x)	Arkuskosinus von x	$\cos^{-1} x$
–	asin(x)	Arkussinus von x	$\sin^{-1} x$
–	atan(x)	Arkustangens von x	$\tan^{-1} x$
–	atanh(x)	Arkustangens hyperbolicus von x	–
–	atan2(x,y)	Arkustangens von x und y	–
–	cbrt(x)	dritte Wurzel von x	$\sqrt[3]{x}$
–	copysign(x,y)	Absolutwert von x mit Vorzeichen von y	–
–	cos(x)	Kosinus von x	Siehe nächste Seite
–	cosh(x)	Kosinus hyperbolicus von x	Siehe nächste Seite
–	erf(x)	Fehlerfunktion von x	$erf x$
–	erfc(x)	Komplementärfehler von x	$erfc x$
–	exp(x)	Exponentialfunktion von x	e^x
–	exp2(x)	Potenziert zur Basis 2	2^x
–	fdim(x,y)	Positive Differenz von x und y	–
–	floor(x)	Abrundungsfunktion	–
–	fma(x,y,z)	(x * y) + z	–
–	fmax(x,y)	Maximum von x und y	–
–	fmin(x,y)	Minimum von x und y	–
–	fmod(x)	Restwertdivision von x mit Nachkommastellen	–
–	hypot(x,y)	Hypothenuse aus An- (x) und Gegenkathete (y)	–
–	int(x)	Wandelt Gleitkomma x in Ganzzahl um	–
–	isinf(x)	Prüft, ob x unendlich ist	–
–	isnan(x)	Prüft, ob x keine darstellbare Zahl ist	Beispiel: x / 0.0
–	lgamma(x)	Logarithmus der Eulerschen Gammafunktion	–
–	log(x)	Logarithmus Naturalis	$\ln x$
–	log2(x)	Logarithmus zur Basis 2	$\log_2 x$
–	nearbyint(x)	Rundet Gleitkommazahl zur nächsten Ganzzahl	–
–	nextafter(x,y)	Nächste darstellbare Zahl nach x in Richtung y	–
–	pow(x,y)	Basis x, Exponent y	x^y
–	remainder(x,y)	Restwert mit höchster Annäherung an 0	–
–	rint	Rundet auf nächste Ganzzahl	–
–	round	Rundet Gleitkommazahlen auf Ganzzahlen	–
–	sin(x)	Sinus von x	Siehe nächste Seite
–	sinh(x)	Sinus hyperbolicus von x	Siehe nächste Seite
–	sqrt(x)	Quadratwurzel aus x	$\sqrt{x}$
–	tan(x)	Tangens von x	Siehe nächste Seite
–	tanh(x)	Tangens hyperbolicus	Siehe nächste Seite
–	tgamma(x)	Eulersche Gammafunktion	Siehe nächste Seite
–	trunc	Schneidet Nachkommastellen ab	–

Es folgen Definitionen einiger der trigonometrischen und hyperbolischen Funktionen aus **Tabelle 4.7** sowie der Eulerschen Gammafunktion.

Trigonometrische Funktionen:

$$\sin x = \frac{Gegenkathete}{Hypotenuse} \qquad \cos x = \frac{Ankathete}{Hypotenuse} \qquad \tan x = \frac{Gegenkathete}{Ankathete}$$

Hyperbolische Funktionen:

$$\sinh x = \tfrac{1}{2}(e^x + e^{-x}) \qquad \cosh x = \tfrac{1}{2}(e^x - e^{-x}) \qquad \tanh x = \frac{\sinh x}{\cosh x}$$

Eulersche Gammafunktion:

$$\Gamma(x) = \int_0^\infty s^{x-1} e^{-s}\, ds$$

Da in den seltensten Fällen trigonometrische Funktionen mit Nachkommastellen in Shellprogrammen benötigt werden, erübrigen sich an dieser Stelle tiefergehende Erläuterungen.

Wichtig ist zu beachten, dass keine Whitespaces zwischen der Funktion und den zu übergebenen Argumenten enthalten sein dürfen, wie die zwei folgenden Beispiele zeigen:

```
(1)  # echo $(( cos (1) ))
     ksh:  cos (1) : arithmetic syntax error
(2)  # echo $(( cos(1) ))
     0.540302305868139717
```

Beispiel (1) zeigt, dass es zu einer Fehlermeldung kommt, da das geklammerte Argument durch ein Leerzeichen vom Funktionsaufruf getrennt ist. In (2) wurde das Leerzeichen entfernt und somit wird die Funktion mit dem benötigten Argument korrekt interpretiert und ausgeführt.

4.4 Tools

Ein Vorteil bei der Entwicklung von Shellprogrammen ist die große Auswahl an Tools, welche in einer Unix-Umgebung geboten werden. Für fast alle Bereiche gibt es Werkzeuge und Kommandos.

Die Fülle an unterstützenden Kommandos ist enorm, weshalb hier nur ein kleiner Ausschnitt gezeigt werden kann.

Einige interessante Werkzeuge, welche für die Entwicklung von Programmen besonders interessant sind, sollen auf den nächsten Seiten vorgestellt werden.

4.4.1 mktemp

Das Kommando `mktemp` dient dem Erstellen von temporären Dateien und Verzeichnissen. Die Syntax lautet:

```
mktemp [-dqtu] [-p Dir] [Vorlage]
```

Die Vorlage beschreibt, wie die temporäre Datei namentlich aufgebaut werden soll und kann einen festen sowie einen variablen Anteil enthalten. Der variable Anteil wird durch die Aneinanderreihung von mindestens 3 und maximal 6 „X" markiert. Wenn mehr als 6 „X" aufeinanderfolgen, werden nur die letzten 6 Buchstaben durch ein generiertes Muster ersetzt und die vorausgehenden „X" bleiben erhalten. Die Vorlage „*tempdatei.XXXXXX*" ist wie folgt zu verstehen:

tempdatei.XXXXXX
_____ _____
    fix   *variabel*

Tabelle 4.8 zeigt die Optionen und Argumente, welche für das Kommando zur Verfügung stehen.

Tab. 4.8: Optionen des Kommandos mktemp

Option	Bedeutung
-d	Ziel ist ein Verzeichnis und keine Datei
-q	Fehlermeldungen unterdrücken
-t	Die Vorlage wird als Datei gewertet. Als Verzeichnis wird genutzt:
	– Variable TMPDIR gesetzt und exportiert: Verzeichnis $TMPDIR
	– Option „-p" verwendet: Verzeichnis, welches durch diese Option angegeben wurde
	– Weder TMPDIR gesetzt, noch Option „-p" verwendet: /tmp
-u	Nur Zeichenkette generieren
-p *Dir*	*Dir* wird als temporäres Verzeichnis verwendet

Hierzu einige Beispiele:

```
(1) # tmpverz=`mktemp -d /tmp/dir.XXXX` ; echo $tmpverz
    /tmp/dir.326Q
(2) # tmpdat1=`mktemp -p $tmpverz -t tmpdat1.XXXX` ; echo $tmpdat1
    /tmp/dir.326Q/tmpdat1.sTy9
(3) # TMPDIR=/tmp
    # tmpdat2=`mktemp -p $tmpverz -t tmpdat2.XXXX` ; echo $tmpdat2
    /tmp/dir.326Q/tmpdat2.F4Mj
(4) # export TMPDIR
    # tmpdat3=`mktemp -p $tmpverz -t tmpdat3.XXXX` ; echo $tmpdat3
```

```
    /tmp/tmpdat3.2sGE
(5) # mktemp /tmp/subdir1/tmpdat.XXXXXX
    mktemp: failed to create file via template `/tmp/subdir1/tmpdat.XXXXXX': \
    No such file or directory
(6) # mktemp -q /tmp/subdir1/tmpdat.XXXXXX
    # echo $?
    1
```

In (1) wird ein temporäres Verzeichnis erstellt. Der variable Anteil wird durch die Zeichenkette "XXXX" angegeben und in die Zeichenkette „326Q" umgewandelt. In Beispiel (2) wird eine temporäre Datei erstellt, welche über den Schalter „-p" ein zu verwendendes Verzeichnis übergeben bekommt. In (3) wird die Variable TMPDIR auf „/tmp" gesetzt. Dies hat jedoch keinen Einfluss auf die Generierung einer neuen temporären Datei, da die Variable nicht exportiert ist. Dementsprechend wird weiterhin der Wert aus der Variablen tmpverz genommen. Nachdem in (4) die Variable TMPDIR exportiert wurde, wird diese statt der Variablen tmpverz zur Generierung verwendet. Beispiel (5) zeigt, dass keine beliebig tiefen Verzeichnisstrukturen angelegt werden können, und in (6) wird die Option „-q" eingesetzt, um etwaige Fehlermeldungen zu unterdrücken, wovon jedoch der Returncode nicht beeinflusst wird.

4.4.2 tr

Das Kommando tr dient der einfachen Bearbeitung von Zeichen. Das Kommando kann von STDIN einlesen und gibt den bearbeiteten Text auf STDOUT aus. Das Kommando bekommt Zeichenmengen übergeben, welche auf die eingelesenen Zeichen angewendet werden. Reguläre Ausdrücke kann tr nicht verarbeiten, jedoch können Zeichenklassen angegeben werden.

Das tr-Kommando, welches im Standard-Pfad unter Solaris zu finden ist, unterstützt nicht alle Optionen. Um unter Solaris den vollen POSIX Umfang nutzen zu können, muss das Kommando /usr/xpg6/bin/tr aufgerufen werden. Die Syntax des Kommandos:

```
tr [-cds] (Menge1|Klasse) (Menge2|Klasse)
tr -s [-(c|C)] (Menge1|Klasse)
tr -d [-(c|C)] (Menge1|Klasse)
tr [-ds] [-(c|C)] (Menge1|Klasse) (Menge2|Klasse)
```

Wenn keine Optionen verwendet werden, tauscht tr alle Zeichen aus Menge1 gegen die Zeichen aus Menge2.

Tabelle 4.9 zeigt die Optionen, welche dem Kommando zur Verfügung stehen.

Tab. 4.9: Optionen des Kommandos tr

Option	Bedeutung
-c	Komplementär von Werten aus *Menge1* gilt als zu verarbeitende Menge
-C	Komplementär von Zeichen aus *Menge1* gilt als zu verarbeitende Menge
-d	Alle Zeichen aus zu verarbeitender Menge werden gelöscht
-s	Alle aufeinanderfolgenden Zeichen aus *Menge2*, welche in der zu verarbeitenden Menge enthalten sind, werden auf ein Zeichen gekürzt

Der Austausch findet in der Zuordnung statt, welche durch die Reihenfolge der übergebenen Mengen bestimmt wird. Der Aufruf tr [a-c] [x-z] bewirkt zum Beispiel, dass jedes „a" durch ein „x", jedes „b" durch ein „y" und jedes „c" durch ein „z" ersetzt wird.

In den neueren Versionen des Kommandos führen die Schalter „-c" und „-C" zu einem identischen Ergebnis. In früheren Varianten musste die Option „-c" gewählt werden, wenn Zeichen durch die Angabe des Oktalwertes angegeben wurden.

Wenn die Mengen, welche zur Verarbeitung des Datenstroms eingesetzt werden, nicht identisch mächtig sind, kommt es zu unterschiedlichen Ergebnissen bei Einsatz verschiedener tr-Implementationen.

Die Version, welche unter BSD entwickelt wurde und zum Beispiel bei Linux eingesetzt wird, hängt das letzte Zeichen, welches in *Menge2* enthalten ist, so oft an, bis *Menge2* die Mächtigkeit von *Menge1* erreicht hat.

Implementationen unter System V (zum Beispiel Solaris) ersetzen nur die Zeichen aus *Menge1*, welche einem Zeichen aus *Menge2* zugeordnet werden können.

Abbildung 4.7 zeigt, wie das Kommando tr "abcdef" "hijkl" von den Varianten unter Solaris und Linux ausgewertet wird.

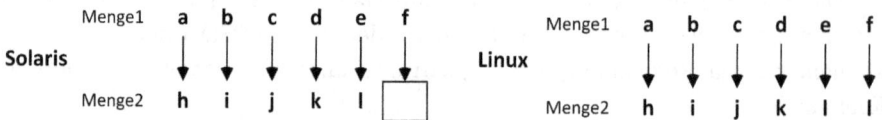

Abb. 4.7: Zuordnung von Elementen zwischen zwei Mengen durch tr

Ein Beispiel mit den in **Abbildung 4.7** verwendeten Mengen:

```
(1) # echo "es folgt ein textbeispiel"|tr "abcdef" "hijkl"
    ls folgt lin tlxtilispill
(2) # echo "es folgt ein textbeispiel"|tr "abcdef" "hijkl"
    ls lolgt lin tlxtilispill
```

Das Beispiel zeigt die unterschiedlichen Rückgabewerte der übergebenen Textzeilen. Während die Solaris-Implementation aus Beispiel (1) den Buchstaben „e" noch durch das zugeordnete „1" ersetzt, erweitert die Linux-Variante des Kommandos die zweite übergebene Menge und hängt ein weiteres „1" an, womit auch der Buchstabe „f" durch ein „1" ersetzt wird. Dies erklärt auch das Resultat aus dem nun folgenden Beispiel:

```
(1) # echo "abcdefg"|tr "abcdefg" "abc"
    abcdefg
(2) # echo "abcdefg"|tr "abcdefg" "abc"
    abccccc
```

In (1) ist das Resultat mit den Eingangsdaten identisch, denn die Buchstaben „d", „e", „f" und „g" werden nicht betrachtet, da in der Zielmenge nur die ersten drei Elemente zugeordnet werden können, und diese mit den ersten drei Elementen der Definitionsmenge identisch sind. Das tr-Kommando unter Linux vergrößert in (2) wieder die Zielmenge und ersetzt die Buchstaben aus Menge1 ab dem vierten Zeichen durch das letzte Element, welches in Menge2 angegeben ist, also durch ein „c".

Die System V-Variante des Kommandos bietet jedoch eine Möglichkeit an, innerhalb der Zielmenge einzelne Elemente beliebig oft zu wiederholen, um so mehrere Zeichen der Ausgangsmenge einem identischen Zeichen zuzuordnen. Es stehen zwei Möglichkeiten zur Verfügung, um die Zielmenge zu erweitern. Es können entweder die Zeichen ausformuliert oder alternativ in der Form [B*[Anzahl]] angegeben werden. Das B steht hierbei für ein beliebiges Zeichen. Wenn dem Stern keine Zahl folgt, wird das vorangegangene Zeichen so oft wiederholt, bis die Zielmenge über die gleiche Anzahl Elemente wie die Ausgangsmenge verfügt. Hierzu nochmals drei Beispiele, welche mit dem Solaris-tr erstellt wurden.

```
(1) # echo "abcdefg"|tr "abcdefg" "abccccc"
    abccccc
(2) # echo "abcdefg"|tr "abcdefg" "ab[c*]"
    abccccc
(3) echo "abcdefg"|tr "abcdefg" "ab[c*2]"
    abccefg
```

In Beispiel (1) ist die Zielmenge ausformuliert. In (2) wird das gleiche Ergebnis erzielt, jedoch wird hier die Zielmenge in der Form beschrieben, dass sie mit den Zeichen „q" und „b" beginnt, welche den ersten beiden Zeichen aus Menge1 zugeordnet sind. Für alle weiteren Elemente aus Menge1 (also „c" bis „g") soll das Zeichen „c" verwendet werden. Beispiel (3) zeigt, wie die Anzahl Wiederholungen eines Elementes innerhalb der Zielmenge ausformuliert wird. Das Konstrukt „ab[c*2]" ist gleichbedeutend mit „abcc".

Es besteht noch ein weiterer Unterschied zwischen den beiden Implementationen des Kommandos. Wenn Bereiche von Zeichen angegeben werden, müssen diese in der

Version des System V innerhalb von eckigen Klammern angegeben werden, wohingegen die BSD-Variante des tr die Klammern wie zu verarbeitende Zeichen behandelt.

Wenn nicht sicher ist, für welche Implementation des Kommandos programmiert werden soll, bietet es sich an, Bereiche immer mit Klammern anzugeben, denn die Zuordnung funktioniert weiterhin. Für eine BSD-Version bedeutet das Kommando tr "[a-z][A-Z]", dass eine öffnende eckige Klammer durch eine öffnende eckige Klammer ersetzt werden soll, dann folgt der Bereich a-z, welcher durch den Bereich A-Z ersetzt wird und schließlich die schließende Klammer, welche durch eine schließende Klammer ersetzt wird.

Umgekehrt jedoch liefert die BSD-Syntax des Kommandos in einer System-V-Variante falsche Ergebnisse. So wird das Kommando tr "a-z" "A-Z" ein „a" durch ein „A", ein „-" durch ein „-" und ein „z" durch ein „Z" ersetzen. Alle weiteren Zeichen werden jedoch nicht ersetzt.

Hierzu nochmals Beispiele unter Solaris und Linux:

```
(1) SunOS
    # echo "abcdefg"|tr "a-g" "A-G"
    AbcdefG
    # echo "abcdefg"|tr "[a-g]" "[A-G]"
    ABCDEFG
(2) Linux
    # echo "abcdefg"|tr "a-g" "A-G"
    ABCDEFG
    # echo "abcdefg"|tr "[a-g]" "[A-G]"
    ABCDEFG
```

In (1) wird deutlich, dass der tr unter Solaris Bereiche von Zeichen oder Buchstaben nur dann interpretiert, wenn diese mit Klammern gekennzeichnet sind. Beispiel (2) liefert für beide Bereichsangaben identische Ergebnisse, da die Klammern sich selbst zugeordnet werden.

Arbeiten mit Komplementär- oder Differenzmengen

Eine Komplementärmenge, oft auch als Differenzmenge bezeichnet, beinhaltet alle Zeichen der Gesamtmenge, welche nicht in der angegebenen Menge enthalten sind. Wenn die Gesamtmenge aus den Zahlen 1 bis 9 bestehen würde, wäre das Komplementär zu den Elementen 5 bis 9 die Menge bestehend aus den Zahlen 1 bis 4.

Das Kommando tr kann als Ausgangsmenge ein Komplementär verwenden, indem die Option „-c" angegeben wird. Hierbei gilt es zu beachten, dass der tr unter Linux wieder anders als die System-V-Implementation arbeitet, da die Zielmenge auch bei dieser Operation automatisch auf die Mächtigkeit der Ausgangsmenge erweitert wird.

Hier nochmals drei Beispiele, welche das Verhalten von `tr` bei der Verwendung von Differenzmengen zeigen:

```
(1) # echo "a_b_c_d_e_1_2_3_4_5"|tr -c "a-c\n" "D-Z"
    aZbZcZZZZZZZZZZZZZZ
(2) # echo "a_b_c_d_e_1_2_3_4_5"|tr -c "a-c\n" "A-Z"
    aZbZcZZZZZZZZZZZZZZ
(3) # # echo "a_b_c_d_e_1_2_3_4_5"|tr -c "[a-c]\n" "[D-Z]"
    a_b_c_d_e_1_2_3_4_5
```

Die Anweisung in (1) besagt, dass alle Zeichen der übergebenen Zeichenkette mit Ausnahme von „a", „b", „c" und dem Zeilenumbruch durch die Menge der Großbuchstaben von „D" bis „Z" ersetzt werden sollen. Die Ausgabe zeigt jedoch, dass alle Zeichen außer den erwähnten drei Buchstaben und dem Zeilenumbruch durch ein „Z" ersetzt wurden. Eine Vergrößerung der Menge, wie in (2) gezeigt, führt zum gleichen Ergebnis. Dies liegt in der Tatsache begründet, dass die Zielmenge automatisch auf die Mächtigkeit der Ausgangsmenge angepasst wurde. Die Ausgangsmenge besteht nicht nur aus Kleinbuchstaben, sondern erstreckt sich über den gesamten Zeichensatz, weshalb auch die Unterstriche durch ein „Z" ersetzt wurden. Die Zielmenge in Beispiel (3) ist zu klein, um eines der Zeichen aus der ursprünglichen Zeichenkette zu ersetzen.

Komplementärmengen werden oft dann eingesetzt, wenn bestimmte Zeichen aus einem Text oder einer Zeichenkette entfernt werden sollen. Über den Schalter „-d" wird definiert, welche Zeichen gelöscht werden sollen. Wenn eine große Anzahl verschiedener Zeichen aus einem Text gelöscht werden soll, kann es nützlich sein, den umgekehrten Weg zu gehen und zu definieren, welche Zeichen nicht gelöscht werden sollen.

Wenn aus einer Zeichenkette alle Großbuchstaben entfernt werden sollen, kann dies wie folgt mithilfe des `tr` geschehen:

```
# echo "AA_a_BB_b_CC_c_"|tr -dc "[:upper:]_\n"
AA__BB__CC__
```

Das Kommando bekommt als Argument die Zeichen übergeben, welche nicht aus der Zeichenkette gelöscht werden sollen. Mit anderen Worten: Es wird das Komplementär aus der übergebenen Menge gelöscht, also alle Zeichen außer Großbuchstaben, dem Unterstrich und dem Zeilenumbruch. Die Verwendung von Zeichenklassen wie in dem oben gezeigten Beispiel ist bei allen Varianten des `tr` identisch mit eckigen Klammern und dem Doppelpunkt anzuwenden.

Aufeinanderfolgende identische Zeichen kann man automatisch auf ein Zeichen kürzen, wenn dies benötigt wird. Zu diesem Zweck wird dem oben gezeigten Beispiel noch ein weiteres Argument angefügt, welches die Menge an Zeichen bestimmt, die nicht wiederholt vorkommen sollen. Hierzu muss zusätzlich der Schalter „-s" angegeben werden. Nochmals zwei Beispiele:

```
(1) # echo "AA_a_BB_b_CC_c_"|tr -sdc "[:upper:]_\n" "A-C"
    A__B__C__
(2) # echo "AA_a_BB_b_CC_c_"|tr -sdc "[:upper:]_\n" "A-C_"
    A_B_C_
```

Die zwei Beispiele zeigen die Verwendung der Option „-s". Die erste Menge gibt an, welche Zeichen aus dem zu verarbeitenden String nicht gelöscht werden sollen und die zweite Menge besagt, welche Zeichen bei Wiederholung zu kürzen sind. In (1) werden Wiederholungen der Großbuchstaben von „A" bis „C" entfernt, weshalb der Unterstrich im Ergebnis wiederholt auftreten kann. In (2) wird der Unterstrich ebenfalls in die zu kürzenden Zeichen mit aufgenommen, was zu dem entsprechenden Ergebnis führt.

Die Option „-s" kann auch direkt auf eine Zeichenkette angewendet werden. In diesem Fall erwartet das Kommando nur ein Argument, wie die drei nun folgenden letzten Beispiele zeigen:

```
# echo "AAAbbbbCCCCCdddddd"|tr -s "[:alpha:]"
AbCd
# echo "AAAbbbbCCCCCdddddd"|tr -s "AC"
AbbbbCdddddd
# echo "AAAbbbbCCCCCdddddd"|tr -s "ACbd"
AbCd
```

4.4.3 sort

Das Kommando sort wird verwendet, um Datenströme anhand von gegebenen Kriterien zu sortieren. Das Kommando kann sowohl alphabetisch als auch numerisch sortieren, wobei Schlüssel über eine oder mehrere Spalten aufgebaut werden.

In der Voreinstellung sortiert das Kommando alphanumerisch ganze Zeilen. Bei der Sortierung ganzer Zeilen dürfen diese über unterschiedlich viele Felder verfügen. Bei Sortierung anhand von Zeichen dient die ASCII-Tabelle als Orientierung, weshalb Großbuchstaben vor Kleinbuchstaben einsortiert werden.

Als Quelle des Datenstroms können wahlweise Dateien oder STDIN verwendet werden. Wenn keine Datei zur Ausgabe der sortierten Daten angegeben wird, erfolgt die Ausgabe nach STDOUT. Die Syntax des Kommandos:

```
sort [-bcdfimnru] [-k N[,M]] [-t Zeichen] [-o Datei] [Datei..Datei_n]
```

Tabelle 4.10 enthält die wichtigsten Optionen und Argumente des Kommandos.

Tab. 4.10: Optionen und Argumente des Kommandos sort

Option [Argument]	Bedeutung
-b	Führende Leerzeichen ignorieren
-c	Prüfen, ob zu verarbeitende Datei sortiert ist
-d	Nur alphanumerische Zeichen werden berücksichtigt
-f	Groß- und Kleinschreibung ignorieren
-g	Zahlen werden mit Nachkommastellen sortiert (nur GNU sort)
-i	Nur lesbare Zeichen werden berücksichtigt
-k N[,M]	Schlüssel definieren
-m	Bereits sortierte Dateien zusammenfügen
-n	Sortiere numerisch
-o Datei	Schreibt in Datei statt nach STDOUT
-r	Ausgabe erscheint in umgekehrter Reihenfolge
-t Zeichen	Verwendet Zeichen als Feldtrenner
-u	Doppelte Felder werden nicht ausgegeben

4.4.4 join

Über das Kommando join lassen sich zwei Dateien miteinander verknüpfen, wobei die als Schlüssel definierten Spalten sortiert vorliegen müssen. Die Syntax:

```
join [-a Num|-v Num] [-1 Spalte] [-2 Spalte] [-o Liste] [-e String]\
 [-t Zeichen] Datei1 Datei2
```

Tabelle 4.11 zeigt die Optionen und Argumente des Kommandos.

Tab. 4.11: Optionen/Argumente des Kommandos join

Option/Argument	Bedeutung
-a Num	Liefert auch Zeilen aus Datei Num, welche nicht in der anderen Datei enthalten sind
-v Num	Liefert nur Zeilen aus Datei Num, welche nicht in der anderen Datei enthalten sind
-o Liste	Liefert über Num.Feld die auszugebenden Spalten
-e String	Ersetzt Ausgabefelder, die leer sind, durch String
-t Zeichen	Verwendet Zeichen als Feldtrenner
-j Spalte	Verknüpfung wird über Spalte hergestellt
-1 Spalte	Schlüssel-Spalte in Datei1
-2 Spalte	Schlüssel-Spalte in Datei2

Standardmäßig setzt join die erste Spalte jeder Datei als Schlüssel voraus.

Für die folgenden Beispiele werden die beiden Textdateien art und unterart herangezogen. Die Inhalte der Dateien:

```
# cat art
1 Kernobst
2 Steinobst
3 Beerenobst
4 Schalenobst
#
# cat unterart
1 Apfel
1 Quitte
2 Mirabelle
3 Holunder
3 Heidelbeere
4 Walnuss
```

Nun kann man sich mittels join auflisten lassen, welche Unterart an Obst zu welcher Obstart gehört:

```
# join art unterart
1 Kernobst Apfel
1 Kernobst Quitte
2 Steinobst Mirabelle
3 Beerenobst Holunder
3 Beerenobst Heidelbeere
4 Schalenobst Walnuss
```

Wenn die zu vergleichenden Dateien die Schlüssel in unterschiedlichen Spalten enthalten, können die zu verwendenden Spalten an join übergeben werden. Die Datei art wurde wie folgt angepasst:

```
Kernobst 1
Steinobst 2
Beerenobst 3
Schalenobst 4
```

Der Index, welcher auf die Art verweist, steht nun an zweiter Stelle in der Textdatei art, wohingegen der Index der Datei unterart weiterhin jede Zeile anführt. Um ein korrektes Ergebnis zu erzielen, wird aus der ersten Datei die zweite Spalte als Schlüsselfeld angegeben (Option -1).

Da keine weitere Option angegeben wird, ist das folgende Beispiel gleichbedeutend zu der Variante join -1 2 -2 1 art unterart.

```
# join -1 2 art unterart
1 Kernobst Apfel
1 Kernobst Quitte
```

```
2 Steinobst Mirabelle
3 Beerenobst Holunder
3 Beerenobst Heidelbeere
4 Schalenobst Walnuss
```

Soll die Ausgabe auf bestimmte Felder reduziert werden, kann dies über den Schalter „-o" erreicht werden. Um nur die Unterarten anzeigen zu lassen, welche mit der zweiten Spalte der Datei art übereinstimmen, wird folgende Option verwendet:

```
# join -1 2 -o 2.2 art unterart
Apfel
Quitte
Mirabelle
Holunder
Heidelbeere
Walnuss
```

Per Default verwendet join Whitespaces als Trennzeichen. Wenn jedoch andere Sonderzeichen in den zu verknüpfenden Dateien verwendet werden, können diese über die Option „-t" angegeben werden. Die nachfolgenden zwei Textdateien enthalten Datensätze, welche mit Komma getrennt sind.

```
bash-3.00# cat mitarbeiter
Meier,Marius,1
Schmidt-Wangen,Heike,2
Witten,Inge,3
Klausen-Franke,Andreas,4
Hansen,Klaus-Dieter,5
Meyer,Norbert,6
Klemm,Hildegard,6
bash-3.00# cat bezirk
Essen,1
Neuss,2
Gummersbach,3
Dortmund,4
Oberhausen,5
Bonn,6
Aachen,7
Witten,8
```

In beiden Dateien soll auch hier wieder die Spalte als Schlüssel dienen, welche eine Nummer aufweist. Über diese Spalte wird nun der join durchgeführt. Es wird also als Feldtrenner ein Komma verwendet, der Schlüssel in Datei 1 befindet sich in der dritten Spalte und in Datei 2 in der zweiten Spalte.

```
# join -t, -1 3 -2 2 mitarbeiter bezirk
1,Meier,Marius,Essen
```

```
2,Schmidt-Wangen,Heike,Neuss
3,Witten,Inge,Gummersbach
4,Klausen-Franke,Andreas,Dortmund
5,Hansen,Klaus-Dieter,Oberhausen
6,Meyer,Norbert,Bonn
6,Klemm,Hildegard,Bonn
```

4.4.5 uniq

Das Kommando uniq dient der Filterung oder Zählung von mehrfach vorhandenen Zeilen in einer Datei. Das Kommando erkennt aufeinanderfolgende Zeilen, welche identisch sind. Zeilen, welche zwar identische Inhalt haben, jedoch durch eine oder mehrere andere Zeilen getrennt sind, werden nicht erkannt. Die Syntax:

```
uniq [-(c|d|u)] [-f Felder] [-s Zeichen] \
  [Eingabedatei] [Ausgabedatei]
```

Tabelle 4.12 enthält die Optionen und Argumente des Kommandos uniq.

Tab. 4.12: Optionen und Argumente des Kommandos uniq

Option/Argument	Bedeutung
-c	Zählt die Häufigkeit einer Zeile
-d	Zeilen, welche nicht mehrfach vorkommen, werden nicht angezeigt
-f *Felder*	*Felder* werden ignoriert
-s *Zeichen*	*Zeichen* werden ignoriert
-u	Zeilen, welche mehrfach vorkommen, werden nicht ausgegeben

Es folgen einige Beispiele anhand einer Textdatei, mit dem folgenden Inhalt:

```
bash-3.00# cat text
a1 2 3 4 5
a1 2 3 4 5
b0 1 3 4 5
c0 1 2 4 5
a1 2 3 4 5
b1 2 3 4 5
```

Zuerst erfolgt ein unsortiertes Prüfen auf identische Zeilen mit vorangestellter Häufigkeit:

```
bash-3.00# uniq -c text
   2 a1 2 3 4 5
   1 b0 1 3 4 5
   1 c0 1 2 4 5
   1 a1 2 3 4 5
   1 b1 2 3 4 5
```

Die Zeile „a1 2 3 4 5" ist drei Mal in dem Text vorhanden. Da die Textdatei jedoch nicht sortiert ist, kommt sie zwei Mal in der Ausgabe des Kommandos vor.
Die Textdatei wird nun mithilfe des Kommandos sort über die zweite Spalte sortiert, was zu folgendem Ergebnis führt:

```
bash-3.00# sort -k 2n text
b0 1 3 4 5
c0 1 2 4 5
a1 2 3 4 5
a1 2 3 4 5
a1 2 3 4 5
b1 2 3 4 5
```

Wird diese Ausgabe in das Kommando uniq umgelenkt, so wird die Zeile "a1 2 3 4 5" nur noch ein Mal angegeben, wobei diesmal die Häufigkeit mit 3 angegeben ist:

```
bash-3.00# sort -k 2n text|uniq -c
   1 b0 1 3 4 5
   1 c0 1 2 4 5
   3 a1 2 3 4 5
   1 b1 2 3 4 5
```

Die letzten zwei Zeilen der oben gezeigten Ausgabe sind bis auf das vorangestellte alphanumerische Zeichen identisch. Um den vorangestellten Buchstaben aus der Betrachtung auszuschließen, wird die Option „-s" verwendet:

```
bash-3.00# sort -k 2n text|uniq -c -s 1
   1 b0 1 3 4 5
   1 c0 1 2 4 5
   4 a1 2 3 4 5
```

Alle Zeilen haben in der vorletzten und letzten Spalte den selben Inhalt. Wenn man die ersten drei Spalten außer Acht lassen möchte, kann dies mithilfe der Option „-f" ermöglicht werden:

```
bash-3.00# uniq -c -f 3 text
   6 a1 2 3 4 5
```

4.4.6 cut

Mit dem Kommando cut können bestimmte Bereiche aus den Zeilen einer einzulesenden Datei oder eines Datenstroms ausgeschnitten werden. Die Syntax:

```
cut -b Bereich [-n] [Datei [...Datei_n]]
cut -c Bereich [Datei [...Datei_n]]
cut -f Bereich [-d Zeichen] [-s] [Datei [...Datei_n]]
```

In **Tabelle 4.13** sind die Optionen des Kommandos cut aufgeführt.

Tab. 4.13: Optionen und Argumente des Kommandos cut

Option/Argument	Bedeutung
Bereich	Durch Komma oder Leerzeichen getrennte Liste mit Angabe der Felder
-b *Bereich*	Angabe der Positionen anhand von Bytes
-c *Bereich*	Angabe der Positionen anhand von Zeichen
-f *Bereich*	Nur Felder, welche im angegebenen Bereich liegen, anzeigen
-n	Zusammenhängende Zeichenketten werden nicht getrennt
-d *Zeichen*	Angabe des Field-Separators (Feldtrenner)
-s	Zeilen, welche keine Feldtrenner aufweisen, werden nicht beachtet

Das Kommando gibt alle Felder oder Zeichen aus, welche Teilmengen des geforderten Bereiches enthalten. Es wird nicht darauf geachtet, dass alle vorgegeben Kriterien erfüllt werden. Wenn beispielsweise aus einer Textdatei die vierte, siebte und zehnte Spalte ausgegeben werden soll, die Datei jedoch nur über sieben Spalten verfügt, werden nur spalte vier und sieben ausgegeben. Es erfolgt keine Fehlermeldung.

Es folgen einige Beispiele anhand der Textdatei text mit folgendem Inhalt:

```
11 12 33 14 15 16 17
21 22 23 24 25
31 32 33
41
```

Von allen Zeilen sollen das erste und das fünfte Feld ausgegeben werden.

```
# cut -d " " -f 1,5 -s text
11 15
21 25
31
```

Das Ergebnis zeigt, dass alle Zeilen ausgegeben werden, welche mindestens ein Trennzeichen (in diesem Fall ein Leerzeichen) enthalten. Obwohl die Zeile, welche mit „31" beginnt, nur drei Elemente aufweist, wird von dieser die erste Spalte mit ausgegeben. Um nur die Zeilen auszugeben, welche im Ergebnis zwei Spalten enthalten, muss die zu Beginn erzeugte Ausgabe des Kommandos nochmals in den cut umgelenkt werden und dann wiederum die Zeilen ausgegeben werden, welche ein Trennzeichen enthalten:

```
# cut -d " " -f 1,5 -s text | cut -d " " -f 1,2 -s
11 15
21 25
```

Wenn mehr Spalten ausgegeben werden müssen und die Anzahl Spalten im zu verarbeitenden Text variiert, ist cut schnell an seine Grenzen gebracht. Hier bietet sich der awk an, welcher später in diesem Kapitel besprochen wird.

4.4.7 diff

Das Kommando diff wird verwendet, um zwei Dateien oder Verzeichnisse miteinander zu vergleichen. Die Syntax:

```
diff [-b] [-r] [-(c|e|f|C n)] Datei1 Datei2|Dir1 Dir2
```

Die Ausgabe des Kommandos beinhaltet alle Änderungen, welche an *Datei1* getätigt werden müssen, um *Datei2* zu erhalten. Wenn keine Ausgabe erfolgt, sind beide Dateien identisch.

Tabelle 4.14 zeigt die zur Verfügung stehenden Optionen und Argumente des Kommandos.

Tab. 4.14: Optionen und Argumente des Kommandos diff

Option/Argument	Bedeutung
-b	Anführende Whitespaces werden ignoriert
-c	Veränderte Ausgabe, wobei je drei Zeilen die veränderte Zeile einrahmen
-C n	Die unterschiedlichen Zeilen werden von n Zeilen eingerahmt
-e	Erzeugt batch-Datei, welche von ed eingelesen werden kann
-f	Ähnlich wie Option „-e", jedoch in umgekehrter Reihenfolge
	Optionen für Verzeichnisse
-r	Führt den Vergleich auch rekursiv für Unterverzeichnisse durch

Für die gezeigten Beispiele werden zwei Dateien mit folgendem Inhalt verwendet:

```
eins    zwei
1       1
2       5
3       3


(1) # diff -C 1 eins zwei
    *** eins         Wed Jul 5 21:43:42 2017
    --- zwei         Wed Jul 5 21:43:48 2017
    ***************
    *** 1,3 ****
      1
    ! 2
      3
    --- 1,3 ----
      1
    ! 5
      3
(2) # diff -e eins zwei
    2c
    5
    .

(3) # ed eins <<EOF
    > `diff -e eins zwei`
    > w
    > EOF
    6
    6
    # cat eins
    1
    5
    3
    # diff -C 1 eins zwei
    No differences encountered
```

In (1) werden die Unterschiede zwischen den Dateien eins und zwei anhand von
Ausrufezeichen markiert. Die Option „-C 1" besagt, dass je eine Zeile vor und nach
den unterschiedlichen Zeilen ausgegeben werden soll. Beispiel (2) zeigt, wie mithilfe
des diff-Kommandos eine Befehlsfolge für den Editor ed erzeugt wird, um Datei eins
so zu verändern, dass als Ergebnis Datei zwei erzeugt wird. In (3) wird gezeigt, wie
unter Verwendung eines Here-Documents und des diff-Kommandos die Datei eins in
Datei zwei umgewandelt wird. Hierbei ist zu beachten, dass der Befehlsfolge, welche
durch diff erzeugt wird, das Editor-Kommando w folgen muss, um die Änderungen
permanent abzuspeichern. Nach erfolgter Anpassung sind die Dateien eins und zwei
identisch, wie die anschließende Prüfung mittels diff zeigt.

4.4.8 expr

Das Kommando expr kann nicht nur arithmetische Ausdrücke verarbeiten, wie im vorangegangenen Kapitel gezeigt, sondern auch genutzt werden, um einfache Aufgaben in der Textverarbeitung durchzuführen. Da hier der sed oder awk jedoch wesentlich mehr Funktionalitäten bieten, sind nur die zusätzlichen Möglichkeiten aufgelistet, ohne weiter darauf einzugehen.

Tabelle 4.15 enthält die Ausdrücke, welche zur Auswertung von Zeichenketten verwendet werden können.

Tab. 4.15: Ausdrücke zur Textverarbeitung

Ausdruck	Bedeutung
String : RE	Vorkommen von Regular Expression RE in String
match String RE	Gleiches Verhalten wie String : RE
substr String Position Länge	Liefert Substring aus String beginnend ab Position mit der Länge Länge
length String	Länge der Zeichenkette String

4.4.9 sed

Der *Stream Editor* sed wird genutzt, um Text-Datenströme zu bearbeiten. Die Ausgabe erfolgt in der Regel nach STDOUT. Die Syntax:

```
sed [-n] '[Bereich] Kommando' Stream
sed [-n] -f Kommandodatei Stream
sed [-n] -e '[Bereich] Kommando' [-e '[Bereich] Kommando'...] Stream
```

Tabelle 4.16 zeigt, wie die Bereiche für den sed adressiert werden können.

Tab. 4.16: Adressierung im sed

Bereich	Bedeutung
Zeile	Kommando nur für Zeile durchführen
Zeile1,Zeile2	Von Zeile1 bis Zeile2
1,$	Gesamter Text (der Dollar $ steht für die letzte Zeile)
/RegEx/	Alle Zeilen, welche in das Muster RegEx passen
/RegEx1/,/RegEx2/	Ab erstes Vorkommen RegEx1 bis erstes Vorkommen RegEx2

Die Datenströme können entweder über eine Pipe, aus einer Datei oder durch Umlenkung eingelesen werden. Eine Datei, welche zur Verarbeitung angegeben wird, wird nicht selbst verändert. Die Ausgabe erfolgt nach STDOUT.

Das Vorgehen des sed ist in **Abbildung 4.8** wiedergegeben.

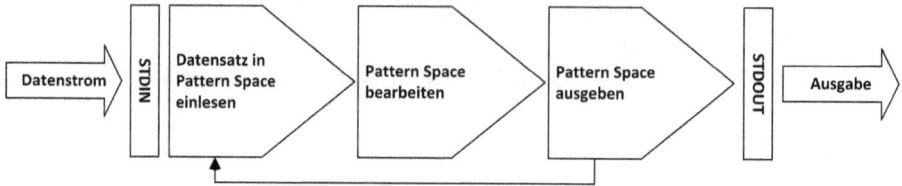

Abb. 4.8: Arbeitsweise des sed

Es folgen einige erste Beispiele anhand des folgenden Textes:

```
1 Dies ist Zeile eins
2 Eine zweite Zeile
3 Zeile Nummer drei
4 Dies ist die vorletzte Zeile
5 Der Text endet hier
```

Zeile zwei des Textes soll ausgegeben werden:

```
# sed -n '2 p' datei
2 Eine zweite Zeile
```

Zeile zwei und Zeile vier ausgeben:

```
# sed -n -e '2 p' -e '4 p' datei
2 Eine zweite Zeile
4 Dies ist die vorletzte Zeile
```

Zeile zwei bis einschließlich Zeile vier ausgeben:

```
# sed -n -e '2,4 p' datei
2 Eine zweite Zeile
3 Zeile Nummer drei
4 Dies ist die vorletzte Zeile
```

Der sed versteht auch Basic Regular Expressions, welche zur Adressierung verwendet werden können, wie die folgenden Beispiele zeigen.

```
(1) # sed -n '/eins$/ p' datei
    1 Dies ist Zeile eins
(2) # sed -n '/^1/,/drei$/ p' datei
```

```
      1 Dies ist Zeile eins
      2 Eine zweite Zeile
      3 Zeile Nummer drei
(3) # sed '/^1/,/'drei$/' d' datei
      4 Dies ist die vorletzte Zeile
      5 Der Text endet hier
```

Beispiel (1) filtert alle Zeilen aus dem Text, welche auf der Zeichenkette „eins" enden. In (2) erfolgt die Adressierung des auszugebenden Bereichs anhand von regulären Ausdrücken. Es soll von der Zeile, welche mit dem Zeichen „1" beginnt, bis einschließlich der Zeile, welche mit dem String „drei" aufhört, ausgegeben werden. Und in (3) wird die Aussage aus (2) negiert. Es sollen in diesem Beispiel alle Zeilen ausgegeben werden, welche nicht in dem angegebenen Bereich liegen.

Tabelle 4.17 enthält die Kommandos, welche für den sed zur Verfügung stehen.

Tab. 4.17: Kommandos des sed

Kommando	Bedeutung
a *Text*	*Text* anfügen
b *Marker*	Springe zu *Marker*
c *Text*	Zeile durch *Text* ersetzen
d	Nächste Zeile einlesen und zum Anfang des Programms springen
g	Ersetze Pattern Space durch Hold Space
G	Hold Space an Pattern Space anhängen
h	Hold Space durch pattern Space ersetzen
H	Pattern Space an Hold Space anhängen
i *Text*	*Text* einfügen
n	Pattern Space nach STDOUT, nächste Zeile in Pattern Space
N	Nächste Zeile am Pattern Space anhängen
p	Schreibe Pattern Space nach STDOUT
P	Schreibe Pattern Space bis zum ersten Zeilenumbruch nach STDOUT
q	Quit
r *Datei*	Schreibe Inhalt von *Datei* nach STDOUT
s	Zeichenkette ersetzen
t *Marker*	Springe zu *Marker*, wenn Substitution erfolgen konnte
w *Datei*	Pattern Space in *Datei* anhängend schreiben
x	Tausche Inhalt von Pattern Space und Hold Space
! *Kommando*	Nur auf nicht selektierte Zeilen ausführen
: *Marker*	Erstellt *Marker* als Einsprungadresse
=	Schreibe aktuelle Zeilennummer nach STDOUT
#	Kommentar

Es können auch mehrere Kommandos durch Verwendung von geschweiften Klammern zu einer logischen Einheit zusammengefasst werden. Die Syntax:

```
[Bereich] {
  Kommndo 1
  ...
  KommandoN
}
```

Das folgende Beispiel führt für die Zeile, welche mit der Ziffer 2 beginnt, folgende Aktion durch:

- Schreibe den Inhalt des Pattern Space nach STDOUT
- Ersetze den Inhalt des Pattern Space durch die Zeichenkette „Zeile zwei wurde bearbeitet"

Der verwendete Programm-Code:

```
/^2 / {
p
s/.*/Zeile zwei wurde bearbeitet/
}
```

Das Programm erzeugt die folgende Ausgabe:

```
# sed -f kommandos.sed datei
1 Dies ist Zeile eins
2 Eine zweite Zeile
Zeile zwei wurde bearbeitet
3 Zeile Nummer drei
4 Dies ist die vorletzte Zeile
5 Der Text endet hier
```

Die Option „-n" wurde auch hier nicht angewendet, da so automatisch jede eingelesene Zeile nach STDOUT geschrieben wird. Zeile zwei muss jedoch noch zusätzlich zu Beginn des Kommandoblocks mit dem Kommando p ausgegeben werden, da im nächsten Schritt des Programms der Pattern Space verändert wird.

Würde der sed mit der Option „-n" aufgerufen, müsste das Programm wie folgt aussehen, um zum gleichen Ergebnis zu kommen:

```
/^2 / {
p
s/.*/Zeile zwei wurde bearbeitet/
}
p
```

Der sed stellt zwei Speicherbereiche zur Verfügung, den bereits erwähnten *Pattern Space* und den *Hold Space*.

Der Pattern Space beinhaltet die Zeile, welche gerade aus dem zu bearbeitenden Stream eingelesen wurde. Der Umweg über den Pattern Space liegt darin begründet, dass üblicherweise Textdateien durch den sed bearbeitet werden. Der sed arbeitet aber nicht mit der Textdatei selbst, sondern mit dem Datenstrom, welchen er einliest. Da es wesentlich schneller ist, die einzelnen Records im Speicher zu bearbeiten als im Filesystem, werden diese erst in einem Zwischenspeicher abgelegt, dort verarbeitet und danach nach STDOUT geschrieben.

Jede neue eingelesene Zeile überschreibt den Inhalt des Pattern Space. Wenn jedoch die Daten aus dem Pattern Space später noch genutzt werden müssen, kann auf einen Zwischenspeicher zurückgegriffen werden, den sogenannten Hold Space.

Mit dem Befehl h wird der momentane Inhalt des Pattern Space in den Hold Space verschoben. Um die Daten aus dem Hold Space zurück in den Pattern Space zu holen, wird der Befehl g verwendet. In dem folgenden Beispiel werden beide Befehle genutzt. Die Adressierung erfolgt absolut und nicht über Reguläre Ausdrücke.

Das Programm führt folgende Schritte durch:
- Die erste eingelesene Zeile wird in den Hold Space kopiert und danach ausgegeben
- Für die Zeilen zwei bis vier werden folgende Schritte durchgeführt:
  - der Inhalt des Hold Space wird in den Pattern Space kopiert
  - die erste Zeichenfolge bis zum ersten Whitespace wird aus dem Pattern Space gelöscht
  - der Inhalt des Pattern Space wird ausgegeben
  - der Pattern Space wird in den Hold Space kopiert

Das auszuführende Programm:

```
# fuer erste Zeile kopiere Pattern Space nach Hold Space
1 {
h
p
}
# fuer Zeilen zwei bis Ende Stream
2,$ {
# Hold Space nach Pattern Space
g
# erstes Wort loeschen
s/^[a-z]* //
# Pattern Space ausgeben
p
# Pattern Space nach Hold Space schieben
h
}
```

Das Programm wird auf die Datei text mit folgendem Inhalt angewendet:

```
eins zwei drei
2
3
```

Das Ergebnis:

```
# sed -nf prog2.sed text
eins zwei drei
zwei drei
drei
```

Die Zeilen mit dem Inhalt „2" und „3" werden gar nicht ausgegeben, da nach Einlesen dieser Zeilen der Pattern Space mit dem Inhalt des Hold Space überschrieben wird.

Die Inhalte von Hold Space und Pattern Space während des Programmablaufes sind in **Tabelle 4.18** wiedergegeben.

Tab. 4.18: Inhalte von Hold Space und Pattern Space

Zeile	Pattern Space	Hold Space	Kommando	Ausgabe
1	eins zwei drei		Zeile einlesen	
1	eins zwei drei	eins zwei drei	h	
1	eins zwei drei	eins zwei drei	p	eins zwei drei
2	2	eins zwei drei	Zeile einlesen	
2	eins zwei drei	eins zwei drei	g	
2	zwei drei	eins zwei drei	s/\^[a-z]* //	
2	zwei drei	eins zwei drei	p	zwei drei
2	zwei drei	zwei drei	h	
3	3	zwei drei	Zeile eingelesen	
3	zwei drei	zwei drei	g	
3	drei	zwei drei	s/\^[a-z]* //	
3	drei	zwei drei	p	drei
3	drei	drei	h	

Der Befehl G dient dazu, Daten, welche im Hold Space liegen, an den Pattern Space anzuhängen. Ein kurzes Beispiel hierzu. Eine Textdatei enthält Buchtitel, welche unterhalb einer bestimmten Gattung stehen. Die Textdatei sieht wie folgt aus:

```
# Gedichte
Gedichte Band I
Gedichte Band II
# Romane
Die wunderbaren Zeiten des J. W.
Fastnacht am Ende der Welt
```

Einem Doppelkreuz folgt eine literarische Gattung. In den darunter liegenden Zeilen sind Bücher dieser Gattung aufgeführt. Nun soll mittels sed der Buchtitel in Anführungszeichen gesetzt werden und Gattung dem jeweiligen Titel vorangestellt werden. Die Schritte, welche dafür nötig sind:

- Wenn Zeile mit einem Doppelkreuz beginnt, Doppelkreuz inklusive nachfolgendem Leerzeichen löschen, das Ergebnis in den Hold Space schieben und nächste Zeile einlesen
- Wenn Zeile nicht mit einem Doppelkreuz beginnt, Anführungszeichen einfügen, Hold Space an Pattern Space anhängen, Zeilenumbruch löschen und Pattern Space ausgeben

Um die Gattung in den Zwischenspeicher zu kopieren, wird folgende Befehlssequenz verwendet:

```
# wenn Zeile mit einem Doppelkreuz beginnt
/^#/ {
# Doppelkreuz und Leerzeichen loeschen
s/^# //
# Ergebnis in Hold Space kopieren
h
# naechste Zeile einlesen
d
}
```

Die Zeilen, welche nicht mit einem Doppelkreuz beginnen, enthalten die jeweiligen Buchtitel. Das erste Substitute-Kommando legt die gesamte Zeile (durch den Regulären Ausdruck .* dargestellt) in einen Referenzspeicher. Die gesamte Zeile wird also ersetzt durch ein Anführungszeichen, die Referenz auf den gefundenen Regulären Ausdruck (dargestellt durch \1), gefolgt von einem schließenden Anführungszeichen. Anschließend wird der Inhalt des Hold Space an den Pattern Space angehängt. Daraufhin wird der Zeilenumbruch gelöscht und der Inhalt des Pattern Space ausgegeben.

```
# Buchtitel in Anfuehrungszeichen setzen
s/\(.*\)/"\1"/
# Hold Space an Pattern Space anhaengen
G
# Zeilenumbruch entfernen
s/^\(.*\)\n\(.*\)/\2 \1/
# Pattern Space ausgeben
p
```

Damit nur die bearbeiteten Zeilen aus dem Pattern Space ausgegeben werden, wird der sed wieder mit der Option „-n" aufgerufen. Das Ergebnis sieht wie folgt aus:

```
# sed -nf beispiel_append.sed buch.txt
Gedichte "Gedichte Band I"
Gedichte "Gedichte Band II"
Romane "Die wunderbaren Zeiten des J. W."
Romane "Fastnacht am Ende der Welt"
```

Wenn jedoch versehentlich ein Leerzeichen nach dem Doppelkreuz ausgelassen wurde, führt das dazu, dass in der Ausgabe der Gattung das Sonderzeichen vorangestellt ist. Dies kann man einfach dadurch umgehen, dass der reguläre Ausdruck s/^# // durch s/^# *// ersetzt wird. Der Stern bedeutet, dass das vorangegangene Zeichen beliebig oft (also auch keinmal) hintereinander vorkommen darf.

Speichermanipulationsfunktionen des sed

Tabelle 4.19 gibt einen groben Überblick, wie sich die einzelnen Kopier- und Anhängfunktionen des sed auswirken.

Auf der linken Seite sind die Inhalte von Hold Space und Pattern Space angegeben, die Mitte zeigt das jeweilige Speicher-Kommando und auf der rechten Seite wird gezeigt, wie sich der Inhalt von Hold Space und Pattern Space nach dem Kommando verändert hat.

Tab. 4.19: Beispiele von Kopierfunktionen des sed

Vor Kommando			Nach Kommando	
Pattern Space	Hold Space	Kommando	Pattern Space	Hold Space
eins	zwei	g	zwei	zwei
eins	zwei	G	eins zwei	zwei
eins	zwei	h	eins	eins
eins	zwei	H	eins	zwei eins
eins	zwei	x	zwei	eins

Verzweigungen im sed

Der sed stellt auch Möglichkeiten für Verzweigungen zur Verfügung. Über sogenannte *Label* kann man Einsprungadressen definieren, welche unter bestimmten Voraussetzungen genutzt werden sollen. Ein Label wird durch einen vorangestellten Doppelpunkt definiert.

In dem folgenden Beispiel ist eine Verzweigung „q" definiert. Das Kommando, welches in dieser Verzweigung aufgerufen wird, veranlasst das Programm, sich zu beenden (q steht für quit). Sobald das Programm den zweiten Datensatz erreicht hat, wird zum Label „q" verzweigt und somit das Programm verlassen.

```
# gueltig fuer jede Zeile
{
 # Pattern Space ausgeben
 p
 # wenn zweiter Datensatz erreicht,
 # springe zu Verzweigung q
 2 {
  bq
 }
}
# Einsprungspunkt q
:q
# verlasse Programm
q
```

Ein Test mit der Textdatei buch.txt:

```
# sed -nf quit.sed buch.txt
#Gedichte
#
```

4.4.10 awk

Der awk ist eines der mächtigsten Tools zur Datenverarbeitung, welche Unix bietet. Die ursprüngliche Version wurde von *Al Aho*, *Peter Weinberger* und *Brian W. Kernighan* entwickelt, woraus sich auch der Name ableitet. Die Sprache wurde ständig weiterentwickelt und zeichnet sich durch folgende Eigenschaften aus:
- Die Syntax ist stark an C angelehnt
- Der awk ist Stream-orientiert
- Extended Regular Expressions werden unterstützt
- Benutzerdefinierte Funktionen können erstellt werden
- Eingelesene Streams werden in Datensätze und Felder aufgeteilt
- Variablen werden automatisch initialisiert (Typecasting möglich)

Häufig eingesetzte Varianten sind der nawk (**n**ew **awk**) und der gawk (**GNU awk**). Der gawk ist voll kompatibel zu awk und nawk.

Aufruf des awk

Folgende Optionen stehen für alle hier gezeigten awk-Implementationen zur Verfügung:

```
(awk|nawk|gawk) [-F"c"] (-f Prog|'Prog') [Var₁=Wert [...Varₙ=Wert]]\
    Datei₁ ... Dateiₙ
```

Der nawk und der gawk können auch wie folgt aufgerufen werden:

```
(nawk|gawk) [-F "ERE"] [-v Var₁=Wert ... [-v Varₙ=Wert]]\
    (-f PROG|'PROG') [[Var₁=Wert [...Varₙ=Wert]] Datei₁ ... Dateiₙ
```

Wenn die Originalversion des awk aufgerufen wird, darf zwischen dem Schalter „-F"
und dem zu verwendenden Trennzeichen kein Leerzeichen liegen. Das zu verwendende Zeichen muss diesem Schalter unmittelbar folgen. Es gilt ebenfalls zu beachten,
dass keine Fehlermeldung ausgegeben wird, wenn in der alten Variante des awk der
Feldtrenner mit Hilfe eines regulären Ausdrucks beschrieben wird.

Der gawk hat noch wesentlich mehr Aufrufoptionen. Da hier jedoch nur ein Überblick über die Möglichkeiten des awk gegeben werden kann, sind in **Tabelle 4.20** nur
einige der interessantesten Optionen gelistet.

Tab. 4.20: Wichtige Aufrufoptionen des awk

Option/Argument	Bedeutung	awk	nawk	gawk
-f Prog	Programm, welches von awk aufgerufen werden soll	x	x	x
-Fc	Zeichen, welches als Feldtrenner verwendet werden soll (interne Variable FS)	x	x	x
-F "ERE"	Extended Regular Expression als Feldtrenner	–	x	x
Var=Wert	Variable Var mit Wert vorbelegen	x	x	x
-v Var=Wert	Variable Var mit Wert vorbelegen. Die Variable ist schon im BEGIN-Block verfügbar	–	x	x
-O	Interner Optimierer	–	–	x
-W compat	gawk verhält sich wie Originalversion des awk	–	–	x
-W dump-variables[=Datei]	Erzeugt Liste mit allen globalen Variablen des Programms.	–	–	x

Die Hauptaufgabe des awk liegt in der Verarbeitung von Textelementen. Jeder Stream,
den awk einliest, wird automatisch anhand des *Record Separators* in Datensätze
aufgeteilt. Diese Datensätze (*Records*) werden wiederum auf Basis des *Field Sepa-*

rators in einzelne Felder (*Fields*) aufgeteilt, auf welche über die Positionsparameter $1,$2,...,$_n$ zugegriffen werden kann. Wenn keine Textdatei als Parameter übergeben wird, liest awk von STDIN ein.

Folgende Merkmale gelten für einen Datensatz:
- $0 stellt den gesamten Datensatz dar (meist eine Zeile).
- NF (Number of Fields) enthält die Anzahl Elemente des aktuellen Datensatzes.
- $1, $2, ..., $NF
  Die Elemente des Datensatzes werden über einen Index angesprochen.

Für den Zugriff auf die einzelnen Elemente eines Datenstroms gilt:
- RS (Record Separator)
  Der *Record Separator* definiert, wie einzelne Datensätze getrennt werden. Standardmäßig wird der Zeilenumbruch \n verwendet.
- FS (Field Separator)
  Die Variable FS enthält das Trennzeichen, über welche die Felder innerhalb eines Datensatzes getrennt sind. Wenn kein anderer Wert für FS definiert ist, werden Whitespaces [\t]+ verwendet.

Eine Textdatei besteht aus folgenden zwei Zeilen:

```
Dies ist eine Textzeile
Die     Wörter  sind    mit     Tab     getrennt
```

Abbildung 4.9 zeigt, wie der awk den oben gezeigten Text in seine einzelnen Elemente aufteilt. Die Datensätze werden durch den Zeilenumbruch voneinander getrennt. Die einzelnen Elemente (Felder) eines Datensatzes werden über einen Index angesprochen.

Der erste Datensatz besteht aus vier Feldern, ($1..$4) welche durch Leerzeichen voneinander getrennt sind. Der zweite Datensatz enthält sechs Felder ($1..$6), welche durch Tabs getrennt sind.

Alle Felder aus beiden Datensätzen können über die Standardeinstellung des awk adressiert werden.

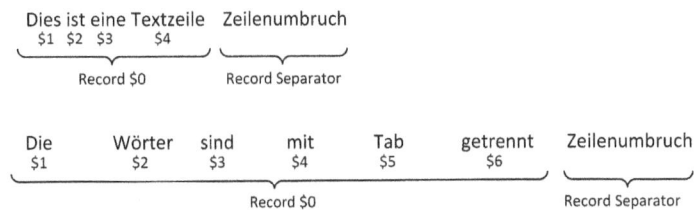

Abb. 4.9: Adressierung von Datensätzen und Feldern im awk

Aufbau eines awk-Programms

Ein awk-Programm kann aus einem BEGIN-Block, dem Hauptprogramm und einem END-Block bestehen. Wenn ein nawk oder gawk eingesetzt wird, können zusätzlich noch Funktionen definiert werden, was mit der Ur-Version des awk nicht möglich ist.

Wie das folgende Schema zeigt, können Funktionen sowohl vor dem ersten Kommandoblock als auch nach dem letzten Kommandoblock definiert werden. Im Hauptprogramm oder innerhalb der BEGIN- oder END-Sektion geht dies jedoch nicht.

Die einzelnen Sektionen schematisch dargestellt:

```
Funktionsblock # nicht in original awk
BEGIN {
 Kommandos
}

{
 Kommandos
}

END {
 Kommandos
}
Funktionsblock # nicht in original awk
```

Alle Sektionen sind optional und werden nicht zwingend für ein awk-Programm benötigt. Ein Programm läuft grundsätzlich nach folgendem Schema ab:

- *Textmuster {Aktion}*
  Wenn *Textmuster* in dem eingelesenen Datensatz vorhanden ist, wird {*Aktion*} durchgeführt.
- *Textmuster*
  Jeder Datensatz, welcher das Muster *Textmuster* enthält, wird ausgegeben.
- *Aktion*
  Für jeden Datensatz wird *Aktion* durchgeführt.

4.4.10.1 Umgebungsvariablen

Innerhalb des awk existieren Variablen, welche direkten Einfluss auf das Verhalten von internen Funktionen haben, um Ergebnisse darzustellen, oder Variablen, welche die an das Programm übergebenen Argumente enthalten. Die aus der Programmiersprache *C* bekannten Variablen ARGC und ARGV werden im awk in fast identischer Art und Weise verwendet. Und die Variable FS wurde wohl schon von nahezu jedem Systemadministrator auf einen Wert ungleich der Voreinstellung gesetzt, wobei dies nicht unbedingt wissentlich geschehen sein mag, wie sich auf den folgenden Seiten zeigen wird.

In **Tabelle 4.21** ist eine Auswahl einiger interessanter Variablen aufgelistet, welche die in diesem Buch besprochenen awk-Varianten zur Verfügung stellen.

Tab. 4.21: Variablen innerhalb von awk/nawk/gawk

Variable	Bedeutung	awk	nawk	gawk	Default
FS	Field Separator (Feldtrenner)	x	x	x	Whitespace
OFS	Output Field Separator	x	x	x	Space
RS	Record Separator	x	x	x	Zeilenumbruch
ORS	Output Record Separator	x	x	x	Zeilenumbruch
NR	Gesamtzahl bisher gelesener Datensätze	x	x	x	–
NF	Anzahl Felder des aktuellen Datensatzes	x	x	x	–
FILENAME	Name der Datei, welche gerade bearbeitet wird	x	x	x	- (STDIN)
FNR	Anzahl in aktueller Datei gelesener Datensätze	–	x	x	–
ARGC	Argument Counter	–	x	x	–
ARGV	Argument Value	–	x	x	–
ARGIND	Argument Index	–	–	x	–
SUBSEP	Separator für Array Indizes	–	x	x	\034
RSTART	Erste Position *Str1* in *Str2* (gesetzt durch match-Funktion)	–	x	x	–
RLENGTH	Länge von *Str1* gesetzt durch match-Funktion	–	x	x	–
OFMT	Output Format	–	x	x	%.6g
ENVIRON	Array mit allen Variablen des Environments	–	–	x	–
IGNORECASE	Beachtung von Groß- und Kleinschreibung, wenn auf 0 gesetzt	–	–	x	0
ERRNO	Fehlernummer	–	–	x	–
BINMODE	Binary auf IO bezogen 1 Input 2 Output 3 Beides	–	–	x	0
CONVFMT	Convert Format Zahl in String	–	–	x	%.6g
FIELDWIDTHS	Feste Breite von Feldern	–	–	x	–
LINT	Wie „-lint" Option	–	–	x	0
TEXTDOMAIN	Für Applikations-Textdomain	–	- -	x	messages

Setzen des Field Separators (FS)

Ein erstes awk-Programm soll aus einem eingelesenen Datensatz das dritte Element ausdrucken. Das awk-Programm bekommt keinen Dateinamen als Parameter und liest somit den Datensatz über STDIN ein.

```
# echo "eins zwei drei vier" | awk '{print "#" $3 "#"}'
#drei#
```

Wenn als Feldtrenner jedoch ein anderes Zeichen verwendet wird (zum Beispiel das Semikolon aus einer CSV-Datei), kann awk kein drittes Feld finden:

```
# echo "eins;zwei;drei;vier" | awk '{print "#" $3 "#"}'
##
```

Über die Option „-F" kann dem awk mitgeteilt werden, welches Zeichen als Feldtrenner verwendet werden soll. Bei Verwendung dieses Schalters wird die awk-interne Variable FS mit dem übergebenen Wert besetzt.

```
# echo "eins;zwei;drei;vier" | awk -F";" '{print $3}'
drei
```

Setzen des Record Separators (RS)

Während die Variable FS über einen Schalter beim Aufruf des awk gesetzt werden kann, ist dies mit der Variablen RS nicht vorgesehen. Indirekt ist dies über den Umweg der Variablenübergabe beim Aufruf des awk möglich. Dazu ein Beispiel anhand einer Datei mit folgendem Inhalt (die vorangestellten Zeilennummern gehören nicht zur Textdatei):

```
1 1eins#1zwei#1drei#1vier
2 2eins#2zwei#2drei#2vier
3
4 4eins#4zwei#4drei#4vier
5 5eins#5zwei#5drei#5vier
```

Das zugehörige awk-Programm zum Auslesen der Textdatei sieht wie folgt aus:

```
BEGIN {
 print "Field Separator:" FS "ENDE Field Separator"
 print "Record Separator:" RS "ENDE Record Separator"
}
{
 print "Anzahl Felder:", NF, "Record Nummer:", NR
}
```

Der BEGIN-Block wird vor dem Einlesen des ersten Datensatzes abgearbeitet und dient dazu, die Werte der Variablen FS (Field Separator) und RS (Record Separator) auszugeben. Das Hauptprogramm liest jeweils einen Datensatz ein und gibt die zugehörige Anzahl an Elementen des eingelesenen Datensatzes aus.

Das Programm wird nun mit den Standardeinstellungen aufgerufen:

```
# nawk -f separator.awk text
Field Separator: ENDE Field Separator
Record Separator:
ENDE Record Separator
Anzahl Felder: 1 Record Nummer: 1
Anzahl Felder: 1 Record Nummer: 2
Anzahl Felder: 0 Record Nummer: 3
Anzahl Felder: 1 Record Nummer: 4
Anzahl Felder: 1 Record Nummer: 5
```

Wie erwartet, wird jede Zeile als ein einzelnes Feld erkannt, da Whitespaces als Trennzeichen verwendet werden. Als Record Separator wird der Zeilenumbruch verwendet, wie der Ausgabe zu entnehmen ist. Nun wird als Feldtrenner das Doppelkreuz gewählt:

```
# nawk -F "#" -f separator.awk text
Field Separator:#ENDE Field Separator
Record Separator:
ENDE Record Separator
Anzahl Felder: 4 Record Nummer: 1
Anzahl Felder: 4 Record Nummer: 2
Anzahl Felder: 0 Record Nummer: 3
Anzahl Felder: 4 Record Nummer: 4
Anzahl Felder: 4 Record Nummer: 5
```

Der awk erkennt nun vier Felder für die Zeilen 1, 2, 4 und 5. Es werden in Summe weiterhin 5 Datensätze eingelesen. Nachdem im folgenden Beispiel als Trennzeichen für die Datensätze eine Leerzeile angegeben wurde, indem der Record Separator einen Nullstring zugewiesen bekommt, werden insgesamt zwei Records eingelesen, welche über je acht Felder verfügen:

```
# nawk -F "#" -v RS="" -f separator.awk text
Field Separator:#ENDE Field Separator
Record Separator:ENDE Record Separator
Anzahl Felder: 8 Record Nummer: 1
Anzahl Felder: 8 Record Nummer: 2
```

Der gawk lässt mehrere Zeichen als Record Separator zu, wohingegen bei allen anderen Implementationen nur ein Zeichen verwendet wird. Es kann zwar eine längere Zeichenkette angegeben werden, jedoch wird von dieser nur das erste Zeichen ausgewertet.

Hierzu nochmals ein Beispiel anhand der Textdatei text2, welche folgenden Inhalt aufweist:

```
1#1a2,3#1b4
5#1c6#1d7
```

Ein Datensatz soll entweder durch den regulären Ausdruck #1[a-z] oder durch einen Zeilenumbruch terminiert sein. Die einzelnen Felder eines Datensatzes werden durch ein Komma voneinander getrennt, sofern mehrere Felder vorhanden sind. Wenn nun jedes Feld aus jedem Datensatz eingelesen werden soll, muss bei Verwendung von awk oder nawk wie folgt vorgegangen werden:

– Einzulesende Datei nach Zeichenmuster „#1[a-z]" durchsuchen und dies durch ein passendes Trennzeichen ersetzen
– Ergebnisdatenstrom mittels awk oder nawk einlesen und verarbeiten

Beispiel:

```
# sed 's/#1[a-z]/#/g' text2|tr '#' '\n'|awk -F"," \
> '{for (i=1; i<= NF; i++) {print "Datensatz Nummer:", NR, \
> "Feld Nummer:", NF, "Inhalt:", $i}}'
Datensatz Nummer: 1 Feld Nummer: 1 Inhalt: 1
Datensatz Nummer: 2 Feld Nummer: 2 Inhalt: 2
Datensatz Nummer: 2 Feld Nummer: 2 Inhalt: 3
Datensatz Nummer: 3 Feld Nummer: 1 Inhalt: 4
Datensatz Nummer: 4 Feld Nummer: 1 Inhalt: 5
Datensatz Nummer: 5 Feld Nummer: 1 Inhalt: 6
Datensatz Nummer: 6 Feld Nummer: 1 Inhalt: 7
```

Wenn der gawk eingesetzt wird, kann der Record Separator mithilfe der Extended Regular Expressions beschrieben werden. In diesem Fall gibt es zwei Gruppen, welche beschrieben werden müssen. Zum einen die Zeichenkette „#1[a-z]" und zum anderen der Zeilenumbruch, also „\n".

Der Aufruf zum Bearbeiten der Textdatei sieht für den gawk wie folgt aus:

```
# gawk -F "," '{for (i=1; i<= NF; i++) {print "Datensatz Nummer:", NR,\
> "Feld Nummer:", NF, "Inhalt:", $i}}' RS="(#1[a-z]|\n)" text2
Datensatz Nummer: 1 Feld Nummer: 1 Inhalt: 1
Datensatz Nummer: 2 Feld Nummer: 2 Inhalt: 2
Datensatz Nummer: 2 Feld Nummer: 2 Inhalt: 3
Datensatz Nummer: 3 Feld Nummer: 1 Inhalt: 4
Datensatz Nummer: 4 Feld Nummer: 1 Inhalt: 5
Datensatz Nummer: 5 Feld Nummer: 1 Inhalt: 6
Datensatz Nummer: 6 Feld Nummer: 1 Inhalt: 7
```

Output Field Separator und Output Record Separator

Über die internen Variablen OFS und ORS kann gesteuert werden, wie awk einzelne Elemente eines Datensatzes und einzelne Datensätze bei der Ausgabe trennt. Der *Output*

Field Separator ist mit einem Leerzeichen vorbelegt, der *Output Record Separator* mit einem Zeilenumbruch. Diese Variablen eignen sich besonders zum Datenaustausch zwischen verschiedenen Tools. Auch hierzu noch einige Beispiele:

```
    # cat text
    1#2
    3#4
(1) # nawk -F "#" '{print $1, $2}' text
    1 2
    3 4
(2) # nawk -F "#" '{print $1, $2}' OFS=";" text
    1;2
    3;4
(3) # nawk -F "#" '{print $1, $2}' OFS=";" ORS="|" text; echo
    1;2|3;4|
```

In (1) wird der Field Separator auf „#" gesetzt und von jedem Datensatz beide Elemente ausgegeben. In Beispiel (2) wird zusätzlich als Output Field Separator ein Semikolon gewählt und in (3) wird neben dem Field Separator und dem Output Field Separator noch der Output Record Separator angepasst, weshalb die einzelnen Datensätze nicht mehr durch einen Zeilenumbruch, sondern durch eine Pipe getrennt werden.

Dies kann so auch mit anderen Tools erreicht werden, jedoch weist der awk eine wesentlich einfachere Handhabung beim Einlesen und der Ausgabe auf, da jedes Element in jeder Zeile über dessen Index ($1, $2, ... $n) angesprochen wird.

Unterschied zwischen NR und FNR

Es können beliebig viele Dateien zur Bearbeitung an den awk übergeben werden.

Wenn mehrere Dateien bearbeitet werden sollen und die Gesamtzahl an eingelesenen Datensätzen relevant ist, leistet die Variable NR gute Dienste. Sie wird mit dem Einlesen des ersten Datensatzes auf den Wert 1 gesetzt und mit jedem weiteren eingelesenen Datensatz inkrementiert.

Ähnlich wird die Variable FNR behandelt, jedoch wird diese bei jeder neu einzulesenden Datei für den ersten Datensatz auf den Wert 1 zurückgesetzt, wohingegen NR weiterhin erhöht wird, wie das folgende Beispiel zeigt:

```
# cat records.awk
BEGIN {
 print "NR:", NR, "FNR:", FNR
}
{
 if ( FNR == 1 )
 {
  print "Datei:", FILENAME
 }
```

```
 print "Gelesen:", $0, "Records insgesamt:", NR,
   "Records aus aktueller Datei:", FNR
}
END {
 print "NR:", NR, "FNR:", FNR
}


# ls *zeilen
drei_zeilen  zwei_zeilen
# nawk -f records.awk *zeilen
NR: 0 FNR: 0
Datei: drei_zeilen
Gelesen: eins Records insgesamt: 1 Records aus aktueller Datei: 1
Gelesen: zwei Records insgesamt: 2 Records aus aktueller Datei: 2
Gelesen: drei Records insgesamt: 3 Records aus aktueller Datei: 3
Datei: zwei_zeilen
Gelesen: zeile eins Records insgesamt: 4 Records aus aktueller Datei: 1
Gelesen: zeile zwei Records insgesamt: 5 Records aus aktueller Datei: 2
```

Das vorangegangene Beispiel zeigt, wie sich die beiden Variablen verhalten, sobald mehrere Dateien zu bearbeiten sind. Dieses Verhalten gilt jedoch nicht, wenn über das Kommandokonstrukt getline < *DATEINAME* gearbeitet wird.

ENVIRON

Das Array ENVIRON wird verwendet, um Umgebungsvariablen aus der Parent-Shell abzufragen. Alle exportierten Variablen werden in diesem Array hinterlegt, wobei der Variablenname als Index genutzt wird. Zwingende Voraussetzung ist, dass die Variable exportiert ist, also an Subprozesse vererbt wird. Ein kurzes Beispiel zur Abfrage:

```
(1) # echo $HOME
    /root
    # nawk 'BEGIN { print ENVIRON["HOME"] }'
    /root
(2) # export chapter="AWK"
    # nawk 'BEGIN { print "#" ENVIRON["chapter"] "#" }'
    #AWK#
(3) # kapitel="AWK"
    # nawk 'BEGIN { print "#" ENVIRON["kapitel"] "#" }'
    ##
```

In (1) wird die Umgebungsvariable HOME, welche für jede Shell gesetzt wird, abgefragt. In (2) wird die Variable chapter mit dem Wert „awk" befüllt und exportiert. Diese kann über das Array ENVIRON mit dem Index „chapter" abgefragt werden. In (3) wird eine weitere Variable belegt, jedoch nicht exportiert, weshalb diese nicht aus dem awk-Programm heraus abgefragt werden kann.

Kontrollstrukturen des awk

Der awk unterstützt die gleichen Kontrollstrukturen, die bereits in Kapitel **Programmieren mit Shells** für die in diesem Buch besprochenen Shells vorgestellt wurden. Es ist also auch im awk möglich, Verzweigungen und Schleifen zu realisieren. Die Verwendung dieser Konstrukte wird auf den folgenden Seiten näher erläutert.

Schleifen

Es können sowohl kopf- als auch fußgesteuerte Schleifen sowie Zählschleifen realisiert werden. Kopfgesteuerte Schleifen beginnen mit dem Schlüsselwort while, während die fußgesteuerten Varianten durch ein do und Zählschleifen durch ein for eingeleitet werden.

Die Syntax der verfügbaren Schleifenkonstrukte:

Kopfgesteuerte Schleife

```
while (Bedingung)
{
    Kommandos
}
```

Fußgesteuerte Schleife

```
do
{
    Kommandos
} while (Bedingung)
```

Zählschleife

```
for (Ausdruck; Bedingung; Ausdruck)
{
    Kommandos
}
```

Wenn kein Kommandoblock angegeben wird (begrenzt durch die geschweiften Klammern), wird nur das direkt folgende Kommando als Schleifenkörper betrachtet. Die Schleifenkonstrukte sehen dann wie folgt aus:

Kopfgesteuerte Schleife

```
while (Bedingung)
    Kommando
```

Fußgesteuerte Schleife

```
do
    Kommando
while (Bedingung)
```

Zählschleife

```
for (Ausdruck; Bedingung; Ausdruck)
    Kommando
```

Es folgen einige Beispiele zu den verschiedenen Schleifenkonstrukten.

Kopfgesteuerte Schleife

```
# cat kopf.awk
BEGIN {
 i=1
 while ( i < 1 ) {
  print "Wert von i:", i
  i++
 }
 print "Schleife beendet"
}
# nawk -f kopf.awk
Schleife beendet
```

Fußgesteuerte Schleife

```
# cat fuss.awk
BEGIN {
 i=1
 do {
  print "Wert von i:", i
  i++
 } while ( i < 1 )
 print "Schleife beendet"
}
# nawk -f fuss.awk
Wert von i: 1
Schleife beendet
```

Zählschleife

```
# cat zaehl.awk
BEGIN {
 for (i=1; i<=3; i++)
 {
  print "Wert von i:", i
 }
 print "Schleife beendet"
}
# nawk -f zaehl.awk
Wert von i: 1
Wert von i: 2
Wert von i: 3
```

Wichtigkeit der Klammerung bei Schleifen

Da der awk bei nicht vorhandener Klammerung davon ausgeht, dass nur das nachfolgende Kommando innerhalb der Schleife ausgeführt werden soll, kann es bei fehlenden Klammern zu unerwünschten Problemen kommen.

Das folgende Konstrukt stellt zum Beispiel eine Endlosschleife dar, obwohl auf den ersten Blick das Abbruchkriterium korrekt ist:

```
# cat kopf.awk
BEGIN {
 i=1
 while ( i <= 5 )
  print "Wert von i:", i
  i++
 print "Schleife beendet"
}
```

Da jedoch die umgebenden Klammern für den Kommandoblock fehlen, wird die Variable i nie inkrementiert. Das Programm gibt also bis zum manuellen Abbruch nur die Textzeile „Wert von i: 1" aus.

In dem folgenden Beispiel besteht der Schleifenkörper aus dem Inkrementieren der Variablen i. Wenn das Abbruchkriterium erfüllt ist, wird die Schleife beendet.

```
# cat kopf.awk
BEGIN {
 i=1
 while ( i <= 5 )
  i++
  print "Wert von i:", i
  print "Schleife beendet"
}
# nawk -f kopf.awk
Wert von i: 6
Schleife beendet
```

Zählschleifen

Bei diesem Schleifenkonstrukt enthält die Bedingung bereits einen Start- und einen Endwert sowie die Regel zum Inkrementieren oder Dekrementieren des Zählers. Auch hierzu zwei Beispiele:

```
(1) # cat zaehler.awk
    BEGIN {
      for ( i=0; i <= 6; i+=2 ) {
       print "Wert von i:", i
      }
    }
    # nawk -f zaehler.awk
    Wert von i: 0
    Wert von i: 2
    Wert von i: 4
    Wert von i: 6
(2) # cat zaehler.awk
    BEGIN {
      for ( i=10; i >= 1; i=i-3 ) {
       print "Wert von i:", i
      }
    }
    # nawk -f zaehler.awk
    Wert von i: 10
    Wert von i: 7
    Wert von i: 4
    Wert von i: 1
```

In (1) wird die Variable i mit 0 initialisiert. Solange i einem Wert kleiner oder gleich 6 entspricht, wird der Schleifenkörper durchlaufen. Die Variable wird nach jedem Durchlauf inkrementiert, wie an dem Beispiel zu erkennen ist. In Beispiel (2) wird die Variable i jeweils um den Wert 3 dekrementiert. In dieser Schleife ist die Bedingung, dass die Variable einen Wert kleiner 1 nicht erreichen darf.

Die Vorschrift der Zählschleife wird in der Form abgearbeitet, dass für den ersten Schleifendurchlauf die Initialisierung der Variablen und die Validierung der Vorschrift stattfindet und ab dem nächsten Durchlauf der arithmetische Teil durchgeführt wird, daraufhin die Vorschrift geprüft und gegebenenfalls der Schleifenkörper durchlaufen wird, wie das folgende Beispiel zeigt:

```
# cat zaehler.awk
BEGIN {
 for ( i=1; i <= 10; i=i+6 ) {
  for (o=10; o >= 3; o-=5) {
   print "Wert von i:", i, "Wert von o:", o
  }
 }
}
# nawk -f zaehler.awk
Wert von i: 1 Wert von o: 10
Wert von i: 1 Wert von o: 5
Wert von i: 7 Wert von o: 10
Wert von i: 7 Wert von o: 5
```

switch-case (nur in gawk >= 3.1.3)

Die Version 3.1.3 des gawk bietet als Neuerung unter anderem die switch-case-Struktur an. Allerdings ist diese erst ab Version 4.0 per Default aktiviert. Bei Varianten kleiner 4.0 muss meist das Binary neu erzeugt werden, um diese Kontrollstruktur einsetzen zu können. Die dafür nötigen Schritte sind in Kapitel **Tipps und Tricks** erklärt.

Eine switch-case-Struktur wird wie folgt aufgebaut, wobei der default-Abschnitt optional angegeben werden kann:

```
switch (Ausdruck) {
 case Wert:
  Kommandos
 case RegEx:
  Kommandos
 default:
  Kommandos
}
```

Das Schlüsselwort switch bekommt als Argument den zu untersuchenden Ausdruck übergeben. Geschweifte Klammern begrenzen den Entscheidungsbaum. Innerhalb dieses Baumes wird mit dem Schlüsselwort case ein zu untersuchender Zweig markiert. Dem Schlüsselwort case folgt ein Wert oder ein regulärer Ausdruck, welcher auf den zu untersuchenden Ausdruck angewendet wird.

Beendet wird ein case-Block durch die Schlüsselwörter break, continue, next, nextfile, exit oder durch die schließende Klammer des Schlüsselwortes switch. Wenn die einzelnen Blöcke nicht entsprechend beendet werden, führt dies dazu, dass die nachfolgenden Blöcke ebenfalls abgearbeitet werden.

Im folgenden Beispiel sind die verschiedenen Anwendungsmöglichkeiten des Konstruktes gezeigt. Es wird der Inhalt der Variablen string untersucht.

Im ersten Fall wird geprüft, ob es sich entweder um das Wort „Katze" oder „katze" handelt.

Der zweite Fall prüft, ob die Zahl „1" übergeben wurde. Da in diesem Fall kein regulärer Ausdruck verwendet wurde, um die Zahl zu beschreiben, muss der Ausdruck nicht wie im ersten Fall terminiert werden.

Im dritten Fall wird geprüft, ob entweder die Zahl „3" oder das Wort „Krake" eingegeben wurde. Da hier nochmals mit einem regulären Ausdruck gearbeitet wurde, ist die Zeichenkette wieder durch ein Dollarzeichen terminiert. Wenn der reguläre Ausdruck zutrifft, wird nochmals eine Fallunterscheidung getätigt.

Der letzte Fall wird dann bearbeitet, wenn keiner der anderen Fälle zutrifft.

```
BEGIN {
 switch (string) {
  case /[kK]atze$/: # Fall 1
   print "Gelesene Zeichenkette:", string
   print "Treuer Freund mit eigenem Willen"
   exit
  case "1": # Fall 2
   print "Gelesene Zeichenkette:", string
   print "Erste Ganzzahl nach der 0"
   exit
  case /(3|Krake)$/: # Fall 3
   print "Gelesene Zeichenkette:", string
   if ( string == "3" )
    print "Die Zahl 3"
   else
    print "Ein hochintelligenter Meeresbewohner"
   exit
  default: # letzter Fall
   print "Gelesene Zeichenkette:", string
   print "Ausdruck " string " ist noch nicht im Entscheidungsbaum"
   exit
 }
}
```

Das Programm bekommt über den Schalter „-v" einen Wert für die Variable `string` übergeben. Die Ausgabe des Programms:

```
# gawk -f switch_case.gawk -v string=Katze
Gelesene Zeichenkette: Katze
Treuer Freund mit eigenem Willen
# gawk -f switch_case.gawk -v string=3
Gelesene Zeichenkette: 3
Die Zahl 3
```

Die folgende Ausgabe zeigt das Verhalten des Programms, nachdem die `exit`-Anweisungen aus den `case`-Programmblöcken entfernt wurden:

```
# gawk -f switch_case.gawk -v string=Katze
Gelesene Zeichenkette: Katze
Treuer Freund mit eigenem Willen
Gelesene Zeichenkette: Katze
Erste Ganzzahl nach der 0
Gelesene Zeichenkette: Katze
Ein hochintelligenter Meeresbewohner
Gelesene Zeichenkette: Katze
Ausdruck Katze ist noch nicht im Entscheidungsbaum
```

Obwohl der zu untersuchende String sich nicht verändert, wird jeder nachfolgende case-Block abgearbeitet.

In den meisten Fällen ist dieses Verhalten nicht erwünscht, und aus diesem Grund muss innerhalb eines `switch-case`-Blocks Sorge dafür getragen werden, dass nach Abarbeitung des jeweiligen Zweiges entweder mit dem nächsten Element einer übergeordneten Schleife weitergearbeitet oder aber das Konstrukt entsprechend verlassen wird.

In manchen Fällen jedoch kann das gezeigte Verhalten sinnvoll sein. Wenn zum Beispiel eine Anlage überwacht wird und es verschiedene Schwellwerte für Alarmierungen gibt, könnte es durchaus Sinn machen, bei Schwellwert „A" nur eine Abteilung zu benachrichtigen, bei Schwellwert „B" zwei Abteilungen und bei Erreichen des letzten Schwellwertes „C" alle Abteilungen zu alarmieren. In diesem Fall wäre Schwellwert „C" an erster Stelle des Konstruktes und Schwellwert „A" würde zuletzt geprüft.

Funktionen des awk

Der awk stellt eine große Anzahl an Funktionen sowohl zur Verarbeitung von Zeichenketten als auch für arithmetische Operationen zur Verfügung.

Tabelle 4.22 enthält die Funktionen, welche innerhalb der jeweiligen Implementation genutzt werden können.

Tab. 4.22: Funktionen von awk/nawk/gawk

Funktion	Bedeutung	awk	nawk	gawk
	String-Funktionen			
asort(*Array*[, *Ziel*])	Liefert Anzahl Elemente von *Array*. *Array* wird sortiert. Optional wird Aktion in *Ziel* durchgeführt	–	–	x
asorti((*Array*[, *Ziel*])	Wie asort, aber Sortierung über Index	–	–	x
gensub(*RegEx*, *ReplStr*,\ ([gG]|*Num*) [,*Ziel*])	Ersetze *Ziel* durch *ReplStr* über *RegEx*. Wenn *Ziel* nicht angegeben wurde, wird $0 verwendet. Entweder alles ersetzen (g oder G) oder Element *Num*. Ergebnis ist modifizierte Zeichenkette	–	–	x
gsub(*RegEx*,*Str*,*Var*)	Funktion sub im gesamten String	–	x	x
getline	Liest nächsten Datensatz in $0 ein	x	x	x
getline < *Datei*	Liest Zeile aus *Datei* und setzt $0 sowie NR	–	x	x
getline Var < *Datei*	Liest Zeile aus *Datei* in Variable Var	·	x	x
index(*Str*, *Suchstr*)	Liefert Index von *Suchstr* in *Str*	x	x	x
length[(*Str*)]	Liefert Länge der Zeichenkette *Str* oder von $0, wenn kein Argument angegeben	x	x	x
match(*Str*,*RegEx*)	Liefert Startposition von *RegEx* in *Str*, wenn enthalten, ansonsten 0	–	x	x
split(*Str*, *Array*[, *RegEx*])	Trennt Zeichenkette *Str* über *RegEx*, wenn angegeben, ansonsten über FS. Rückgabewert ist Anzahl Elemente	x	x	x
strtonum(*Str*)	Wandelt *Str* in eine Zahl um. Wenn *Str* mit „0x" beginnt, wird aus dem Hexadezimalsystem umgewandelt. Wenn *Str* mit „0" beginnt, wird aus dem Oktalsystem umgewandelt	–	–	x
sub(*RegEx*,*Str*,*Var*)	Innerhalb von *Var* erstes Auftreten von *RegEx* durch *Str* ersetzen	–	x	x
substr(*Str*, *Start*[, *Länge*])	Liefert Substring von *Str* beginnend an Position *Start* und (wenn angegeben) der Länge *Länge*. Für original awk muss *Länge* angegeben sein.	x	x	x
tolower(*Str*)	Konvertiert Groß- in Kleinbuchstaben	–	x	x
toupper(*Str*)	Konvertiert Klein- in Großbuchstaben	–	x	x
	Numerische Funktionen			
atan2(y, x)	Liefert arcus tangens von y/x	–	x	x
cos(x)	Cosinus von x	–	x	x
exp(x)	Exponential von x	x	x	x
int(x)	Liefert Integer von x	x	x	x
log(x)	Logarithmus naturalis von x	x	x	x

Tab. 4.23: Funktionen von awk/nawk/gawk – Fortsetzung

Funktion	Bedeutung	awk	nawk	gawk
rand()	Fließkommazahl zwischen 0 und 1	–	x	x
sin(x)	Sinus von x	–	x	x
sqrt(x)	Quadratwurzel aus x	x	x	x
srand([x])	Neuer Startpunkt für random-Funktion	–	x	x
	Zeit Funktionen			
systime()	Anzahl Sekunden seit 01.01.1970 0:00 Uhr UTC	–	–	x
mktime(*Str*)	Wandelt *Str* in *systime* um *str* = YYYY MM DD HH MM SS	–	–	x
strftime(*Str*, *Zeitstempel*\ [,utc-flag])	Wandelt Zeitstempel in *Str*-Format um	–	–	x
	Bitmanipulation			
and(*Num1*, *Num2*)	und-Verknüpfung von *Num1* und *Num2*	–	–	x
compl(*Num*)	Bildet Komplementär zu *Num*	–	–	x
lshift(*Num*, *Count*)	*Num* um *Count* Bits nach links schieben	–	–	x
or(*Num1*, *Num2*)	oder-Verknüpfung von *Num1* und *Num2*	–	–	x
rshift(*Num*, *Count*)	*Num* um *Count* Bits nach rechts schieben	–	–	x
xor(*Num1*, *Num2*)	exklusiv-oder-Verknüpfung von *Num1* und *Num2*	–	–	x
	IPC			
|&	Kommunikation mit anderen Prozessen	–	–	x

Arrays im awk

Der awk adressiert Arrays über Strings und nicht über Ganzzahlen. Anhand des folgenden Textes wird gezeigt, wie der awk mit Arrays arbeitet:

Der Werwolf

Ein Werwolf eines Nachts entwich
von Weib und Kind, und sich begab
an eines Dorfschullehrers Grab
und bat ihn: »Bitte, beuge mich!«

Der Dorfschulmeister stieg hinauf
auf seines Blechschilds Messingknauf
und sprach zum Wolf, der seine Pfoten
geduldig kreuzte vor dem Toten:

»Der Werwolf«, sprach der gute Mann,
»des Weswolfs, Genitiv sodann,
dem Wemwolf, Dativ, wie mans nennt,
den Wenwolf, damit hats ein End.«

Dem Werwolf schmeichelten die Fälle,
er rollte seine Augenbälle.
»Indessen«, bat er, »füge doch
zur Einzahl auch die Mehrzahl noch!«

Der Dorfschulmeister aber musste
gestehn, dass er von ihr nichts wusste.
Zwar Wölfe gäbs in großer Schar,
doch ›Wer‹ gäbs nur im Singular.

Der Wolf erhob sich tränenblind -
er hatte ja doch Weib und Kind!!
Doch da er kein Gelehrter eben,
so schied er dankend und ergeben.

(Christian Morgenstern, R. Piper & Co. Verlag, München 1979)

Arrays werden im awk wie folgt definiert:

`Arrayname[Index]=Wert`

Für den oben gezeigten Text soll die Häufigkeit der verwendeten Wörter ermittelt werden. Zu diesem Zweck wird ein Array wort initialisiert. Als Index werden die in dem Text vorkommenden Wörter verwendet.

```
{
 # die Felder der jeweils gelesenen Zeile werden als Index des Arrays
 # eingesetzt und das zugehoerige Feld im Array inkrementiert
 for (i=1; i<= NF; i++)
  wort[$i]++
}
END {
 # fuer jedes Element, welches im Array vorhanden ist wird der Name des Index
 # und der Wert des zugehoerigen Feldes ausgegeben
 for (count in wort)
  print count,wort[count]
}
```

Um die Häufigkeit der Wörter zu ermitteln, sind die folgenden Schritte notwendig:
– Satzzeichen aus dem Text entfernen
   Da einem Wort ein Satzzeichen folgen kann, muss dieses erst aus dem Text gelöscht werden, damit das Ergebnis nicht verfälscht wird. Ansonsten würde die Zeichenkette „Werwolf," als eigenes Element gewertet und nicht dem Wort „Werwolf" zugeordnet. Leerzeichen dürfen nicht entfernt werden, da ansonsten jede Zeile als eine Zeichenkette interpretiert würde. Die Satzzeichen werden über das Kommando tr -d "[:punct:]" entfernt.
– Alle Klein- in Großbuchstaben umwandeln
   Da Groß- und Kleinbuchstaben für den Index des Arrays innerhalb des awk gesondert betrachtet werden, müssen alle Buchstaben groß oder klein geschrieben werden. Die Umwandlung erfolgt ebenfalls über das Kommando tr, da die Ur-Version des awk keine Funktion toupper oder tolower kennt. Die Syntax: tr "[:lower:][:upper:]".
– Worthäufigkeiten mithilfe des awk ermitteln
   Nachdem die Satzzeichen aus dem Text entfernt worden sind, wird das awk-Programm ausgeführt, um die Häufigkeit jedes vorkommenden Wortes zu ermitteln und anzuzeigen.
– Ausgabe des awk-Programms sortieren
   Die Ausgabe des Programms ist nicht sortiert, da der Index eines Arrays auf Zeichenketten und nicht auf Zahlen basiert. Aus diesem Grund muss im dritten und letzten Schritt die Ausgabe anhand der zweiten Spalte sortiert werden, welche die

Häufigkeit des jeweiligen Wortes beinhaltet. Das zu verwendende Kommando:
sort -k 2nr.

Für das Beispiel sollen die neun häufigsten Wörter des Textes ausgegeben werden.
Zu diesem Zweck wird die Ergebnisliste nochmals mithilfe des Kommandos head auf
neun Zeilen begrenzt.

Das Ergebnis:

```
# tr -d "[:punct:]" <werwolf |tr "[:lower:]" "[:upper:]"|awk -f worte.awk|\
  sort -k 2nr|head -9
DER 7
ER 6
UND 6
DOCH 4
WERWOLF 4
DEM 3
BAT 2
DIE 2
DORFSCHULMEISTER 2
```

4.4.11 Schnittstelle zu Co-Prozessen im gawk

Der gawk bietet dem Programmierer die Möglichkeit, über eine Pipe mit externen Prozessen zu kommunizieren. Auf diese Art und Weise ist es beispielsweise möglich, Anfragen an einen Webserver zu senden und die empfangenen Daten dann einzulesen,
oder über eine ssh-Session ein Kommando auf einer entfernten Maschine auszuführen und die Ausgabe wieder einzulesen. Bei dieser Art der Kommunikation werden die
externen Prozesse als *Co-Prozesse* bezeichnet.

Die Kommunikation zwischen dem gawk und einem Co-Prozess soll hier an einem
Beispiel demonstriert werden. Aufgabe ist es, eine Textdatei mithilfe eines externen
Kommandos zu sortieren und Duplikate zu entfernen.

Das externe Kommando, welches zu diesem Zweck vom gawk aufgerufen wird,
lautet sort -ur.

Die Kommunikation mit dem externen Prozess findet in zwei Schritten statt. Im
ersten Schritt wird jede Zeile, welche durch den gawk eingelesen wurde, an das Kommando geschickt. Das Senden wird mit dem Kommando close (Schließen der Pipe)
beendet. Im zweiten Schritt wird die Ausgabe des externen Kommandos zeilenwei-
se eingelesen. Wenn alle Zeilen eingelesen wurden, wird der Kanal mittels close geschlossen.

Der Programmcode:

```
#!/bin/sh
#
# Kommunikation zwischen awk und co-prozess
# file ist der Name der einzulesenden Textdatei
#
awk -v file=file.txt 'BEGIN {
#
# Deklaration des externen Kommandos
#
kommando = "sort -ur"
#
# Einlesen der Datei und Senden an sort-Kommando
while (getline < file)
 print $0 |& kommando
#
# Senden abgeschlossen
#
close(kommando, "to")
#
# Ergebnis Abrufen
#
while ((kommando |& getline line) > 0)
 print line
close(command)
}'
```

Die zu verarbeitende Datei sieht wie folgt aus:

```
1
1
1
2
3
3
```

Ausgabe des Programms:

```
# ./copro.sh
3
2
1
```

Während das Programm mit dem sort-Kommando kommuniziert, erzeugt der gawk zwei zusätzliche Filedeskriptoren. Kanal 5 wird in STDIN des sort-Kommandos umgelenkt und STDOUT des sort wird in Kanal 6 des gawk umgeleitet.

Verzeichnisinhalt von /proc/*AWKPROGRAMM*/fd:

```
lrwx------. 1 root root 64 Apr 25 10:08 0 -> /dev/pts/0
lrwx------. 1 root root 64 Apr 25 10:08 1 -> /dev/pts/0
lrwx------. 1 root root 64 Apr 25 10:08 2 -> /dev/pts/0
l-wx------. 1 root root 64 Apr 25 10:08 5 -> pipe:[26978]
lr-x------. 1 root root 64 Apr 25 10:08 6 -> pipe:[26979]
```

Verzeichnisinhalt von /proc/*SORT-KOMMANDO*/fd:

```
lr-x------. 1 root root 64 Apr 25 10:08 0 -> pipe:[26978]
l-wx------. 1 root root 64 Apr 25 10:08 1 -> pipe:[26979]
lrwx------. 1 root root 64 Apr 25 10:08 2 -> /dev/pts/0
```

Abbildung 4.10 zeigt nochmals schematisch den Kommunikationsaufbau.

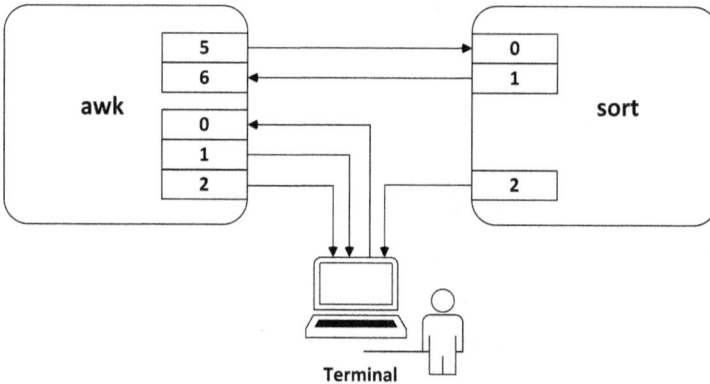

Abb. 4.10: Kommunikation des gawk mit Co-Prozessen

4.4.12 gawk und Netzwerk-Applikationen

Häufig sollen Daten zwischen mehreren Rechnern ausgetauscht werden. Zu diesem Zweck werden oftmals Tools wie etwa scp, ftp oder wget verwendet. Es werden lokale Daten erzeugt, auf einen entfernten Rechner übertragen, dort weitere Programme gestartet und das Ergebnis dann wieder per Datenübertragungsprogramm zurück kopiert. Der gawk bietet aber auch eine Möglichkeit, über das Netzwerk Verbindungen zu anderen Rechnern aufzubauen. Hierzu stellt der gawk eine spezielle Datei zur Verfügung, welche wie folgt aufgebaut ist:

```
/Netzwerk/Protokoll/LPort/Zielsystem/RPort
```

Die Felder der Datei sind folgendermaßen zu verstehen:

– *Netzwerk*
  Hier kann entweder inet4 für eine IPv4-Verbindung, inet6 für eine Verbindung auf Basis von IPv6 oder inet verwendet werden, um den jeweiligen Default des Systems zu verwenden.
– *Protokoll*
  Dieses Feld definiert, welches Protokoll für die Verbindung verwendet werden soll. Zur Auswahl stehen tcp und udp.
– *LPort*
  Hier wird der lokale Port angegeben, welcher verwendet wird, um die Verbindung aufzubauen. Wenn dem System überlassen werden soll, welcher Port verwendet wird, hinterlegt man eine 0. Netzwerk-Clients sind oft in der Vergabe der lokalen Ports anspruchslos. Server hingegen, welche einen bestimmten Netzwerk-Dienst bereitstellen, müssen über einen dedizierten Port arbeiten, welcher von entfernten Clients verwendet wird, um eine Verbindung aufzubauen.
– *Zielsystem*
  Dieses Feld definiert den oder die Zielrechner der Kommunikation. Wenn eine 0 angegeben ist, kann sich jeder Rechner aus dem Netzwerk mit dem lokalen Host verbinden. Es können auflösbare Rechnernamen oder IP-Adressen verwendet werden.
– *Rport*
  Dieses Feld enthält den Port auf dem entfernten Rechner, welcher zum Kommunizieren verwendet wird. Eine 0 bedeutet, dass von der lokalen Seite aus keine Vorgaben gemacht werden.

Abbildung 4.11 zeigt, wie die Felder für einen Verbindungsaufbau zu verstehen sind.

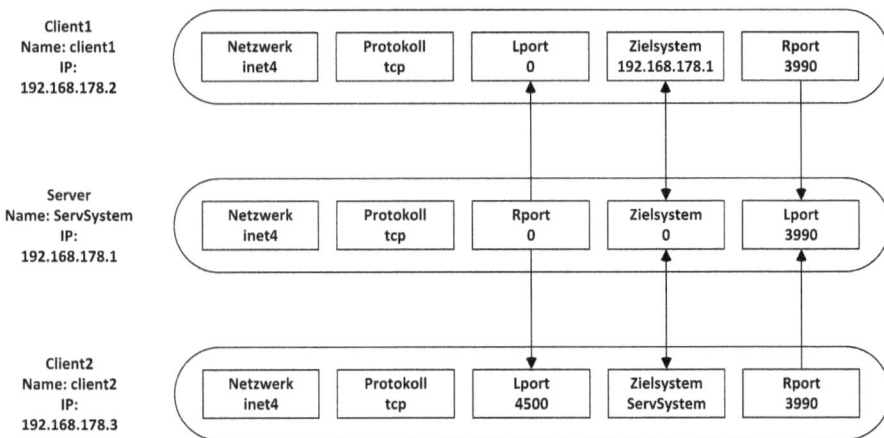

Abb. 4.11: Netzwerkverbindung mit Hilfe des gawk

Der Server *ServSystem* mit der IP 192.168.178.1 wartet auf dem Port 3990 auf Anfragen (Wert LPort: 3990). Welche entfernten Ports er bedient, wird nicht festgelegt (Wert RPort: 0). Der Server kann außerdem Anfragen an alle sichtbaren IP-Adressen beantworten (Zielsystem ist auf 0 gesetzt). Die Maschinen *Client1* und *Client2* sprechen beide den gleichen Server an, wobei *Client1* die IP-Adresse des Servers und *Client2* den auflösbaren Rechnernamen verwendet. *Client1* wählt einen freien lokalen Port zur Kommunikation aus (Wert LPort: 0 gesetzt), wohingegen *Client2* den lokalen Port 4500 verwendet (Wert LPort: 4500). Beide Clients müssen jedoch den gleichen Port auf der entfernten Maschine angegeben haben (Wert Rport: 3990), weil dies der Port ist, auf welchem der Server auf Anfragen wartet.

Aufbau einer Kommunikation

Daten können zwischen dem Programm und einer Netzwerkkomponente wie in der bereits gezeigten Co-Prozess-Schnittstelle ausgetauscht werden. Das zur Kommunikation verwendete special File auf der Serverseite sieht wie folgt aus:

/inet/tcp/35000/0/0

Der Aufbau besagt, dass der Netzwerktyp IPv4 verwendet wird. Als Protokoll wird tcp genutzt und der Server erwartet auf dem lokalen Port 35000 Anfragen. Das nächste Feld besagt, dass es keine Beschränkung auf IP-Adressen gibt, weshalb dort eine 0 hinterlegt ist, und das letzte Feld enthält ebenfalls eine 0, womit alle remote Ports bedient werden können.

Der Ablauf des Serverprogramms ist in **Abbildung 4.12** wiedergegeben.

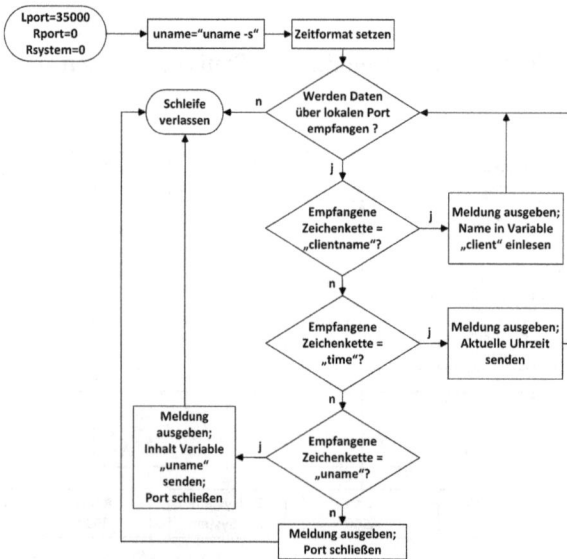

Abb. 4.12: Server-Prozess

Der Sourcecode des Programms `server.awk`:

```awk
BEGIN {
 # lokaler port:        35000
 # remote port:          0 # alle Ports
 # Zielsystemname:       0 # alle Anfragen beantworten
 service="/inet/tcp/35000/0/0"
 "uname -s" | getline uname # Betriebssystemmtyp in Variable "uname" speichern
 cmdtime="date +%H:%M:%S" # Uhrzeitformat auf Stunde:Minute:Sekunde
 # so lange ueber den Port gelesen werden kann
 while ( service |& getline command ) {
  if ( command == "clientname" ) {
   # Variable client mit Client-Namen fuellen
   service |& getline client
   print "received request from client:", client
  }
  else if ( command == "time" ) {
    # Variable time mit Uhrzeit befuellen
    cmdtime | getline time
    print "sending current time:", time
    # eingelesene Uhrzeit an Client schicken
    print time |& service
  }
  else if ( command == "uname" ) {
    # uname-Ausgabe in Variable uname schreiben
    print "sending local OS type:", uname
    # Inhalt von uname an Client schicken
    print uname |& service
    # Port schliessen
    close (service)
    # Schleife verlassen
    break
  }
  # bei fehlerhafter Sequenz Schleife verlassen
  else {
   # Fehlermeldung
   print "received unsupported sequence"
   print "closing connection"
   # Kanal schliessen
   close (service)
   # Schleife verlassen
   break
  }
 }
}
```

Auf der Client-Seite lautet das special File /inet/tcp/0/server.net/35000. Die ersten beiden Felder müssen identisch zu denen des Servers sein, da ansonsten eine Kommunikation von vornherein ausgeschlossen ist. Das dritte Feld bedeutet, dass ein beliebiger lokaler Port zur Kommunikation genutzt werden kann. Wichtig sind auf Seite der Clients nur die nächsten beiden Felder, denn zum einen muss ein eindeutiges Ziel genannt werden, auf welchem der Service erreichbar ist, also in diesem Fall entweder server.net oder die entsprechende IP-Adresse, und zum anderen muss ein dedizierter Port aufseiten des Servers angesprochen werden, da auf diesem Port der gawk auf Anfragen wartet. Das Programm für die Clients ist wesentlich einfacher gehalten.

Abbildung 4.13 zeigt die Schritte, welche hier abgearbeitet werden.

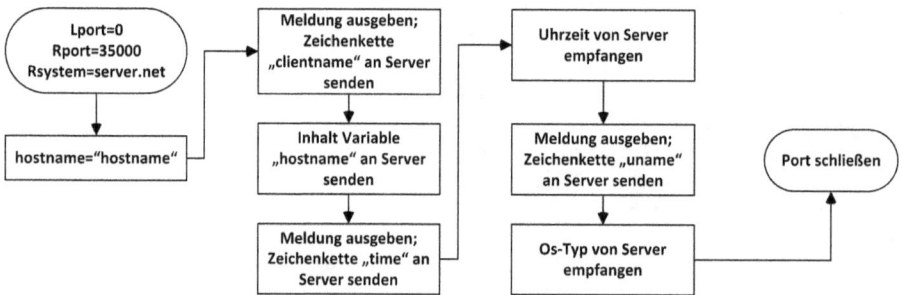

Abb. 4.13: Client-Prozess

Da es sich nur um Beispielprogramme handelt, welche den grundsätzlichen Ablauf zum Aufbau einer Netzwerkanbindung zeigen sollen, werden hier keine gesonderten Fälle innerhalb der Programme betrachtet. Wenn Applikationen für den realen Einsatz programmiert werden sollen, müssen dementsprechend Fehler abgefangen werden.

Sourcecode des Programms client.awk:

```
BEGIN {
  # lokaler port:        0
  # remote port:         35000
  # Zielsystemname:      server.net
  service="/inet/tcp/0/server.net/35000"
  # Rechnernamen in Variable "clientname" abspeichern
  "hostname" | getline clientname
  # hostnamen senden
  print "sending client name:", clientname
  print "clientname" |& service
  print clientname |& service
```

```
# Empfang von Zeit und uname-Ausgabe starten
print "requesting remote time..."
print "time" |& service
# empfangenen Stream in Variable "receivestring" umlenken
service |& getline time
# empfangene Uhrzeit ausgeben
print "remote time is:", time
# OS-Typ abfragen
print "requesting remote OS type..."
print "uname" |& service
service |& getline uname
print "OS type on remote site is:", uname
# Port schliessen
close (service)
}
```

Ausgabe bei Aufruf der Programme:
Auf der ersten Maschine wird das Programm server.awk gestartet:

```
server# date +%H:%M:%S; hostname ; gawk -f server.awk
00:58:46
server
```

Die Maschine wartet nun auf Anfragen über das Netzwerk. Im nächsten Schritt wird auf dem ersten Client das Programm client.awk gestartet, woraufhin eine Anfrage an den Server geschickt und beantwortet wird. Die Ausgabe:

Server:

```
server# date +%H:%M:%S; hostname ; gawk -f server.awk
00:58:46
server
received request from client: client1
sending current time: 00:59:07
sending local OS type: SunOS
```

Client:

```
client1# date +%H:%M:%S; hostname ; gawk -f client.awk
18:59:05
client1
sending client name: client1
requesting remote time...
remote time is: 00:59:07
requesting remote OS type...
OS type on remote site is: SunOS
```

Man erkennt, dass 21 Sekunden zwischen dem Start des Server-Programms und der Anfrage des Clients liegen. Anhand der Ausgabe auf Seiten des Clients erkennt man, dass dort die lokale Zeit weit von der aufseiten des Servers abweicht.

Um zu testen, ob der Server tatsächlich verschiedene Rechner bedienen kann, wird nun auf einem zweiten Klienten eine weitere Abfrage gestartet. Zur Verifizierung reicht hier jedoch die Ausgabe des Servers aus.

```
server# date +%H:%M:%S; hostname ; gawk -f server.awk
01:05:15
server
received request from client: client2
sending current time: 01:05:21
sending local OS type: SunOS
```

Im zweiten Beispiel kam eine Anfrage von dem Rechner *client2*, welche ebenfalls beantwortet wurde.

4.4.13 Wichtige Unterschiede der awk-Implementationen

Ein Programm für den awk ist nicht sofort für alle Varianten einsetzbar. Es gibt einige Punkte, welche es zu beachten gilt, falls das Programm in verschiedenen Varianten eingesetzt werden soll.

BEGIN-Block

Wenn ein nawk- oder gawk-Programm nur aus einem BEGIN-Block besteht, wird dieser ausgeführt und das Programm danach beendet. Die Ur-Version des awk erwartet nach einem BEGIN-Block weitere Daten, welche verarbeitet werden sollen. Für diesen Fall ist es jedoch ausreichend, das Programm aus /dev/null lesen zu lassen, um sich nach Abarbeitung des Programms zu beenden.

Es folgt ein kurzes Beispiel mit dem abgebildeten awk-Programm, welches nur aus einer BEGIN-Sektion besteht:

```
BEGIN {
 print "Ausgabe"
}
```

Das Programm wird nun mit dem original awk und der neueren nawk-Variante aufgerufen:

```
(1) # echo "START"; awk -f BEGIN.awk; echo "STOP"
    START
    Ausgabe
    ^C   <- hier erfolgt ein manueller Abbruch
```

```
(2) # echo "START"; nawk -f BEGIN.awk; echo "STOP"
    START
    Ausgabe
    STOP
(3) # echo "START"; awk -f BEGIN.awk /dev/null; echo "STOP"
    START
    Ausgabe
    STOP
```

Während in (1) das Programm nach Abarbeitung noch mittels „STRG + C" abgebrochen werden muss, steht die Shell in (2) nach Bearbeitung des gleichen Programms sofort wieder zur Verfügung, da hier der nawk verwendet wird. Abhilfe schafft hier das bereits erwähnte Verwenden von /dev/null als einzulesende Datei, wie in Beispiel (3) gezeigt.

Exponenzieren

^, ^=, ** und **= sind nicht in der Ursprungsversion des awk vorhanden. Auch hierzu ein kurzes Beispielprogramm:

```
BEGIN {
  a=2
  b=3
  print "Basis:", a, "Exponent:", b
  a^=b
  print "Ergebnis:", a
}
```

Ein Aufruf mit den beiden Varianten des awk:

```
(1) # awk -f expo.awk
    awk: syntax error near line 5
    awk: illegal statement near line 5
(2) # nawk -f expo.awk
    Basis: 2 Exponent: 3
    Ergebnis: 8
```

In (1) wird Zeile 5 des Programms als syntaktisch falsch gemeldet, da das Konstrukt a^=b nicht interpretiert werden kann, wohingegen der nawk das Programm abarbeiten kann, wie in (2) zu sehen ist.

Löschen von Array-Elementen

Der awk kann in seiner Ursprungsversion keine Felder aus Arrays löschen. Es bleibt nur die Möglichkeit, diese durch einen Leerstring zu ersetzen. Das Programm muss dann entweder leere Elemente von Arrays dementsprechend interpretieren oder das

Array muss nach dem Leeren von Elementen in ein temporäres Array kopiert werden, um dieses dann wieder in das Array mit dem Originalnamen zu übertragen.

Funktionen

Wenn Programme für die Ursprungsversion des awk entwickelt werden sollen, dürfen keine Funktionen definiert werden, da diese nicht interpretiert werden können. Auch hier ein kurzes Beispiel mit dem folgenden Programm:

```
function tempfunk() {
 print "Ausgabe"
}
BEGIN {
 print "Aufruf der Funktion"
 tempfunk()
 print "Ende"
}
```

Ein Aufruf mit der alten Version des awk zeigt in (1), dass das Schlüsselwort function nicht interpretiert werden kann, wohingegen der nawk das Programm mit Aufruf der definierten Funktion ausführt, wie in (2) zu sehen ist.

```
(1) # awk -f funktion.awk
    awk: syntax error near line 1
    awk: bailing out near line 1
(2) # nawk -f funktion.awk
    Aufruf der Funktion
    Ausgabe
    Ende
```

5 Bootsequenzen ab Solaris 10

Unixoide Betriebssysteme bieten oftmals die Möglichkeit, selbst entwickelte Programme beim Booten des Systems automatisiert starten zu lassen. In der klassischen Variante werden hierzu Programme in einem bestimmten Verzeichnis hinterlegt und mit entsprechenden Namen versehen.

Programme, welche mit einem „S" beginnen, werden mit dem Argument start aufgerufen und Programme, welche mit einem „K" beginnen, werden mit dem Argument stop ausgeführt. Die Reihenfolge des Startens und Stoppens ergibt sich aus der alphabetischen Sortierung der Programmnamen. So wird ein Programm S01service vor einem Programm S99service gestartet. Alle hinterlegten Programme werden sequenziell abgearbeitet. Wenn es Probleme mit dem Start oder Stopp eines der Programme gibt, so muss manuell in den Prozess eingegriffen werden, da der Rechner nicht weiter hoch- oder runterfährt.

Abbildung 5.1 zeigt schematisch, wie einzelne Programme bis einschließlich Solaris 9 beim Bootvorgang oder Wechsel in das nächst höhere Runlevel gestartet werden. Der fortlaufende Index stellt hierbei die Reihenfolge dar, in welcher die Programme abgearbeitet werden.

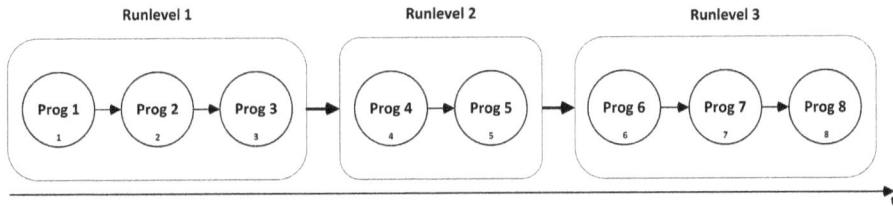

Abb. 5.1: Runlevel bis einschließlich Solaris 9

5.1 Service Management Facility (SMF)

Mit der Einführung von Solaris 10 wurde die **S**ervice **M**anagement **F**acility (*Service Management Facility*) vorgestellt, um mehr Einfluss auf die Start- beziehungsweise Stopp-sequenzen nehmen zu können. Während in der klassischen Variante jedes einzelne Programm von der erfolgreichen Ausführung des Vorgängers abhängig ist, werden bei der Verwendung der SMF Abhängigkeiten zwischen sogenannten *Services* gebildet.

Services, welche unabhängig sind, werden parallel bearbeitet, wohingegen abhängige Services sequenziell gestartet oder gestoppt werden. Ein Beispiel wären Services für eine Datenbankumgebung. Die Listener sind abhängig vom Netzwerk, wo-

https://doi.org/10.1515/9783110445121-199

hingegen der Datenbankserver erst gestartet werden kann, wenn alle benötigten Filesysteme verfügbar sind.

Es werden nur grob die Komponenten des SMF beschrieben, da eine tiefergehende Betrachtung den Rahmen des Kapitels sprengen würde. Es sei diesbezüglich auf die Online-Bibliothek von Oracle sowie auf das Buch *Opensolaris für Anwender, Administratoren und Rechenzentren* verwiesen.

In **Abbildung 5.2** ist dargestellt, wie das in **Abbildung 5.1** gezeigte Schema in Solaris 10 aussehen würde, wenn das Programm *Prog 2* von Programm *Prog 1* und die Programme *Prog 7* und *Prog 8* von Programm *Prog 6* abhängig sind. In diesem Fall reicht der Index bis fünf statt bis acht, da *Prog 1* und *Prog 3*, *Prog 4* und *Prog 5* sowie *Prog 7* und *Prog 8* parallel gestartet werden.

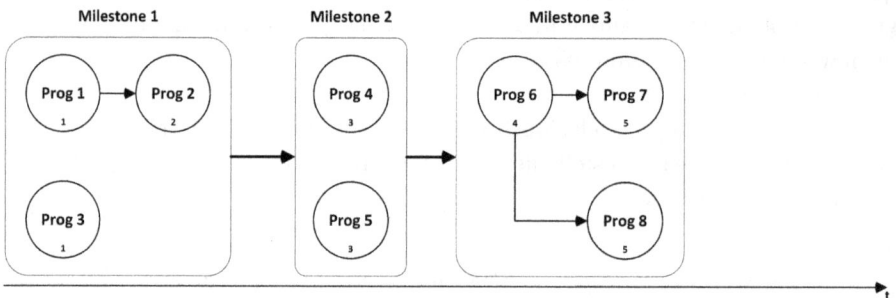

Abb. 5.2: Service Management Facility ab Solaris 10

Bedingt durch die Tatsache, dass nicht abhängige Programme parallel gestartet oder gestoppt werden, kann die Abarbeitung eines Milestones in kürzerer Zeit geschehen, wenn entsprechende Voraussetzungen gegeben sind.

Parallelität bedeutet nicht zwangsläufig, dass die Programme in Summe schneller durchgeführt werden, sondern kann im ungünstigsten Fall sogar zum Gegenteil führen. Bei geschickter Konfiguration und Ausnutzung der zur Verfügung stehenden Systemressourcen ist jedoch ein signifikanter Zugewinn im Gesamtdurchsatz sehr wahrscheinlich.

5.2 Komponenten des SMF

Die Service Management Facility besteht grob gesehen aus den Bereichen:
– SMF Restarter
  Beim Systemstart wird der svc.startd aktiviert, welcher alle konfigurierten Services anhand ihrer Abhängigkeiten startet. Dabei werden unabhängige Services

parallel gestartet. Zusätzlich überwacht der Restarter die gestarteten Services und kann bei Ausfall eines Programms automatisch einen Neustart durchführen.

– Service Instanzen

Ein Service muss aus mindestens einer Instanz bestehen. Es gibt verschiedene Bereiche, in denen mehrere Instanzen eines Services konfiguriert sind. Ein Beispiel ist der *login* Service, welcher 3 Versionen bereitstellt:

```
svc:/network/login:eklogin
svc:/network/login:klogin
svc:/network/login:rlogin
```

Hier gibt es zu dem Service `network/login` die Instanzen `eklogin` (rlogin mit Kerberos und Verschlüsselung), `klogin` (rlogin mit Kerberos) und `login` (rlogin).

– Service Kategorien

Die bereitgestellten Services sind wiederum in einzelne Gruppen aufgeteilt. Dies hat keinen Einfluss auf die Services an sich, dient jedoch der Übersichtlichkeit. Folgende Kategorien stehen zur Auswahl:

– `application`

In dieser Kategorie werden Applikationen wie zum Beispiel Datenbanken oder Webserver hinterlegt.

– `device`

Diese Sektion enthält Services, welche zur Steuerung von speziellen Devices benötigt werden.

– `milestone`

Ein *Milestone* fasst mehrere Services zusammen. Wenn alle dem Milestone zugehörigen Services online sind, gilt auch der milestone als online. Ein Milestone ist vergleichbar mit den klassischen Runlevels.

– `network`

In dieser Kategorie sind die Dienste hinterlegt, welche für den Netzwerkbetrieb benötigt werden.

– `platform`

Dieser Bereich stellt Services bereit, welche abhängig von der jeweiligen Hardware des Systems sind (z. B. für das Kommando eeprom).

– `site`

Standortspezifische Services werden in dieser Kategorie verwaltet. Ein Beispiel wären Services zur Backupsteuerung.

– `system`

Diese Kategorie enthält systemspezifische Services, wie etwa Volume Manager, lokale Zonen usw.

– Configuration Repository

Das Configuration Repository enthält alle Informationen, welche zu den konfigurierten Services benötigt werden. Das Repository liegt in einer *SQLite* Datenbank, welche in `/etc/svc/repository.db` abgespeichert ist. Die Datenbank wird über eine API ausgelesen und beschrieben.

5.2.1 Manifest

Um aus einem Programm einen Service zu erstellen, welcher in das Configuration Repository aufgenommen werden kann, muss eine Konfigurationsdatei erstellt werden, die beschreibt, über welche Methoden und Attribute der Service verfügt und von welchen Bereichen der Service abhängig ist. Diese Datei wird Manifest genannt.

Ein Manifest beschreibt ein sogenanntes *Service_Bundle*, welches aus mindestens einem *Service* bestehen muss. Ein Service wiederum enthält mehrere Methoden (*Exec_Method*) und verschiedene Attribute (*Properties*). Des Weiteren wird jedem Service ein Name zugewiesen (*Name*) und eine Beschreibung zu Manpages und allgemeiner Dokumentation (*template*).

Abbildung 5.3 zeigt ein Manifest, welches ein Service Bundle, bestehend aus zwei Services, beschreibt.

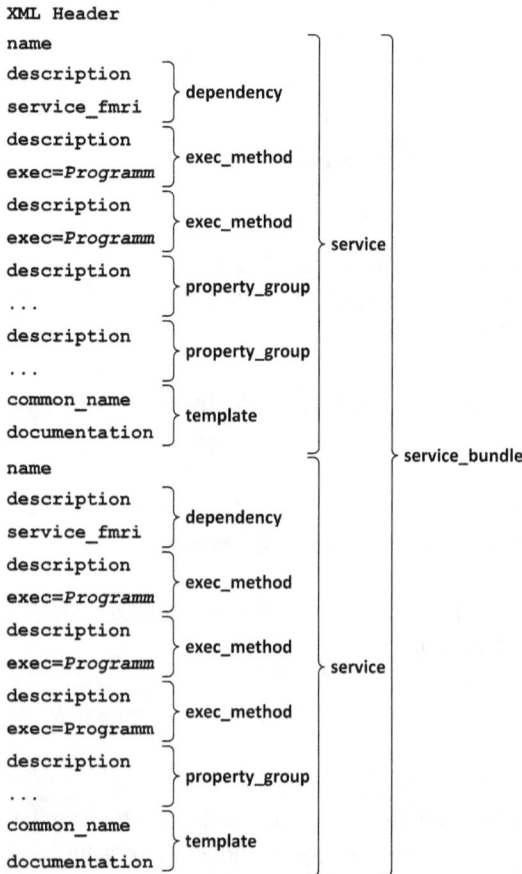

Abb. 5.3: Service Manifest

Es folgt eine nähere Betrachtung der einzelnen Abschnitte eines Manifests.

XML Header

Der Header enthält als wichtigste Information den absoluten Pfad zur gültigen *DTD*. Eine **D**okument**t**yp**d**efinition (oder im Englischen als **D**ocument **T**ype **D**efinition bezeichnet) ist ein Regelwerk, welches die Struktur und Regeln innerhalb eines Dokumentes festlegt. Ein Beispiel eines XML Headers:

```
<?xml version="1.0"?>
<!DOCTYPE service_bundle SYSTEM "/usr/share/lib/xml/dtd/service_bundle.dtd.1">
<!--
Copyright 2004 Sun Microsystems, Inc.  All rights reserved.
Use is subject to license terms.

ident      "@(#)sar.xml    1.3     04/12/09 SMI"

NOTE:  This service manifest is not editable; its contents will
be overwritten by package or patch operations, including
operating system upgrade.  Make customizations in a different
file.
-->
```

service_bundle

Innerhalb eines Service Bundles werden Services zu einem Paket zusammengefasst. Zusätzlich wird hier festgelegt, um was für eine Art es sich handelt und wie das Bundle heißt. Ein Ausschnitt:

```
<service_bundle type='manifest' name='SUNWsmbar:samba'>
 <service
  ...
 <\service>
 ...
</service_bundle>
```

Das Attribut *type* kann wie folgt belegt sein:
- archive
  Ein Archive enthält in der Regel alle Services, welche in einem Repository enthalten sind. Ein Archive stellt einen Export der Konfiguration dar.
- manifest
  Wie bereits erwähnt, enthält das Manifest die Grundkonfiguration aller Services sowie deren Abhängigkeiten und Methoden.
- profile
  Ein Profile bezieht sich auf einen Service und kann Attribute für diesen enthalten. Auf diese Weise ist es möglich, einen Service über mehrere Systeme zu verteilen,

die Grundkonfiguration auf allen Maschinen identisch zu halten und über lokale Profiles Parameter für die Services anzupassen.

Das Attribut *name* kann frei vergeben werden. Üblicherweise wird der Name des Softwarepaketes hinterlegt, für welches die jeweiligen Services erstellt wurden.

service

Innerhalb des Bundles werden die zugehörigen Dienste oder *Services* beschrieben. Jeder Service wird durch entsprechende Tags (Kennzeichen) geklammert. Innerhalb dieses Abschnittes werden alle Attribute beschrieben, welche zum Betrieb des Services benötigt werden. Jedes Attribut wird ebenfalls wieder durch ein Tag gekennzeichnet. Ein Auszug:

```
<service name='network/samba' type='service' version='1'>
        <create_default_instance enabled='false' />
        <single_instance/>

        <dependency name='net-loopback' grouping='require_any'
                    restart_on='none' type='service'>
            <service_fmri value='svc:/network/loopback' />
        </dependency>

        <dependency name='net-service' grouping='require_all'
                    restart_on='none' type='service'>
            <service_fmri value='svc:/network/service'/>
        </dependency>

        <dependent name='samba_multi-user-server' grouping='optional_all'
                    restart_on='none'>
            <service_fmri value='svc:/milestone/multi-user-server' />
        </dependent>

        <exec_method type='method' name='start'
              exec='/usr/sfw/sbin/smbd -D'
              timeout_seconds='170' />

        <exec_method type='method' name='stop'
              exec='/usr/bin/kill `cat /var/samba/locks/smbd.pid`'
              timeout_seconds='60' />

        <stability value='Unstable' />

        <template>
          ...
        </template>
</service>
```

Aufbau der Servicebeschreibung

– name

Der Name baut sich meist über die Zuordnung *Kategorie/Servicename* auf, kann jedoch frei gewählt werden. In dem oben gezeigten Ausschnitt wurde als Name *network/samba* gewählt, da Samba zu der Kategorie Netzwerkdienste gehört.

– type

Über das Attribut type wird definiert, um was für eine Art Service es sich handelt. Es stehen drei Varianten zur Verfügung:

– service

Ein Service stellt Methoden und Attribute zur Verfügung, um Programme zu steuern.

– restarter

Ein Restarter stellt den Betrieb von konfigurierten Service-Instanzen dar. Wenn eine Konfigurationsdatei (Manifest) keinen Eintrag für einen Restarter enthält, wird automatisch der Master Restarter svc.startd verwendet.

– milestone

Ein Milestone ist kein wirklicher Service, sondern wird verwendet, wenn eine Gruppierung von Abhängigkeiten erstellt werden soll. Über Milestones werden die bis einschließlich Solaris 9 verwendeten Runlevel abgebildet.

– dependency

Über dieses Attribut werden Abhängigkeiten zu *FMRIs* [1] definiert. Die dependency verfügt ebenfalls über eine Reihe von Attributen.

– name

Dieses Attribut definiert den Namen der jeweiligen dependency.

– grouping

Es können vier verschiedene Arten von Abhängigkeiten zu einer Gruppe (bestehend aus mindestens einem FMRI) gebildet werden. Die vier Möglichkeiten:

* require_all

Alle in der Gruppe angegeben Services müssen online sein, bevor der Service gestartet wird.

* require_any

Sobald mindestens einer der Services in der angegeben Gruppe online ist, wird der Service gestartet.

* exclude_all

Alle angegeben Services müssen offline sein, damit dieser Service starten kann.

---

1 Fault Management Resource Indicator

* optional_all
  Die angegeben Services können, müssen jedoch nicht online sein, damit dieser Service gestartet werden kann.
- restart_on
  Dieses Attribut wird verwendet, um auf Ereignisse zu reagieren, welche sich auf die abhängigen FMRIs beziehen. Es stehen vier Schalter zur Auswahl:
  * error
    Bei einem Fehler muss ein Neustart des Service erfolgen.
  * restart
    Wenn ein Service aus der angegeben Gruppe neu gestartet wird, soll auch dieser Service neu gestartet werden.
  * refresh
    Wenn eine Rekonfiguration innerhalb der angegeben Gruppe stattfindet, soll auch dieser Service neu gestartet werden.
  * none
    Der Service wird nie nachgestartet.
- type
  Hier kann der Typ der Dependency hinterlegt werden. Zur Auswahl stehen:
  * service
    Das Ziel ist ein konfigurierter Service.
  * path
    Das Ziel ist eine Datei oder ein Verzeichnis.
- service_fmri
  Dieses Element enthält ein weiteres zugeordnetes Attribut, welches das zu prüfende Ziel angibt.
  * value
    Hier findet die Zuordnung von Datei oder Service zum vorangestellten service_fmri statt.
- exec_method
  Über dieses Element wird beschrieben, wie die SMF den jeweiligen Service steuert.
  - name
    Diesem Attribut wird die Methode zugeordnet, welche aufgerufen werden soll. Es stehen drei Einstiegspunkte zur Verfügung:
    * start
      Hier wird die Startmethode des Services hinterlegt.
    * stop
      Dieses Attribut zeigt auf die Methode zum Stoppen des Services.
    * refresh
      Hier wird hinterlegt, wie ein Refresh des Services stattfindet (zum Beispiel stoppen/starten).

- exec

  Dieses Attribut bekommt einen Pfad zu einem Programm oder einen Befehl zum Beenden des Services hinterlegt. Es stehen folgende Möglichkeiten zur Auswahl:

  * Programmaufruf

    Wenn ein Programm hinterlegt ist, wird dieses für den zugrunde liegenden Einstiegspunkt (start / stop / refresh) aufgerufen.

  * :kill [-Signal]

    Wenn diese Form hinterlegt ist, so wird ein kill auf den zugehörigen Service durchgeführt.

    Wenn kein Signal angegeben ist, wird ein SIGTERM gesendet. Für den Einstiegspunkt refresh könnte zum Beispiel ein kill -HUP hinterlegt werden.

- timeout_seconds

  Über dieses Attribut kann angegeben werden, wie lange ein Starten, Stoppen oder ein Refresh maximal dauern darf.

- method_context

  In diesem Abschnitt können weitere Zuordnungen für die definierte Methode getätigt werden. Hierzu wird das Attribut method_credential verwendet. Zuordenbare Einstellungen sind unter anderem (vollständige Liste in smf_method(1)):

  * user

    Die UID, unter welcher die Methode ausgeführt wird.

  * group

    Die GID, unter welcher die Methode ausgeführt wird.

  * privileges

    Hier können zusätzliche Privilegien, wie in privileges(5) aufgeführt, hinterlegt werden.

- property_group

  Über die property_group können mehrere Einzelelemente zusammengeführt werden. Attribute der Gruppe sind:

  - name

    Hier wird ein Name für die Gruppe hinterlegt.

  - type

    Es gibt verschiedene Typen von Gruppen. Die interessantesten:

    * framework
    * implementation
    * template

  Innerhalb der Gruppe werden über den Schlüssel propval die einzelnen Elemente zusammengefasst.

- stability

  In diesem Abschnitt kann das Level, welches der Service in der Entwicklung erreicht hat, angegeben werden. Dies beinhaltet, ob sich noch einzelne Elemente des Services ändern werden, weitere Elemente hinzugefügt werden, weitere Methoden entwickelt werden oder der Service eventuell abgelöst wird. Mögliche Werte des Attributs (aus `attributes(5)`):

- *Standard* (Ab Solaris 11 *Committed*)
- *Stable* (Ab Solaris 11 *Committed*)
- *Evolving* (Ab Solaris 11 *Uncommitted*)
- *Unstable* (Ab Solaris 11 *Uncommitted*)
- *External* (Ab Solaris 11 *Volatile*)
- *Obsolete*
- template
  Der Abschnitt template beinhaltet Metadaten, welche den Service betreffen.

Rückgabewerte der aufgerufenen Methoden

Die SMF muss nach erfolgter Ausführung eines Programms wissen, ob die Ausführung erfolgreich war oder Probleme verursacht hat.

Tabelle 5.1 enthält die vordefinierten Returncodes, weche in der SMF verfügbar sind. Die Spalte *Name* verweist auf die Variable, welche den Returncode gespeichert hat.

Tab. 5.1: Vordefinierte Returncodes der Service Management Facility

RC	Name	Bedeutung
0	SMF_EXIT_OK	Programm erfolgreich abgeschlossen
95	SMF_EXIT_ERR_FATAL	Manueller Eingriff notwendig
96	SMF_EXIT_ERR_CONFIG	Konfigurationsfehler (zum Beispiel fehlende Konfigurationsdatei)
99	SMF_EXIT_ERR_NOSMF	Programm wurde außerhalb der SMF angestoßen
100	SMF_EXIT_ERR_PERM	Es fehlen Berechtigungen
0	SMF_EXIT_ERR_OTHER	Unbekannter Fehler

Das Programm, welches für die SMF geschrieben wird, kann entweder den Returncode als Ganzzahl (zum Beispiel `exit 0`) oder alternativ über eines der Literale , welche in **Tabelle 5.1** angegebenen sind (zum Beispiel `exit $SMF_EXIT_ERR_FATAL`), zurückliefern.

Damit die genannten Variablen verwendet werden können, muss zu Beginn die Datei `/lib/svc/share/smf_include.sh` in das Programm eingebunden werden, da in dieser Datei unter anderem diese Variablen gesetzt werden. Zusätzlich werden hier aber auch sehr viele Funktionen definiert, welche bei der Entwicklung von Methoden für die SMF nützlich sind.

5.3 Erzeugen eines Services im SMF

Es soll bei jedem Start des Systems eine Datei /tmp/buch angelegt werden. Der Service zur Steuerung soll touchfile heißen. Das zugehörige Shellprogramm ist simpel:

```
#!/bin/sh
#
# Anlegen der datei /tmp/buch
# Einlesen include file
. /lib/svc/share/smf_include.sh

case $1 in
'start')
 touch /tmp/buch && exit $SMF_EXIT_OK
 exit $SMF_EXIT_ERR_FATAL
;;
'stop')
 rm /tmp/buch && exit $SMF_EXIT_OK
 exit $SMF_EXIT_ERR_FATAL
;;
esac
```

Die Beschreibung für den Service sieht wie folgt aus:

```
<?xml version="1.0"?>
<!DOCTYPE service_bundle SYSTEM "/usr/share/lib/xml/dtd/service_bundle.dtd.1">
<service_bundle type='manifest' name='BUCHtouchfile'>
 <service
  name='system/filesystem/touchfile'
  type='service'
  version='1'>
  <single_instance />
  <!-- touchfile soll von lokalen Filesystemen abhaengig sein -->
  <dependency
   name='hafile'
   type='service'
   grouping='require_all'
   restart_on='none'>
   <service_fmri value='svc:/system/filesystem/local' />
  </dependency>
  <!-- Startmethode -->
  <exec_method
   type='method'
   name='start'
   exec='/var/tmp/touchfile.sh start'
   timeout_seconds='60'>
   <method_context>
    <method_credential user='root' group='root' />
```

```
      </method_context>
     </exec_method>
     <!-- stop Methode -->
     <exec_method
      type='method'
      name='stop'
      exec='/var/tmp/touchfile.sh stop'
      timeout_seconds='60'>
      <method_context>
       <method_credential user='root' group='root' />
      </method_context>
     </exec_method>
     <property_group name='startd' type='framework'>
      <propval name='duration' type='astring' value='transient' />
     </property_group>
     <instance name='default_touchfile' enabled='false' />
     <template>
     <common_name>
     <loctext xml:lang='C'>
       Beispiel fuer SMF
     </loctext>
     </common_name>
     </template>
    </service>
 </service_bundle>
```

Nachdem das Konfigurationsfile touchfile.xml erzeugt wurde, wird es geprüft und danach importiert:

```
# svccfg validate touchfile.xml
# svccfg import touchfile.xml
#
```

Nachdem das Manifest eingelesen wurde, steht der Service zur Verfügung.

```
# svcs -l touchfile
fmri        svc:/system/filesystem/touchfile:default_touchfile
name        Beispiel fuer SMF
enabled     false
state       disabled
next_state  none
state_time  February 11, 2017 05:48:29 PM CET
logfile     /var/svc/log/system-filesystem-touchfile:default_touchfile.log
restarter   svc:/system/svc/restarter:default
manifest    /var/tmp/touchfile.xml
dependency  require_all/none svc:/system/filesystem/local (online)
```

Debugging

Wenn ein Fehler in dem XML-Dokument enthalten ist, kann svccfg das Manifest nicht einlesen. Es folgt eine generische Fehlermeldung:

```
# svccfg import touchfile.xml
svccfg: couldn't parse document
```

Um Fehler innerhalb des Dokumentes zu finden, bietet sich das Tool xmllint an. Die Syntax:

```
xmllint --Option Datei
```

Da das Kommando über sehr viele Optionen verfügt, sei hier nur --valid erwähnt, wodurch das Kommando angewiesen wird, das XML-Dokument mit der verwendeten DTD abzugleichen und eventuelle Fehler aufzuzeigen.

Das folgende Beispiel zeigt die Ausgabe des Kommandos, nachdem die Zeile 5 des einzulesenden Dokuments von „name='system/filesystem/touchfile'" in „name'system/filesystem/touchfile'" geändert wurde und somit nicht mehr in sich schlüssig ist:

```
touchfile.xml:5: parser error : Specification mandate value for attribute name
  name'system/filesystem/touchfile'
       ^
touchfile.xml:5: parser error : attributes construct error
  name'system/filesystem/touchfile'
       ^
touchfile.xml:5: parser error : Couldn't find end of Start Tag service line 4
  name'system/filesystem/touchfile'
       ^
touchfile.xml:48: parser error : Opening and ending tag mismatch: \
  service_bundle line 3 and service
  </service>
          ^
touchfile.xml:49: parser error : Extra content at the end of the document
  </service_bundle>
```

6 Hochverfügbarkeit

Als Verfügbarkeit eines Systems[1] wird das Verhältnis von Downtime zu Uptime bezeichnet. Je geringer die Downtime, desto höher ist die Verfügbarkeit. Eine andere Umschreibung für Verfügbarkeit ist die Wahrscheinlichkeit, dass ein System zu einem bestimmten Zeitpunkt genutzt werden kann.

Als Formel kann die Verfügbarkeit eines Systems wie folgt dargestellt werden:

$$Verfügbarkeit = \frac{Uptime}{(Downtime + Uptime)} * 100\%$$

Unter *Uptime* ist die Zeit zu verstehen, in welcher eine Funktionseinheit ihre Aufgabe bestimmungsgemäß erfüllt.

Downtime steht für den Zeitraum, in welchem das System ausgefallen ist oder – z. B. zu Wartungszwecken – bewusst außer Funktion gesetzt wurde, mithin seine Aufgabe nicht erfüllt.

Der *VDI* definiert *Verfügbarkeit* wie folgt:

> Die Verfügbarkeit *V* ist die Wahrscheinlichkeit, dass sich eine Betrachtungseinheit zu einem vorgegebenen Zeitpunkt in einem funktionsfähigen Zustand befindet.

Hochverfügbarkeitssysteme werden oft auch HA-Systeme genannt, was sich aus dem englischen *High Availability* ableitet.

Die Definition von hochverfügbaren Systemen ist allerdings nicht ganz einfach. Es gibt unterschiedliche Ansichten darüber, was genau die Hochverfügbarkeit ausmacht.

Das *Institute of Electrical and Electronic Engineers* (IEEE) definiert Hochverfügbarkeit als

> Availability of resources in a computer system, in the wake of component failures in the system.

Hochverfügbarkeit bedeutet also, dass auch bei Ausfall von Komponenten eines Systems dessen Ressourcen weiterhin verfügbar sind. Dies impliziert aber nicht, dass es nicht zu kurzen Ausfallzeiten kommen kann, wenn eine Komponente ausfällt.

Die *Harward Research Group* teilt die Verfügbarkeit anhand der Wichtigkeit des zugrunde liegenden Services ein. Diese wird über die *Environment Classification* abgebildet.

Tabelle 6.1 enthält die sechs Verfügbarkeitsklassen, welche zur Bestimmung der Wichtigkeit eines Services herangezogen werden.

---

[1] In diesem Fall steht der Begriff *System* nicht zwingend für einen einzelnen Computer mit benötigten Peripheriegeräten. Es kann auch ein Verbund von mehreren Computern gemeint sein.

https://doi.org/10.1515/9783110445121-212

Tab. 6.1: Availability Environment Classification

Klasse	Bezeichnung	Wichtigkeit
AEC-0	Konventionell	Funktion darf unterbrochen werden.
AEC-1	Hohe Zuverlässigkeit	Funktionalität darf unterbrochen werden. Datenintegrität muss gewährleistet sein.
AEC-2	Hohe Verfügbarkeit	Funktionalität darf nur zu bestimmten Zeiten unterbrochen werden.
AEC-3	Fehler belastbar	Funktion muss zu bestimmten Zeiten verfügbar sein.
AEC-4	Fehlertolerant	Funktionalität muss immer verfügbar sein.
AEC-5	Desastertolerant	Funktionalität muss auch nach Desastern verfügbar sein.

Nun kann ein Hersteller unmöglich die Wichtigkeit von Anwendungen potentieller Kunden im Voraus wissen. Damit man sich aber allgemein ein Bild über die Verfügbarkeit eines Systems machen kann, in welcher alle Auszeiten enthalten sind, die durch den Ausfall verschiedener Komponenten verursacht werden können, wird oft über die Verfügbarkeitsklassen wie in **Tabelle 6.2** gezeigt gearbeitet.

Tab. 6.2: Verfügbarkeitsklassen

Klasse	Verfügbarkeit	Ausfallzeit pro Monat	Ausfallzeit pro Jahr
1			Nicht definiert
2	99 %	07:18:18,00 Stunden	87:42:00,00 Stunden
3	99,9 %	00:43:48,00 Minuten	08:45:58,00 Stunden
4	99,99 %	00:04:23,00 Minuten	00:52:36,00 Minuten
5	99,999 %	00:00:26,30 Sekunden	00:05:16,00 Minuten
6	99,9999 %	00:00:02,63 Sekunden	00:00:31,60 Sekunden

Ab einer Verfügbarkeit von 99,9% werden Systeme allgemein als hochverfügbar bezeichnet. Um eine möglichst hohe Uptime zu erzielen, sollten möglichst alle *SPOF*s ausgeschlossen werden.

Hinter dem Begriff *SPOF* verbirgt sich der **S**ingle **P**oint **o**f **F**ailure. Damit sind Komponenten gemeint, welche durch Ausfall ein ganzes System zum Erliegen bringen.

Wenn etwa die Systemplatte eines Rechners nicht gespiegelt ist und ausfällt, so ist auch der Rechner nicht mehr betriebsbereit. Es kann aber auch sein, dass eine Netzwerkkarte ausfällt und das System deshalb nicht mehr erreichbar ist. Um dem entgegenzuwirken, sind fast alle Komponenten eines hochverfügbaren Systems redundant, also mehrfach vorhanden. Üblicherweise verfügen solche Rechner über mindestens zwei Netzteile, welche an unterschiedlichen Stromkreisen hängen. Die Netzwerkanbindungen sind redundant ausgelegt und verlaufen über mehrere *Switches*, und auch die Festplatten sind gespiegelt, um den Ausfall einer Disk abzufangen.

Es sind aber nicht nur die Hardwarekomponenten, welche ein System hochverfügbar machen. Auch die Software muss auf Ausfälle reagieren können. Dies bezieht sich sowohl auf die Server-Seite (also die Seite, welche den Dienst bereitstellt), als auch auf die Client-Seite. Müsste zum Beispiel durch den Ausfall eines Rechners ein Datenbanksystem auf einem anderen Computer gestartet werden, und ein entferntes Datenverarbeitungssystem würde keine automatische Neuverbindung aufbauen, so wäre die Datenbank zwar weiterhin erreichbar, jedoch könnte auf dem Client keine weitere Verarbeitung stattfinden, da dieser keine Verbindung mehr zur Datenbank hätte.

In diesem Kapitel werden drei Hochverfügbarkeitslösungen vorgestellt, welche sehr häufig am Markt eingesetzt werden. Besprochen werden der *Veritas Cluster Server* (*VCS*) der Firma Veritas, der *Solaris Cluster* (früher *Sun Cluster*) der Firma Oracle und die ebenfalls von Oracle stammende *Cluster-Ready-Services*-Umgebung (*CRS*), oft auch *Oracle Clusterware* genannt.

Alle drei vorgestellten Lösungen bieten die Möglichkeit, eigene Applikationen in den jeweiligen Rechnerverbund einzubinden.

Abbildung 6.1 zeigt schematisch den Aufbau eines Cluster-Systems .

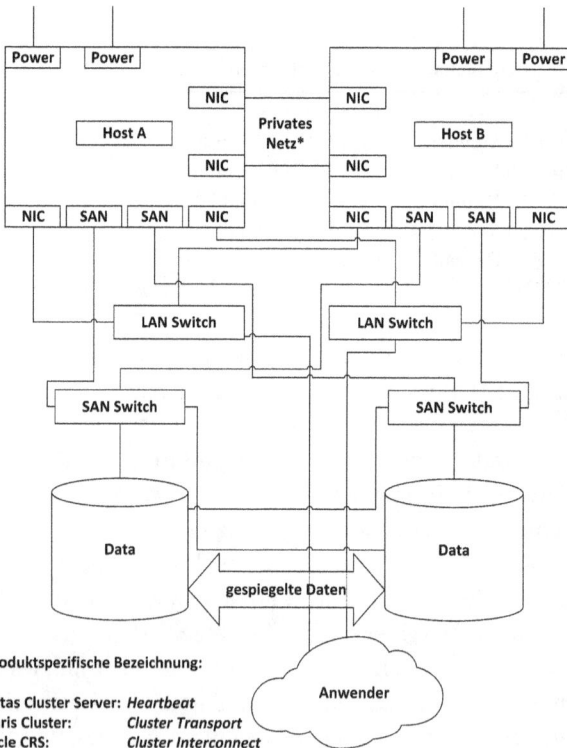

Abb. 6.1: Schematischer Cluster-Aufbau

Über das private Netzwerk, welches üblicherweise nur zwischen den Clusterknoten aufgebaut ist, findet die Interprozesskommunikation der einzelnen Systeme statt. Die jeweiligen Steuereinheiten (z. B. had für den VCS oder der `crsd` für Oracle RAC) kommunizieren über die privaten Netzwerkleitungen, geben Konfigurationsänderungen bekannt und senden Signale, welche zeigen, dass das jeweilige System noch aktiv ist.

Zum leichteren Verständnis sind in **Tabelle 6.3** die Komponenten, welche bei den verschiedenen Cluster-Lösungen ähnliche oder identische Aufgaben ausführen, aufgeführt.

Tab. 6.3: Cluster-Komponenten

CRS	Solaris Cluster	VCS	Bemerkung
Cluster Interconnect	Cluster Transport	Heartbeat	Privates Netz für Datenaustausch
Vote Disks	Quorum Disks	Fencing Disks	Zur Vermeidung eines Split-Brain[1]
Agent	Agent	Agent	Programme zur Steuerung von Applikationen
Resource	Resource	Resource	Objekte, welche auf Agenten zugreifen
–	Resource Group	Service Group	Gruppe von Ressourcen
Entry Point	Callback Method	Entry Point	Schnittstelle zwischen Cluster und Agent

[1] Ein Split-Brain beschreibt den Zustand, dass in einem Cluster einige Systeme fälschlicherweise annehmen, andere Rechner des Clusters seien ausgefallen.

Überwachung von Applikationen

Was alle in diesem Buch besprochenen Cluster-Produkte gemeinsam haben, ist die Möglichkeit, Applikationen und Prozesse zu überwachen. Alle besprochenen Cluster arbeiten mit *Agenten*, welche die Steuerung der Applikationen (oder auch *Ressourcen*) übernehmen. Jedoch sind die Herangehensweisen unterschiedlich.

Der Solaris Cluster und der VCS arbeiten auf Basis von *Ressourcen-* (Solaris Cluster) oder *Servicegruppen* (VCS). Der CRS hingegen arbeitet ausschließlich mit Ressourcen.

Der Vorteil von Ressource- und Servicegruppen ist, dass mehrere Ressourcen als Verbund gestartet, gestoppt oder geschwenkt werden können, wohingegen bei Verwendung des CRS alle Ressourcen einzeln gestartet, gestoppt oder geschwenkt werden müssen (wenn keine Abhängigkeiten gesetzt sind).

Sowohl der Solaris Cluster als auch der Veritas Cluster Server erlauben es aber auch, einzelne Ressourcen innerhalb einer Service- oder Ressourcengruppe zu stoppen oder zu starten, wobei die restlichen Ressourcen des jeweiligen Verbundes nicht beeinträchtigt werden, so lange keine Abhängigkeit zu der zu stoppenden Ressource besteht.

Die Steuerung der Ressourcen wird bei allen drei vorgestellten Produkten über unterschiedliche Herangehensweisen getätigt.

Der CRS ruft zyklisch ein Monitorprogramm auf und prüft über dessen Returncode, welchen Zustand die Ressource hat und ob eventuell ein Neustart oder ein Schwenk erforderlich ist.

Beim Solaris Cluster läuft das Monitorprogramm immer im Hintergrund. Die Entscheidung, ob ein Neustart oder Schwenk einer Applikation erfolgen muss, erfolgt hier aus dem Monitorprogramm heraus.

Der Veritas Cluster Server kann mit beiden Methoden arbeiten. Es wird mit einem zyklisch aufgerufenen Monitorprogramm gearbeitet, zusätzlich kann man aber auch die zu steuernde Applikation auf Prozessebene überwachen lassen. Neustarts oder Schwenks werden hier wie beim CRS durch den Cluster angestoßen.

Alle drei Cluster-Lösungen bieten dem Programmierer Einstiegspunkte (*Callback-Methods* beim Solaris Cluster und *Entry Points* beim CRS und VCS), welche vom Cluster zu bestimmten Ereignissen aufgerufen werden.

Beim CRS werden alle diese Einstiegspunkte über ein zentrales Programm bedient (das sogenannte *ACTION_SCRIPT*), wohingegen der Veritas Cluster Server für jeden Einstiegspunkt einen festen Programmnamen aufruft (zum Beispiel `online` oder `clean`). Der Solaris Cluster überlässt die Benennung der aufzurufenden Programme dem Programmierer, jedoch muss hier für jeden neuen *Ressourcentyp* eine bestimmte Datei erzeugt werden (*Resource Type Registration*), welche alle Informationen zu Methoden und Attributen des Ressourcentyps enthält.

Auf den folgenden Seiten wird gezeigt, wie für die unterschiedlichen Cluster-Produkte eigene Agenten auf Basis von Shellprogrammen entwickelt werden können.

6.1 Oracle CRS

6.1.1 Komponenten des CRS

Der *CRS* (**C**luster **R**eady **S**ervices) von Oracle hat sich aus dem Umstand ergeben, dass man früher für *RAC*-Installationen (RAC = **R**eal **A**pplication **C**luster) auf ein zusätzliches Cluster-Framework eines weiteren Herstellers angewiesen war. RAC ist der Nachfolger des *Oracle Parallel Server*, ein Produkt, welches es erlaubt, Instanzen einer Datenbank parallel auf mehreren Maschinen eines Clusters zu betreiben.

Seit der Einführung von *Oracle RAC 10g* gibt es ein eigenes Cluster-Framework, so dass man nicht mehr auf andere Hersteller zurückgreifen muss, wenn man RAC einsetzen möchte. CRS verwaltet einzelne Ressourcen (IP Adressen, Datenbankinstanzen, ASM-Diskgruppen, Applikationen usw.), welche voneinander abhängig gemacht werden können, um eine Reihenfolge der Ressourcen beim Starten oder Stoppen zu gewährleisten. CRS kann auf vielen verschiedenen Unix-Varianten und auch auf Windows verwendet werden.

Abbildung 6.2 zeigt die Komponenten, welche bei einer CRS-Installation zum Einsatz kommen.

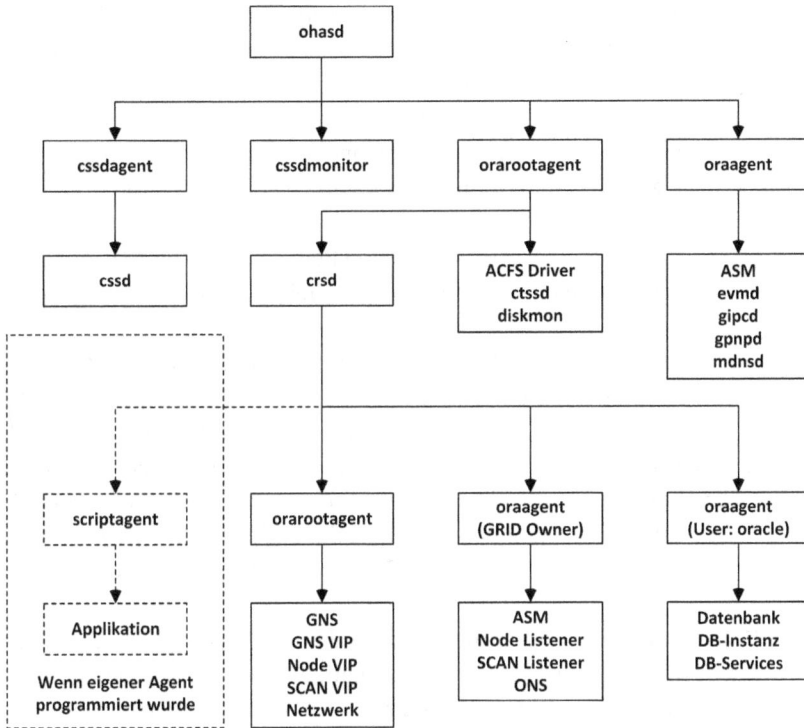

Abb. 6.2: CRS Stack

Eine kurze Beschreibung der einzelnen Komponenten:
- ohasd (*Oracle High Availability Service Daemon*)
  Dieser Prozess steuert alle lokalen Komponenten des Cluster-Stacks.
- cssdagent
  Der cssdagent startet den cssd.
- cssd (*Cluster Synchronization Services Daemon*)
  Der cssd verwaltet die Zugehörigkeit der einzelnen Clusterknoten.
- cssdmonitor
  Dieser Prozess überwacht den cssdagent.
- oraagent (erste Instanz)
  Ein initialer oraagent startet den benötigten Volume Manager *ASM* (**A**utomatic **S**torage **M**anagement), den evmd (*Event Manager Daemon*), den gipcd (*Grid Inter Process Communications Daemon*), den gpnpd (*Grid Plug N Play Daemon*) und den mdnsd (*Multicast Domain Name Service Daemon*).

- ASM

  Der ASM wurde von Oracle mit der Version 10g eingeführt. ASM arbeitet mit Diskgruppen und bietet auch Möglichkeiten der redundanten Datenhaltung an. So kann mittels ASM über Extents gespiegelt werden, wenn die dafür benötigten *Failgroups* (jeder Extent wird zwischen einzelnen Failgroups gespiegelt) angelegt wurden. ASM wird für CRS-Installationen benötigt, da in einer zuvor definierten ASM-Diskgruppe die Konfiguration des Clusters hinterlegt ist. Diese Diskgruppe wird von jedem Clusterknoten gelesen, womit sichergestellt ist, dass jeder Clusterknoten die gleiche Konfiguration verwendet.

- evmd

  Dieser Prozess leitet Ereignisse an Prozesse (zum Beispiel, wenn eine Datenbankinstanz gecrasht ist) im Cluster weiter und nimmt Ereignismeldungen entgegen.

- gipcd

  In älteren Versionen wurde vom CRS Stack zur Kommunikation zwischen den Prozessen *TNS* (**T**ransparent **N**etwork **S**ubstrate) eingesetzt. TNS ist eine Entwicklung von Oracle und hat den Vorteil, dass das Handling in heterogenen Netzen auf unterschiedlichen Systemen identisch ist. Mit Version 11.2 wurde für den CRS ein eigener Stack entwickelt, welcher *GRID IPC* genannt wird. GRID IPC kann verschiedene Protokolle verwenden (zum Beispiel *UDP* oder *TCP*). Um den Datenfluss zu steuern, wird der gipcd (*Grid Inter Process Communications Daemon*) eingesetzt.

- gpnpd

  Seit CRS 11.2 verwaltet ein Prozess die Integrität der *GPnP*-Profile über den Cluster hinweg. Das GPnP-Profil ist ein XML-Dokument, welches die benötigten Informationen enthält, um einen Clusterknoten zu starten (welche Interfaces werden für den *Cluster_interconnect* verwendet, wie lautet der initiale asm_diskstring usw.).

- mdnsd

  Der *Multicast Domain Name Service Daemon* ist unter anderem für die Beantwortung von DNS-Anfragen des *GNS* (*Grid Naming Service*) zuständig.

- orarootagent (erste Instanz)

  Die erste Instanz des orarootagent lädt die *ACFS*-Treiber (**A**SM **C**luster **F**ilesystem), startet den diskmon, den ctssd (*Cluster Time Synchronization Services Daemon*) sowie den crsd.

- ACFS

  Seit CRS 11.2.0.1 (Linux) bzw. 11.2.0.2 ist ein Filesystem für CRS verfügbar, welches von mehreren Maschinen im Cluster parallel gemountet und beschrieben werden kann. Das Filesystem arbeitet mit Volumes, welche von ASM bereitgestellt werden, woher sich der Name ableitet.

- diskmon

  Der diskmon ist nur in speziellen Umgebungen vorhanden (Exadata). Er überwacht unter anderem *Storage Cells* und ist für das *I/O Fencing* zuständig.

- ctssd

  Wenn Maschinen im Cluster unterschiedliche Uhrzeiten aufweisen, kann dies zu Problemen führen. Das Cluster-Framework kann fälschlicherweise annehmen, dass eine Ressource lange nicht mehr geantwortet hat und deshalb einen *Failover* auslösen, also aktive Ressourcen auf einen anderen Clusterknoten migrieren. Aus diesem Grund trägt der ctssd Sorge dafür, dass alle Maschinen im Cluster die gleiche Uhrzeit haben.
- crsd

  Der *Cluster Ready Services Daemon* (crsd) steuert alle konfigurierten Agenten. Er ist über den *Cluster_interconnect* mit anderen Instanzen verbunden und löst bei Bedarf Neustarts oder Schwenks von Services aus. Der crsd startet wiederum einen weiteren orarootagent und ein, ggf. zwei oraagents. Die Anzahl der oraagents richtet sich danach, unter welchem Benutzer die Cluster Software installiert wurde. Wenn der Benutzer ein anderer als *oracle* ist, wird je ein oraagent für den *GRID-Owner* (die UID, unter welcher die CRS-Software installiert wurde) und ein oraagent mit der UID des Benutzers *oracle* gestartet. Der oraagent startet konfigurierte *Listener* und Datenbanken. Zusätzlich wird ein weiteres Monitoring der ASM-Instanz gestartet, welches bei Problemen über den crsd entweder einen Neustart oder einen Schwenk initiiert. Falls eigene Applikationen in den Cluster eingebunden sind, startet der crsd für diese ebenfalls eine Überwachung. Für jeden Benutzer, der eine Applikation in dem Cluster konfiguriert hat, wird ein scriptagent gestartet.

Verzeichnisse für Logdateien

$CRS_HOME/log/$HOSTNAME ist ein Verzeichnis, welches auf jedem Rechner des Clusters vorhanden ist. Hier finden sich mehrere Unterverzeichnisse, welche sich auf die einzelnen Komponenten des Clusters beziehen.

In $CRS_HOME/log/$HOSTNAME/agent/crsd/scriptagent_oracle beziehungsweise $CRS_HOME/log/$HOSTNAME /agent/crsd/scriptagent_root finden sich Logfiles für selbstentwickelte Agenten.

6.1.2 Ressourcen

CRS verwaltet Ressourcen, welche zur Steuerung von Applikationen eingesetzt werden. Jede Ressource verfügt über Attribute, welche die Handhabung der zu steuernden Applikation beeinflussen und stellt ein eigenständiges Objekt innerhalb des Clusters dar. Ressourcen greifen auf die Methoden zurück, die von den jeweiligen *Ressourcentypen* bereitgestellt werden.

Eine Ressource kann sich in unterschiedlichen Status befinden, welche in **Tabelle 6.4** erläutert sind.

Tab. 6.4: Status von Ressourcen im CRS

Status	Bedeutung
ONLINE	Die Ressource ist verfügbar
OFFLINE	Die Ressource ist nicht verfügbar
UNKNOWN	Manuelles Eingreifen ist notwendig
INTERMEDIATE	Mögliche Gründe:
	– Oracle kann den Zustand der Ressource nicht prüfen. Der letzte bekannte Zustand der Ressource war ONLINE
	– Eine Ressource ist teilweise verfügbar. Meist ist dies der Fall, wenn eine IP auf einem Clusterknoten gesetzt ist, die zugehörige Applikation aber nicht läuft

Ressourcentypen

Ein Ressourcentyp stellt definierte Funktionalitäten bereit (zum Beispiel das Starten einer Applikation). Ressourcen werden auf Basis eines Ressourcentyps erzeugt.

Oracle CRS bietet zwei Ressourcentypen an, welche für die Erstellung von Applikationen genutzt werden können:

– local_resource
Dieser Ressourcentyp läuft auf jedem Clusterknoten lokal und wird bei Ausfall eines Rechners nicht geschwenkt.

– cluster_resource
Dieser Ressourcentyp wird eingesetzt, wenn die Applikation auch auf anderen Maschinen im Verbund laufen können soll.

6.1.3 Das Utility crsctl

CRS kennt keine Gruppierungen von einzelnen Ressourcen, wie es bei den anderen vorgestellten Cluster-Produkten der Fall ist. CRS verwaltet nur die vorhandenen Ressourcen und, wenn konfiguriert, Abhängigkeiten zwischen diesen. Ein Großteil der Verwaltung kann über das Tool crsctl getätigt werden. Die Syntax des Tools lautet:

```
crsctl Kommando Argument [OPTION]
crsctl Kommando [Argument] -help
```

Über die Option -help kann man sich zu verschiedenen Kommandos Hilfe holen. So zeigt crsctl stop -help an, welche Argumente und Optionen für das Kommando stop zur Verfügung stehen. Mit crsctl start resource -help wird angezeigt, welche Optionen für das Starten von Ressourcen zur Verfügung stehen.

Cluster-Kommandos

Die folgenden Kommandosequenzen werden benötigt, um den Cluster zu starten, zu stoppen oder zu überprüfen. Dabei werden auch die konfigurierten Ressourcen gestartet und gestoppt. Die Option „-f" findet nur beim Stoppen Verwendung und sollte nur in Ausnahmefällen zum Einsatz kommen, da sämtliche Ressourcen ohne weitere Prüfung gestoppt werden. Die Syntax für Start, Stopp und Check lautet:

```
crsctl (start|stop|check) cluster [(-all|-n Knoten) [-f]]
```

Diese Kommandosequenz stoppt, startet oder prüft den Cluster. Bei Verwendung der Option „-all" wird die Aktion auf allen Rechnern des Verbundes ausgeführt.

```
crsctl (start|stop|check) crs [-f]
```

Alle Komponenten des CRS werden gestartet, gestoppt oder geprüft. Die Option „-f" gilt nur für das Kommando stop.

6.1.4 Verwaltung von Ressourcen

```
crsctl add resource RS -type Typ \
  [(-file Datei|-attr "Attr=Wert[...,Attrn=Wert])]" [-i] [-f]
```

Fügt Ressource RS vom Typ Typ dem Cluster hinzu.
   Tabelle 6.5 enthält Argumente und Optionen des Kommandos add.

Tab. 6.5: Argumente und Optionen zum Hinzufügen von Ressourcen im CRS

Argument/Option	Bedeutung
RS	Bezeichnung der Ressource
Typ	Welche Art Ressourcentyp soll verwendet werden
	local_resource kann nur auf einem Knoten laufen
	cluster_resource kann geschwenkt werden
-file Datei	Textdatei, in welcher Attribute und deren Werte enthalten sind
Attr=Wert	Einzelnen Attributen Attr können Werte zugewiesen werden
	Wenn mehrere Attribute verwendet werden, müssen diese mit einem Komma getrennt werden
-i	Kommando wird nicht ausgeführt, falls es auf die Clusterware warten muss
-f	Auch wenn Abhängigkeiten zu noch nicht existierenden Ressourcen bestehen, kann die Ressource angelegt werden

```
crsctl modify resource RS -attr "Attr=Wert[,...,Attrn=Wert]" \
  [-i] [-f] [-delete]
```

Modifiziert Attribute von Ressource *RS*.
Tabelle 6.6 enthält Argumente und Optionen des Kommandos modify.

Tab. 6.6: Argumente und Optionen zum Modifizieren von Ressourcen im CRS

Argument/Option	Bedeutung
RS	Bezeichnung der Ressource
Attr=Wert	Einzelnen Attributen *Attr* können Werte zugewiesen werden
	Wenn mehrere Attribute verwendet werden, müssen diese mit einem Komma getrennt werden
-i	Kommando wird nicht ausgeführt, falls es auf die Clusterware warten muss
-f	Force-Option. Auch wenn Abhängigkeiten zu noch nicht existierenden Ressourcen bestehen, kann die Ressource angelegt werden
-delete	Löscht das angegebene Attribut

```
crsctl (start|stop) resource (RS [...RSn]|-w Filter|-all) \
  [-n Rechner] [-k CID] [-d DID] [-i] [-f]
```

Dient dem Starten oder Stoppen von Ressourcen. Es können einzelne oder auch mehrere Ressourcen gestartet oder gestoppt werden.
Tabelle 6.7 enthält Argumente und Optionen der Kommandos start und stop.

Tab. 6.7: Argumente zum Starten und Stoppen von Ressourcen im CRS

Argument/Option	Bedeutung
RS	Bezeichnung der Ressource oder der Ressourcen
	Mehrere Ressourcen werden durch Leerzeichen getrennt
-w Filter	Definitionen zu Ressource-Eigenschaften. Zum Beispiel:
	"TYPE = local_resource" oder "LOGGING_LEVEL = 1"
	Es können auch Eigenschaften mit logischen Operatoren verknüpft werden
-all	Alle Ressourcen, welche den Kriterien entsprechen, werden gestartet
-n Rechner	Cluster-System, auf welches die Suche eingeschränkt werden soll
-k CID	Alle Ressourcen, welche die *Cardinality ID* CID zugewiesen haben
-d DID	Alle Ressourcen, welche die *Degree ID* DID zugewiesen haben
-i	Wenn das Cluster Framework nicht antwortet, abbrechen
-f	Auch starten, wenn Abhängigkeiten nicht gegeben sind

```
crsctl delete resource RS [...RSₙ] [-i] [-f]
```

Löscht Ressourcen aus dem Cluster. Es können durch Leerzeichen getrennt mehrere Ressourcen gelöscht werden. Wenn sich die Ressourcen nicht im Status OFFLINE befinden, kann man sie mit der Option „-f" löschen, ohne die Ressourcen zu stoppen.

```
crsctl status resource ([RS [...RSₙ]]|-w Filter) \
  [-(p|v)[-e]|-(f|l|g)] [(-k CID|-n Rechner)| \
  (-s -k CID|[-d DID)]] [-t]
```

Zeigt den Zustand von Ressourcen an.

Tabelle 6.8 enthält Argumente und Optionen des Kommandos status.

Tab. 6.8: Argumente und Optionen zum Anzeigen des Status von Ressourcen im CRS

Argument/Option	Bedeutung
RS	Bezeichnung der Ressource
-w Filter	Definitionen zu Ressourceneigenschaften, zum Beispiel:
	"TYPE = local_resource" oder "LOGGING_LEVEL = 1"
	Es können auch Eigenschaften mit logischen Operatoren verknüpft werden
-p	Listet statische Parameter der Ressource auf
-v	Listet dynamische Parameter der Ressource auf
-e	Listet speziell zugeordnete Werte auf. Diese Option benötigt die Schalter „-k" oder „-n"
-f	Listet alle Parameter der Ressource auf
-l	Zeigt alle Attribute bezüglich Parallelität lokal und im Cluster (cardinality und degree)
-g	Zeigt an, ob eine Ressource registriert ist
-k CID	Wenn eine Ressource auf mehreren Maschinen parallel im Cluster läuft, wird der CID je ein Hostname zugeordnet, auf welchem diese Ressource online ist
-n Rechner	Maschine im Cluster, auf welchen die Suche eingeschränkt werden soll
-s -k CID [-d DID]	Liste von Maschinen, welche die Ressource aufnehmen können. Wenn zusätzlich die Option -d angegeben wurde, wird nur der Grad DID berücksichtigt
-t	Ausgabe in tabellarischer Form angezeigt

6.1.5 Entry Points

Ressourcentypen stellen Einstiegspunkte für den Programmierer bereit, welche durch den Cluster bei Auftreten bestimmter Ereignisse aufgerufen werden. Folgende Entry Points werden durch CRS bedient:

- start
  Starten der Applikation.
- stop
  Stoppen der Applikation.
- check
  Prüfen der Applikation. Dieser Einsprungspunkt wird periodisch aufgerufen und eventuelle Zustandsänderungen an das Framework gemeldet.
- clean
  Wenn eine Ressource Probleme meldet, wird dieser Einstiegspunkt aufgerufen. Wenn zum Beispiel eine Datenbank nicht sauber gestoppt werden konnte, müssen möglicherweise *Shared-Memory*-Segmente gelöscht werden, was durch ein clean-Programm erledigt wird.
- abort
  Wenn einer der oben genannten Einstiegspunkte nicht mehr antwortet, wird das Programm abort aufgerufen. Wenn keine Methode abort implementiert wurde, beendet sich der Agent.

Die Methoden start, stop, clean und abort liefern eine 0 bei Erfolg und eine 1, wenn sie nicht erfolgreich waren. Die Methode check kann unterschiedliche Rückgabewerte liefern. Die möglichen Returncodes werden im folgenden Abschnitt erklärt.

6.1.6 ACTION_SCRIPTS

Applikationen, welche in den Cluster eingebunden werden sollen, verwenden sogenannte ACTION_SCRIPTS. Diese werden vom CRS Framework ausgelesen und müssen die jeweiligen Entry Points bedienen.

Gesteuert wird das ACTION_SCRIPT über den scriptagent, welcher sich im Verzeichnis ${CRS_HOME}/bin der Installation befindet. Der Scriptagent kommuniziert mit dem crsd, welcher für die Steuerung aller im Cluster befindlichen Objekte zuständig ist. Der crsd startet, stoppt und prüft die konfigurierten Ressourcen. Wenn nötig, initiiert er einen *Failover* einer Ressource.

Es wird im CRS-Umfeld zwischen einem *Failover* und einem *Relocate* unterschieden. Ein Failover wird eingeleitet, wenn eine Ressource ungewollt ausfällt und nicht mehr auf dem jeweiligen Rechner zu starten ist. Ein Relocate ist ein gewolltes Schwenken einer Ressource auf eine andere Maschine des Clusters. Meist wird ein Relocate durch einen Administrator durchgeführt. Beim Relocate werden Ressourcen auf einer Maschine im Rechner gestoppt und danach auf einem anderen Rechner des Verbundes wieder gestartet.

Da der Aufruf des ACTION_SCRIPTS sich grundlegend nicht ändert, ist die Struktur immer ähnlich. Das Programm bekommt als Parameter entweder *start*, *stop*,

check, clean oder abort übergeben, bearbeitet entsprechende Befehlsblöcke und
liefert einen Returncode an das Framework zurück. Anhand der aufgerufenen Methode und des jeweils zurückgelieferten Wertes wird innerhalb des CRS das weitere
Handeln entschieden.

Der typische Aufbau eins ACTION_SCRIPTS ist in **Abbildung 6.3** dargestellt.

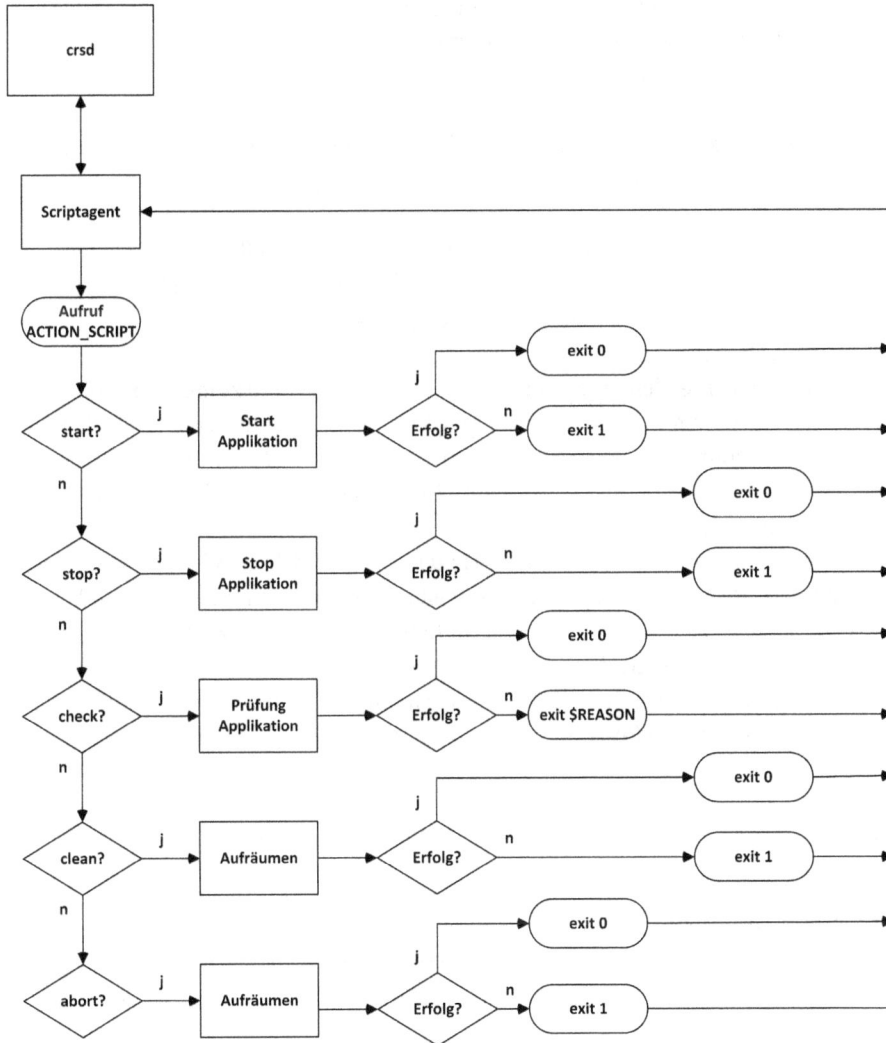

Abb. 6.3: Aufbau CRS ACTION_SCRIPT

Die Methode check kann mehrere Rückgabewerte liefern, weshalb in **Abbildung 6.3** der Platzhalter $REASON gewählt wurde.

Die möglichen Rückgabewerte der Methode sind:
- 0 (CLSAGFW_ONLINE)
  Die Ressource ist online und verfügbar.
- 1 (CLSAGFW_UNPLANNED_OFFLINE)
  Dieser Status meldet, dass die Ressource nicht durch CRS gestoppt wurde. Dieser Status löst eine Wiederherstellung seitens des CRS aus, wenn die Ressource vorher im Zustand ONLINE war.
- 2 (CLSAGFW_PLANNED_OFFLINE)
  Die Ressource ist geplant offline. Da der Zustand gewollt ist, setzt CRS die Ressource in den Status OFFLINE.
- 3 (CLSAGFW_UNKNOWN)
  Wenn nicht bestimmt werden kann, welchen Zustand die Ressource hat, wird der Zustand UNKNOWN gesetzt. Die Ressource wird dann weiterhin von CRS geprüft, es werden jedoch keine weiteren Schritte eingeleitet.
- 4 (CLSAGFW_PARTIAL)
  Es sind nicht alle Elemente der Ressource verfügbar. Wenn zum Beispiel eine Ressource aus einem Filesystem und einer IP-Adresse besteht, jedoch nur das Filesystem gemountet ist, ist die Ressource im Zustand PARTIAL. Die Ressource wird weiterhin überwacht, jedoch wird kein Neustart oder Schwenk ausgelöst.
- 5 (CLSAGFW_FAILED)
  Wenn eine Ressource den Status FAILED meldet, sind Teile oder alle Komponenten dieser Ressource fehlerhaft. Ein Beispiel könnten Shared-Memory-Segmente sein, welche nach dem crash eines Datenbankservers übriggeblieben sind. Der Datenbankserver wird dann als FAILED eingestuft. Der Status FAILED bewirkt, dass für die jeweilige Ressource ein clean aufgerufen wird und (falls der clean erfolgreich war) die Ressource danach entweder neu gestartet oder geschwenkt wird.

Die Parameter des Scriptagents können **Tabelle 6.9** entnommen werden.

Tab. 6.9: Parameter für Scriptagent im CRS

Parameter	Beschreibung	Kommentar
ACL	Ownership	Erst ab CRS 11.2 Default root
ACTION_SCRIPT	Programm zum Starten, Stoppen und Prüfen	
ACTIVE_PLACEMENT	CRS prüft, ob Ressource auf neuem Knoten bei Start eines Clusterknotens gestartet werden soll	Default 0

Tab. 6.9: Parameter für Scriptagent im CRS – Fortsetzung

Name	Beschreibung	Kommentar
AGENT_FILENAME	Programm, welches die Ressource steuert	Default scriptagent Erst ab CRS 11.2
AUTO_START	Was soll mit Ressource bei Neu-start des Clusters passieren	Default restore – always -> Ressource wird im-mer neu gestartet – restore -> Es wird der Status hergestellt, der beim Stoppen des Clusters bestand – never -> Die Ressource wird nie automatisch gestartet
CARDINALITY	Die Cardinality gibt an, auf wie vielen Clustermaschinen die Applikation parallel laufen darf	Erst ab CRS 11.2
CHECK_INTERVAL	Anzahl Sekunden zwischen den jeweils aufzurufenden Ressour-cenchecks	Default 60
DEGREE	Wie viele gleiche Ressourcen dür-fen pro Knoten laufen	Erst ab CRS 11.2
DESCRIPTION	Bezeichnung für die Ressource	
ENABLED	CRS verwaltet nur Ressourcen, die den Status ENABLED haben	Erst ab CRS 11.2
FAILOVER_DELAY	Anzahl Sekunden, bis CRS ver-sucht, einen Failover zu initiieren 0 -> sofortiger Failover	nicht mehr in CRS 11.2 Default 0
FAILURE_INTERVAL	Verfolgung des FAILURE_THRESHOLD	Default 0
FAILURE_THRESHOLD	Anzahl der Fehlermeldungen für eine Ressource innerhalb FAILURE_INTERVAL	Default 0
HOSTING_MEMBERS	Liste der Clusterknoten, welche die Applikation hosten können	Wird benötigt, wenn PLACEMENT auf favored oder restricted steht. Wenn balanced verwendet wird, darf kein Wert eingetragen sein.
LOAD		Erst ab CRS 11.2
OFFLINE_CHECK_INTERVAL	In welchen Abständen sollen als OFFLINE markierte Ressourcen geprüft werden	Erst ab CRS 11.2
OPTIONAL_RESOURCES	Liste mit optionalen Ressourcen, welche bei der Platzierung dieser Ressource helfen	Nicht mehr in CRS 11.2

Tab. 6.9: Parameter für Scriptagent im CRS – Fortsetzung

Name	Beschreibung	Kommentar
PLACEMENT	Vorschrift, wie Ressourcen im Cluster verteilt werden	Default balanced
REQUIRED_RESOURCES	Ressourcen, welche von dieser Ressource benötigt werden	nicht mehr in CRS 11.2
RESTART_ATTEMPTS	Anzahl Neustarts, bevor CRS die Ressource auf anderem Knoten startet	Default 1
RESTART_COUNT	Zähler wird innerhalb des CRS Daemons verwaltet. Geht bis RESTART_ATTEMPTS	nicht mehr ab CRS 11.2
SCRIPT_TIMEOUT	Timeout für start / stop / check	Default 60
SERVER_POOLS	Liste der Cluster-Knoten, welche die Ressource hosten können	Erst ab CRS 11.2
START_DEPENDENCIES	Liste von Ressourcen, zu welchen Abhängigkeiten bestehen	Erst ab CRS 11.2
START_TIMEOUT	Maximale Anzahl Sekunden für den Start der Ressource	
STOP_DEPENDENCIES	Liste von Ressourcen, zu welchen Abhängigkeiten bestehen	Erst ab CRS 11.2
STOP_TIMEOUT	Maximale Anzahl Sekunden für stop oder clean	Wenn nicht gesetzt, wird Parameter SCRIPT_TIMEOUT verwendet
TYPE	Kann auf local_resource oder cluster_resource gesetzt werden	
UPTIME_THRESHOLD	Wie lange muss eine Ressource unterbrechungsfrei laufen, um als stabil angesehen zu werden	Anzahl[smhdw] s=Sekunden m=Minuten h=Stunden d=Tage w=Wochen

6.1.7 Agenten für CRS entwickeln

Im folgenden Beispiel wird eine Ressource *hafile* erstellt. Aufgabe ist es, mit dem Kommando set eine Textdatei /tmp/file_book zu erzeugen, welche die aktuelle Umgebung enthält.

Damit das Programm mit dem Cluster kommunizieren kann, muss folgendes sichergestellt sein:

– Wenn als Argument *start* übergeben wurde, soll die Ausgabe des Kommandos set in eine Textdatei umgelenkt werden.
– Wenn das Programm mit dem Argument *stop* aufgerufen wurde, soll die Textdatei gelöscht werden.

- Wird als Argument *check* übergeben, soll bei Vorhandensein der Textdatei eine 0 (ONLINE) und ansonsten eine 1 (UNPLANNED_OFFLINE) als Rückgabewert geliefert werden.
- Wenn ein *clean* gefordert wird, soll das Programm die Textdatei mittels rm -f löschen.

Für die Beispiele liefert das Programm check entweder den Wert 0 oder 1, da hier nur gezeigt werden soll, wie Agenten grundsätzlich für die Clusterware von Oracle geschrieben werden. Es wird also davon ausgegangen, dass das Löschen einer Datei nicht geplant war und somit ein UNPLANNED_OFFLINE darstellt. Das ACTION_SCRIPT, welches für die Überwachung der Datei verwendet wird, sieht wie folgt aus:

```sh
#!/bin/sh
case $1 in
'start')
 set >/tmp/file_book && echo "Ressource gestartet"
 return=$?
 exit $return
;;
'stop')
 rm /tmp/file_book && echo "Ressource gestoppt"
 return=$?
 exit $return
;;
'clean')
 rm -f /tmp/file_book
 return=$?
 exit $return
;;
'check')
 if [ -f /tmp/file_book ]
 then
  echo "Ressource online"
  exit 0
 else
  echo "Ressource offline"
  exit 1
 fi
;;
esac
```

Das Programm wird als /var/tmp/hafile.sh gespeichert. Üblicherweise sollte man Programme nicht in /var/tmp speichern, da, wie der Name des Verzeichnisses schon verrät, dieser Bereich nur temporär genutzt wird (oder werden sollte). Für einen Test ist der Speicherort /var/tmp jedoch vollkommen ausreichend.

Es wird auf beiden Clusterknoten manuell getestet, ob das Programm so arbeitet, wie es erwartet wird:

```
[root@rac1 ~]# /var/tmp/hafile.sh check
Ressource offline
[root@rac1 ~]# echo $?
1
[root@rac2 ~]# /var/tmp/hafile.sh check
Ressource offline
[root@rac2 ~]# echo $?
1


[root@rac1 ~]# /var/tmp/hafile.sh start
Ressource gestartet
[root@rac1 ~]# echo $?
0


[root@rac1 ~]# ls -l /tmp/file_book
-rw-r--r-- 1 root root 2528 Jan  6 11:38 /tmp/file_book
[root@rac1 ~]# /var/tmp/hafile.sh check
[root@rac1 ~]# echo $?
0
[root@rac1 ~]# /var/tmp/hafile.sh stop
Ressource gestoppt
[root@rac1 ~]# echo $?
0


[root@rac1 ~]# ls -l /tmp/file_book
ls: cannot access /tmp/file_book: No such file or directory
[root@rac1 ~]# /var/tmp/hafile.sh check
[root@rac1 ~]# echo $?
Ressource offline
1
```

Bei Nichtvorhandensein der Datei /tmp/file_book wird als Returncode eine 1 und ansonsten eine 0 an das Framework geliefert.

Nachdem das Shellprogramm getestet wurde, kann im nächsten Schritt eine Ressource im Cluster angelegt werden, welche auf dieses Programm zugreift und damit das Anlegen und Löschen der Datei über den Cluster steuert:

```
[root@rac1 ~]# crsctl add resource hafile -type cluster_resource \
-attr "ACTION_SCRIPT=/var/tmp/hafile.sh"
[root@rac1 ~]# crsctl status resource hafile
NAME=hafile
TYPE=cluster_resource
TARGET=OFFLINE
STATE=OFFLINE
```

Nun wird die Ressource auf Maschine *rac1* gestartet und anschließend geprüft:

```
[root@rac1 ~]# ls -l /tmp/file_book
ls: cannot access /tmp/file_book: No such file or directory
[root@rac1 ~]# crsctl start resource hafile -n rac1
CRS-2672: Attempting to start 'hafile' on 'rac1'
CRS-2676: Start of 'hafile' on 'rac1' succeeded
[root@rac1 ~]# ls -l /tmp/file_book
-rw-r--r-- 1 root root 4015 Jan  6 11:43 /tmp/file_book
[root@rac1 ~]# crsctl status resource hafile
NAME=hafile
TYPE=cluster_resource
TARGET=ONLINE
STATE=ONLINE on rac1
```

Möchte man die Ressource auf einem anderen Clusterknoten aktiv haben, kann über das Kommando `crsctl relocate` ein Schwenk veranlasst werden. Ein Schwenk bedeutet, dass die Ressource auf Rechner *rac1* gestoppt und danach auf *rac2* gestartet wird:

```
[root@rac1 ~]# crsctl relocate resource hafile -n rac2
CRS-2673: Attempting to stop 'hafile' on 'rac1'
CRS-2677: Stop of 'hafile' on 'rac1' succeeded
CRS-2672: Attempting to start 'hafile' on 'rac2'
CRS-2676: Start of 'hafile' on 'rac2' succeeded

[root@rac1 tmp]# ls -l /tmp/file_book
ls: cannot access /tmp/file_book: No such file or directory
[root@rac2 ~]# ls -l /tmp/file_book
-rw-r--r-- 1 root root 4037 Jan  6 11:44 /tmp/file_book
[root@rac1 ~]# crsctl status resource hafile
NAME=hafile
TYPE=cluster_resource
TARGET=ONLINE
STATE=ONLINE on rac2
```

Problematisch ist jedoch der Umstand, dass CRS in der Grundeinstellung den Zustand einer Ressource nur auf dem Knoten prüft, auf dem diese über das CRS-Framework gestartet wurde. Man kann also manuell auf einem Rechner die Ressource starten und dann diese nochmals über den CRS auf einer anderen Maschinen des Clusters starten. Dazu ein kurzes Beispiel:

Zuerst wird die Ressource auf *rac2* über das Cluster-Framework gestoppt, danach manuell (also ohne den CRS zu nutzen) auf dem Rechner *rac1* gestartet und geprüft, ob sie online ist.

Ressource im Cluster stoppen:

```
[root@rac1 ~]# crsctl stop resource hafile
CRS-2673: Attempting to stop 'hafile' on 'rac2'
CRS-2677: Stop of 'hafile' on 'rac2' succeeded
```

Status der Ressource im Cluster prüfen:

```
[root@rac1 ~]# crsctl status resource hafile
NAME=hafile
TYPE=cluster_resource
TARGET=OFFLINE
STATE=OFFLINE
```

Ressource manuell auf Maschine *rac1* starten:

```
[root@rac1 ~]# /var/tmp/hafile.sh start ; echo $?
Ressource gestartet
0
[root@rac1 ~]# /var/tmp/hafile.sh check
Ressource online
```

Eine manuelle Prüfung zeigt, dass die Applikation auf *rac1* online ist. Die Prüfung auf Rechner *rac2* zeigt, dass dort die Anwendung nicht gestartet wurde:

```
[root@rac2 ~]# /var/tmp/hafile.sh check
Ressource offline
```

Der Zustand jetzt ist, dass aktuell auf *rac1* die Anwendung läuft und auf *rac2* nicht. CRS geht jedoch davon aus, dass die Ressource auf beiden Rechnern offline ist, da sie noch nicht durch das Framework gestartet wurde, wie die Abfrage des Cluster-Frameworks zeigt:

```
[root@rac1 ~]# crsctl status resource hafile
NAME=hafile
TYPE=cluster_resource
TARGET=OFFLINE
STATE=OFFLINE
```

Man kann also nun mittels CRS die Ressource auf *rac2* starten, obwohl auf *rac1* die Applikation schon läuft:

```
[root@rac1 ~]#  crsctl start resource hafile -n rac2
CRS-2672: Attempting to start 'hafile' on 'rac2'
CRS-2676: Start of 'hafile' on 'rac2' succeeded
```

Ein manuell ausgeführter Check zeigt, dass die Ressource nun auf beiden Seiten aktiv ist:

```
[root@rac1 ~]# /var/tmp/hafile.sh check
Ressource online
[root@rac2 ~]# /var/tmp/hafile.sh check
Ressource online
```

Mittels `crsctl check resource` kann man CRS anweisen, die Ressource zu prüfen.

```
[root@rac1 ~]# crsctl check resource hafile -n rac2
[root@rac1 ~]#
[root@rac1 ~]# crsctl check resource hafile -n rac1
CRS-2723: No instance of resource 'hafile' found on 'rac1'
```

Da CRS die Ressource auf *rac1* nicht gestartet hat, gibt es keinen Verweis darauf, dass diese dort online sein könnte. Also ist auch ein Prüfen aus Sicht des Clusters nicht möglich. Würde die Ressource in gemeinsam benutzte Filesysteme oder LUNs schreiben, so würden Dateninkonsistenzen erzeugt, welche nur mittels eines Restores behoben werden könnten.

Es gilt also auszuschließen, dass außerhalb des Clusters programmierte Agenten gestartet oder gestoppt werden können, um solche Inkonsistenzen zu vermeiden.

Eine Möglichkeit ist abzufragen, ob das Programm von einem Terminal gestartet wurde. Dies kann mittels `tty` geprüft werden. Wenn das Programm durch einen Anwender gestartet wurde (der somit dann vor einem Terminal sitzt), liefert es einen Returncode von 1 zurück und wird sofort beendet. Das Programm sieht nun wie folgt aus:

```
#!/bin/sh
case $1 in
'start')
 if /usr/bin/tty -s
 then
  echo "Ressource darf nicht von Anwender gestartet werden"
  exit 1
 else
  set >/tmp/file_book && echo "Ressource gestartet"
  return=$?
  exit $return
 fi
;;
'stop')
 if /usr/bin/tty -s
 then
  echo "Ressource darf nicht von Anwender gestoppt werden"
  exit 1
```

```
   else
    rm /tmp/file_book && echo "Ressource gestoppt"
    return=$?
    exit $return
   fi
;;
'clean')
 if  /usr/bin/tty -s
 then
    echo "Ressource darf nicht von Anwender gestoppt werden"
    exit 1
 else
    rm -f /tmp/file_book
    return=$?
    exit $return
 fi
;;
'check')
 if [ -f /tmp/file_book ]
 then
    echo "Ressource online"
    exit 0
 else
    echo "Ressource offline"
    exit 1
 fi
;;
esac
```

Wenn nun versucht wird, manuell das Programm mit dem Argument *start*, *stop* oder *clean* aufzurufen, so wird eine entsprechende Meldung ausgegeben und das Programm bricht ab.

Möchte man für Notfälle jedoch trotzdem die Möglichkeit bieten, die Applikation mit diesem Programm herunterzufahren, könnte man in dem case-Konstrukt etwa auf den String „emergency_stop" prüfen und in einen entsprechenden Programmabschnitt springen, um das Stoppen der Applikation durchzuführen.

6.1.8 Parameterübergabe an Clusteragenten

Üblicherweise sollen bestimmte Argumente einer Ressource variabel sein. So wäre es in diesem Beispiel von Vorteil, wenn in der Ressource hinterlegt wäre, welche Dateien angelegt und überwacht werden sollen. Dazu muss man einen neuen Ressourcentyp definieren und diesen dann um ein Attribut erweitern. Die neu definierten Attribute können im ACTION_SCRIPT über die Umgebungsvariablen _CRS_*Attributname* angesprochen werden.

Neue Ressourcentypen basieren immer entweder auf dem Typ cluster_resource oder dem Typ local_resource. Der Typ cluster_resource kann auf verschiedenen Maschinen des Clusters laufen, wohingegen der Typ local_resource auf den jeweils lokalen Host beschränkt ist.

Tabelle 6.10 zeigt die von CRS unterstützten Datentypen.

Tab. 6.10: Von CRS unterstützte Datentypen

Datentyp	Anmerkung
String	Beliebige Zeichenkette
Integer	32-Bit-Ganzzahl mit Vorzeichenbit

Im ersten Schritt wird nun der neue Ressourcentyp hafile definiert. Er wird auf dem Ressourcentyp cluster_resource basieren und für das Attribut Files den Wert /tmp/file_book vorgeben. Das Flag Required besagt, dass das Attribut Files nicht leer sein darf.

```
[root@rac1 ~]# crsctl add type hafile -basetype cluster_resource \
-attr "ATTRIBUTE=Files, TYPE=string,DEFAULT_VALUE=/tmp/file_book, \
FLAGS=REQUIRED"
[root@rac1 ~]# crsctl status type hafile -p
ATTRIBUTE=BASE_TYPE
DEFAULT_VALUE=cluster_resource
TYPE=STRING
FLAGS=READONLY CONFIG REQUIRED
ATTRIBUTE=Files
DEFAULT_VALUE=/tmp/file_book
TYPE=STRING
FLAGS=CONFIG
ATTRIBUTE=TYPE_ACL
DEFAULT_VALUE=owner:root:rwx,pgrp:root:r-x,other::r--
TYPE=STRING
FLAGS=READONLY CONFIG REQUIRED
ATTRIBUTE=TYPE_NAME
DEFAULT_VALUE=hafile
TYPE=STRING
FLAGS=READONLY CONFIG REQUIRED
```

Im nächsten Schritt wird eine neue Ressource mit dem erzeugten Ressourcentyp angelegt. Die Ausgabe des Kommandos crsctl status ist gekürzt.

```
[root@rac1 tmp]# crsctl add resource hafile-rs -type hafile -attr \
"ACTION_SCRIPT=/var/tmp/hafile_final.sh"
[root@rac1 tmp]# crsctl status resource hafile-rs -p
NAME=hafile-rs
```

```
TYPE=hafile
ACL=owner:root:rwx,pgrp:root:r-x,other::r--
ACTION_FAILURE_TEMPLATE=
ACTION_SCRIPT=/var/tmp/hafile_final.sh
ACTIVE_PLACEMENT=0
AGENT_FILENAME=%CRS_HOME%/bin/scriptagent
AUTO_START=restore
CARDINALITY=1
CHECK_INTERVAL=60
...
RESTART_ATTEMPTS=1
SCRIPT_TIMEOUT=60
SERVER_POOLS=
START_DEPENDENCIES=
START_TIMEOUT=0
STATE_CHANGE_TEMPLATE=
STOP_DEPENDENCIES=
STOP_TIMEOUT=0
UPTIME_THRESHOLD=1h
[root@rac1 tmp]# crsctl start resource hafile-rs -n rac1
CRS-2672: Attempting to start 'hafile-rs' on 'rac1'
CRS-2676: Start of 'hafile-rs' on 'rac1' succeeded
```

Durch den Start der Ressource wurde die Datei /tmp/file_book angelegt, da dies die Standardvorgabe durch den neuen Ressourcentyp ist.

```
[root@rac1 tmp]# ls -l /tmp/file_book
-rw-r--r-- 1 root root 4224 Mar  8 16:11 /tmp/file_book
```

Sollen andere Dateien über die Ressource verwaltet werden, muss das Attribut Files der neuen Ressource angepasst werden.

```
[root@rac1 tmp]# crsctl stop resource hafile-rs
CRS-2673: Attempting to stop 'hafile-rs' on 'rac1'
CRS-2677: Stop of 'hafile-rs' on 'rac1' succeeded
[root@rac1 tmp]# crsctl modify resource hafile-rs -attr \
"Files=/tmp/eins;/tmp/zwei;/tmp/drei;/tmp/vier;/tmp/fuenf;/tmp/sechs"
[root@rac1 tmp]# crsctl start resource hafile-rs -n rac1
CRS-2672: Attempting to start 'hafile-rs' on 'rac1'
CRS-2676: Start of 'hafile-rs' on 'rac1' succeeded
[root@rac1 tmp]# ls -ltr /tmp|tail -6
-rw-r--r-- 1 root    root 4342 Mar  8 17:00 eins
-rw-r--r-- 1 root    root 4343 Mar  8 17:00 zwei
-rw-r--r-- 1 root    root 4343 Mar  8 17:00 vier
-rw-r--r-- 1 root    root 4344 Mar  8 17:00 sechs
-rw-r--r-- 1 root    root 4344 Mar  8 17:00 fuenf
-rw-r--r-- 1 root    root 4343 Mar  8 17:00 drei
```

Das fertige Programm

```sh
#!/bin/sh
#
#
#
os=`uname`
case $os in
 "SunOS")
  SED=/usr/bin/sed
  TR=/usr/bin/tr
 ;;
 "Linux")
  SED=/bin/sed
  TR=/usr/bin/tr
 ;;
esac
#
# anzulegende(n) Dateinamen konstruieren
#
files=`echo ${_CRS_Files}|$TR ";" " "`
#
#
case $1 in
'start')
 #
 # pruefen ob von Anwender aufgerufen
 #
 if  /usr/bin/tty -s
 then
  echo "Ressource darf nicht von Anwender gestartet werden"
  exit 1
 else
  #
  # wenn nicht von Anwender aufgerufen, Datei(en) anlegen
  #
  for file in $files
  do
   set >$file || exit 1
  done
  exit 0
 fi
;;
'stop')
 #
 # pruefen ob von Anwender aufgerufen
 #
 if  /usr/bin/tty -s
 then
  echo "Ressource darf nicht von Anwender gestoppt werden"
```

```
  exit 1
 else
  #
  # wenn nicht von Anwender aufgerufen, Datei(en) loeschen
  #
  for file in $files
  do
   rm $file || exit 1
  done
  exit 0
 fi
;;
'clean')
 #
 # pruefen ob von Anwender aufgerufen
 #
 if  /usr/bin/tty -s
 then
  echo "Ressource darf nicht von Anwender gestoppt werden"
  exit 1
 else
  #
  # wenn nicht von Anwender aufgerufen, Datei mittels force loeschen
  #
  rm -f $files || exit 1
  exit 0
 fi
;;
'check')
 #
 # check darf auch von Anwender aufgerufen werden
 # allerdings muss dann als weitere Angabe der Ressourcenname folgen
 #
 for file in $files
 do
  if [ ! -f $file ]
  then
   echo "Ressource ist offline"
   exit 0
  fi
  echo "Ressource online"
  exit 1
 done
;;
esac
```

Tabelle 6.12 enthält einige interessante Variablen, welche in Cluster-Programmen nützlich sind.

Tab. 6.11: Einige Variablen, welche an das ACTION_SCRIPT übergeben werden

Variable	Bedeutung
_CRS_NAME	Name der Ressource im Cluster
_CRS_LAST_FAULT	Unix-Zeit seit letztem Ressource-Fehler
_CRS_LAST_RESTART	Unix-Zeit seit letztem Restart durch CRS
_CRS_LAST_SERVER	Welcher Host hat die Ressource zuletzt gehostet
_CRS_LAST_STATE_CHANGE	Unix-Zeit seit letztem State-Change der Ressource
_CRS_CRS_CSS_NODENAME	Auf welchem Host ist das Programm gerade aktiv
_CRS_CRS_CSS_NODENUMBER	Node ID des Hosts im Cluster
_CRS_REASON	Grund für CRS-Eingriff (zum Beispiel „user" oder „failure")
_CRS_*ATTRIBUTNAME*	Wert des in zugehöriger Ressource hinterlegten Arguments

6.2 Solaris Cluster

Der Solaris Cluster (ehemals SUN Cluster) hat sich aus den früher eingesetzten Produkten *SPARCcluster PDB* für den Betrieb von parallelen Datenbankprodukten wie *Oracle Parallel Server* (OPS) oder *Informix Extended Parallel Server* (Informix XPS) und dem *SPARCcluster HA* (speziell für Hochverfügbarkeit) entwickelt.

Aus diesen Produkten folgte der SUN Cluster 2.x. Die zu verwaltenden Einheiten werden *Logical Host* genannt. Ein Logical Host besteht in der Regel aus einer IP-Adresse und zugehörigen Applikationen und/oder Filesystemen. Der Logical Host kann zwischen den einzelnen Clusterknoten geschwenkt werden.

Seit Version 3 arbeitet der Solaris Cluster nicht mehr mit Logical Hosts, sondern verwendet *Resource Groups*. Eine Resource Group besteht aus mindestens einer *Resource* (z. B. eine IP, ein Filesystem oder eine Applikation). Die Resource Groups können als *Failover*-Group oder als *Scalable*-Group konfiguriert werden. Eine Failover-Gruppe läuft immer nur auf einem Host innerhalb des Clusters, wohingegen eine Scalable-Gruppe auf mehren Maschinen parallel betrieben werden kann. Der Betrieb von Scalable-Gruppen vereint Hochverfügbarkeit und Skalierung von Services, ist jedoch mit einem erhöhten Datenaustausch zwischen den agierenden Instanzen verbunden. Der Solaris Cluster findet nur auf Solaris Verwendung. Es gibt Installationen für Intel- sowie SPARC-Solaris.

Der Solaris Cluster bietet zwei Möglichkeiten an, um noch nicht unterstützte Applikationen hochverfügbar zu machen. So gibt es zum einen den *GDS* (**G**eneric **D**ata **S**ervice), welcher vordefinierte Schnittstellen zur Verfügung stellt, es können aber auch über sogenannte *Resource-Type-Registration*-Dateien neue Ressourcentypen für den Cluster erstellt werden. Beide Möglichkeiten sollen hier vorgestellt werden. Hierbei sei erwähnt, dass auch im Solaris Cluster die Möglichkeit unterbunden werden sollte, Applikationen, welche im Cluster eingebunden sind, von Hand zu starten, da der Solaris Cluster das Monitoring nur auf dem Knoten durchführt, auf welchem die Ressource gestartet wurde.

Zu Beginn werden kurz die Komponenten des Solaris Clusters beschrieben. Eine skizzierte Darstellung des Frameworks ist in **Abbildung 6.4** wiedergegeben.

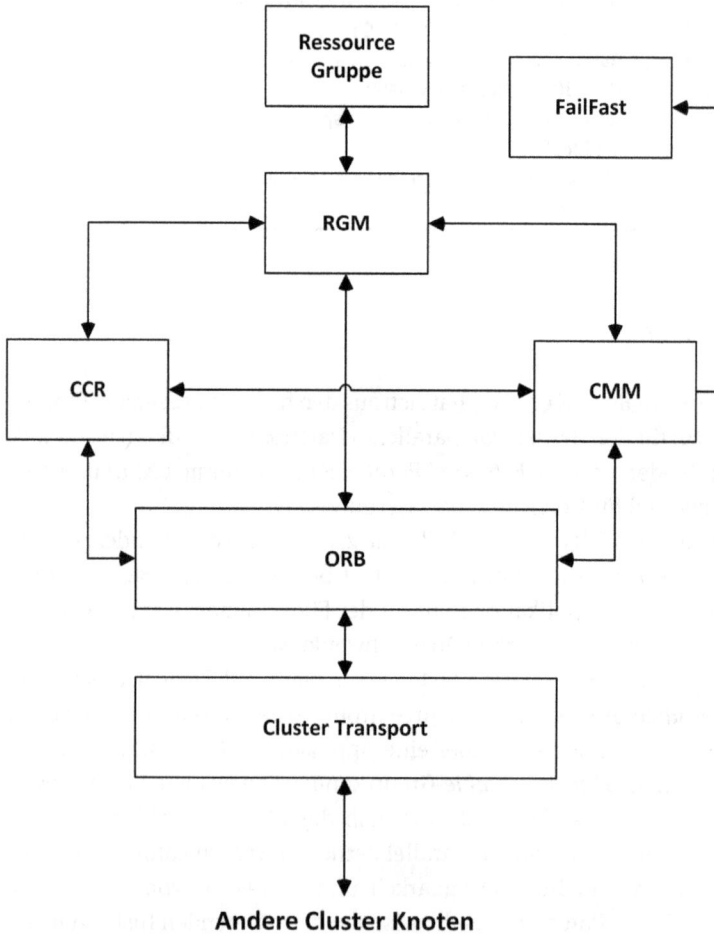

Abb. 6.4: Aufbau Solaris Cluster

6.2.1 Komponenten des Solaris Cluster

– Cluster Transport
  Der Cluster Transport ist üblicherweise ein privates Netzwerk zwischen den einzelnen Clusterknoten. (Vergleichbar mit dem *Heartbeat* bei VCS oder dem *Cluster Interconnect* bei CRS).
– Cluster Configuration Repository (CCR)
  Das CCR ist eine ASCII-Datei, welche den Aufbau des Clusters enthält. Dies bezieht sich jedoch nur auf die Beschreibung der physikalischen Komponenten wie etwa der Cluster Transport oder die Verteilung der *Quorums*. Die Ressourcengruppen sind in einem eigenen Verzeichnisbaum beschrieben.
– Cluster Membership Monitor (CMM)
  Der CMM synchronisiert die Konfiguration des Clusters mit den anderen Clusterpartnern. Konfigurationsänderungen werden über den Cluster Transport ausgetauscht.
– Resource Group Management (RGM)
  Das Resource Group Management steuert die im Cluster konfigurierten Ressourcen. Das RGM kommuniziert mit dem CMM, um eventuelle Rekonfigurationen zu steuern.
– Ressourcentyp (RT)
  Der Ressourcentyp beschreibt die Methoden und Funktionen, welche einer Ressource zur Verfügung stehen.
– Ressource (RS)
  Eine Ressource stellt eine Instanz eines Ressourcentyps dar. Die Ressource wird vom Cluster anhand der im Ressourcentyp definierten Funktionen gesteuert (START, STOP, MONITOR,...).
– Ressourcengruppe (RG)
  Die Ressourcengruppe verwaltet eine Menge an Ressourcen, welche als Einheit angesprochen werden.
– FailFast
  Der FailFast-Treiber dient als Sicherung dafür, dass nur funktionsfähige Rechner im Cluster-Verbund arbeiten. Der Cluster Membership Monitor setzt zyklisch einen Zähler auf einen bestimmten Startwert. Dieser Zähler wird durch den FailFast ständig dekrementiert. Ist der Zähler bei 0 angekommen, wird der Rechner angehalten.
– Process Monitor Facility (PMF)
  Dieser Service bietet die Möglichkeit, Prozesse und (wenn konfiguriert) deren Subprozesse bis zu einem konfigurierbaren Level zu überwachen und bei Ausfall ein actionscript aufzurufen, um zum Beispiel den Ausfall der Prozesse an das Cluster Framework zu melden.

– Object Request Broker (ORB)
   Der Object Request Broker verwaltet die Anfragen und Kommunikationswege der
   Cluster-Komponenten.

6.2.2 Steuerung der Cluster-Komponenten

Es werden kurz die wichtigsten Befehle vorgestellt, welche nötig sind, um die Komponenten des Clusters zu steuern. Da es sehr viele Subkommandos für diese Befehle gibt, werden nur die wichtigsten Optionen besprochen. Für manche Kommandos sind mehrere Optionen interessant. In diesen Fällen sind dem Text Tabellen mit kurzen Erläuterungen der Optionen angefügt. Die Grundstruktur des Kommandos zur Clustersteuerung lautet:

```
cluster Unterkommando Option
```

Das Kommando cluster bezieht sich auf das Framework an sich. Es zeigt den aktuellen Status des Clusters und seiner konfigurierten Ressourcengruppen an.

Die wichtigsten Unterkommandos

```
cluster export [-o Datei]
```

Exportiert die aktuelle Konfiguration. Über den Schalter „-o" kann optional eine Datei angegeben werden, in welche die Clusterkonfiguration geschrieben wird. Der Export enthält alle Cluster-Knoten, Cluster-Transports, Quorum-Devices, Ressourcengruppen, Ressourcen usw. Wenn keine Zieldatei angegeben wird, schreibt das Kommando die Konfiguration nach STDOUT.

```
cluster list-cmds
```

Listet alle Befehle zur Verwaltung des Clusters auf.

```
cluster rename -c Neuer_Name [Cluster_Name]
```

Benennt Cluster von (wenn angegeben) Cluster_Name in Neuer_Name um.

```
cluster show [-t Objekt] [-v]
```

Zeigt aktuelle Cluster-Konfiguration an. Gibt man einen Objekttyp (*Objekt*) an, wird nur die Konfiguration aller Objekte dieses Typs angezeigt.

Als Objekttyp kann folgendes angegeben werden:
`access`, `device`, `devicegroup`, `global`, `interconnect`, `nasdevice`, `node`, `quorum`, `reslogicalhostname`, `resource`, `resourcegroup`, `resourcetype`, `ressharedaddress`

`cluster status [-t Objekt] [-v]`

Zeigt aktuellen Status des Clusters. Wenn ein Objekt angegeben wurde, wird nur der Status dieses Objektes angezeigt.

Als Objekttyp kann folgendes angegeben werden:
`access`, `device`, `devicegroup`, `global`, `interconnect`, `nasdevice`, `node`, `quorum`, `reslogicalhostname`, `resource`, `resourcegroup`, `resourcetype`, `ressharedaddress`

Verwaltung von Ressourcentypen

Ressourcentypen stellen alle Funktionalitäten bereit, welche benötigt werden, um ein bestimmtes Objekt zu steuern. Ein Objekt kann zum Beispiel eine Applikation sein oder auch ein Filesystem.

Administriert werden Ressourcentypen mit dem Kommando `clrt` oder alternativ `clresourcetype`. Die Syntax lautet:

`clrt Unterkommando Optionen`

Folgende Varianten sind für die Entwicklung von Agenten interessant:

`clrt register Knoten[,...,Knoten_n] [-p Attr=Wert [-p Attr_n=Wert]] \`
 `[-v] Typ`

`clrt register (-f RTR | -i XML) [-n Knoten[,...,Knoten_n]] [-v] \`
 `(+| Typ [...Typ_n])`

Mittels `clrt register` werden neue Ressourcentypen im Cluster bekannt gemacht. Durch das Registrieren werden dem Cluster sämtliche Methoden und Arbeitsverzeichnisse des Ressourcentyps bekannt gemacht. Üblicherweise liegen die Registrierungsdateien im Verzeichnis `/opt/cluster/lib/rgm/rtreg`. Wenn sich die Datei in einem anderen Verzeichnis befindet, muss zum Registrieren die Option „-f" genutzt werden.

Es kann alternativ auch eine Beschreibungsdatei im XML-Format als Vorlage verwendet werden, welche mithilfe des Kommandos `cluster export` erstellt wurde, um Ressourcentypen zu registrieren. In diesem Fall können auch mehrere Ressourcentypen oder alle Typen, welche in der Datei enthalten sind, angelegt werden. Zu diesem Zweck stehen entweder die Option „+" zur Verfügung, welche für alle enthaltenen Ressourcen steht, oder es können alternativ mehrere Ressourcentypen durch Whitespaces getrennt angegeben werden.

Tabelle 6.12 enthält Argumente und Optionen des Unterkommandos `register`.

Tab. 6.12: Argumente und Optionen zum Registrieren von Ressourcentypen im Solaris Cluster

Argument/Option	Bedeutung
`-f` *RTR*	Datei, welche Ressourcentyp-Informationen enthält
`-i` *XML*	Datei, welche Ressourcentyp-Informationen enthält
`-N`	Ressourcentyp auf allen Knoten verfügbar machen (Default)
`-n` *Knoten*	Ressourcentyp auf *Knoten* verfügbar machen
`-p` *Attr=Wert*	Setzt bestimmten Wert für ein Attribut
`-v`	Detaillierte Ausgabe
`+`	Alle Ressourcentypen aus Datei *XML* erzeugen
Typ	Zu erzeugender Ressourcentyp

```
clrt unregister [-v] (+|Typ)
```

Es können entweder alle (+) oder einzelne Ressourcentypen gelöscht werden. Es dürfen keine Ressourcen des zu löschenden Ressourcentyps konfiguriert sein.

```
clrt list-props [-v] [-p Attr[,...,Attrn]] (+|Typ)
```

Es werden alle oder nur ausgewählte Attribute eines Ressourcentyps angezeigt. Wenn die Option „-v" gewählt wurde, wird eine Beschreibung zum jeweiligen Attribut gegeben.

Verwaltung von Ressourcen

Das Kommando `clrs` (oder in der Langform `clresource`) wird für alle Bereiche, welche Ressourcen betreffen, eingesetzt. Es dient dazu, Ressourcen anzulegen, diese zu löschen oder auch Attribute von Ressourcen anzupassen. Die Syntax des Kommandos:

```
clrs Kommando OPTION
```

Es werden die wichtigsten Kommandos und Optionen vorgestellt, welche benötigt werden, um Ressourcen im Cluster zu verwalten.

```
clrs create -g RG -t Typ [-p Attr=Wert [... -p Attrn=Wert]] \
  [-x Attr=Wert [...-x Attrn=Wert]] [-y Attr=Wert \
  [...-y Attrn=Wert]] [-d] [-v] RS
```

```
clrs create -i XML [-v] (+|RS [...RSn])
```

Mit dem Unterkommando create werden neue Ressourcen im Cluster angelegt. Es müssen immer mindestens die Ressourcengruppe *RG*, der Ressourcentyp *RT* und ein Ressourcenname *RS* angegeben werden.

Auch für dieses Unterkommando besteht die Möglichkeit, Ressourcen aus einer zuvor angelegten XML-Datei erstellen zu lassen.

Wie für die clrt-Variante können in diesem Fall alle oder mehrere Ressourcen mit einem Kommandoaufruf erzeugt werden.

Tabelle 6.13 enthält Argumente und Optionen des Unterkommandos create.

Tab. 6.13: Argumente und Optionen zum Erzeugen von Ressourcen im Solaris Cluster

Argument/Option	Bedeutung
-g *RG*	Ressourcengruppe *RG*, zu welcher Ressource *RS* hinzugefügt werden soll
-t *Typ*	Zu verwendender Ressourcentyp
-p *Attr=Wert*	Setzt ein Attribut vom Typ STANDARD oder EXTENSION, wenn eindeutig
-x *Attr=Wert*	Setzt *Wert* für ein EXTENSION-Attribut
-y *Attr=Wert*	Setzt *Wert* für STANDARD-Attribut
-d	Ressource nicht automatisch starten, falls *RG* online ist
-a	Erzeugt alle benötigten Objekte, falls noch nicht vorhanden
-i *Datei*	XML-Dokument mit allen Informationen der zu erzeugenden Ressource
-v	Detaillierte Ausgabe
+	Alle Ressourcen aus XML-Datei erzeugen
RS	Name der zu erzeugenden Ressource

```
clrs delete [-F] [-g RG[,...,RGn] [-t Typ[,...,Typn] [-v] \
  (+|RS [...RSn])
```

Um eine Ressource zu löschen muss nicht zwingend eine Ressourcengruppe angegeben werden, da die Namen der Ressourcen eindeutig vergeben werden müssen.

Tabelle 6.14 enthält Argumente und Optionen des Unterkommandos delete.

Tab. 6.14: Argumente und Optionen zum Löschen von Ressourcen im Solaris Cluster

Argument/Option	Bedeutung
-F	Löscht Ressource auch, wenn sie noch online ist
-g $RG[,\ldots,RG_n]$	Ressourcengruppe, aus welcher Ressource RS gelöscht werden soll
-t $Typ[,\ldots,Typ_n]$	Ressourcen dieses Ressourcentyps oder werden gelöscht
+|RS $[\ldots RS_n]$	Befehl bezieht sich auf alle (+) oder auf einzelne Ressourcen
-v	Detaillierte Ausgabe

```
clrs (enable|disable) [-g RG[,...,RGn]] [(-n Knoten \
     [,...,Knotenn]|-R) [-t Typ[,...,Typn]] [-u] [-v] (+|RS [...RSn])
```

Aktiviert oder deaktiviert angegebene Ressourcen. Mit dem Subkommando enable wird eine Ressource aktiviert, also gestartet, wohingegen das Subkommando disable verwendet wird, wenn eine Ressource deaktiviert beziehungsweise gestoppt werden soll.

Durch Verwendung des Schalters „-R" werden abhängige Ressourcen ebenfalls gestartet oder gestoppt.

Tabelle 6.15 enthält Argumente und Optionen der Unterkommandos enable und disable.

Tab. 6.15: Argumente und Optionen zum Aktivieren und Deaktivieren von Ressourcen im Solaris Cluster

Argument/Option	Bedeutung
-g $RG[,\ldots,RG_n]$	Ressourcengruppe, welche die angegebenen Ressource enthält
-n $Knoten[,\ldots,Knoten_n]$	Clusterknoten, welche Ressource verwalten
-R	Gilt rekursiv für alle abhängigen Ressourcen
-t $Typ[,\ldots,Typ_n]$	Gültig für Ressourcen dieses Ressourcentyps
-u	Auch suspendierte Ressourcengruppen werden miteinbezogen
+|RS $[\ldots RS_n]$	Gültig für alle (+) oder einzelne Ressourcen
-v	Detaillierte Ausgabe

```
clrs (monitor|unmonitor) [-g RG[,...,RGn]] [-n Knoten[,...,Knotenn]\
     [-t Typ[,...,Typn]] [-u] [-v] (+|RS [...RSn])
```

Die Überwachung wird für die angegebene(n) Ressource(n) an- oder abgeschaltet. Es wird jedoch kein offline durchgeführt.

Tabelle 6.16 enthält Argumente und Optionen der Unterkommandos monitor sowie unmonitor.

Tab. 6.16: Argumente und Optionen zum Starten und Stoppen des Monitoring von Ressourcen im Solaris Cluster

Argument/Option	Bedeutung
-g $RG[,\ldots,RG_n]$	Ressourcengruppe, welche Ressource enthält
-n $Knoten[,\ldots,Knoten_n]$	Clusterknoten, welche Ressource verwalten
-t $Typ[,\ldots,Typ_n]$	Beschränkung auf Ressourcen dieses Ressourcentyps
-u	Suspendierte Ressourcengruppen miteinbeziehen
+|RS $[\ldots RS_n]$	Befehl bezieht sich auf alle (+) oder auf einzelne Ressourcen
-v	Detaillierte Ausgabe

```
clrs clear [-f Errorflag] [-g RG[,...,RGn]] (+|RS [...RSn])
```

Wenn durch ein Problem eine Ressource das Flag FAILED gesetzt hat, kann man dies mittels clrs clear löschen. Es wird jedoch nur das Löschen des Status STOP_FAILED unterstützt. Es können mehrere Ressourcen mit Whitespaces getrennt angegeben werden. Mit der Option „+" wird das Flag für alle Ressourcen gelöscht, welche es gesetzt haben. Zusätzlich kann das Kommando mit der Option „-g" auf Ressourcengruppen beschränkt werden.

Verwaltung von Ressourcengruppen

Das Kommando clrg, oder in der ausgeschriebenen Version clresourcegroup, dient der Verwaltung von Ressourcengruppen. Unter anderem kann man Ressourcengruppen anlegen, Ressourcengruppen bestimmten Cluster-Knoten zuweisen, Ressourcengruppen löschen oder auch das Monitoring für die enthaltenen Ressourcen abschalten. Die Syntax:

```
clrg Unterkommando Option
```

Es folgt eine Übersicht der wichtigsten Unterkommandos zur Verwaltung von Ressourcengruppen.

```
clrg create [-n Knoten[,...,Knotenn]] \
  [-p Attr=Wert [...-p Attrn=Wertn]] [-v] RG

clrg create [-i Datei] [-n Knoten[,...,Knotenn]] (+|RG [...RGn])
```

Legt Ressourcengruppe RG im Cluster an. Wie bei Ressourcen auch, können beim Erzeugen für die Ressourcengruppe bereits Attribute gesetzt werden. Auch dieses Unterkommando kann über eine XML-Datei arbeiten.

Tabelle 6.17 enthält Optionen und Argumente des Unterkommandos create.

Tab. 6.17: Argumente und Optionen zum Erzeugen von Ressourcengruppen im Solaris Cluster

Argument/Option	Bedeutung
-n Knoten[,...,Knoten_n]	Name des Clusterknotens, für welchen die Ressourcengruppe erzeugt werden soll
-p Attr=Wert	Setzt Wert für Attribut Attr
-S	Scalable Ressourcengruppe (für Parallelbetrieb)
-i Datei	XML-Dokument, mit allen Informationen der Ressourcengruppe
-v	Detaillierte Ausgabe
+	Alle Ressourcengruppen erzeugen
RG	Name der zu erzeugenden Ressourcengruppe

```
clrg delete [-F] [-v] (+|RG [...RGn])
```

Löscht Ressourcengruppe(n) *RG*. Mit der Option „-F" können auch Ressourcengruppen, welche online (also aktiv) sind, gelöscht werden. Diese werden vor dem Löschen durch den Cluster gestoppt. Die Option „-v" liefert eine detaillierte Ausgabe. Es können durch Whitespaces getrennt mehrere Ressourcengruppen angegeben werden. Wird statt einer Ressourcengruppe ein „+" angegeben, so bezieht sich das Kommando auf alle im Cluster befindlichen Ressourcengruppen.

```
clrg list
```

Listet alle Ressourcengruppen auf.

```
clrg (manage|unmanage) [-u] [-v] (+|RG [...RGn])
```

Versetzt Ressourcengruppen in den Status managed oder unmanaged. Wenn eine Ressourcengruppe erzeugt wurde, befindet sie sich initial im Status unmanaged. Ist die Ressourcengruppe im Status managed, so wird sie vom Resource Group Manager kontrolliert. Ist die Ressourcengruppe im Status unmanaged, so hat der RGM keine Kontrolle über sie.

Mit der Option „-u" können auch Ressourcengruppen, welche suspendiert sind, in den jeweiligen Zielstatus überführt werden. Um den Status managed oder unmanaged zu aktivieren, muss die Ressourcengruppe offline sein.

Die Option „-v" führt zu einer detaillierten Ausgabe. Es können mit Whitespaces getrennt mehrere Ressourcengruppen angegeben werden. Wird statt einer Ressourcengruppe ein „+" angegeben, so bezieht sich das Kommando auf alle Ressourcengruppen im Cluster.

```
clrg status
```

Anzeige über aktuellen Status der Ressourcengruppen.

```
clrg online [-n Knoten[,...,Knotenn]] [-e] [-m] [-M] [-u] [-v] \
    (+|RG [...RGn])
```

Starten von Ressourcengruppe(n). Dies kann entweder für alle (Option „+") oder für einzelne Gruppen ausgeführt werden. Es können durch Whitespaces getrennt mehrere Ressourcengruppen angegeben werden. Alle in den Ressourcengruppen enthaltenen Ressourcen werden gestartet.

Tabelle 6.18 enthält Optionen und Argumente des Unterkommandos online.

Tab. 6.18: Argumente und Optionen zum Starten von Ressourcengruppen im Solaris Cluster

Argument/Option	Bedeutung
-e	Versetzt alle Ressourcen innerhalb der Ressourcengruppe in den Status enabled
-M	Setzt alle Ressourcengruppen in den Status MANAGED, wenn sie im Status UNMANAGED sind
-m	Setzt alle Ressourcen der Ressourcengruppen auf MONITORED
-n Knoten[,...,Knotenn]	Startet Ressourcengruppe auf angegebenen Clusterknoten
-u	Auch Ressourcengruppen, welche im Status SUSPENDED sind, werden gestartet
-v	Detaillierte Ausgabe
+|RG [...RGn]	Es können entweder alle Ressourcengruppen gestartet werden oder nur angegebene

```
clrg offline [-n Knoten[,...,Knotenn]] [-u] [-v] (+|RG [...RGn])
```

Es können wahlweise alle Ressourcengruppen gestoppt (Schalter „+") oder durch Whitespaces getrennt Gruppen angegeben werden, für welche das Unterkommando einen Stopp auslösen soll. Alle Ressourcen, welche in den Ressourcengruppen enthalten sind, werden heruntergefahren. Eine gestoppte Ressourcengruppe ist weiterhin im Status managed.

Tabelle 6.19 enthält Optionen und Argumente des Unterkommandos offline.

Tab. 6.19: Argumente und Optionen zum Stoppen von Ressourcengruppen im Solaris Cluster

Argument/Option	Bedeutung
-n Knoten[,...,Knotenn]	Stoppt Ressourcengruppe auf angegebenen Clusterknoten
-u	Auch Ressourcengruppen mit Status SUSPENDED stoppen
-v	Detaillierte Ausgabe
+|RG [...RGn]	Alle Ressourcengruppen stoppen oder nur angegebene Gruppen

```
clrg switch [-n Knoten[,...,Knotenn]] [-e] [-m] [-M] [-u] [-v] \
    (+|RG [...RGn])
```

Schwenken von Ressourcengruppen auf andere Clusterknoten.

Bei einem Schwenk werden alle Ressourcen der Ressourcengruppe auf dem aktiven Clusterknoten gestoppt und danach auf dem Zielsystem gestartet. Wenn ein Stoppen nicht durchgeführt werden kann, wird der Schwenk abgebrochen und es findet keine weitere Aktion statt.

Tabelle 6.20 enthält Optionen und Argumente des Unterkommandos switch.

Tab. 6.20: Argumente und Optionen zum Schwenken von Ressourcengruppen im Solaris Cluster

Argument/Option	Bedeutung
-e	Setzt alle Ressourcen der Ressourcengruppe(n) in den Status ENABLED
-M	Setzt alle Ressourcengruppen in den Status MANAGED, wenn sie im Status UNMANAGED sind
-m	Aktiviert das Monitoring für alle Ressourcen innerhalb der Ressourcengruppe
-n Knoten[,...,Knotenn]	Startet Ressourcengruppe auf einem oder mehreren Clusterknoten
-u	Auch Ressourcengruppen mit Status SUSPENDED schwenken
-v	Detaillierte Ausgabe
+|RG [...RGn]	Alle Ressourcengruppen schwenken oder nur angegebene Gruppen

6.2.3 Betriebszustände von Ressourcengruppen

Eine Ressourcengruppe, welche mittels clrg create erzeugt wird, ist initial immer im Zustand unmanaged.

Dies macht auch durchaus Sinn, denn wenn eine neue Ressourcengruppe erzeugt wird, werden dieser üblicherweise auch Ressourcen hinzugefügt, Abhängigkeiten zwischen diesen gesetzt sowie Attribute angepasst, welche möglicherweise mit Standardeinstellungen vorbelegt sind.

Wenn die Ressourcengruppe im Status managed wäre, würde für jede Ressource beim Hinzufügen der Einstiegspunkt INIT aufgerufen. Es kann aber durchaus sein, dass dieser Einstiegspunkt erst aufgerufen werden soll, nachdem alle Einstellungen in allen angelegten Ressourcen durchgeführt wurden. Dies wird dadurch erreicht, dass sich die neu angelegte Ressourcengruppe erst im Status unmanaged befindet und nachträglich in den Status managed überführt werden muss. Beim Übergang von unmanaged zu managed wird ebenfalls für alle Ressourcen der Einstiegspunkt INIT aufgerufen.

Abbildung 6.5 zeigt die Betriebszustände, welche eine Ressourcengruppe durch Steuerung mittels des Kommandos `clrg` annehmen kann.

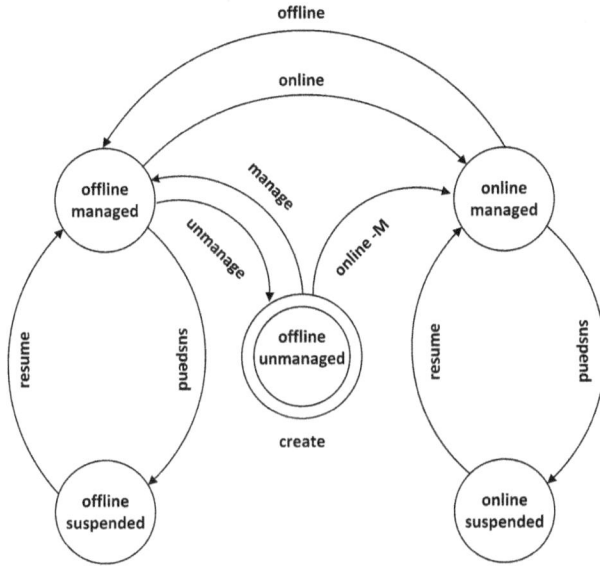

Abb. 6.5: Steuerung durch clrg-Kommando

6.2.4 Process Monitor Facility (PMF)

Um eine Ressource im Cluster zu starten oder zu stoppen, können mehrere Zwischenschritte definiert werden. Sowohl der Start als auch der Stopp lassen sich in drei Abschnitte aufteilen.

Abbildung 6.6 zeigt die Einstiegspunkte, welche für Ressourcentypen zur Verfügung stehen.

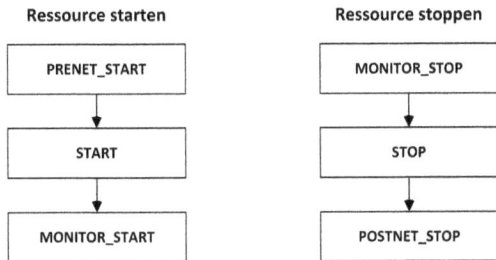

Abb. 6.6: Start und Stopp von Ressourcen im Solaris Cluster

Wenn durch den Resource Group Manager ein Start oder Stopp einer Ressource initiiert wird, werden die in dem Ressourcentyp hinterlegten Callback-Methoden abgearbeitet. Der Rückgabewert wird dann an den RGM zurückgeliefert.

Abbildung 6.7 zeigt die Schritte, welche beim Starten einer Ressource durchgeführt werden. Der Stopp einer Ressource wird analog durchgeführt.

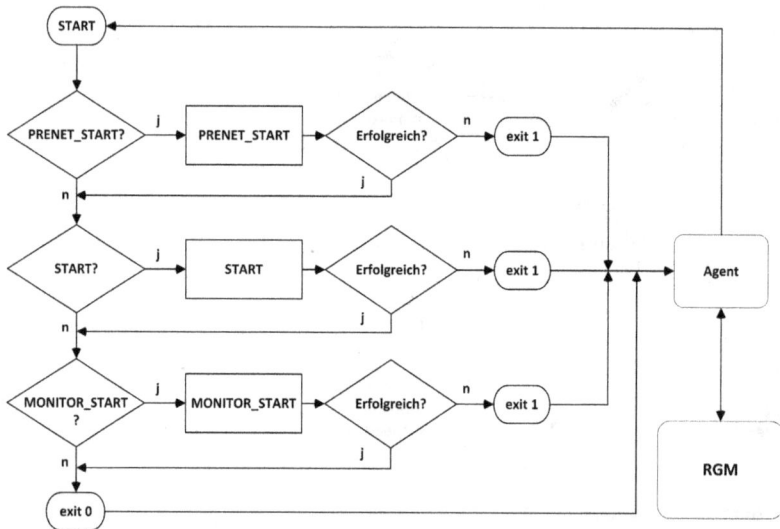

Abb. 6.7: Einzelschritte beim Start einer Ressource im Solaris Cluster

Welche der Methoden ausgeführt werden, hängt davon ab, ob diese in der Registrierungsdatei des Ressourcentyps definiert sind. Es ist durchaus möglich, nur eine Start-Methode zu hinterlegen. Eine Ressource dieses Typs würde dann zwar gestartet, sich jedoch daraufhin im Zustand Online_Unmonitored befinden, da keine Methode MONITOR_START hinterlegt ist.

Die Überwachung für Ressourcen und deren Applikationen wird im Solaris Cluster üblicherweise durch die *PMF* (**P**rocess **M**onitor **F**acility) übernommen. Die PMF kann Prozesse überwachen und gegebenenfalls Aktionen durchführen, falls diese nicht mehr verfügbar sind. Der für die PMF zuständige Prozess ist der rpc.pmfd.

Das administrative Interface zur PMF ist das Kommando pmfadm. Die Syntax des Kommandos lautet:

```
pmfadm -c Tag [-a Aktion] [(-e Var=Wert]|-E)] [-n Anzahl] \
  [-t Zeitabschnitt] [-C Level] Programm [ARG1 [...ARGn]]
pmfadm -k Tag [-w Timeout] [Signal]
pmfadm -L [-h Host]
pmfadm -l Tag [-h Host]
```

```
pmfadm -m Tag [-n Anzahl] [-t Zeitabschnitt]
pmfadm -q Tag [-h Host]
pmfadm -s Tag [-w Timeout] [Signal]
```

Die Argumente und Optionen im Detail:
- `-a Aktion`
  Das *Actionscript* `Aktion` wird aufgerufen, wenn das zu überwachende Kommando `Programm` abbricht und der Zähler `Anzahl` erreicht wurde. Wenn `Programm` einen Returncode ungleich 0 liefert, wird das Kommando aus der Überwachung entfernt. Wenn `Aktion` erfolgreich durchgeführt wurde, wird `Programm` erneut gestartet.
- `-C Level`
  Wenn diese Option angegeben wurde, dann werden alle Kind-Prozesse des zu überwachenden Kommandos bis zu diesem Level überwacht. Stufe 0 überwacht den Prozess selber, Stufe 1 alle von diesem Prozess gestartete Subprozesse, Stufe 2 die nächste Ebene und so weiter.
- `-c Tag`
  Dies ist die Referenz auf das zu überwachende `Programm`.
- `-E`
  Das komplette Environment wird an das zu überwachende Programm übergeben.
- `-e Var=Wert`
  Variable `Var` wird mit Wert `Wert` an `Programm` exportiert. (Ähnlich Option „-E".)
- `-h Host`
  Welcher Host zu kontaktieren ist.
- `-k Tag`
  Sende Signal an Prozess hinter `Tag`. Wenn kein Signal angegeben wird, sendet `pmfd` ein `SIGKILL`.
- `-L`
  Listet alle dem User zugehörigen Tags auf. Bei Aufruf durch `root` werden alle Tags aller User aufgelistet.
- `-l Tag`
  Listet Statusinformationen zu `Tag`. Der Aufruf `pmfadm -l ""` listet alle Tags auf.
- `-m Tag`
  Anzahl Wiederholungen (bei Angabe der Option „-n") oder Zeitspanne innerhalb der die Prozesse abbrechen dürfen (Option „-t").
- `-n Anzahl`
  Anzahl Neustarts innerhalb des gegebenen Zeitabschnittes.
- `-q Tag`
  Prüft, ob sich `Tag` unter PMF-Kontrolle befindet.
- `-s Tag`
  Programm der Überwachungs-Instanz `Tag` wird bei Abbruch nicht neu gestartet.

Wenn ein Signal angegeben ist, wird dieses an das Programm der Instanz *Tag* gesendet.

- -t *Zeitabschnitt*

    Anzahl Minuten, für welche Abbrüche des zu überwachenden Programms Gültigkeit haben. Nach Ablauf von *Zeitabschnitt* Minuten werden bisher erfolgte Abbrüche aus der Betrachtung gelöscht. Dies gilt nur, wenn während einer Zeitspanne *Zeitabschnitt* kein weiterer Abbruch des zu überwachenden Programms erfolgt ist.

- -w *Timeout*

    In Verbindung mit -s *Tag* oder -k *Tag* wird die übergebene Anzahl an Sekunden für die jeweilige *Aktion* gewartet. Wenn die Verarbeitung in dieser Zeit nicht stattgefunden hat, wird als Returncode eine 2 geliefert.

Beispiel zur Process Monitor Facility

Im Beispiel wird ein Programm gestartet, welches im Hintergrund einen sleep 600 durchführt.

Für den ersten Versuch wird das Programm so hinterlegt, dass es vom pmfd ein Mal nachgestartet wird, wenn es ausfällt. Das Programm sleep.sh, welches überwacht werden soll:

```
#!/bin/sh
sleep 600 &
```

Dieses Programm wird nun in die PMF eingebunden, um eine entsprechende Überwachung zu gewährleisten. Die hierfür benötigten Schritte:

```
(1) bash-3.2# pmfadm -c sleep -n 1 ./sleep.sh
    bash-3.2# pmfadm -L
            tags: sleep
(2) bash-3.2# pmfadm -l sleep
    pmfadm -c sleep -n 1 ./sleep.sh
            retries: 0
            owner: root
            monitor children: all
            pids: 6766
(3) bash-3.2# ps -fp 6766
         UID   PID  PPID  C    STIME TTY        TIME CMD
        root  6766     1  0 16:37:01 ?         0:00 sleep 600
```

In (1) wird das zu verwaltende Programm unter dem Tag *sleep* eingebunden. Das Programm soll bei Ausfall ein Mal nachgestartet werden, wie es die Option „-n 1" vorgibt. Eine Prüfung mittels pmfadm -L zeigt, dass im PMF ein Prozess verwaltet wird. In (2) werden die Attribute des zu überwachenden Programms aufgelistet. Man erkennt in (3), dass unter der Kennung sleep der Prozess mit der PID 6766 überwacht wird.

Im nächsten Schritt wird der zu überwachende Prozess mittels kill -9 beendet:

```
(1) bash-3.2# kill -9 6766
(2) bash-3.2# pmfadm -l sleep
    pmfadm -c sleep -n 1 ./sleep.sh
            retries: 1
            owner: root
            monitor children: all
            pids: 6781
```

Nachdem in (1) der Prozess beendet wurde, hat der pmfd diesen nachgestartet. Eine Prüfung in (2) zeigt, dass der Zähler retries auf 1 erhöht und der Prozess sleep.sh mit der PID 6781 erneut gestartet wurde. Nun wird der neu gestartete Prozess nochmals mittels kill -9 beendet:

```
bash-3.2# kill -9 6781
bash-3.2# pmfadm -l sleep
pmfadm: "sleep" No such <nametag> registered
```

Da die maximale Anzahl an Neustarts erreicht und kein Actionfile hinterlegt ist, wird das Programm nicht mehr neu gestartet.

Im nächsten Test wird ein Actionfile hinterlegt, welches aufgerufen werden soll, falls das zu überwachende Programm abgebrochen wird. Im Falle eines Abbruchs soll das Programm action.sh aufgerufen werden. Dieses legt die Datei /tmp/action.txt an und liefert eine 0 als Rückgabewert.
Das Programm action.sh:

```
#!/bin/sh
touch /tmp/action.txt
exit 0
```

Nun wird die Überwachung erneut gestartet. Bei Überschreitung der maximal erlaubten Anzahl Neustarts soll das Programm action.sh aufgerufen werden:

```
bash-3.2# pmfadm -c sleep -n 1 -a ./action.sh ./sleep.sh
bash-3.2# pmfadm -l ""
STATUS sleep
pmfadm -c sleep -n 1 -a ./action.sh ./sleep.sh
        retries: 0
        owner: root
        monitor children: all
        pids: 2129
```

Der Zustand nach erfolgtem Start:

```
(1) bash-3.2# ls -l /tmp/action.txt
    /tmp/action.txt: No such file or directory
(2) bash-3.2# kill -9 2129
    bash-3.2# pmfadm -l ""
    STATUS sleep
    pmfadm -c sleep -n 1 -a ./action.sh ./sleep.sh
         retries: 1
         owner: root
         monitor children: all
         pids: 2133
(3) bash-3.2# ls -l /tmp/action.txt
    /tmp/action.txt: No such file or directory
```

Es existiert noch keine Datei /tmp/action.txt, wie in (1) erkennbar ist. Auch nachdem in (2) der Prozess mit der PID 2129 beendet wurde und somit der pmfd das zu überwachende Programm neu gestartet hat (pmfadm -l zeigt retries: 1), wurde das Programm action.sh noch nicht aufgerufen, denn die maximale Anzahl Neustarts ist noch nicht überschritten, weshalb in (3) noch keine Datei /tmp/action.txt angelegt wurde.

Nachdem durch die PMF der Zustand wiederhergestellt wurde, soll im nächsten Schritt erneut der zu überwachende Prozess beendet werden. Da der hinterlegte Maximalwert für Neustarts überschritten wird, soll das angegebene Actionfile ausgeführt werden. Ein erneuter Test zeigt das folgende Verhalten:

```
(1) bash-3.2# kill -9 2133
    bash-3.2# pmfadm -l ""
    STATUS sleep
    pmfadm -c sleep -n 1 -a ./action.sh ./sleep.sh
         retries: 1
         owner: root
         monitor children: all
         pids: 2139
(2) bash-3.2# ls -l /tmp/action.txt
    -rw-r--r--   1 root       root              0 Mar 28 22:33 /tmp/action.txt
```

Nachdem in (1) erneut das zu überwachende Programm abgebrochen wurde, zeigt das Kommando pmfadm -l, dass der Zähler retries weiterhin auf 1 steht, der zu überwachende Prozess jedoch erneut gestartet wurde, wie an der neuen PID zu erkennen ist. In (2) wird erkennbar, dass das hinterlegte Actionfile ausgeführt wurde, da die Datei /tmp/action.txt vorhanden ist.

Im zweiten Beispiel soll simuliert werden, dass das hinterlegte Actionfile nicht erfolgreich ist. In diesem Fall wird das Programm action.sh die Datei /tmp/action.txt löschen und danach einen Rückgabewert von 1 an den pmfd melden.

Das modifizierte Actionscript:

```
bash-3.2# cat action.sh
#!/bin/sh
rm /tmp/action.txt
exit 1
```

Der Ausgangszustand ist, dass das Programm bereits ein Mal gestoppt wurde und der pmfd einen Neustart initiiert hat. Die Datei /tmp/action.txt ist noch nicht gelöscht, was bedeutet, dass das Actionfile noch nicht ausgeführt wurde. In der Ausgabe des Kommandos pmfadm -l wird deutlich, dass beim nächsten Abbruch des Prozesses sleep.sh das Actionfile ausgeführt wird (retries: 1):

```
bash-3.2# ls -l /tmp/action.txt
-rw-r--r--  1 root     root            0 Mar 28 22:33 /tmp/action.txt
bash-3.2# pmfadm -l ""
STATUS sleep
pmfadm -c sleep -n 1 -a ./action.sh ./sleep.sh
        retries: 1
        owner: root
        monitor children: all
        pids: 2162
```

Wenn der Prozess sleep.sh erneut beendet wird, ergibt sich folgendes Bild:

```
bash-3.2# kill -9 2162
bash-3.2# ls -l /tmp/action.txt
/tmp/action.txt: No such file or directory
bash-3.2# pmfadm -l ""
bash-3.2#
```

Das hinterlegte Programm action.sh wurde ausgeführt, was sich daran erkennen lässt, dass die Datei /tmp/action.txt gelöscht wurde. Da das modifizierte action.sh jedoch einen Returncode von 1 an den pmfd geliefert hat, wurde das Programm sleep.sh nicht erneut gestartet.

6.2.5 Generic Data Service

Der **G**eneric **D**ata **S**ervice (*GDS*) bietet die einfachste und schnellste Methode an, um eigene Applikationen in den Solaris Cluster einzubinden. Der Vorteil dieses Konzeptes ist, dass man keine Konfigurationsdatei erstellen muss, welche alle Methoden und Merkmale des Ressourcentyps beschreibt.

Der GDS benötigt im einfachsten Fall nur ein Startprogramm. Wenn kein Befehl zum Stoppen der Applikation angegeben ist, wird versucht, diese mit dem Stop_signal (siehe **Tabelle 6.21**) zu beenden (Standard ist kill -15).

Der GDS arbeitet eng mit der Process Monitor Facility zusammen, welche die gestarteten Prozesse überwacht und bei Absturz gegebenenfalls nachstartet. Dies bedeutet aber auch, dass für Ressourcen, welche beim Start keine Hintergrundprozesse erzeugen, die Überwachung abgeschaltet werden muss, da die Ressource sonst fälschlicherweise als fehlerhaft angesehen wird. Das Abschalten dieser Funktionalität wird in dem nachfolgenden Beispielprogramm gezeigt.

Tabelle 6.21 zeigt alle Attribute des GDS. Bei Applikationen, welche vom Netzwerk abhängig sind, muss die Port_list gepflegt sein. Wie bereits erwähnt ist nur das Start_command Bedingung. Alle weiteren Attribute sind optional.

Tab. 6.21: Attribute des Generic Data Service im Solaris Cluster

Attribut	Bedeutung
Child_mon_level	Gibt an, bis zu welcher Ebene erzeugte Kindprozesse überwacht werden sollen
Failover_enabled	Soll bei Applikationsproblemen ein Failover stattfinden
Log_level	NONE Keine Meldungen ausgeben
	INFO Nur Informative Meldungen ausgeben
	ERR Nur Fehlermeldungen ausgeben
Monitor_retry_count	Wie oft im Zeitabschnitt Monitor_retry_interval darf die PMF den Fault_monitor neu starten
Monitor_retry_interval	Zeitfenster zu o. g. Intervall
Network_aware	Ist die Applikation auf Netzwerk angewiesen
Network_resources_used	Liste von logical hosts oder IP-Adressen, die genutzt werden
Port_list	Netzwerkports, die von der Applikation benötigt werden
Probe_command	Programm, welches die Applikation auf Funktionalität prüft
Probe_timeout	Wie lange darf ein Prüfzyklus dauern (Standard ist 30 Sekunden)
Start_command	Programm, um Applikation zu starten
Start_timeout	Wie lange darf das Starten der Applikation dauern (Standard 300 Sekunden)
Stop_command	Programm, um die Applikation zu stoppen
Stop_signal	Signal zum Stopp der Applikation (Standard 15)
Stop_timeout	Wie lange darf das Stoppen der Applikation dauern (Standard ist 300 Sekunden)
Validate_command	Validierung der Applikation
Validate_timeout	Wie lange darf die Validierung maximal dauern (Standard ist 300 Sekunden)

Wie für den CRS soll auch hier ein Programm in den Cluster eingebunden werden, welches die Ausgabe des Kommandos set in Dateien umlenkt.

Hierbei muss beachtet werden, dass der GDS, wie bereits erwähnt, darauf ausgelegt ist, dass beim Start einer Ressource Prozesse erzeugt werden, welche nicht terminieren. Aus diesem Grund wird per Standard die Process Monitor Facility zur Überwachung der Ressource eingesetzt. Da aber nach dem Anlegen der Dateien das Programm beendet wird, würde der pmfd einen Fehler an den Resource Group Manager RGM melden. Um dies zu vermeiden, wird bei Aufruf des Start-Programms ein sleep in den Hintergrund gelegt, und dann die PMF für diese Ressource abgeschaltet, bevor der sleep beendet ist.

Dem Start_command werden über die Schalter „-R" und „-G" die Namen der Ressourcengruppe und der Ressource übergeben. Anhand der zugehörigen Argumente wird in der Startprozedur der String erzeugt, welcher dann als Argument an die PMF übergeben wird, um die Überwachung von Hintergrundprozessen abzuschalten.

Es folgen die Shellprogramme zum Anlegen, Prüfen und Löschen der Dateien im GDS.

Das Programm zum Start_command:

```
#!/bin/sh
PMFADM=/usr/cluster/bin/pmfadm
# Ressourcengruppe und Ressource abfragen
while getopts 'R:G:' opt
do
 case "${opt}" in
  R) RESOURCE=${OPTARG};;
  G) RESOURCEGROUP=${OPTARG};;
 esac
done
sleep 60 & # Hintergrundprozess fuer PMF erzeugen
$PMFADM -s ${RESOURCEGROUP},${RESOURCE},0.svc # PMF fuer Monitor abschalten
shift 4 # erste vier Argumente rausschieben
if [ $# -lt 1 ]
then
 exit 1
fi
for file in $@ # restliche Argumente enthalten die Dateinamen
do
 set > $file || exit 1
done
exit 0
```

Das Programm zum Stop_command:

```
#!/bin/sh
# Programm zum Loeschen uebergebener Dateien mit GDS
for file in $@
do
 rm $file || exit 1 # Datei loeschen oder Programm mit Returncode 1 verlassen
done
exit 0
```

Das Programm zum Probe_command:

```
#!/bin/sh
# Programm zum Pruefen uebergebener Dateien mit GDS
for file in $@
 do
  # wenn Datei nicht vorhanden, Programm mit Returncode 100 beenden
  test -f $file || exit 100
done
exit 0
```

Die Dateien hafile_start_gds.sh als Start_command, hafile_stop_gds.sh als Stop_command und hafile_check_gds.sh für das Probe_command werden im Verzeichnis /var/tmp/GDS abgespeichert.

Im folgenden Beispiel wird nun eine Ressourcengruppe mit Namen *hafile-rg* angelegt, welche eine Ressource mit Namen *hafile-rs* enthält. Die Ressource soll die drei Textdateien /var/tmp/FILES/datei1.txt, /var/tmp/FILES/datei2.txt und /var/tmp/FILES/datei3.txt steuern. Da für dieses Beispiel keine IP Adresse benötigt wird, kann das Flag Network_aware auf false gesetzt werden.

```
root@cluster1:# clrg create hafile-rg
root@cluster1:#
root@cluster1:# clrs create -g hafile-rg -t SUNW.gds \
 -p Network_aware=false -p Start_command="/var/tmp/GDS/hafile_start_gds.sh \
 -R hafile-rs -G hafile-rg /var/tmp/FILES/datei1.txt \
 /var/tmp/FILES/datei2.txt /var/tmp/FILES/datei3.txt" \
 -p Stop_command="/var/tmp/GDS/hafile_stop_gds.sh /var/tmp/FILES/datei1.txt \
 /var/tmp/FILES/datei2.txt /var/tmp/FILES/datei3.txt" \
 -p Probe_command="/var/tmp/GDS/hafile_check_gds.sh /var/tmp/FILES/datei1.txt \
 /var/tmp/FILES/datei2.txt /var/tmp/FILES/datei3.txt" hafile-rs
```

Nach dem Anlegen, befindet sich die Ressourcengruppe im Status Unmanaged, was bedeutet, dass der RGM zu diesem Zeitpunkt keine Möglichkeit der Steuerung hat. Die Ressourcen sind im Status Offline:

```
root@cluster1:/var/tmp/GDS# clrg status

=== Cluster Resource Groups ===

Group Name        Node Name        Suspended        Status
----------        ---------        ---------        ------
hafile-rg         cluster1         No               Unmanaged
                  cluster2         No               Unmanaged

root@cluster1:/var/tmp/GDS# clrs status

=== Cluster Resources ===
```

```
Resource Name        Node Name      State      Status Message
-------------        ---------      -----      --------------
hafile-rs            cluster1       Offline    Offline
                     cluster2       Offline    Offline
```

Im folgenden Schritt wird die Ressourcengruppe *hafile-rg* aktiviert und auf der Maschine *cluster1* gestartet.

```
root@cluster1:/var/tmp/GDS# clrg manage hafile-rg
root@cluster1:/var/tmp/GDS# clrg online -n cluster1 hafile-rg
```

Während des Starts ist erkennbar, dass über die Process Management Facility zwei Tags erzeugt werden. Eine Instanz überwacht den Agenten selbst, damit dieser im Fehlerfall nachgestartet werden kann, eine weitere Überwachungsinstanz prüft den Zustand der Start-Routine.

```
root@cluster1:~# pmfadm -l ""
STATUS hafile-rg,hafile-rs,0.mon
pmfadm -c hafile-rg,hafile-rs,0.mon -n 4 -t 2 /bin/ksh -c \
'/opt/SUNWscgds/bin/gds_probe -R hafile-rs -T SUNW.gds:6 \
-G hafile-rg'
        retries: 0
        owner: root
        monitor children: up to level 0
        pids: 2999
STATUS hafile-rg,hafile-rs,0.svc
pmfadm -c hafile-rg,hafile-rs,0.svc -a \
/usr/cluster/lib/sc/scds_pmf_action_script /bin/ksh \
-c '/var/tmp/GDS/hafile_start_gds.sh -R hafile-rs -G hafile-rg \
/var/tmp/FILES/datei1.txt /var/tmp/FILES/datei2.txt \
/var/tmp/FILES/datei3.txt'
        retries: 0
        owner: root
        monitor children: all
        pids: 2994
```

Nachdem der Start der Ressource beendet ist, wird die Ressourcengruppe im Cluster als Online angezeigt.

```
root@cluster1:~# clrg status

=== Cluster Resource Groups ===

Group Name      Node Name      Suspended      Status
----------      ---------      ---------      ------
hafile-rg       cluster1       No             Online
                cluster2       No             Offline
```

Eine Abfrage der PMF zeigt, dass nur noch der Agent selbst überwacht wird.

```
root@cluster1:~# pmfadm -l ""
STATUS hafile-rg,hafile-rs,0.mon
pmfadm -c hafile-rg,hafile-rs,0.mon -n 4 -t 2 /bin/ksh -c \
'/opt/SUNWscgds/bin/gds_probe -R hafile-rs -T SUNW.gds:6 \
-G hafile-rg'
        retries: 0
        owner: root
        monitor children: up to level 0
        pids: 2999
```

6.2.6 Entwicklung eigener Ressourcentypen für Solaris Cluster

Wenn großer Wert auf Flexibilität und einheitliches Design einer Ressource innerhalb des Clusters gelegt wird, müssen neue Ressourcentypen entwickelt werden. Die folgenden Seiten beschreiben die Schritte und Komponenten, welche hierzu notwendig und einzusetzen sind.

Resource Type Registration

Alle Informationen über den Ressourcentyp werden in der *Resource Type Registration* (RTR) hinterlegt. Diese Datei reflektiert also den initialen Zustand einer Ressource. Hierbei ist zu beachten, dass in der Datei zu Beginn der Resource_type deklariert werden muss. Wenn dies nicht der Fall ist, kann der Ressourcentyp nicht im Cluster registriert werden. Jede Zeile in dieser Datei muss mit einem Semikolon abgeschlossen werden.

Die RTR-Datei ist in drei Bereiche unterteilt:
– Grundlegende Merkmale des Ressourcentyps
  Diese Sektion beschreibt, welche Merkmale den Ressourcentyp ausmachen. Es werden der Name, die *Callback Methoden* und auch das Verzeichnis der benötigten Programme beschrieben.
– Systembedingte Merkmale des Ressourcentyps
  Dieser Abschnitt enthält alle Attribute, welche für den Betrieb der Ressource unbedingt benötigt werden. Hier wird zum Beispiel festgelegt, wie lange der Start einer Applikation maximal dauern darf.
– Erweiterungsmerkmale des Ressourcentyps
  Der letzte Abschnitt der Datei enthält alle EXTENSION-Properties, also Attribute, welche für jeweils individuell angelegte Ressourcen verwendet werden sollen. Für einen Apache-Service würden hier beispielsweise die Konfigurationsdatei hinterlegt, da diese für jede Instanz eines Webservers unterschiedlich ist.

Die Merkmale wiederum unterteilen sich in vier Kategorien:

- Required

  Das Merkmal muss existent sein, bevor eine Ressource dieses Typs erzeugt werden kann.
- Conditional

  Das Merkmal wird nur erzeugt, wenn es in der RTR vorhanden ist. Ist dafür kein Wert gesetzt, wird ein Default genommen.
- Conditional/Explicit

  Wenn das Merkmal im RTR vorhanden ist, muss ihm ein Wert zugewiesen werden.
- Optional

  Wenn im RTR File vorhanden, wird es verwendet, wenn ohne Wert, wird einer vom RGM erzeugt.

Einige Merkmale sind nur lesbar, da sie zur Laufzeit vom RGM erzeugt und für die interne Verarbeitung benötigt werden. Das Attribut Is_logical_hostname zeigt zum Beispiel an, ob es sich bei der Ressource um einen LogicalHostname handelt oder nicht. Es wäre nicht sinnvoll, dieses Attribut zu überschreiben, da es sich direkt auf den hinter der Ressource liegenden Ressourcentyp bezieht.

Die zur Verfügung stehenden Merkmale sind **Tabelle 6.22** zu entnehmen.

Tab. 6.22: Ressourcentyp-Attribute im Solaris Cluster

Attributname	Tunable	Datentyp	Default	Verwendung
API_Version	–	Integer	2	Optional
Boot	–	String	–	Conditional/Explicit
Failover	–	Boolean	FALSE	Optional
Fini	–	String	–	Conditional/Explicit
Global_zone	x	Boolean	FALSE	Conditional/Explicit
Init	–	String	–	Conditional/Explicit
Init_nodes	–	ENUM	RG_primaries	Optional
Installed_nodes	–	String_Array	Alle Knoten	Siehe Anmerkung [1]
Is_logical_hostname	–	Boolean	–	Query-only
Is_shared_address	–	Boolean	–	Query-only
Monitor_check	–	String	–	Conditional/Explicit
Monitor_start	–	String	–	Conditional/Explicit
Monitor_stop	–	String	–	Conditional/Explicit
Pkglist	–	String_Array	–	Conditional/Explicit
Postnet_stop	–	String	–	Conditional/Explicit
Prenet_start	–	String	–	Conditional/Explicit
Proxy	x	Boolean	FALSE	Optional
Resource_list	–	String_Array	Leer	Query-only
Resource_type	–	String	–	Required
RT_basedir	–	String	–	Required
RT_description	–	String	Null	Conditional

Tab. 6.22: Ressourcentyp-Attribute im Solaris Cluster – Fortsetzung

Attributname	Tunable	Datentyp	Default	Verwendung
RT_system	x	Boolean	FALSE	Optional
RT_version	–	String	–	Conditional/Explicit
Single_instance	–	Boolean	False	Optional
Start	–	String	–	Required
Stop	–	String	–	Required
Update	–	String	–	Conditional/Explicit
Validate	–	String	–	Conditional/Explicit
Vendor_ID	–	String	–	Conditional

[1] Dieses Attribut kann nur durch den Administrator modifiziert werden und steht nicht in der RTR

6.2.7 Callback-Methoden

Die Agenten kommunizieren mit dem Cluster über die *Callback-Methoden*. Es gibt zwölf Einstiegspunkte, welche vom RGM angesprochen werden, sobald ein bestimmtes Ereignis auftritt. Die Methoden können in drei Kategorien eingeteilt werden:
- Initialisierung
  Zu diesem Bereich gehören die Einsprungspunkte START, STOP, PRENET_START, POSTNET_STOP, INIT, FINI sowie der Einsprungspunkt BOOT.
  - START
    Diese Methode wird aufgerufen, wenn eine Ressource gestartet werden soll.
  - STOP
    Der Aufruf erfolgt, sobald eine Ressource gestoppt wird.
  - PRENET_START
    Diese Methode erfüllt den gleichen Zweck wie START, wird jedoch aufgerufen, bevor eventuell konfigurierte Netzwerkverbindungen (*Logical Hosts*) aktiviert werden.
  - POSTNET_STOP
    Diese Methode ist mit der STOP-Methode vergleichbar, wird jedoch aufgerufen, nachdem (wenn konfiguriert) Netzwerkverbindungen gestoppt wurden.
  - INIT
    Zur Initialisierung einer Ressource wird INIT aufgerufen. Dies gilt auch, wenn eine Ressourcengruppe geschwenkt wird.
  - FINI
    Dieser Einstiegspunkt ist der INIT-Methode ähnlich. FINI wird aufgerufen, sobald eine Ressource in den UNMANAGED-Status wechselt. FINI wird auch aufgerufen, wenn die zugehörige Ressource gelöscht wird.
  - BOOT
    Wenn eine Maschine einem Cluster beitritt, wird für alle Ressourcen, welche sich im Status MANAGED befinden, die Methode BOOT aufgerufen.

– Administration
Zu den administrativen Einstiegspunkten zählen die Bereiche VALIDATE und
UPDATE, also Funktionen, welche dafür Sorge tragen, dass bestimmte Rahmen-
bedingungen gegeben sind, um die Funktionalität der jeweiligen Ressource zu
gewährleisten.
  – VALIDATE
Diese Methode überprüft, ob alle Attribute der Ressource auch valide sind
und verhindert ansonsten, dass die Ressource angelegt oder modifiziert wer-
den kann.
  – UPDATE
Sobald Attribute einer Ressource modifiziert wurden, wird die Methode
UPDATE aufgerufen. Dies geschieht aber erst, nachdem die Methode VALIDATE
durchlaufen wurde.
– Überwachung
  – MONITOR_START
Diese Methode dient der Überwachung der Ressource selbst. Über diesen Ein-
stiegspunkt wird der Fault_Monitor der jeweiligen Ressource gestartet, wel-
cher bei Problemen die Ressource neu startet oder einen Failover initiiert.
  – MONITOR_STOP
Mit der Methode MONITOR_STOP wird die Überwachung der Ressource abge-
schaltet.
  – MONITOR_CHECK
Diese Methode dient der Überprüfung, ob ein Schwenk einer Ressource auf
einen anderen Cluster-Knoten funktionieren würde.

6.2.8 Parameterübergabe an eigene Agenten

Ressourcen enthalten in der Regel fixe und variable Attribute. Wenn zum Beispiel zwei
ZPools[2] durch zwei Ressourcen gesteuert werden sollen, würde jede der beiden Ressourcen als variables Attribut den Namen des jeweils zu steuernden ZPools enthalten.
In dem nun folgenden Abschnitt wird gezeigt, wie aus Agenten heraus diese Attribute abgefragt werden.

Ressourcenattribute abfragen
Das Kommando scha_resource_get dient dem Programmierer dazu, Attribute von
Ressourcen im Cluster abzufragen. Das Kommando benötigt den Namen der abzufra-

---

2 ZFS ist ein seinerzeit von Sun Microsystems entwickelter Volume Manager mit integriertem Filesystem und gruppiert Festplatten in ZPools. Der Name ist ein Akronym für *Zettabyte File System*.

genden Ressource sowie den Namen des auszulesenden Attributes. Die Syntax:

```
scha_resource_get [-Q] -O Attribut -R RS [-G RG]
scha_resource_get [-Q] -O EXTENSION -R RS [-G RG] Attribut
```

Tabelle 6.23 enthält die Optionen und Argumente des Kommandos.

Tab. 6.23: Argumente und Optionen des Kommandos scha_resource_get im Solaris Cluster

Argument/Option	Bedeutung
-Q	Erweiterte Angabe zu abhängigen Ressourcen
-R RS	Name der Ressource, für welche Attribute abgefragt werden
-G RG	Name der Ressourcengruppe, welche die Ressource enthält
Attribut	Name des abzufragenden Attributes

Ressourcen erben die Attribute des jeweils zugrunde liegenden Ressourcentyps. Es wird zwischen den *Standard*- und den *Extension*-Attributen unterschieden.

Standard-Attribute beziehen sich in der Regel auf alles, was zum eigentlichen Betrieb der Ressource notwendig ist. Dies sind zum Beispiel die Attribute Failover_mode oder MONITOR_CHECK_TIMEOUT.

Extension-Attribute sind Attribute, welche zusätzlich für eine Ressource durch einen Ressourcentyp zur Verfügung gestellt werden sollen. Zu diesen Attributen gehören etwa Namen von Konfigurationsdateien, welche von einem Service benötigt werden oder Mountpoints, welche für Filesystemressourcen verwendet werden sollen.

Standard-Attribute werden mittels scha_resource_get -O Attribut -R RS abgefragt. Um zusätzliche Attribute einer Ressource abzufragen, wird die Syntax scha_resource_get -O EXTENSION -R RS Attribut verwendet.

Um zu prüfen, welches Attribut als Extension angesprochen wird, kann man entweder in der Resource Type Registration nachsehen, oder alternativ mit dem Kommando clrt show -v Ressourcentyp prüfen, für welche Attribute das Extension-Flag gesetzt ist.

Attribute eines Ressourcentyps sind immer einem bestimmten Datentyp zugeordnet und müssen in der Registrierungsdatei des jeweiligen Typs hinterlegt werden.

Tabelle 6.24 zeigt die vom Solaris Cluster unterstützten Datentypen.

Tab. 6.24: Vom Solaris Cluster unterstützte Datentypen

Datentyp	Wertebereich
BOOLEAN	Wertebereich TRUE und FALSE
INT	Integer

Tab. 6.24: Vom Solaris Cluster unterstützte Datentypen – Fortsetzung

Datentyp	Wertebereich
ENUM	Liste an erlaubten Zeichenketten
STRING	Beliebige Zeichenkette
STRINGARRAY	Zeichenketten, welche mit Komma getrennt werden

Es folgt ein Auszug aus einer Resource Type Registration, welcher einige Extension-Attribute enthält. Der Name der Attribute wird über das Schema BEISPIEL_*Datentyp* aufgebaut:

```
{
 PROPERTY = BEISPIEL_BOOLEAN;
 EXTENSION;
 BOOLEAN;
 DEFAULT = TRUE;
 TUNABLE = ANYTIME;
 DESCRIPTION = "Beispiel eines BOOLEAN-Attributes";
}
{
 PROPERTY = BEISPIEL_INTEGER;
 EXTENSION;
 INT;
 DEFAULT = 32768;
 TUNABLE = ANYTIME;
 DESCRIPTION = "Beispiel eines Integer-Attributes";
}
{
 PROPERTY = BEISPIEL_ENUM;
 EXTENSION;
 ENUM {Enum1, Enum2, Enum3};
 DEFAULT = "Enum1";
 TUNABLE = ANYTIME;
 DESCRIPTION = "Beispiel einer Aufzaehlung";
}
{
 PROPERTY = BEISPIEL_STRING;
 EXTENSION;
 STRING;
 DEFAULT = "Beispiel eines String-Attributes";
 TUNABLE = ANYTIME;
 DESCRIPTION = "Dateien";
}
{
 PROPERTY = BEISPIEL_STRINGARRAY;
 EXTENSION;
 STRINGARRAY;
```

```
DEFAULT = Beispiel,eines,STRINGARRAY-ATTRIBUTES;
TUNABLE = ANYTIME;
DESCRIPTION = "Dateien";
}
```

Die Abfrage mit dem Kommando scha_resource_get liefert folgende Ergebnisse:

```
bash-3.2# scha_resource_get -O EXTENSION -G buch_rg -R attribute_rs \
 BEISPIEL_BOOLEAN
BOOLEAN
TRUE
bash-3.2# scha_resource_get -O EXTENSION -G buch_rg -R attribute_rs \
 BEISPIEL_INTEGER
INT
32768
bash-3.2# scha_resource_get -O EXTENSION -G buch_rg -R attribute_rs \
 BEISPIEL_ENUM
ENUM
Enum1
bash-3.2# scha_resource_get -O EXTENSION -G buch_rg -R attribute_rs \
 BEISPIEL_STRING
STRING
Beispiel eines String-Attributes
bash-3.2# scha_resource_get -O EXTENSION -G buch_rg -R attribute_rs \
 BEISPIEL_STRINGARRAY
STRINGARRAY
Beispiel
eines
STRINGARRAY-ATTRIBUTES
```

Für Attribute, welche als Extension deklariert sind, liefert die API in der ersten Zeile der Ausgabe immer den zugrunde liegenden Datentyp. Für alle anderen Attribute wird der Wert ohne Überschrift ausgegeben.

Ein weiterer Auszug aus einer Resource Type Registration:

```
{
 PROPERTY = Thorough_Probe_Interval;
 MAX = 3600;
 DEFAULT = 60;
 TUNABLE = ANYTIME;
}
{
 PROPERTY = Validate_timeout;
 MIN = 60;
 DEFAULT = 300;
}
```

Eine Abfrage über scha_resource_get liefert für diese Attribute:

```
bash-3.2# scha_resource_get -O Thorough_Probe_Interval -G buch_rg \
 -R attribute_rs
60
bash-3.2# scha_resource_get -O Validate_timeout -G buch_rg \
 -R attribute_rs
300
```

Analog zum Kommando scha_resource_get gibt es zur Abfrage von Ressourcentypen das Kommando scha_resourcetype_get, für Ressourcengruppen das Kommando scha_resourcegroup_get und für den Cluster das Kommando scha_cluster_get.

Für weitere Informationen zu diesen Kommandos können entweder die Manpages scha_resourcetype_get(1HA), scha_resourcegroup_get(1HA) sowie auch scha_cluster_get(1HA) oder die entsprechende Online-Dokumentation eingesehen werden.

6.2.9 Neue Agenten auf Basis des GDS entwickeln

Eine sehr interessante Methode ist es, einen Ressourcentyp auf Basis des GDS zu entwickeln. Dabei verwendet man die Methoden, welche dem GDS zur Verfügung stehen, passt bestimmte Aufrufe an und kann dem Ressourcentyp zusätzliche Attribute hinzufügen.

Der Vorteil dieser Methode ist, dass Großteile eines bereits bestehenden Frameworks genutzt werden können und dennoch die Flexibilität eines komplett neu entwickelten Agenten gegeben ist.

Um einen Agenten auf Basis des GDS zu erstellen, wird das RT_basedir in der Resource Type Registration auf das Basisverzeichnis des GDS gesetzt und der Teil für Callback-Methoden verwendet, den man direkt übernehmen kann.

Einige Agenten, welche von Oracle entwickelt werden, arbeiten über diese Methode, wie zum Beispiel der Ressourcentyp SUNW.asm_diskgroup.

Beispielkonfiguration eines neuen Ressourcentyps

Es wird exemplarisch ein neuer Ressourcentyp erstellt und in einen Cluster eingebunden. Die dazu benötigten Schritte und Dateien sowie zu erstellende Programme werden auf den folgenden Seiten gezeigt.

Schritt 1: Erstellen einer neuen Resource Type Registration auf Basis des SUN.gds

Das folgende Beispiel zeigt eine RTR für den Ressourcentyp BUCH.hafile. Der Agent basiert auf dem SUNW.gds, es werden jedoch eigene Ressourcenattribute eingebaut und verwendet. Ziel ist es wieder, Dateien über den Cluster anlegen und verwalten zu lassen.

Da alle Methoden des GDS übernommen werden, sind in diesem Fall keine eigenen Programme anzugeben. Es werden jedoch die Attribute Start_command, Stop_command und Probe_command angepasst. Diese Attribute sind dann bei Erzeugung neuer Ressourcen direkt gesetzt. Zusätzlich wird das Attribut Files erzeugt, welches nach Erstellung einer Ressource angepasst werden kann, jedoch mit dem Wert „/tmp/eins,/tmp/zwei,/tmp/drei" vordefiniert ist.

Die RTR des neuen Ressourcentyps:

```
RESOURCE_TYPE = "hafile";
VENDOR_ID = BUCH;
RT_DESCRIPTION = "hafile auf Basis des SUNW.gds";

RT_VERSION=1.0;
API_VERSION = 2;
FAILOVER = FALSE;

RT_BASEDIR=/opt/SUNWscgds/bin;

START                       =       gds_svc_start;
STOP                        =       gds_svc_stop;
VALIDATE                    =       gds_validate;
UPDATE                      =       gds_update;
MONITOR_START               =       gds_monitor_start;
MONITOR_STOP                =       gds_monitor_stop;
MONITOR_CHECK               =       gds_monitor_check;

{
        PROPERTY = Thorough_Probe_Interval;
        MAX = 3600;
        DEFAULT = 60;
        TUNABLE = ANYTIME;
}
{
        PROPERTY = Start_timeout;
        MIN = 60;
        DEFAULT = 300;
}
{
        PROPERTY = Stop_timeout;
        MIN = 60;
        DEFAULT = 300;
}
{
        PROPERTY = Validate_timeout;
```

```
        MIN = 60;
        DEFAULT = 300;
}
{

        PROPERTY = Monitor_Start_timeout;
        MIN = 60;
        DEFAULT = 300;
}
{

        PROPERTY = Monitor_Check_timeout;
        MIN = 60;
        DEFAULT = 300;
}
{

        PROPERTY = Monitor_Stop_timeout;
        MIN = 60;
        DEFAULT = 300;
}
{

        PROPERTY = Update_timeout;
        MIN = 60;
        DEFAULT = 300;
}
# Child process monitoring level for PMF (-C option of pmfadm)
# Default of -1 means: Do NOT use the -C option to PMFADM
# A value of 0-> indicates the level of child process monitoring
# by PMF that is desired.
{

        PROPERTY = Child_mon_level;
        EXTENSION;
        INT;
        DEFAULT = 2;
        TUNABLE = WHEN_DISABLED;
        DESCRIPTION = "Child monitoring level for PMF";
}
# This is an optional property.  It determines whether the application
# uses network to communicate with its clients.
#
{

        PROPERTY = Network_aware;
        EXTENSION;
        BOOLEAN;
        DEFAULT = FALSE;
        TUNABLE = AT_CREATION;
        DESCRIPTION = "Determines whether the application uses network";
}
# This property reflects the start command string used.
#
{
```

```
              PROPERTY = Start_command;
              EXTENSION;
              STRINGARRAY;
              DEFAULT = "/var/tmp/agent/START.sh -R %RS_NAME -G %RG_NAME";
              TUNABLE = NONE;
              DESCRIPTION = "Command to start application";
}
# This property reflects the stop command string used.
#
{
              PROPERTY = Stop_command;
              EXTENSION;
              STRING;
              DEFAULT = "/var/tmp/agent/STOP.sh -R %RS_NAME -G %RG_NAME";
              TUNABLE = NONE;
              DESCRIPTION = "Command to stop application";
}
# This property reflects the probe command string used.
#
{
              PROPERTY = Probe_command;
              EXTENSION;
              STRING;
              DEFAULT = "/var/tmp/agent/MONITOR.sh -R %RS_NAME -G %RG_NAME";
              TUNABLE = NONE;
              DESCRIPTION = "Command to probe application";
}
# Time out value for the probe
{
              PROPERTY = Probe_timeout;
              EXTENSION;
              INT;
              MIN = 2;
              DEFAULT = 30;
              TUNABLE = ANYTIME;
              DESCRIPTION = "Time out value for the probe (seconds)";
}
{
              PROPERTY = Monitor_retry_count;
              EXTENSION;
              INT;
              DEFAULT = 4;
              TUNABLE = ANYTIME;
              DESCRIPTION = "Number of PMF restarts allowed for the fault monitor";
}
{
              PROPERTY = Monitor_retry_interval;
              EXTENSION;
              INT;
```

```
        DEFAULT = 2;
        TUNABLE = ANYTIME;
        DESCRIPTION = "Time window (minutes) for fault monitor restarts";
}
{

        PROPERTY = Files;
        EXTENSION;
        STRING;
        DEFAULT = "/tmp/eins,/tmp/zwei,/tmp/drei";
        TUNABLE = ANYTIME;
        DESCRIPTION = "Dateien";
}
```

Schritt 2: Ressourcentyp im Cluster bekanntgeben

Sobald die RTR mit der Beschreibung des neuen Ressourcentyps fertiggestellt ist, kann dieser im Cluster registriert werden. Die Registrierung wird über das bereits eingangs im Kapitel vorgestellte Kommando clrt vorgenommen.

Zu beachten ist hierbei, dass ein Ressourcentyp auch bei Fehlen der in der RTR hinterlegten Methoden (Start_command, Probe_command usw.) registriert werden kann. Es empfiehlt sich aus diesem Grund, die Registrierung erst vorzunehmen, wenn alle benötigten Programme in den jeweiligen Verzeichnissen vorhanden sind.

Des Weiteren ist zur Registrierung der Name zu verwenden, welcher dem Attribut RESOURCE_TYPE zugewiesen ist. Der Name der RTR darf von diesem abweichen. Um den Ressourcentyp zu registrieren, welcher in mithilfe der oben gezeigten RTR beschrieben ist, würde das Kommando clrt register hafile verwendet werden.

Das Cluster Framework sucht bei Registrierung eines neuen Ressourcentyps in dem Verzeichnis /opt/cluster/lib/rgm/rtreg und alternativ bei Verwendung von Zone-Clustern[3] in /usr/cluster/lib/rgm/rtreg. Wenn die RTR in einem anderen Verzeichnis liegt, muss dies über die Option „-f" angegeben werden.

Schritt 3: Methoden zum Starten, Stoppen und Prüfen bereitstellen

Die Programme, welche für den neu erzeugten Ressourcentyp benötigt werden, arbeiten wie folgt:
- Start_command
  - Einlesen der Argumente RESOURCE und RESOURCEGROUP
  - Hintergrundprozess erzeugen
  - PMF für Monitoring von Prozessen der Ressource abschalten
  - Ressourceattribut Files auslesen
  - Hinterlegte Dateien anlegen oder bei Fehler abbrechen
- Stop_command

---

3 Ein Zone-Cluster ist ein Cluster, welcher gekapselt in einer eigenen Umgebung läuft.

- Einlesen der Argumente RESOURCE und RESOURCEGROUP
- Ressourceattribut Files auslesen
- Hinterlegte Dateien löschen oder bei Fehler abbrechen
- Probe_command
  - Einlesen der Argumente RESOURCE und RESOURCEGROUP
  - Ressourceattribut Files auslesen
  - Hinterlegte Dateien prüfen oder bei Fehler abbrechen

Das Probe_command:

```
#!/bin/sh
# Testen der angelegten Dateien im Solaris Cluster
#
SLEEP=/usr/bin/sleep
PMFADM=/usr/cluster/bin/pmfadm
TAIL=/usr/bin/tail
RGET=/usr/cluster/bin/scha_resource_get
TR=/usr/bin/tr
#
while getopts 'R:G:' opt # Auslesen von Ressource und Ressourcengruppe
do
 case "${opt}" in
  "R") RESOURCE=${OPTARG};;
  "G") RESOURCEGROUP=${OPTARG};;
 esac
done
#
# Auslesen der zu verwaltenden Dateien
files=`$RGET -O EXTENSION -R ${RESOURCE} -G ${RESOURCEGROUP} Files|$TAIL -1|\
 $TR "," " "`
#
for file in $files
do
 test -r $file || exit 100 # Test, ob Dateien lesbar, ansonsten Fehler melden
done
#
exit 0 # Wenn kein Fehler, Erfolg melden
```

Das Start_command:

```
#!/bin/sh
# Anlegen von Dateien im Solaris Cluster
#
SLEEP=/usr/bin/sleep
PMFADM=/usr/cluster/bin/pmfadm
TAIL=/usr/bin/tail
RGET=/usr/cluster/bin/scha_resource_get
```

```
TR=/usr/bin/tr
#
while getopts 'R:G:' opt # Auslesen von Ressource und Ressourcengruppe
do
 case "${opt}" in
  "R") RESOURCE=${OPTARG};;
  "G") RESOURCEGROUP=${OPTARG};;
 esac
done
$SLEEP 60 & # Hintergrundprozess erzeugen
$PMFADM -s ${RESOURCEGROUP},${RESOURCE},0.svc # und fault monitor abschalten
#
# Auslesen der zu verwaltenden Dateien
files=`$RGET -O EXTENSION -R ${RESOURCE} -G ${RESOURCEGROUP} Files|$TAIL -1|\
 $TR "," " "`
#
for file in $files
do
 set >$file || exit 1 # Datei anlegen oder bei Problem Fehler melden
done
exit 0 # Wenn keine Probleme, Erfolg melden
```

Das Stop_command:

```
#!/bin/sh
# Entfernen von Dateien im Solaris Cluster
#
SLEEP=/usr/bin/sleep
PMFADM=/usr/cluster/bin/pmfadm
TAIL=/usr/bin/tail
RGET=/usr/cluster/bin/scha_resource_get
TR=/usr/bin/tr
#
while getopts 'R:G:' opt # Auslesen von Ressource und Ressourcengruppe
do
 case "${opt}" in
  "R") RESOURCE=${OPTARG};;
  "G") RESOURCEGROUP=${OPTARG};;
 esac
done
#
# Auslesen der zu verwaltenden Dateien
files=`$RGET -O EXTENSION -R ${RESOURCE} -G ${RESOURCEGROUP} Files|$TAIL -1|\
 $TR "," " "`
#
# Dateien entfernen oder Fehler melden
rm $files || exit 1
#
exit 0 # Ansonsten Erfolg melden
```

Schritt 4: Ressourcengruppe und Ressource erzeugen

Nachdem der Ressourcentyp BUCH.hafile im Cluster registriert wurde und die benötigten Methoden hinterlegt wurden, kann eine Ressource basierend auf dem neu entwickelten Typ erzeugt und verwendet werden. Im folgenden Beispiel sind nochmals alle benötigten Zwischenschritte aufgezeigt. Es wird vorausgesetzt, dass die RTR schon erzeugt und im Verzeichnis /opt/cluster/lib/rgm/rtreg abgelegt wurde.

```
(1) # clrt register BUCH.hafile
    # clrt list BUCH.hafile
    BUCH.hafile
(2) # clrg create hafile_rg
(3) # clrs create -t BUCH.hafile -g hafile_rg gds_hafile_rs
(4) # clrg manage hafile_rg
(5) # clrs show -p Files gds_hafile_rs

    === Resources ===

    Resource:                                   gds_hafile_rs

    --- Standard and extension properties ---
    Files:                                      /tmp/eins,/tmp/zwei,/tmp/drei
    Class:                                      extension
    Description:                                Dateien
    Per-node:                                   False
    Type:                                       string

(6) # clrg online hafile_rg
(7) # clrg status

    === Cluster Resource Groups ===

    Group Name    Node Name    Suspended    Status
    ----------    ---------    ---------    ------
    hafile_rg     cluster1     No           Online
                  cluster2     No           Offline
```

In (1) wird der Ressourcentyp BUCH.hafile im Cluster registriert und verifiziert. In Schritt (2) wird eine neue Ressourcengruppe *hafile_rg* angelegt. In (3) wird eine Ressource vom Typ BUCH.hafile generiert und der Gruppe *hafile_rg* zugewiesen. Der Name wird auf *gds_hafile_rs* gesetzt. Damit die Ressource über diese Gruppe gesteuert werden kann, wird die Ressourcengruppe in (4) aktiviert. In (5) ist zu erkennen, dass das voreingestellte Attribut Files übernommen wurde. Nachdem in (6) die Ressourcengruppe gestartet wurde, wird in (7) geprüft, ob sich diese im Status Online befindet.

6.2.10 Entwicklung von Agenten ohne GDS-Unterstützung

Möchte man auf die Funktionen des GDS verzichten und eigene Agenten komplett neu entwickeln, so ist mehr Aufwand für die Entwicklung nötig. Das Vorgehen ist zu dem auf Basis des GDS identisch, allerdings muss man sämtliche benötigten Einstiegspunkte neu entwickeln.

Es soll hier nun gezeigt werden, wie eine Lösung für die Dateiverwaltung aussehen könnte, ohne auf die Möglichkeiten des GDS zurückzugreifen. Die Beschreibungsdatei ist bis auf die folgenden Attribute identisch mit der Version, welche für den Agenten auf Basis des GDS verwendet wurde:

```
RESOURCE_TYPE = "NOGDS_hafile";
RT_BASEDIR=/var/tmp/BUCHHafile;

START                     =       start.sh;
STOP                      =       stop.sh;

MONITOR_START             =       monitor_start.sh;
MONITOR_STOP              =       monitor_stop.sh;
MONITOR_CHECK             =       monitor_check.sh;
```

Es werden in diesem Falle Programme zum Starten und Stoppen der Ressource benötigt. Zusätzlich muss eine Methode bereitgestellt werden, welche das Monitorprogramm startet und stoppt sowie ein Programm, welches bei einem erforderlichen Schwenk prüft, ob ein Zielsystem zur Verfügung steht.

Das Cluster Framework basiert darauf, dass der Monitor immer im Hintergrund läuft, da das Monitorprogramm entscheidet, ob eine Ressource geschwenkt oder nachgestartet werden soll. Aus diesem Grund wird in der Methode monitor_start.sh wieder auf die PMF zurückgegriffen, da diese das gestartete Monitorprogramm überwachen soll. Die Methode monitor_stop.sh entfernt das Monitorprogramm wieder aus der PMF, sobald die Ressource gestoppt wird.

Der Cluster übergibt beim Aufruf der einzelnen Methoden mindestens die Attribute Ressourcengruppe, Ressourcenname und Ressourcentyp. Wenn dies bei der Verwendung von getopts nicht berücksichtigt wird, kommt es zu Fehlfunktionen innerhalb der Methoden.

Es folgen die Programme, welche für den neuen Agenten benötigt werden.

Methode: START

```
#!/bin/sh
# Anlegen von Dateien im Solaris Cluster
#
TR=/usr/bin/tr
```

```
TAIL=/usr/bin/tail
RSGET=/usr/cluster/bin/scha_resource_get
#
while getopts 'R:G:T:Z:' opt # Auslesen von Ressource und Ressourcengruppe
do
 case "${opt}" in
  R) RESOURCE=${OPTARG};;
  G) RESOURCEGROUP=${OPTARG};;
 esac
done
#
# Zu verwaltende Dateien ermitteln
files=`$RSGET -O EXTENSION -R ${RESOURCE} -G ${RESOURCEGROUP} Files|$TAIL -1|\
 $TR "," " "`
#
for file in $files
do
 set > $file || exit 1 # Anlegen der Dateien und bei Problem Fehler melden
done
exit 0 # Wenn keine Probleme, Erfolg melden
```

Methode: STOP

```
#!/bin/sh
# Entfernen von Dateien im Solaris Cluster
#
TR=/usr/bin/tr
TAIL=/usr/bin/tail
RSGET=/usr/cluster/bin/scha_resource_get
while getopts 'R:G:T:Z:' opt # Auslesen von Ressource und Ressourcengruppe
do
 case "${opt}" in
  R) RESOURCE=${OPTARG};;
  G) RESOURCEGROUP=${OPTARG};;
 esac
done
#
# Zu verwaltende Dateien ermitteln
files=`$RSGET -O EXTENSION -R ${RESOURCE} -G ${RESOURCEGROUP} Files|$TAIL -1|\
 $TR "," " "`
#
rm $files || exit 1 # Dateien entfernen oder Fehler melden
#
exit 0 # Ansonsten Erfolg melden
```

Methode: MONITOR_START

```
#!/bin/sh
# Start-Prozedur fuer Dateiueberwachung
#
PMFADM=/usr/cluster/bin/pmfadm
RSGET=/usr/cluster/bin/scha_resource_get
#
while getopts 'R:G:T:Z:' opt # Auslesen von Ressource und Ressourcengruppe
do
 case "${opt}" in
  R) RESOURCE=${OPTARG};;
  G) RESOURCEGROUP=${OPTARG};;
 esac
done
#
# Verzeichnis des Agenten ermitteln
basis=`$RSGET -O RT_BASEDIR -R $RESOURCE -G $RESOURCEGROUP`
# Wenn Monitorprogramm nicht ausfuehrbar, Abbruch
test -x ${basis}/monitor_files.sh || exit 1
#
# Monitorprozess erzeugen
$PMFADM -c $RESOURCE.buch -n 1 ${basis}/monitor_files.sh -R $RESOURCE \
 -G $RESOURCEGROUP
exit 0 # Erfolg
```

Methode: MONITOR_STOP

```
#!/bin/sh
# Stop-Prozedur fuer Monitor-Programm
#
GREP=/usr/bin/grep
PMFADM=/usr/cluster/bin/pmfadm
RSGET=/usr/cluster/bin/scha_resource_get
#
while getopts 'R:G:T:Z:' opt # Auslesen von Ressource und Ressourcengruppe
do
 case "${opt}" in
  R) RESOURCE=${OPTARG};;
  G) RESOURCEGROUP=${OPTARG};;
 esac
done
#
# Verzeichnis des Agenten ermitteln
basis=`$RSGET -O RT_BASEDIR -R $RESOURCE -G $RESOURCEGROUP`
#
# Monitorprozess stoppen
$PMFADM -s $RESOURCE.buch 9
exit 0
```

Methode: MONITOR_CHECK

```
#!/bin/sh
# Programm zur Pruefung, ob Ressource gestartet werden kann
#
TR=/usr/bin/tr
TAIL=/usr/bin/tail
DIRNAME=/usr/bin/dirname
RSGET=/usr/cluster/bin/scha_resource_get
#
while getopts 'R:G:T:Z:' opt # Auslesen von Ressource und Ressourcengruppe
do
 case "${opt}" in
  R) RESOURCE=${OPTARG};;
  G) RESOURCEGROUP=${OPTARG};;
 esac
done
#
# Zu verwaltende Dateien ermitteln
files=`$RSGET -O EXTENSION -R ${RESOURCE} -G ${RESOURCEGROUP} Files|$TAIL -1|\
 $TR "," " "`
#
for datei in $files
do
 #
 # wenn Zielverzeichnis nicht vorhanden ist, Abbruch
 dir=`$DIRNAME $datei`
 test -d $dir || exit 1
 #
 # wenn Zieldatei vorhanden ist,  Abbruch
 test -f $datei && exit 1
done
exit 0 # Wenn keine Probleme, Erfolg melden
```

Monitorprogramm: monitor_files.sh

```
#!/bin/sh
#
# Monitorprogramm zur Pruefung und Steuerung der Dateien
TR=/usr/bin/tr
TAIL=/usr/bin/tail
PMFADM=/usr/cluster/bin/pmfadm
RSGET=/usr/cluster/bin/scha_resource_get
#
while getopts 'R:G:' opt # Auslesen von Ressource und Ressourcengruppe
do
 case "${opt}" in
  R) RESOURCE=${OPTARG};;
  G) RESOURCEGROUP=${OPTARG};;
```

```
   esac
done
#
# Zu verwaltende Dateien ermitteln
files=`$RSGET -O EXTENSION -R ${RESOURCE} -G ${RESOURCEGROUP} Files|$TAIL -1\
 |$TR "," " "`
#
# Der Monitor laeuft immer im Hintergrund,
# da er auch einen Restart oder Schwenk der Ressource triggert
while true
do
 for file in $files
 do
  #
  # wenn eine der Dateien nicht vorhanden ist, werden folgende Moeglichkeiten
  # gegrueft
  if [ ! -r $file ]
  then
   #
   # einlesen, wie oft Ressource neu gestartet wurde
   counter=`scha_resource_get -O NUM_RESOURCE_RESTARTS -R $RESOURCE \
    -G $RESOURCEGROUP`
   #
   # einlesen, wie oft Ressource neu gestartet werden darf
   retry_cnt=`scha_resource_get -O Retry_Count -R $RESOURCE -G $RESOURCEGROUP`
   #
   # so lange Ressource neu gestartet werden darf, wird ein Neustart initiiert
   if [ $counter -lt $retry_cnt ]
   then
    #
    # pruefen, ob Neustart moeglich
    scha_control -O CHECK_RESTART -R $RESOURCE -G $RESOURCEGROUP
    if [ $? -eq 0 ]
    then
     #
     # neustart durchuehren
     scha_control -O RESOURCE_RESTART -R $RESOURCE -G $RESOURCEGROUP
    else
     #
     # wenn kein Neustart mehr durchgefuehrt werden darf,
     # wird geprueft, ob ein Schwenk erlaubt ist
     scha_control -O CHECK_GIVEOVER -R $RESOURCE -G $RESOURCEGROUP
     if [ $? -eq 0 ]
     then
      #
      # wenn erlaubt, Schwenk aufrufen
      scha_control -O GIVEOVER -R $RESOURCE -G $RESOURCEGROUP
      if [ $? -ne 0 ]
      then
```

```
     #
     # wenn Schwenk nicht funktioniert,
     # Ressource-Status auf Faulted und Abbruch
     scha_resource_setstatus -R $RESOURCE -G $RESOURCEGROUP -s FAULTED
     $PMFADM -s $RESOURCE.buch
     exit 1
    fi
   fi
  fi
 else
  #
  # wenn maximale Anzahl an neustarts erreicht.
  # pruefen, ob ein Schwenk durchgefuehrt werden kann
  scha_control -O CHECK_GIVEOVER -R $RESOURCE -G $RESOURCEGROUP
  if [ $? -eq 0 ]
  then
   scha_control -O GIVEOVER -R $RESOURCE -G $RESOURCEGROUP
   if [ $? -ne 0 ]
   then
    #
    # wenn Schwenk nicht erfolgreich war, Ressourcestatus auf FAULTED
    # und Abbruch
    scha_resource_setstatus -R $RESOURCE -G $RESOURCEGROUP -s FAULTED
    $PMFADM -s $RESOURCE.buch
    exit 1
   fi
  else
   #
   # wenn Schwenk nicht durchgefuehrt werden darf,
   # Ressourcestatus auf FAULTED und Abbruch
   scha_resource_setstatus -R $RESOURCE -G $RESOURCEGROUP -s FAULTED
   $PMFADM -s $RESOURCE.buch
   exit 1
  fi
 fi
fi
done
sleep 2
done
```

Die Monitor-Implementation eines Ressourcentyps steuert das Verhalten der Ressource im Cluster. Das Monitorprogramm läuft während des gesamten Lebenszyklus der Ressource im Hintergrund und muss notfalls neu gestartet werden. Hier bietet sich wieder das PMF des Clusters an, weshalb die Implementation im Beispiel das Programm monitor_files.sh durch das Kommando pmfadm startet. Da das Programm monitor_files.sh die Logik zum Schwenk und Neustart einer Ressource enthält, müssen der Name der aufrufenden Ressource und der zugehörigen Ressourcengruppe übergeben werden. Zusätzlich muss der Programmierer auch Sorge dafür tragen, dass der Cluster im Falle eines anstehenden Schwenks prüfen kann, ob die Ressource auf einem anderen Knoten des Clusters gestartet werden kann, wofür die Methode monitor_check.sh verwendet wird.

Abbildung 6.8 zeigt die Funktionsweise des Monitorprogramms, welches immer im Hintergrund läuft und die zu überwachenden Dateien prüft.

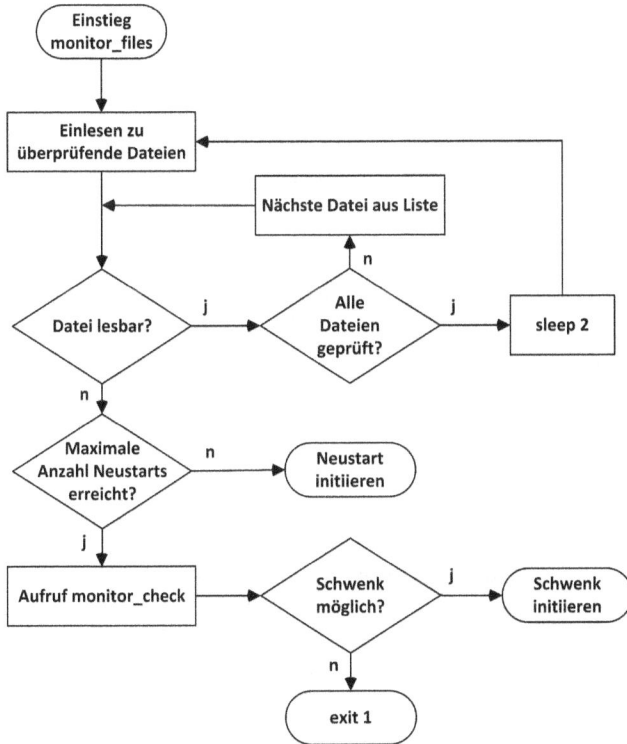

```
     ┌──────────────┐
     │  Einstieg    │
     │ monitor_files│
     └──────┬───────┘
            ↓
  ┌──────────────────┐
  │  Einlesen zu     │←──────────────────────────┐
  │überprüfende Dateien│                           │
  └──────┬───────────┘                            │
         │        ┌──────────────────┐            │
         │        │Nächste Datei aus Liste│←──┐   │
         │        └──────────────────┘    │   │
         │               ↑ n              │   │
         ↓               │                │   │
      Datei    j      Alle       j    ┌───────┐
     lesbar? ──────→ Dateien ──────→  │sleep 2│
         │          geprüft?          └───────┘
       n │
         ↓
     Maximale      n    ┌──────────┐
    Anzahl Neustarts ──→│ Neustart │
     erreicht?          │ initiieren│
         │              └──────────┘
       j │
         ↓
 ┌──────────────────┐   Schwenk    j   ┌──────────┐
 │Aufruf monitor_check│→ möglich? ──────→│ Schwenk  │
 └──────────────────┘                  │ initiieren│
                          │ n          └──────────┘
                          ↓
                      ┌────────┐
                      │ exit 1 │
                      └────────┘
```

Abb. 6.8: Funktionsweise des Monitorprogramms

Ein Test mit dem neu entwickelten Ressourcentyp

```
# clrt list|grep NOGDS
BUCH.NOGDS_hafile
# clrg create nogds_hafile_rg
# clrs create -t BUCH.NOGDS_hafile -g nogds_hafile_rg nogds_hafile_rs
# clrg manage nogds_hafile_rg
# clrs show -p Files nogds_hafile_rs

=== Resources ===

Resource:                                 nogds_hafile_rs
```

```
--- Standard and extension properties ---

Files:                                          /tmp/eins,/tmp/zwei,/tmp/drei
  Class:                                          extension
  Description:                                    Dateien
  Per-node:                                       False
  Type:                                           string
# clrg online nogds_hafile_rg
# clrg status


=== Cluster Resource Groups ===

Group Name          Node Name     Suspended     Status
----------          ---------     ---------     ------
nogds_hafile_rg     cluster1      No            Online
                    cluster2      No            Offline
```

Um den neuen Ressourcentyp im Cluster zu registrieren wird die gleiche Prozedur angewendet, wie dies auch im vorherigen Beispiel der Fall war. Auch das Einbinden von Ressourcen und Ressourcengruppen wird identisch durchgeführt, wie in dem oben gezeigten Beispiel erkennbar ist.

6.3 Veritas Cluster Server

Der *Veritas Cluster Server* (VCS), welcher seit Version 7 in der *InfoScale Availability* Produktlinie zu finden ist, läuft auf vielen verschiedenen Unix- und Linux-Derivaten sowie auf der Server-Edition von Windows. Die Handhabung ist dabei weitgehend identisch, was den Vorteil hat, dass man sich auf den verschiedenen Plattformen sehr schnell zurecht findet. Die Core-Komponenten des VCS bestehen aus *LLT*, *GAB* und dem *HAD*.

Komponenten des Veritas Cluster Server
- Low Latency Transport (LLT)
  Der Low Latency Transport stellt die Kommunikationsbasis zwischen den einzelnen Clusterknoten her und hat folgende Hauptaufgaben:
  - Load Balancing
    LLT verteilt die zu sendenden Pakete gleichmäßig auf alle zur Verfügung stehenden Netzwerkpfade. Fällt ein Netzwerkpfad aus, so wird automatisch auf den verbleibenden Links verteilt.
  - Heartbeat
    LLT sendet und empfängt Heartbeat-Pakete. Dies dient der Kontrolle der Zugehörigkeit durch das GAB-Modul.

– Group Membership Services and Atomic Broadcast (GAB)
GAB ist verantwortlich für Zugehörigkeiten der Cluster-Partner und für die Kommunikation innerhalb des Clusters.
GAB kennt drei Modi der Zugehörigkeit:
  – `regular membership`
  Die Systeme können sich über mehr als einen Netzwerkpfad sehen.
  – `jeopardy mebership`
  Systeme, welche für GAB nur über einen Netzwerkpfad zu sehen sind, befinden sich im Modus `jeopardy`. Dieser Modus bedeutet, dass keine weiteren Handlungen getätigt werden, falls das System, welches sich im `jeopardy`-Modus befindet, ganz ausfällt. Es darf aus dem Grund nichts unternommen werden, da nicht festgestellt werden kann, ob das System tatsächlich ausgefallen ist, oder der letzte Kommunikationsweg ebenfalls ausgefallen ist. Wäre nur die Kommunikation gestört, das System aber noch funktionsfähig, so könnte es fatale Folgen haben, wenn die Services des vermeintlich gestorbenen Systems gestartet würden. Dieser Modus bezieht sich aber nur auf den Ausfall von Clusterknoten. Wenn eine Servicegruppe ausfällt, kann diese trotzdem geschwenkt werden, denn die anderen Rechner im Verbund sind ja trotzdem zu sehen.
  – `visible membership`
  Dieser Zustand bedeutet, dass das System sich im GAB registriert, jedoch keine gültige Zugehörigkeit hat.
  Für einen rudimentären Cluster-Betrieb benötigt man zwei GAB-Ports. Port a ist der *Gab Seeding Port*, also GAB selber. Port h ist der Port für die VCS Engine (had). Wenn ein System GAB gestartet hat, aber der had nicht gestartet ist, so ist Port a im membership und Port h ist visible.
– High Availability Daemon (had oder auch VCS Engine)
Der High Availability Daemon läuft auf jedem System des Cluster-Verbundes. Wenn er gestartet wird, liest er die Konfiguration `main.cf` aus und baut die konfigurierte Umgebung auf. Wenn zusätzliche Maschinen dem Cluster beitreten, verteilt er die Informationen über den aktuellen Zustand und die Konfiguration des Systems. Der had nimmt Benutzeranfragen entgegen und leitet Aktionen ein, wenn Maschinen oder Teilbereiche ausfallen. Alle had-Instanzen auf allen Rechnern im Cluster haben die gleiche Sicht auf sämtliche Komponenten des Clusters.

Der Veritas Cluster arbeitet mit *Servicegruppen*, welche wiederum aus einzelnen *Ressourcen* bestehen.

Abbildung 6.9 zeigt schematisch das Framework des Veritas Cluster Servers. In dem Beispiel sind zwei Servicegruppen konfiguriert. Servicegruppe A besteht aus zwei Ressourcen, wobei eine Ressource vom Typ 1 und eine vom Typ 2 ist. Servicegruppe B besteht nur aus einer Ressource, welche ebenfalls vom Typ 2 ist.

Der had startet zwei Agenten, wobei Agent 1 als Schnittstelle zu Ressource 1 aus Servicegruppe A fungiert und Agent 2 für Ressource 2 aus Servicegruppe B und zusätzlich für Ressource 3 aus Servicegruppe A zuständig ist.

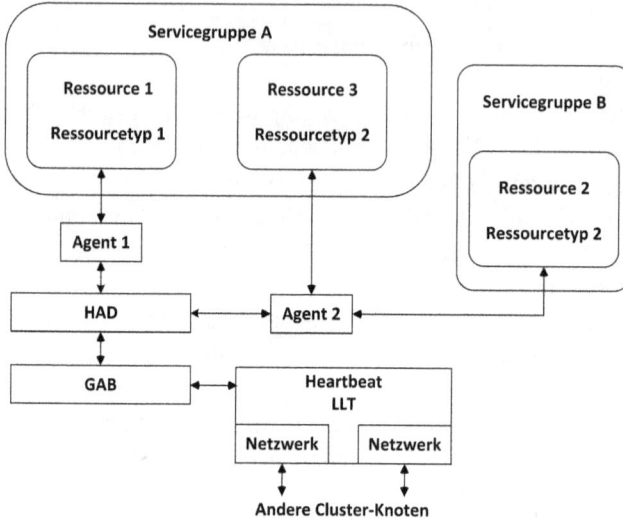

Abb. 6.9: VCS-Komponenten

6.3.1 Steuerung der Veritas Cluster-Komponenten

Es werden nun die wichtigsten Kommandos und Optionen vorgestellt, welche benötigt werden, um eigene Programme in den Cluster einzubinden und zu verwalten. Es können nicht alle Kommandos mit sämtlichen Optionen vorgestellt werden, da dies den Rahmen des Buches sprengen würde. Es wird empfohlen, diesbezüglich die Manpages und Dokumentationsseiten des Herstellers im Internet zu konsultieren.

Verwaltung von Ressourcentypen

```
hatype -add Typ
```

Fügt der Konfiguration einen neuen Ressourcentyp hinzu.

```
hatype -delete Typ
```

Löscht Ressourcentyp *Typ* aus Clusterkonfiguration.

```
hatype -display [Typ[...,Typn]] [-attribute Attr[...,Attrn]
```

Listet Attribute und Ressourcentyp auf. Wenn weder Attribut noch Ressourcentyp angegeben sind, werden alle Ressourcentypen mit allen Attribute angezeigt.

```
hatype -resources Typ
```

Listet alle Ressourcen des angegeben Ressourcentyps auf.

```
hatype -value Typ Attribut
```

Zeigt Wert des Attributes *Attribut* des Ressourcentyps *Typ*.

```
hatype -modify Typ Attribut
```

Verändert Attribute von Ressourcentypen. Es können statische Attribute mit neuen Werten besetzt werden sowie Felder in Listen hinzugefügt oder gelöscht werden. Für die verschiedenen Dimensionierungen sind folgende Varianten möglich:

SCALAR:
```
hatype -modify Typ Attribut Wert
```

VECTOR:
```
hatype -modify Typ Attribut Wert
hatype -modify Typ Attribut -add WERT
hatype -modify Typ Attribut -insert INDEX WERT
hatype -modify Typ Attribut -delete WERT
hatype -modify Typ Attribut -delete -keys
```

KEYLIST:
```
hatype -modify Typ Attribut Key
hatype -modify Typ Attribut -add Key
hatype -modify Typ Attribut -insert Index Key
hatype -modify Typ Attribut -delete Key
hatype -modify Typ Attribut -delete -keys
```

ASSOCIATION:
```
hatype -modify Typ Attribut {Key Wert}
hatype -modify Typ Attribut -add {Key Wert}
hatype -modify Typ Attribut -update {Key Wert}
hatype -modify Typ Attribut -delete Key
```

```
hatype -modify Typ Attribut -delete -keys
```

Wenn man einem Ressourcentyp jedoch neue Attribute hinzufügen will, muss das Kommando haattr verwendet werden. Mit diesem Kommando können Attribute hinzugefügt und gelöscht werden. Die Syntax:

```
haattr -add [-(temp|static)] Typ Attr [Datentyp]] [Dimension] \
   [Default]
```

Fügt dem Ressourcentyp *Typ* ein Attribut *Attr* hinzu. Der Datentyp *Datentyp*, die Dimensionierung des Variablentyps *Dimension* und ein Defaultwert *Default* können mit übergeben werden. Wenn kein Datentyp und keine Dimensionierung angegeben ist, wird als Datentyp ein String und als Dimensionierung ein Skalar vorausgesetzt.

```
haattr -delete [-(temp|static)] Typ Attr
```

Löscht Attribut *Attr* aus der Definition des Ressourcentyps *Typ*.

Statische und temporäre Attribute

Es gibt Attribute, welche für alle Ressourcen eines bestimmten Typs gelten sollen. Diese Attribute werden durch das Schlüsselwort static definiert. Ein Beispiel ist das Attribut AgentFile. Wenn es gesetzt ist, wird für den Ressourcentyp das Programm als Agent gestartet, welches dort hinterlegt ist. Ist es nicht gesetzt, gilt immer ${VCS_HOME}/bin/${Ressourcentyp}/${Ressourcentyp}Agent, zum Beispiel /opt/VRTSvcs/bin/DiskGroup/DiskGroupAgent für den Agenten, welcher Diskgruppen im Cluster steuert. Dieses Attribut sollte nicht überschrieben werden, da der Agent ansonsten nicht gefunden wird.

Ein Attribut, welches als statisch markiert ist, wird in der Ressource nicht angezeigt, so lange es nicht verändert wird. Man kann dieses Attribut jedoch in der Ressourcentyp-Beschreibung sehen. Statische Attribute können auch für einzelne Ressourcen überschrieben werden, wenn das jeweilige Attribut in der Ressource mit hares -override markiert wird.

Wenn ein Attribut als temporär markiert ist (temp), können für dieses Attribut keine dauerhaften Zuweisungen innerhalb der Ressource gemacht werden.

Im folgenden Beispiel besagt die Beschreibung des Ressourcentyps TEMPtype, dass zwei Attribute zur Verfügung stehen. Das Attribut mit Namen TEMPattr ist als temporär und das Attribut NOTEMPattr als nicht temporäres Attribut deklariert:

```
type TEMPtype (
        static str ArgList[] = { TEMPattr }
        temp int TEMPattr
        int NOTEMPattr
)
```

Es wurde eine Ressource dieses Typs angelegt und die Attribute TEMPattr und NOTEMPattr mit dem Wert 5 besetzt. Nachdem der Cluster gestoppt und wieder gestartet wurde, erkennt man, dass das Attribut NOTEMPattr seinen Wert beibehalten hat, wohingegen das Attribut TEMPattr einen Wert von 0 aufweist.

```
# hares -modify TEMP_rs TEMPattr 5
# hares -modify TEMP_rs NOTEMPattr 5
# haconf -dump -makero
# hares -display TEMP_rs -attribute TEMPattr NOTEMPattr
#Resource     Attribute        System     Value
TEMP_rs       NOTEMPattr       global     5
TEMP_rs       TEMPattr         global     5
# hastop -local -force
# hastart
# hares -display TEMP_rs -attribute TEMPattr NOTEMPattr
#Resource     Attribute        System     Value
TEMP_rs       NOTEMPattr       global     5
TEMP_rs       TEMPattr         global     0
```

Datentypen

Attribute können verschiedene Dimensionen und Datentypen bedienen.
Tabelle 6.25 enthält die von VCS unterstützten Datentypen.

Tab. 6.25: Von VCS unterstützte Datentypen

Datentyp	Anmerkung
String	Beliebige Zeichenkette
Integer	32-Bit-Integer mit Vorzeichenbit
Boolean	Integer mit den möglichen Werten 0 (true) und 1 (false)

Dimensionierung von Datentypen

Die Datentypen können in folgenden Dimensionen verwendet werden:

- Scalar
  Ein skalares Attribut kann genau einen Wert annehmen. Gültige Attribute sind zum Beispiel:
  ```
  str Skalar = "Eins"
  int Skalar = 1
  ```

– Vector
Ein Vektor ist eine geordnete Liste von Werten, welche über einen Index angesprochen werden. Ein Vektor wird durch eckige Klammern gekennzeichnet.
Beispiele:
```
str Vektor[] = { VektorEins, VektorZwei, VektorDrei, VektorVier }
int Vektor[] = { 1, 2, 3, 4 }
```
– Keylist
Ein Schlüsselverzeichnis ist eine ungeordnete Liste von Strings.
Beispiel:
```
keylist Liste = { ListeEins, ListeZwei, ListeDrei, ListeVier }
```
– Association
Ein Liste, welche in der Form *Variable=Wert* aufgebaut ist. Beispiel:
```
str Association{} = { Assoc1=Eins, Assoc2=Zwei, Assoc3=Drei }
```

Die folgenden Beispiele zeigen, wie mittels haattr verschiedene Datentypen in unterschiedlichen Dimensionierungen erzeugt werden. Alle Beispiele beziehen sich auf den Ressourcentyp TestTyp. Die Bezeichnungen der Attribute wurden von ATTR1 bis ATTR8 gewählt. Für jedes Beispiel wurde ein Default gewählt. Wenn nach der Angabe der Dimensionierung (-(string|scalar|vector|keylist|assoc)) kein weiteres Argument folgt, wird kein Default für das jeweilige Attribut erzeugt. Das Attribut ArgList muss über das Kommando hatype angepasst werden, da dies ein bereits vorhandenes, statisches Attribut darstellt. Die ArgList wird in der bestehenden Reihenfolge an den jeweiligen Einstiegspunkt des Agenten übergeben.

```
# hatype -add TestTyp
# hatype -modify TestTyp SourceFile "./TestTyp.cf"
# haattr -add TestTyp ATTR1 -string -scalar TestString
# haattr -add TestTyp ATTR2 -string -vector TestString1 TestString2
# haattr -add TestTyp ATTR3 -string -keylist TestString1 TestString2
# haattr -add TestTyp ATTR4 -string -assoc TestString1 1 TestString2 2
# haattr -add TestTyp ATTR5 -integer -scalar 5
# haattr -add TestTyp ATTR6 -integer -vector 3 2 1
# haattr -add TestTyp ATTR7 -boolean -scalar 0
# haattr -add TestTyp ATTR8 -boolean -vector 0 1 0 1
# hatype -modify TestTyp ArgList ATTR1 ATTR2 ATTR3 ATTR4\
 ATTR5 ATTR6 ATTR7 ATTR8
# haconf -dump -makero
```

Durch die oben gezeigten Kommandos wurde ein Textdatei erzeugt, welche alle Attribute, Datentypen und – wenn vorhanden – Vorbelegungen von Attributen beschreibt. Es empfiehlt sich für neue Ressourcentypen eigene Konfigurationsdateien zu erzeugen, da diese auch in andere Cluster durch ein include-Statement am Anfang der Cluster-Konfigurationsdatei (main.cf) eingebunden werden können. Die durch die oben gezeigten Kommandos erzeugte Datei sieht wie folgt aus:

```
type TestTyp (
        static str ArgList[] = { ATTR1, ATTR2, ATTR3, ATTR4, ATTR5, ATTR6,\
        ATTR7, ATTR8 }
        str ATTR1 = TestString
        str ATTR2[] = { TestString1, TestString2 }
        keylist ATTR3 = { TestString1, TestString2 }
        str ATTR4{} = { TestString1=1, TestString2=2 }
        int ATTR5 = 5
        int ATTR6[] = { 3, 2, 1 }
        boolean ATTR7 = 0
        boolean ATTR8[] = { 0, 1, 0, 1 }
)
```

Verwaltung von Ressourcen

```
hares -add RS Typ Gruppe
```

Fügt Ressource *RS* vom Ressourcentyp *Typ* der Servicegruppe *Gruppe* hinzu.

```
hares -delete [-force] RS
```

Löscht Ressource *RS*. Mit der Option „-force" wird eine Ressource, welche sich im Status ONLINE befindet, gelöscht, ohne diese zu stoppen.

```
hares -(local|global) RS Attribut
```

Wenn bestimmte Attribute für einzelne Hosts im Cluster gesetzt werden sollen, kann man dies über die Option „-local" erreichen. Um ein Attribut für alle Maschinen im Cluster zu setzen, wird die Option „-global" verwendet (Standard).

```
hares -(link|unlink) RS1 RS2
```

Mit der Option „-link" wird Ressource *RS1* von *RS2* abhängig gemacht. Es muss erst *RS2* verfügbar sein, bevor *RS1* gestartet wird. Umgekehrt wird erst Ressource *RS1* gestoppt, bevor *RS2* gestoppt wird. Soll die Abhängigkeit aufgehoben werden, verwendet man die Option „-unlink".

```
hares -clear RS -sys Rechner
```

Wenn sich eine Ressource im Status FAULTED befindet, kann dieser Status nach Behebung des Problems manuell gelöscht werden. Es muss immer der Rechner angegeben werden, für welchen der Status FAULTED gelöscht werden soll. Die Ressource bleibt bis zum nächsten Monitorzyklus im Status OFFLINE für das angegebene System.

```
hares -(online|offline) RS -sys Rechner
```

Startet oder stoppt Ressource *RS* auf *Rechner*.

```
hares -(override|undo_override) RS Statisches_Attribut
```

Wenn statische Attribute in einer Ressource verändert werden sollen, werden diese mit der Option „-override" zum Verändern freigeschaltet. Um dies rückgängig zu machen, wird die Option „-undo_override" verwendet.

```
hares -probe RS -sys Rechner
```

Löst einen Monitor-Durchlauf der Ressource *RS* für Maschine *Rechner* aus.

```
hares -dep
```

Zeigt Abhängigkeiten zwischen Ressourcen an.

```
hares -display [RS [...RSn]] [-attribute Attr [...Attrn]] \
  [-group Gruppe [...Gruppen]] [-type Typ [...Typn]]
```

Bei Aufruf ohne weitere Optionen werden alle Ressourcen mit allen Attributen aufgelistet. Es können über Namen von Ressourcen oder Servicegruppen Einschränkungen gemacht werden. Des Weiteren kann man die Ausgabe auf gewünschte Attribute beschränken. Es werden dann nur die Ressourcen gezeigt, welche über diese Attribute verfügen. Ebenfalls lässt sich die Ausgabe auf Ressourcen eines bestimmten Typs beschränken. Kombinationen sind beliebig möglich.

Steuerung von Servicegruppen

```
hagrp -(add|delete) Gruppe
```

Fügt dem Cluster die Servicegruppe *Gruppe* hinzu („-add") oder löscht diese wieder („-delete"). Es können nur leere Servicegruppen gelöscht werden. Wenn Abhängigkeiten zu anderen Gruppen bestehen, werden diese ebenfalls gelöscht.

```
hagrp -clear Gruppe [-sys Rechner]
```

Löscht für alle Ressourcen in der Servicegruppe *Gruppe* das Flag FAULTED, falls dieses gesetzt ist.

`hagrp -(enableresources|disableresources)` *Gruppe*

Aktiviert oder deaktiviert alle Ressourcen der Servicegruppe *Gruppe*.

`hagrp -(freeze|unfreeze)` *Gruppe* `[-persistent]`

Friert Servicegruppe *Gruppe* ein oder taut diese auf. Wenn eine Gruppe eingefroren ist, werden keine Aktionen für die in dieser Gruppe konfigurierten Ressourcen durchgeführt. Die Ressourcen werden weiterhin überwacht, jedoch führt der Cluster keine Aktionen aus, wenn sich der Status der Ressourcen verändert.

Wenn die Option „`-persistent`" gesetzt ist, wird in der Clusterkonfiguration (`main.cf`) eingetragen, dass die Gruppe eingefroren ist.

Wenn die Option nicht gesetzt ist, wird nur im RAM vermerkt, dass die Servicegruppe eingefroren ist. Bei einem Neustart des Clusters ist die Information nicht mehr vorhanden.

`hagrp -(online|offline)` *Gruppe* `-(sys` *Rechner*`|any)`

Startet oder stoppt Servicegruppe *Gruppe* auf Maschine *Rechner* oder (wenn Option „`-any`" verwendet wurde) auf dem jeweils passenden System.

`hagrp -switch` *Gruppe* `-(to` *Rechner*`|any)`

Schwenkt Servicegruppe *Gruppe* auf Maschine *Rechner* oder auf den nächsten passenden Rechner, wenn die Option „`-any`" verwendet wurde.

6.3.2 Applikationen in den Cluster einbinden

Das Framework des VCS bietet ebenfalls zwei Möglichkeiten an, um Applikationen mit eigenen Programmen hochverfügbar zu machen.

Zum einen gibt es den Ressourcentyp *Application*, welcher mehrere vordefinierte Schnittstellen bietet, um mit dem Cluster zu kommunizieren. Dieser Ressourcentyp stellt die einfachste Methode dar, um eigene Applikationen in den Cluster einzubinden.

Zum anderen kann man wie im Solaris Cluster auch eigene Ressourcentypen definieren, welche dann alle benötigten Methoden zur Verfügung stellen, um eine Applikation vom Cluster steuern zu lassen. Es sollen hier beide Methoden vorgestellt werden.

Application Agent

Der Application Agent bietet die schnellste Methode, um eine Applikation in den Cluster einzubinden. Er ist in seiner Funktionsweise mit dem GDS des Solaris Cluster Frameworks vergleichbar, bietet jedoch mehr Möglichkeiten der Konfiguration. Folgende Funktionen und Methoden sind in den Agenten integriert:

- ONLINE
  Diese Funktion wird zum Starten der Applikation aufgerufen.
- OFFLINE
  Dieser Einsprungspunkt wird aufgerufen, um die Applikation zu stoppen.
- MONITOR
  Es muss mindestens eine der folgenden Methoden hinterlegt sein (eine Kombination aus mehreren Methoden ist möglich):
  - MonitorProgram
    Ein Programm, welches als Returncode entweder eine 100 für OFFLINE oder eine 110 für ONLINE zurückliefert (Es gelten Bereiche von 101 - 110 für den Status ONLINE, wobei 110 besagt, dass die Ressource definitiv ONLINE ist). Näheres dazu findet sich in der Dokumentation unter dem Stichwort *Confidence Level*.
  - MonitorProcesses
    Ein String, welcher im Prozessbaum gesucht wird. Wird das Programm im Prozessbaum gefunden, wird ein ONLINE an den Cluster zurückgeliefert. Wird der String nicht gefunden, wird ein OFFLINE gemeldet.
  - PidFiles
    Es können mehrere Dateien hinterlegt werden, wovon je eine Datei eine PID enthält. Der Agent prüft, ob die PID vorhanden ist, und meldet entweder ein ONLINE oder ein OFFLINE.
- imf_init
  Mit dieser Methode wird der Agent im *AMF* (**A**synchronous **M**onitoring Framework) registriert.
- imf_getnotification
  Über diese Schnittstelle werden Veränderungen des Ressourcenzustandes vom AMF entgegengenommen.
- imf_register
  Diese Funktion registriert die jeweiligen Ressource Attribute zur Überwachung im AMF. Es können PIDs und Prozess-Strings im Prozessbaum überwacht werden.
- Clean
  Programm, welches bei unerwartetem Verhalten der Ressource aufgerufen werden soll (falls definiert).
- Action
  Diese Methode prüft die Richtigkeit der vorhandenen Argumente und Attribute.

Die für den Benutzer hinterlegten Attribute sind in **Tabelle 6.26** aufgelistet.

Tab. 6.26: Schnittstellen zum Application Agent im Veritas Cluster

Attribut	Bedeutung
User	Falls andere UID als root gewünscht
StartProgram	Programm, um Applikation zu starten
StopProgram	Programm, um Applikation zu stoppen
CleanProgram	Programm, welches bei Problemen aufgerufen werden soll
MonitorProgram	Programm, um Applikation zu prüfen
PidFiles	Datei(en), welche (je eine) PID der gestarteten Applikation enthält
MonitorProcesses	String, welcher in der Prozessliste gesucht werden soll
EnvFile	Datei, welche gelesen werden soll
UseSUDash	Wenn gesetzt, wird su – *User* durchgeführt, ansonsten su *User*

Voraussetzung zur Nutzung des Application Agent ist ein Start-Programm, ein Stopp-Programm und mindestens eine der folgenden drei Prüfmethoden:

- Ein Monitor-Programm oder
- PidFiles oder
- MonitorProcesses

Die sicherste Methode zur Überwachung ist, ein eigenes Monitorprogramm zur Verfügung zu stellen. Bei der Verwendung von PidFiles und/oder MonitorProcesses wird nur von außen auf das zu überwachende Konstrukt geschaut.

So kann es beispielsweise passieren, dass die Applikation gar nicht mehr reagiert, ihre PID jedoch noch im Prozessbaum zu finden ist. Für den Cluster sieht es dann so aus, als ob alles in Ordnung wäre, obwohl die Applikation nicht mehr funktionsfähig ist.[4]

Erzeugen einer Ressource auf Basis des Application Agent
Es wird nun mit Hilfe des Ressourcentyps Application eine Überwachung von Dateien im Cluster realisiert (vergleichbar mit dem FileOnOff-Agenten).

---

4 Der von Veritas erhältliche Agent zur Überwachung von Oracle-Datenbanken kann zum Beispiel so eingestellt werden, dass er sich an der zu überwachenden Datenbank-Instanz anmeldet und einen Timestamp einer Testtabelle neu schreibt. Auf diese Weise wird kontrolliert, ob das Datenbank-Management-System nicht nur auf Anfragen reagieren kann, sondern auch, ob Daten in die Datenbank geschrieben werden können.

Das Programm zur Steuerung der Dateien sieht wie folgt aus:

```sh
#!/bin/sh
# Dateien mit dem Application Agent steuern
#
case $1 in
"start")
 shift
 files=$@ # Dateien auslesen
 for file in $files
 do
  set >$file || exit 1 # Dateien anlegen oder Programm mit Fehler beenden
 done
 exit 0 # Ansonsten Erfolg melden
;;
'stop')
 shift
 files=$@ # Dateien auslesen
 rm $files || exit 1 # Dateien loeschen oder Programm mit Fehler beenden
 exit 0 # Ansonsten Erfolg melden
;;
'clean')
 shift
 files=$@
 rm -f $files || exit 1 # Dateien loeschen oder Programm mit Fehler beenden
 exit 0 # Ansonsten Erfolg melden
;;
'monitor')
 #
 # Pruefen, ob uebergebene Dateien vorhanden sind
 #
 shift
 files=$@
 for file in $files
 do
  if [ ! -f $file ]
  then
   # wenn eine Datei nicht vorhanden ist, Ressource als OFFLINE melden
   exit 100
  fi
 done
 # Wenn alle Dateien vorhanden sind.
 # wird Ressource als ONLINE gemeldet
 exit 110
;;
esac
```

Anlegen der Servicegruppe und der Ressource

Zuerst wird eine Servicegruppe erstellt, welche eine Ressource beinhaltet.

```
(1) # haconf -makerw
(2) # hagrp -add buch_rg
    VCS NOTICE V-16-1-10136 Group added; populating SystemList and setting the
    Parallel attribute recommended before adding resources
(3) # hagrp -modify buch_rg SystemList rhel643 0 rhel644 0
(4) hares -add buch_rs Application buch_rg
    VCS NOTICE V-16-1-10242 Resource added. Enabled attribute must be set before
    agent monitors
```

In (1) wird die Cluster-Datenbank zum Schreiben geöffnet. Dies ist die Voraussetzung dafür, dass neue Objekte in den Cluster eingebunden werden können. In (2) wird die Servicegruppe *buch_rg* erstellt und in (3) die Systeme *rhel643* sowie *rhel644* als mögliche Zielsysteme dieser Gruppe angegeben. Dieser Servicegruppe wird in (4) die Ressource *buch_rs* vom Typ Application hinzugefügt.

Methoden zum Starten, Stoppen und Prüfen hinterlegen

Im nächsten Schritt müssen die Methoden zum Starten (StartProgram), Stoppen (StopProgram), Testen (MonitorProgram) sowie zum Beenden bei Auftreten eines Fehlers (CleanProgram) der Ressource hinterlegt werden. Überwacht werden in diesem Beispiel die Dateien /tmp/eins, /tmp/zwei und /tmp/drei.

```
[root@rhel643 tmp]# hares -modify buch_rs StartProgram "/var/tmp/hafile.sh \
 start /tmp/eins /tmp/zwei /tmp/drei"
[root@rhel643 tmp]# hares -modify buch_rs StopProgram "/var/tmp/hafile.sh \
 stop /tmp/eins /tmp/zwei /tmp/drei"
[root@rhel643 tmp]# hares -modify buch_rs MonitorProgram "/var/tmp/hafile.sh \
 monitor /tmp/eins /tmp/zwei /tmp/drei"
[root@rhel643 tmp]# hares -modify buch_rs CleanProgram "/var/tmp/hafile.sh \
 clean /tmp/eins /tmp/zwei /tmp/drei"
```

Die Attribute sind den Vorgaben entsprechend angepasst, wie die Ausgabe zeigt:

```
# hares -display buch_rs -attribute StartProgram StopProgram MonitorProgram \
 CleanProgram
#Resource    Attribute        System    Value
buch_rs      CleanProgram     global    /var/tmp/hafile.sh clean /tmp/eins \
 /tmp/zwei /tmp/drei
buch_rs      MonitorProgram   global    /var/tmp/hafile.sh monitor /tmp/eins \
 /tmp/zwei /tmp/drei
buch_rs      StartProgram     global    /var/tmp/hafile.sh start /tmp/eins \
 /tmp/zwei /tmp/drei
buch_rs      StopProgram      global    /var/tmp/hafile.sh stop /tmp/eins \
 /tmp/zwei /tmp/drei
```

Damit die Dateien im Cluster verwaltet werden können, muss die Ressource aktiviert werden. Sobald das Attribut Enabled auf 1 gesetzt ist, wird die Applikation überwacht. Man erkennt, dass die Ressource nach Aktivierung das Attribut Probed von 0 auf 1 geändert hat, was bedeutet, dass ein Monitorzyklus durchlaufen wurde. Man erkennt auch, dass die Überprüfung der Ressource auf beiden Cluster-Knoten stattgefunden hat, denn das Attribut wurde für beide Maschinen auf 1 gesetzt.

```
[root@rhel643 tmp]#  hares -display buch_rs -attribute Probed
#Resource    Attribute         System      Value
buch_rs      Probed            rhel643     0
buch_rs      Probed            rhel644     0
[root@rhel643 tmp]#
[root@rhel643 tmp]# hares -modify buch_rs Enabled 1
[root@rhel643 tmp]#
[root@rhel643 tmp]# hares -display buch_rs -attribute Probed
#Resource    Attribute         System      Value
buch_rs      Probed            rhel643     1
buch_rs      Probed            rhel644     1
[root@rhel643 tmp]#
```

Da die Dateien noch nicht angelegt sind, zeigt hastatus -sum die erzeugte Servicegruppe als OFFLINE.

```
[root@rhel643 tmp]# hastatus -sum

-- SYSTEM STATE
-- System              State              Frozen

A  rhel643             RUNNING            0
A  rhel644             RUNNING            0

-- GROUP STATE
-- Group      System       Probed    AutoDisabled    State

B  buch_rg    rhel643      Y         N               OFFLINE
B  buch_rg    rhel644      Y         N               OFFLINE
```

Die Log-Datei des Clusters zeigt, dass ein Monitorzyklus gelaufen ist.

```
2017/03/26 05:24:59 VCS INFO V-16-1-50135 User root fired command: \
hares -modify buch_rs Enabled 1  from localhost
2017/03/26 05:25:00 VCS INFO V-16-1-10304 Resource buch_rs (Owner: \
Unspecified, Group: buch_rg) is offline on rhel644 (First probe)
2017/03/26 05:25:00 VCS INFO V-16-1-10304 Resource buch_rs (Owner: \
Unspecified, Group: buch_rg) is offline on rhel643 (First probe)
```

Starten der Servicegruppe

Nachdem die Ressource aktiviert wurde, kann die Servicegruppe gestartet werden. Im folgenden Beispiel wird als Ziel der Host *rhel643* angegeben.

```
# hagrp -online buch_rg -sys rhel643
# hastatus -sum

-- SYSTEM STATE
-- System              State               Frozen

A  rhel643             RUNNING             0
A  rhel644             RUNNING             0

-- GROUP STATE
-- Group       System        Probed    AutoDisabled    State

B  buch_rg     rhel643       Y         N               ONLINE
B  buch_rg     rhel644       Y         N               OFFLINE
```

Die Dateien sind vom Application Agent angelegt worden, wie es in der Ressource hinterlegt wurde.

```
# ls -ltr /tmp
total 12
-rw-r--r--. 1 root root 1558 Mar 26 05:38 zwei
-rw-r--r--. 1 root root 1555 Mar 26 05:38 eins
-rw-r--r--. 1 root root 1558 Mar 26 05:38 drei
```

Der Veritas Cluster ruft für Ressourcen, welche sich im Status OFFLINE befinden, alle 5 Minuten einen Monitordurchlauf auf, wie das folgende Beispiel zeigt.

Nachdem die Ressource auf dem ersten Clusterknoten bereits gestartet wurde, werden auf der zweiten Maschine des Clusters manuell die zu steuernden Dateien angelegt:

```
[root@rhel644 tmp]# ./hafile.sh start /tmp/eins /tmp/zwei /tmp/drei
[root@rhel644 tmp]# ls -l /tmp
total 0
-rw-r--r--. 1 root root 0 Mar 26 05:45 drei
-rw-r--r--. 1 root root 0 Mar 26 05:45 eins
-rw-r--r--. 1 root root 0 Mar 26 05:45 zwei
```

Das Cluster-Log zeigt:

```
2017/03/26 05:50:02 VCS INFO V-16-1-10299 Resource buch_rs
(Owner: Unspecified, Group: buch_rg) is online on rhel644 (Not initiated by VCS)
2017/03/26 05:50:02 VCS ERROR V-16-1-10214 Concurrency Violation:CurrentCount
```

```
increased above 1 for failover group buch_rg
2017/03/26 05:50:02 VCS NOTICE V-16-1-10233 Clearing Restart attribute for group
buch_rg on all nodes
2017/03/26 05:50:02 VCS NOTICE V-16-1-10447 Group buch_rg is online on system
rhel644
2017/03/26 05:50:02 VCS WARNING V-16-6-15034 (rhel644) violation:Offlining group
buch_rg on system rhel644
2017/03/26 05:50:02 VCS NOTICE V-16-1-10167 Initiating manual offline of
group buch_rg on system rhel644
2017/03/26 05:50:02 VCS NOTICE V-16-1-10300 Initiating Offline of Resource buch_rs
(Owner: Unspecified, Group: buch_rg) on System rhel644
2017/03/26 05:50:02 VCS INFO V-16-6-15002 (rhel644) hatrigger:hatrigger executed
/opt/VRTSvcs/bin/internal_triggers/violation rhel644 buch_rg successfully
2017/03/26 05:50:02 VCS INFO V-16-10031-509 (rhel644) Application:buch_rs:\
offline:Executed </var/tmp/hafile.sh> as user <root>. The program exited with
return code <0>.
2017/03/26 05:50:04 VCS INFO V-16-1-10305 Resource buch_rs (Owner:\
Unspecified, Group: buch_rg) is offline on rhel644 (VCS initiated)
2017/03/26 05:50:04 VCS NOTICE V-16-1-10446 Group buch_rg is offline on system
rhel644
```

Eine Failover-Servicegruppe darf immer nur auf einem System im Cluster gestartet sein. Das Monitoring hat gemeldet, dass die Ressource *buch_rs* auf Rechner *rhel644* den Status ONLINE erreicht hat, obwohl dies nicht durch das Cluster-Framework initiiert wurde. Dies löst eine *Concurrency Violation*[5] und einen dementsprechenden *Trigger* aus. Trigger sind Programme, welche vom Cluster zu bestimmten Ereignissen aufgerufen werden. Man kann auch eigene Trigger für einen Cluster bereitstellen.

Eine gute Beschreibung der Trigger findet sich im *Veritas Cluster Server Administrator's Guide*.

6.3.3 Eigene Agenten entwickeln

Wenn man möglichst flexibel sein will, bietet es sich an, eigene Agenten für den Veritas Cluster zu entwickeln. Die Vorteile sind zum Beispiel:
- Erscheinungsbild
  Die Schnittstelle zum Anwender stellt sich wie bei anderen Agenten dar. Es werden Attribute zur Verfügung gestellt, welche mit den üblichen Mitteln bearbeitet werden (hares -modify).

---

[5] Als Concurrency Violation wird ein Zustand bezeichnet, bei dem sich Elemente einer nicht parallelen Servicegruppe auf mehr als einem Host gleichzeitig im Status ONLINE befinden.

– Flexibilität
  Dem Entwickler steht es frei, bestimmte Attribute mit vordefinierten Werten zu
  versehen, diese aber vom Anwender überschreiben zu lassen.
– Handling
  Wenn Attribute um Werte erweitert werden, müssen nicht `StartProgram` und
  `StopProgram` (evtl. auch `MonitorProgram`) wie bei Nutzung des `Application`-
  Agents angepasst werden.

Entry Points für VCS

Wie das CRS-Framework oder der Solaris Cluster, stellt der Veritas Cluster Server für
seine Agenten ebenfalls Einstiegspunkte bereit, welche im VCS-Umfeld *Entry Points*
genannt werden. Die Entry Points werden von dem jeweiligen Agenten genutzt, um
mit einer Ressource zu interagieren. Interaktionen sind etwa Starten, Stoppen oder
Prüfen.

Tabelle 6.27 zeigt die von VCS unterstützten Entry Points.

Tab. 6.27: Unterstützte Entry Points im Veritas Cluster

Entry Point	Funktion
open	Aufruf, bevor Ressource genutzt wird
monitor	Status der Ressource ermitteln
online	Starten der Ressource
offline	Stoppen der Ressource
clean	Stoppen der Ressource erzwingen
action	Definierte Aktionen für Ressource durchführen
info	Informationen über eine Ressource im Status ONLINE
attr_changed	Wert eines Attributes einer Ressource geändert
close	Aufräumarbeiten, bevor Ressource in den Zustand unmanaged wechselt
shutdown	Wenn der Agent der Ressource gestoppt wird
imf_init	Initialisiert Agenten mit IMF Notification Module
imf_register	Registriert und löscht Ressourcen aus IMF Notification Module
imf_getnotification	Resource state change notification vom IMF
migrate	migriert Ressource

Eine genauere Beschreibung der einzelnen Entry Points, welche in **Tabelle 6.27** aufgelistet sind:

– open
  Die Methode open wird aufgerufen, wenn ein Agent gestartet wird. Sobald der
  Agent gestartet wurde, wird für jede Ressource des zugehörigen Agententyps
  die open-Prozedur durchlaufen. Dies gilt nur für Ressourcen, welche den Status
  Enabled haben. Wenn zum Beispiel ein Agent des Typs `DiskGroup` auf einem

Clusterknoten gestartet wird, so wird für jede Ressource, welche eine Diskgruppe verwaltet, die Prozedur open durchgeführt.

- monitor

  Der Einsprungspunkt monitor wird verwendet, um den Zustand der Ressource zu prüfen. Wenn eine Ressource als OFFLINE angesehen wird, führt der Agent alle 5 Minuten einen monitor-Aufruf durch. Für Ressourcen im Status ONLINE wird als Standard alle 60 Sekunden geprüft.

- online

  Die Methode online wird aufgerufen, um eine Ressource zu starten.

- offline

  Wenn eine Ressource gestoppt werden soll, wird die Methode offline aufgerufen.

- clean

  Wenn eine Ressource in einem undefinierten Zustand ist, wird das Programm clean aufgerufen. Als Argumente werden der Ressourcenname und eine Ganzzahl (CleanReason) übergeben, welche den Grund des Aufrufes widerspiegelt. Die Werte, welche CleanReason annehmen kann sind:

  - 0 -> offline hung

    Die Ressource konnte nicht in der vorgegebenen Zeit gestoppt werden (OfflineTimeout).

  - 1 -> offline ineffective

    Das Monitoring meldet einen Zustand ungleich OFFLINE, nachdem die Ressource gestoppt wurde.

  - 2 -> online hung

    Das Starten konnte nicht in vorgegebener Zeit durchgeführt werden (OnlineTimeout).

  - 3 -> online ineffective

    Das Monitoring meldet einen Zustand ungleich ONLINE, nachdem die Ressource gestartet wurde.

  - 4 -> unexpected offline

    Das Monitoring meldet eine Ressource, welche im Zustand ONLINE war, als OFFLINE (wenn diese zum Beispiel ohne den Cluster gestoppt wurde).

  - 5 -> monitor hung

    Wenn der Einstiegspunkt monitor in einer maximalen Anzahl des in dem Attribut FaultOnMonitorTimeouts hinterlegten Wertes länger als erlaubt benötigt, um eine Ressource zu prüfen.

  Wenn ein clean-Programm für einen Agenten hinterlegt ist, unterstützt der Cluster auch in folgenden Punkten (vorausgesetzt, clean liefert den Returncode 0):

  - Wenn eine Ressource in den Status FAULTED wechselt, wird sie nach einem clean nachgestartet (RestartLimit).

  - Startet eine Ressource erneut, wenn ein Versuch zu Starten fehlschlug, bis das OnlineRetryLimit erreicht wurde.

– Initiiert einen Failover, wenn die Ressource den Status FAULTED erreicht hat.
– action
Diese Methode führt eine zuvor definierte Aktion für eine Ressource durch. Es gibt
ein Attribut SupportedActions, welches alle Aktionen enthält, die für einen Ressourcentyp definiert wurden. Die SupportedActions werden als ASCII-Liste gepflegt. Aufgerufen werden die hinterlegten Aktionen in der Form:
hares -action RS Token [-actionargs Arg...] -sys System
Wenn Aktionen für Agenten programmiert werden sollen, muss sich für jede Aktion ein Programm im Unterverzeichnis actions des Agenten mit Namen Token
befinden.
– info
Über diese Methode können Werte zu Ressourcen ermittelt und ausgegeben werden. Gespeichert werden die Informationen im Attribut ResourceInfo. Dieses Attribut wird nicht im Ressourcentyp selbst hinterlegt, sondern zur Laufzeit generiert, falls der Einstiegspunkt info genutzt wird.
– attr_changed
Wenn eine Ressource verändert wurde, wird durch den Agenten der Entry Point
attr_changed aufgerufen. Dies gilt nur für Attribute, welche dafür registriert wurden. Die Registrierung wird durch Eintrag in das Attribut RegList vorgenommen.
– close
Wenn eine Ressource abgeschaltet oder aus dem Cluster gelöscht wird, ruft der
Agent das Programm close auf.
– shutdown
Wenn ein Agent gestoppt wird, ruft er das shutdown-Programm auf, falls dieses
existiert.
– imf_init
Dieser Einsprungpunkt wird genutzt, um einen Agenten im IMF Notification Mo-
dule zu registrieren.
– imf_register
Um Ressourcen im IMF anzumelden, muss dieser Entry Point verwendet werden.
Sobald die Ressource den Status ONLINE oder OFFLINE erreicht hat und zwei auf-
einanderfolgende Aufrufe des traditionellen monitor-Programms einen Status
von ONLINE oder OFFLINE melden, registriert der Agent die Ressource im IMF.
Der Agent nimmt die Ressource wieder aus dem IMF, wenn:
– MonitorFreq-key des IMF Attributes einen Wert ungleich Null aufweist und
das traditionelle Monitoring einen der folgenden Statusübergänge meldet:
* ONLINE zu OFFLINE
* OFFLINE zu ONLINE
* ONLINE zu UNKNOWN
* OFFLINE zu UNKNOWN
– Wenn der Modus des IMF geändert wird.
– Wenn das Attribut ContainerInfo geändert wurde.

- Wenn das Attribut IMFRegList geändert wurde.
- Wenn IMFRegList leer ist und ein beliebiges Attribut der Ressource geändert wird.
- imf_getnotification
  Wenn eine Ressource ihren Status verändert, wird imf_getnotofication aufgerufen.

6.3.4 Parameterübergabe an Agenten

In der Installation des VCS ist eine Funktionsbibliothek enthalten, welche in fast allen Agenten Verwendung findet. Sie wird zu Beginn der jeweiligen Entry Points aufgerufen und enthält Funktionen zum Aufzeichnen von Nachrichten und zur Abfrage von Attributen.

Der Aufruf der Bibliothek:

```
VCSHOME="${VCS_HOME:-/opt/VRTSvcs}"
. $VCSHOME/bin/ag_i18n_inc.sh
```

Diese Bibliothek enthält drei sehr wichtige Funktionen für die Entwicklung eigener Agenten. Die Funktionen im Einzelnen:

VCSAG_SET_ENVS
Diese Funktion setzt Umgebungsvariablen, welche zum Aufzeichnen von Nachrichten in die jeweilige Umgebung benötigt werden. Die Variablen:
- VCS_LOG_CATEGORY
  Jede Ressource hat eine eigene Logging-ID, welche über diese Funktion zugeteilt wird. Die von Veritas erstellten Agenten haben eine vordefinierte ID.
- VCS_LOG_AGENT_NAME
  Der absolute Pfad des Agenten.
- VCS_LOG_SCRIPT_NAME
  Der absolute Pfad des aufgerufenen Programms.
- VCS_LOG_RESOURCE_NAME
  Der Name der Ressource, welche aufgerufen wurde. Der Name der Ressource wird beim Aufruf der Funktion übergeben.

VCSAG_LOG_MSG
Mit Hilfe dieser Funktion werden Nachrichten in die Agent-Logdateien geschrieben. Dabei kann die Gewichtung der Nachrichten von INFORMATION bis CRITICAL eingestuft werden.

Der Aufruf der Funktion:

```
VCSAG_LOG_MSG Gewichtung Text [ID] [-encoding Kodierung] [Param]... \
[PARAM₆]
```

Tabelle 6.28 enthält die von der Funktion VCSAG_LOG_MSG zur Verfügung gestellten Attribute und deren Bedeutung.

Tab. 6.28: Attribute der Funktion VCSAG_LOG_MSG im Veritas Cluster

Attribut		Bedeutung
Gewichtung	"I"	Information
	"N"	Anmerkung
	"W"	Warnung
	"E"	Fehler
	"C"	Kritisch
Text		Nachricht in Anführungszeichen, welche in das Logfile geschrieben werden soll
ID		Integer, welche die Quelle identifiziert
Kodierung		UTF-8, ASCII oder UCS-2. Beispiel: -encoding ASCII
Param...PARAM₆		Zusätzliche Informationen zur Meldung, wie etwa der Ressourcenname

VCSAG_SU

Wenn aus einem Entry Point heraus die Umgebung eines anderen Benutzers verwendet werden muss, bietet sich die Funktion VCSAG_SU an. Der Aufruf:

```
VCSAG_SU "User" "su-Option" "Kommando"
```

Beispiel:

```
VCSAG_SU "oracle" "-" "pwd"
```

VCSAG_GET_ATTR_VALUE

Ermittelt Werte von Ressourcenattributen und schreibt diese in die Variable VCSAG_ATTR_VALUE. Da es unterschiedliche Dimensionierungen der Attribute geben kann, muss die Funktion für alle Attribute ungleich Skalaren zweifach erfolgen, wie in Beispiel 2 und in Beispiel 3 gezeigt wird.

Die folgenden Beispiele zeigen, wie Ressourcenattribute mithilfe der bereitgestellten Funktionslibrary innerhalb von Agenten abgefragt werden können.

Beispiel 1: Abfrage eines Skalars

Darstellung des Attributes für den Administrator:

```
# hares -display ATTR_rs -attribute Scalar
#Resource    Attribute          System    Value
ATTR_rs      Scalar             global    Skalar
```

Abfrage des Attributes im Programm:

```
VCSAG_GET_ATTR_VALUE "Scalar" -1 1 "$@"
if [ $? != $VCSAG_SUCCESS ]
then
 exit 1
fi
Scalar=${VCSAG_ATTR_VALUE}
echo "Wert von Scalar: ${Scalar}"
```

Beispiel 2: Abfrage der Elemente eines Vektors

Darstellung der Elemente für den Administrator:

```
[root@rhel643 ~]# hares -display ATTR_rs -attribute Vector
#Resource    Attribute          System    Value
ATTR_rs      Vector             global    Element1  Element2  Element3
```

Abfrage der Elemente im Programm:

```
VCSAG_GET_ATTR_VALUE "Vector" "$@"
if [ $? != $VCSAG_SUCCESS ]
then
 exit 1
fi
VALCOUNT=${VCSAG_ATTR_VALUE} # Anzahl Felder in Vektor
#
count=1
while [ $count -le ${VALCOUNT} ] # Schleife ueber alle Elemente der Liste
do
 VCSAG_GET_ATTR_VALUE "Vector" ${VCSAG_ATTR_INDEX} ${count} "$@"
 if [ $? != $VCSAG_SUCCESS ]
 then
  exit 1
 else
  echo "Vector (${count}) = ${VCSAG_ATTR_VALUE}"
 fi
 count=`expr $count + 1`
done
```

Die Abfrage für eine keylist läuft identisch zu der eines Vektors.

Der Unterschied zwischen einem Vektor und einem Schlüsselverzeichnis liegt in der Handhabung für den Administrator. In einer keylist darf jedes Element nur ein Mal vorkommen. Zusätzlich besteht ein Schlüsselverzeichnis aus einer Liste von Strings, wohingegen ein Vektor auch Zahlen enthalten darf.

Beispiel 3: Abfrage der Elemente einer assoziativen Liste

Eine assoziative Liste enthält Elemente in der Form $Name\ Wert...Name_n\ Wert_n$. Zum Auslesen wird eine Schleife über die Elemente der Liste gebildet und das Element der jeweiligen Position ausgelesen.

Darstellung des Attributes für den Administrator:

```
[root@rhel643 ~]# hares -display ATTR_rs -attribute Association
#Resource    Attribute         System    Value
ATTR_rs      Association       global    A 1 B 2 C 3
```

Abfrage der Elemente im Programm:

```
VCSAG_GET_ATTR_VALUE "Association" "$@"
if [ $? != $VCSAG_SUCCESS ]
then
 exit 1
fi
VALCOUNT=${VCSAG_ATTR_VALUE}
count=1
while [ ${count} -le ${VALCOUNT} ]
do
 VCSAG_GET_ATTR_VALUE "Association" ${VCSAG_ATTR_INDEX} ${count} "$@"
 if [ $? != $VCSAG_SUCCESS ]
 then
  exit 1
 else
  # erstes Element ist der Name
  #
  Name=${VCSAG_ATTR_VALUE}
  # counter inkrementieren
  # folgendes Element ist zugewiesener Wert
  count=`expr $count + 1`
  VCSAG_GET_ATTR_VALUE "Association" ${VCSAG_ATTR_INDEX} ${count} "$@"
  if [ $? != $VCSAG_SUCCESS ]
  then
   exit 1
  else
   Wert=${VCSAG_ATTR_VALUE}
```

```
    fi
    echo "Association Name: $Name Wert: $Wert"
  fi
  count=`expr $count + 1`
done
```

Hier nochmals die Auflistung aller abgefragten Attribute, welche der Ressource *Attr_rs* zugeordnet sind. Im Anschluss erfolgt die Ausgabe, welche durch das Programm online erzeugt wurde.

Das Programm enthält die oben gezeigten Kommandos und Funktionen, um die entsprechenden Argumente auszulesen. In der ersten Zeile wird die gesamte Attributliste für das aufgerufene Programm ausgegeben. Man erkennt, dass die Parameterliste sich nach dem Schema *Argumentname Anzahl_Elemente Wert...* aufbaut. Das Argument *Scalar* hat genau ein Element mit dem Wert *Skalar*. Das Argument mit Namen *Liste* enthält drei Elemente mit den Werten *2*, *1* sowie *3* und so weiter.

```
[root@rhel643 ~]# hares -display ATTR_rs -attribute Liste Vector Scalar \
Association
#Resource     Attribute         System     Value
ATTR_rs       Association        global     A 1 B 2 C 3
ATTR_rs       Liste              global     2 1 3
ATTR_rs       Scalar             global     Skalar
ATTR_rs       Vector             global     Element1  Element2 Element3
#
# Ausgabe:
#
2017/04/02 15:36:31 VCS INFO V-16-2-13716 (rhel643) Resource(ATTR_rs): \
Output of the completed operation (online)
==================================================
ALLES: Scalar 1 Skalar Liste 3 2 1 3 Vector 3 Element1 Element2 Element3 \
Association 6 A 1 B 2 C 3
Wert von Scalar: Skalar
Liste (1) = 2
Liste (2) = 1
Liste (3) = 3
Vector (1) = Element1
Vector (2) = Element2
Vector (3) = Element3
Association Name: A Wert: 1
Association Name: B Wert: 2
Association Name: C Wert: 3
==================================================


2017/04/02 15:36:32 VCS INFO V-16-1-10298 Resource ATTR_rs \
(Owner: Unspecified, Group: ATTR_sg) is online on rhel643 \
(VCS initiated)
```

Schritte zur Entwicklung eines neuen Ressourcentyps
Es soll nun wieder ein Agent entwickelt werden, welcher Dateien im Cluster steuert.
Der Ressourcentyp wird HAFile heißen und auf das Attribut Files zugreifen, welches
die Namen der zu verwaltenden Dateien enthält.

Schritt1: Neuen Ressourcentyp mit Attribut Files erzeugen
Da eine Datei nicht doppelt angelegt werden kann, wird als Datentyp die keylist
gewählt. Zunächst wird der Ressourcentyp mit dem Kommando hatype erzeugt:

```
# hatype -add HAFile
# hatype -modify HAFile SourceFile "./HAFile.cf"
# haattr -add HAFile Files -string -keylist /tmp/eins /tmp/zwei /tmp/drei
# hatype -modify HAFile ArgList Files
# haconf -dump -makero
```

Üblicherweise wird ein neuer Ressourcentyp durch Anlegen in der Konfigurationsdatei main.cf hinterlegt. Es ist aber für die spätere Verwaltung des Ressourcentyps einfacher, die Beschreibung der Attribute in einer eigenen Datei zu hinterlegen und diese dann über ein include-Statement in die main.cf einzubinden. Auf diese Art kann
man die Beschreibungsdatei leicht auf anderen Systemen verwenden, denn sie muss
nun nur kopiert und auf dem Zielsystem ebenfalls in der main.cf inkludiert werden.
In dem oben gezeigten Beispiel wird definiert, dass die Beschreibung des Ressourcentyps in die Datei HAFile.cf geschrieben wird.

Schritt 2: Bereitstellen der Methoden des neuen Ressourcentyps
Im nächsten Schritt werden die Programme hinterlegt, welche von dem Agenten angestoßen werden sollen. Die Programme liegen (wenn nicht anders in der Beschreibung
des Ressourcentyps hinterlegt) im Verzeichnis /opt/VRTSvcs/bin/*Ressourcentyp*,
in diesem Fall also unter /opt/VRTSvcs/bin/HAFile. Zur Steuerung sollen die Programme online, offline und monitor verwendet werden.

```
# ls -ltr
total 12
-rwxr-xr-x. 1 root root 628 Apr  8 12:22 online
-rwxr-xr-x. 1 root root 626 Apr  8 12:23 offline
-rwxr-xr-x. 1 root root 631 Apr  8 12:24 monitor
```

Schritt 3: Verlinkung zum ScriptAgent herstellen
Der ScriptAgent kommuniziert mit dem Cluster Framework und triggert die anzu-
stoßenden Einstiegspunkte im Verzeichnis des Agenten. Wenn Agenten auf Basis von
Shellprogrammen erzeugt werden, muss ein Link aus dem Verzeichnis des Ressourcentypen auf den ScriptAgent, welcher von Veritas bereitgestellt wird, zeigen.

```
lrwxrwxrwx. 1 root root  16 Apr  8 12:34 HAFileAgent -> ../Script60Agent
```

Es empfiehlt sich, den Link auf den verwendeten ScriptAgent relativ zu erzeugen (also ../Script60Agent, anstatt /opt/VRTSvcs/bin/Script60Agent), da bei Bedarf die Umgebung des VCS verschoben werden kann, und sich somit auch die Lokation des ScriptAgent verändert, die dann bei Angabe eines absoluten Pfades nicht mehr stimmen würde.

Methoden, welche für das Beispiel genutzt werden
Auf den folgenden Seiten sind die Programme zu finden, welche für die jeweiligen Methoden bereitgestellt werden müssen.

Methode: online

```
#!/bin/sh
# Programm zur Steuerung von Dateien im Cluster
#
ResName=$1
shift
#
# Setzen der Umgebung
VCSHOME="${VCS_HOME:-/opt/VRTSvcs}"
. $VCSHOME/bin/ag_i18n_inc.sh
#
# Einlesen der zu steuernden Dateien
VCSAG_GET_ATTR_VALUE "Files" "$@"
if [ $? != $VCSAG_SUCCESS ]
then
 exit 1
fi
valcount=${VCSAG_ATTR_VALUE}
#
# Alle Dateien erzeugen
count=1
while [ ${count} -le ${valcount} ]
do
 VCSAG_GET_ATTR_VALUE "Files" ${VCSAG_ATTR_INDEX} ${count} "$@"
 if [ $? != $VCSAG_SUCCESS ]
 then
  exit 1
 else
  datei=${VCSAG_ATTR_VALUE}
  set >$datei || exit 1 # Bei Fehler Programm verlassen
 fi
 count=`expr $count + 1`
done
```

Methode: offline

```
#!/bin/sh
# Programm zum Loeschen von Dateien im Cluster
#
ResName=$1
shift
#
# Setzen der Umgebung
VCSHOME="${VCS_HOME:-/opt/VRTSvcs}"
. $VCSHOME/bin/ag_i18n_inc.sh
#
# Einlesen der zu steuernden Dateien
VCSAG_GET_ATTR_VALUE "Files" "$@"
if [ $? != $VCSAG_SUCCESS ]
then
 exit 1
fi
valcount=${VCSAG_ATTR_VALUE}
#
# Alle Dateien erzeugen
#
count=1
while [ ${count} -le ${valcount} ]
do
 VCSAG_GET_ATTR_VALUE "Files" ${VCSAG_ATTR_INDEX} ${count} "$@"
 if [ $? != $VCSAG_SUCCESS ]
 then
  exit 1
 else
  datei=${VCSAG_ATTR_VALUE}
  rm $datei || exit 1
 fi
 count=`expr $count + 1`
done
```

Methode: monitor

```
#!/bin/sh
# Programm zur Steuerung von Dateien im Cluster
#
ResName=$1
shift
#
# Setzen der Umgebung
VCSHOME="${VCS_HOME:-/opt/VRTSvcs}"
. $VCSHOME/bin/ag_i18n_inc.sh
#
# Einlesen der zu steuernden Dateien
```

```
VCSAG_GET_ATTR_VALUE "Files" "$@"
if [ $? != $VCSAG_SUCCESS ]
then
 exit 1
fi
valcount=${VCSAG_ATTR_VALUE}
#
# Alle Dateien erzeugen
count=1
while [ ${count} -le ${valcount} ]
do
 VCSAG_GET_ATTR_VALUE "Files" ${VCSAG_ATTR_INDEX} ${count} "$@"
 if [ $? != $VCSAG_SUCCESS ]
 then
  exit 1
 else
  datei=${VCSAG_ATTR_VALUE}
  test -f $datei || exit 100
 fi
 count=`expr $count + 1`
done
exit 110
```

6.3.5 Intelligent Monitoring Framework (IMF)

Mit Version 5.1 SP1 wurde für den Veritas Cluster Server eine zusätzliche Möglichkeit des Monitorings vorgestellt. Das *Intelligent Monitoring Framework* kann genutzt werden, um wesentlich schneller auf Zustandsänderungen von Ressourcen zu reagieren, als es mit dem traditionellen, „Poll Based" Monitoring der Fall ist.

Sobald ein IMF-fähiger Agent gestartet wird, registriert er sich im *IMF Notification Modul*, welches auch *AMF* (**A**synchronous **M**onitoring **F**ramework) genannt wird. Ein Ressourcentyp, welcher sich im AMF registriert hat, wird *Reaper* genannt und bekommt eine *Resource ID* (RID).

Wird nun eine Ressource, welche unter Kontrolle des Reapers steht, gestartet, so werden erst zwei Monitor-Zyklen über das übliche Monitorprogramm durchgeführt. Wenn beide Durchläufe des Monitorprogramms einen Status von ONLINE ergeben haben, wird die Ressource im AMF unter der Ressource ID des Reapers angemeldet.

Prüfen des Asynchronous Monitoring Frameworks

Kontrollieren kann man den Zustand des AMF mit dem Kommando amfstat. Die Syntax des Kommandos:

```
amfstat [-g] [-tpmG [-NF]] [-r Reaper] [-i|s Sekunden] [-h]
amfstat [-v|n] [-i|s Sekunden] [-h]
```

Tabelle 6.29 zeigt Optionen und Argumente des Kommandos amfstat.

Tab. 6.29: Optionen und Argumente für amfstat

Argument/Option	Bedeutung	
-v	Alle Informationen anzeigen	
-n	Statistiken über Events, welche aufgetreten sind:	
	PRON	Process On
	PROFF	Process Off
	MNTON	Mount On
	MNTOFF	Mount Off
	GENERIC	Weitere Events
-g	Nur registrierte Reaper auflisten	
-t	Nur registrierte Monitore auflisten	
-p	Nur Prozess-Monitore auflisten	
-m	Nur Mount-Monitore auflisten	
-G	Nur generische Monitore auflisten	
-N	Alle Monitore, welche im Status ONLINE sind	
-F	Alle Monitore, welche im Status OFFLINE sind	
-r Reaper	Zeigt Monitore, welche einen Reaper überwachen	
-i	Interaktive Nutzung. Refresh der Anzeige durch Betätigen der ENTER-Taste	
-s Sekunden	Zu nutzender Intervall in Sekunden	
-h	Anzeige der Hilfe	

Ein Agent, welcher das IMF verwenden soll, muss zwei Attribute enthalten:

1) IMF:
Ein assoziatives Feld mit 3 Schlüsseln:
– Mode
    – 0 (kein Monitoring)
    – 1 (OFFLINE Monitoring)
    – 2 (ONLINE Monitoring)
    – 3 (ONLINE und OFFLINE Monitoring)
– MonitorFreq
    Die Frequenz, mit der geprüft werden soll.
– RegisterRetryLimit
    Wie oft der Agent versuchen soll, die Ressource anzumelden.

2) IMFRegList
Eine Liste mit Attributen, welche zur Anmeldung der Ressource verwendet werden.

Wenn eines der Attribute geändert wird, wird die Ressource im IMF abgemeldet. Ist kein Attribut in dieser Liste enthalten, wird die Ressource im IMF abgemeldet, wenn ein beliebiges Attribut der Ressource geändert wird.

Entry Points zum Registrieren im AMF erstellen

Des Weiteren müssen die Methoden bereitgestellt werden, um den Ressourcentyp und die Ressource im AMF zu registrieren und eine Methode, um den Ressourcentyp über Zustandsveränderungen der Ressource zu informieren:

Entry Point: `imf_init`
Beim Start des Agenten wird dieser über den Entry Point `imf_init` im AMF als Reaper registriert.

Entry Point: `imf_register`
Um Ressourcen im IMF anzumelden und mit dem Reaper zu verknüpfen, wird der Einstiegspunkt `imf_register` verwendet. Wenn die Ressource nach einem ONLINE oder OFFLINE zwei Aufrufe des traditionellen MONITOR mit einem ONLINE oder OFFLINE durchlaufen hat, ruft der Agent ein Kommando auf, um die Ressource zu registrieren.

Der Agent nimmt die Ressource wieder aus dem IMF, wenn:
- der Modus des IMF geändert wird;
- das *ContainerInfo*-Attribut geändert wird;
- das *IMFRegList*-Attribut geändert wird;
- *IMFRegList* leer ist und ein beliebiges Attribut der Ressource geändert wird;
- *MonitorFreq*-Schlüssel des *IMF*-Attributes einen Wert ungleich Null aufweist und das traditionelle Monitoring einen der Statusübergänge meldet:
  - ONLINE zu OFFLINE
  - OFFLINE zu ONLINE
  - ONLINE zu UNKNOWN
  - OFFLINE zu UNKNOWN

Entry Point: `imf_getnotification`
Sobald die Ressource ihren Status ändert, gibt dieser Einstiegspunkt die Veränderung dem Agenten bekannt.

6.3.6 Beispiel eines IMF-fähigen Agenten

Im folgenden Beispiel wird gezeigt, wie ein Agent erstellt wird, welcher mit dem IMF Modul arbeiten kann. Das IMF wird üblicherweise verwendet, um Prozesse zu überwachen. Aus diesem Grund wird als Beispiel ein Agent entwickelt, welcher einen Prozess

im Hintergrund startet. Da der Agent einen sleep aufruft, wird der Agent HASleep genannt.

Im ersten Schritt werden die Programme, welche von dem Agenten verwendet
werden, im Verzeichnis /opt/VRTSvcs/bin/HASleep erzeugt (das Attribut AgentFile
wird also nicht modifiziert). Für dieses Beispiel wird je ein online, offline und
ein monitor erzeugt. Für das Beispiel wurde auf die Bereitstellung eines clean-
Programms verzichtet, da hier nur das grundlegende Vorgehen gezeigt werden soll.

Die Einstiegspunkte im Detail:

online
Erzeugt einen Hintergrundprozess
„${VCSHOME}/bin/HASleep/HASleepDaemon ${RESOURCENAME} &" und gibt einen
Returncode von 0 an den Agenten zurück. Der Name der Ressource wird für den Hin-
tergrundprozess verwendet, damit mehrere Instanzen dieses Ressourcentyps erzeugt
und voneinander unterschieden werden können.

offline
Diese Methode legt eine Datei /tmp/sleep_${RESOURCENAME}.stop an, welche be-
wirkt, dass sich der erzeugte Hintergrundprozess ordnungsgemäß beendet. Nach
Anlegen der Datei wird der Returncode 0 an den Agenten geliefert.

monitor
Diese Methode sucht nach einem Prozess
„${VCSHOME}/bin/HASleep/HASleepDaemon ${RESOURCENAME}". Wenn diese Zeichenkette im Prozessbaum vorhanden ist, wird eine 110 (ONLINE) als Rückgabewert
gesendet, ansonsten eine 100 (OFFLINE).

Zusätzlich werden Links erzeugt, welche auf die für das AMF benötigten Methoden
imf_init, imf_register und imf_getnotification zeigen.

```
lrwxrwxrwx. 1 root root   29 Apr 11 15:42 imf_register -> \
 /opt/VRTSamf/imf/imf_register
lrwxrwxrwx. 1 root root   25 Apr 11 15:42 imf_init -> \
 /opt/VRTSamf/imf/imf_init
lrwxrwxrwx. 1 root root   36 Apr 11 15:42 imf_getnotification -> \
 /opt/VRTSamf/imf/imf_getnotification
```

Des Weiteren wird zu den erwähnten Dateien und Links noch ein weiterer Link auf den
benötigten Script60Agent erzeugt und eine Textdatei amfregister.xml vorbereitet,
welche noch beschrieben wird. Das Verzeichnis sieht nun wie folgt aus:

```
[root@rhel643 HASleep]# pwd
/opt/VRTSvcs/bin/HASleep
[root@rhel643 HASleep]# ls -l
total 20
-rw-r--r--. 1 root root 344 Apr 11 17:05 amfregister.xml
lrwxrwxrwx. 1 root root  30 Apr 11 15:42 HASleepAgent -> \
 /opt/VRTSvcs/bin/Script60Agent
-rwxr-xr-x. 1 root root 230 Apr 11 15:55 HASleepDaemon
lrwxrwxrwx. 1 root root  36 Apr 11 15:42 imf_getnotification -> \
 /opt/VRTSamf/imf/imf_getnotification
lrwxrwxrwx. 1 root root  25 Apr 11 15:42 imf_init -> \
 /opt/VRTSamf/imf/imf_init
lrwxrwxrwx. 1 root root  29 Apr 11 15:42 imf_register -> \
 /opt/VRTSamf/imf/imf_register
-rwxr-xr-x. 1 root root 430 Apr 11 16:07 monitor
-rwxr-xr-x. 1 root root 154 Apr 11 15:56 offline
-rwxr-xr-x. 1 root root 164 Apr 12 16:27 online
```

Beschreibung der zu registrierenden Komponenten im AMF

Die Datei amfregister.xml beschreibt, welche Möglichkeiten der Überwachung gewählt werden sollen. Die im Beispiel gezeigten Zeilennummern gehören nicht zum Dateiinhalt, sondern dienen der Orientierung.

Der Inhalt der Datei amfregister.xml:

```
1  <xml>
2    <ReaperName>HASleep</ReaperName>
3  <Register>
4    <RegType>PRON</RegType>
5    <ProcPattern>/bin/sh /opt/VRTSvcs/bin/HASleep/HASleepDaemon \
6    $ResName</ProcPattern>
7  </Register>
8  <Register>
9    <RegType>PROFF</RegType>
10   <Path>/opt/VRTSvcs/bin/HASleep/HASleepDaemon</Path>
11   <arg0>HASleepDaemon</arg0>
12   <args>$ResName</args>
13 </Register>
14 </xml>
```

Die Abschnitte mit Bedeutung:
– In Zeile 2 wird der Agent definiert, welcher im AMF registriert wird. In dem oben gezeigten Beispiel ist dies der Agent HASleep.
– Die Zeilen 3 bis 7 definieren die Registrierung eines Ereignisses.
    – In Zeile 4 wird beschrieben, dass es sich um ein Process On-Ereignis handelt. Dieses Ereignis tritt ein, wenn die zugehörige Ressource gestartet wird.

- Zeile 5/6 (Zeile 5 und 6 bilden eine Einheit, es musste ein Zeilenumbruch eingefügt werden) beschreibt den Prozess, welcher gesucht wird. In diesem Fall „/bin/sh /opt/VRTSvcs/bin/HASleep/HASleepDaemon $ResName", wobei die Variable ResName durch die Ressource übergeben wird, wie später noch zu sehen ist.
- Ein weiteres Ereignis wird von Zeile 8 bis Zeile 13 beschrieben.
  - Wie Zeile 9 besagt, ist es in diesem Fall ein Process Off-Ereignis und tritt ein, wenn die korrespondierende Ressource gestoppt wird.
  - Sobald sich die Ressource im Status OFFLINE befindet, überwacht das AMF, ob das Programm /opt/VRTSvcs/bin/HASleep/HASleepDaemon (hinterlegt in Zeile 10) mit dem Argument $ResName (Zeile 12) gestartet wurde.
  - Zeile 11 beschreibt den Namen des eigentlichen Programms und muss nicht zwingend angegeben werden, da das Tag <Path> das Programm miteinbezieht.

Das Überwachen und Registrieren von Ressourcen im AMF ist in **Abbildung 6.10** schematisch dargestellt.

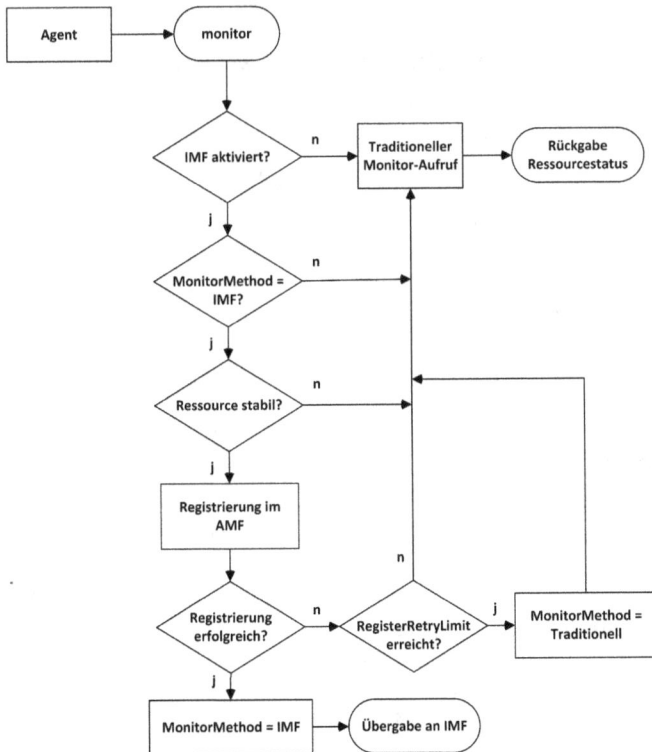

Abb. 6.10: Registrierung von Ressourcen im AMF

Eine der Abfragen im gezeigten Ablaufplan bezieht sich darauf, ob die Ressource als *stabil* angesehen wird. Eine Ressource gilt dann als stabil, wenn nach einem erfolgreichen Start oder Stopp zwei aufeinanderfolgende Monitordurchläufe der Ressource den gleichen Status ermittelt haben (nur ONLINE oder OFFLINE).

Wenn die Ressource im AMF registriert ist, werden auch weiterhin die traditionellen Monitor-Methoden verwendet, falls das MonitorFreq-Feld des IMF-Attributes einen Wert > 0 aufweist. Die Formel für die Frequenz der Aufrufe lautet:

Frequenz = MonitorFreq * MonitorInterval

Wenn das Feld MonitorFreq den Wert 2 enthält und das MonitorInterval-Attribut auf 60 gesetzt ist, wird alle zwei Minuten das Monitor-Programm durch das AMF aufgerufen. Zusätzlich wird das Monitorprogramm aufgerufen, sobald eine Veränderung der Ressource durch das AMF festgestellt wird.

Beschreibung der Ressourcentyp-Attribute für IMF

Bei der Beschreibung des Ressourcentyps ist es wichtig, das Attribut in der IMFReglist anzugeben. Dies ist die Variable, welche in der Datei amfregister.xml verwendet wird.

Da das Attribut variabel ist und immer den Namen der jeweiligen Ressource enthält, muss es in der ArgList der Ressource angegeben sein. Für den entwickelten HASleep-Agenten sieht die Beschreibung wie folgt aus:

```
[root@rhel643 HASleep]# more /etc/VRTSvcs/conf/config/HASleep.cf
type HASleep (
        static str ArgList[] = { ResName }
        int IMF{} = { Mode=3, MonitorFreq=1, RegisterRetryLimit=3 }
        str IMFRegList[] = { ResName }
        str ResName
)
```

Für das Beispiel wurde eine neue Servicegruppe *sleep_sg* angelegt, und in dieser die Ressource *sleep_rs* erzeugt (siehe gekürzte Ausgabe). Das Attribut IMFReglist verweist auf das Attribut ResName, welches den Wert *sleep_rs* zugewiesen bekommen hat. Das Attribut muss gepflegt sein, da ansonsten das Registrieren der Ressource im AMF nicht funktioniert.

```
[root@rhel643 HASleep]# hares -display sleep_rs
#Resource    Attribute       System      Value
sleep_rs     Group           global      sleep_sg
sleep_rs     Type            global      HASleep
...
sleep_rs     MonitorMethod   rhel643     Traditional
sleep_rs     MonitorMethod   rhel644     Traditional
```

```
sleep_rs      Probed            rhel643      1
sleep_rs      Probed            rhel644      1
...
sleep_rs      State             rhel643      OFFLINE
sleep_rs      State             rhel644      OFFLINE
sleep_rs      ComputeStats      global       0
sleep_rs      ContainerInfo     global       Type    Name    Enabled
sleep_rs      IMF               global       \
 Mode 3 MonitorFreq 1 RegisterRetryLimit 3
sleep_rs      IMFRegList        global       ResName
sleep_rs      ResName           global       sleep_rs
```

Die Ressource ist noch nicht gestartet, jedoch wurde der Agent HASleep durch den Cluster gestartet, denn es existiert nun eine Ressource, welche diesen Agenten verwendet. Nach Start des Agenten wird dieser im IMF registriert und bekommt die Resource ID 1 zugewiesen:

```
[root@rhel643 ~]# amfstat
AMF Status Report

Registered Reapers (1):
========================
 RID    PID          MONITOR        TRIGG   REAPER
 1      9509         0              0       HASleep
```

Im nächsten Schritt wird die Servicegruppe gestartet.

```
[root@rhel643 HASleep]# hagrp -online sleep_sg -sys rhel643
[root@rhel643 HASleep]# hastatus -sum
...
-- Group        System       Probed     AutoDisabled     State

B  sleep_sg     rhel643      Y          N                ONLINE
B  sleep_sg     rhel644      Y          N                OFFLINE
```

Im Logfile des Clusters erkennt man, dass die Ressource sleep_rs im AMF registriert wurde:

```
2017/04/13 16:32:36 VCS INFO V-16-1-55029 Resource sleep_rs in offline \
state received recurring offline message on system rhel643
2017/04/13 16:32:36 VCS INFO V-16-10031-20903 (rhel643) \
HASleep:sleep_rs:imf_register:/opt/VRTSamf/bin/amfregister -ipf \
-a HASleepDaemon  -ouid=0,euid=0,gid=0,egid=0 -r HASleep -g sleep_rs \
  "/opt/VRTSvcs/bin/HASleep/HASleepDaemon" -- "sleep_rs"
```

Das Kommando amfstat zeigt, dass die Ressource slepp_rs mit der PID 10437 und der Resource ID 4 registriert wurde.

Die Spalte R_RID bezieht sich auf die *Reaper Resource ID*, also in diesem Fall auf den Reaper HASleep.

```
[root@rhel643 ~]# amfstat
AMF Status Report

Registered Reapers (1):
========================
 RID    PID              MONITOR        TRIGG   REAPER
 1      9509             1              0       HASleep


Process ONLINE Monitors (1):
============================
 RID    R_RID   PID              GROUP
 4      1       10437            sleep_rs
```

Eine Kontrolle zeigt, dass es sich um den HASleepDeamon handelt, welcher durch die online-Methode gestartet wurde:

```
[root@rhel643 HASleep]# ps -fp 11626
UID         PID PPID  C STIME TTY         TIME CMD
root      11626    1  0 16:07 ?       00:00:00 /bin/sh \
/opt/VRTSvcs/bin/HASleep/HASleepDaemon sleep_rs
```

Wenn die Ressource gestoppt wird und zwei aufeinanderfolgende Aufrufe des monitor-Programms des Status OFFLINE an den Cluster gemeldet haben, wird das offline-Monitoring gestartet:

```
[root@rhel643 ~]# hastatus -sum
...
-- Group         System       Probed     AutoDisabled    State

B  sleep_sg      rhel643      Y          N               OFFLINE
B  sleep_sg      rhel644      Y          N               OFFLINE
[root@rhel643 ~]# amfstat
AMF Status Report

Registered Reapers (1):
========================
 RID    PID              MONITOR        TRIGG   REAPER
 1      9509             1              0       HASleep


Process OFFLINE Monitors (1):
=============================
 RID    R_RID   PATH             ARGV0          ARGS \
 UID    EUID GID     EGID    GROUP   CONTAINER  ACTION
 3 1 /opt/VRTSvcs/bin/HASleep/HASleepDaemon HASleepDaemon sleep_rs \
 0  0  0  0  sleep_rs  <none>    Allow
```

7 Versionierungssysteme

Wenn mehrere Personen an einer Software arbeiten, kann es leicht passieren, dass Softwarestände überschrieben werden, fälschlicherweise Versionen gelöscht werden oder man einfach nicht mehr weiß, welche Version denn nun die aktuell zu bearbeitende ist. Auch für Systemadministratoren kann es nach einiger Zeit problematisch werden, ein aktuelles Shellprogramm zu finden, wenn man mehrere Versionen nachhalten will.

Es ist nicht immer ratsam, nur Kopien des Programms mit aktuellem Datum zu bearbeiten, da mehrere Gefahren lauern, wie zum Beispiel:
- Es wird vergessen, eine Kopie des letzten Versionsstandes zu erzeugen.
- Aus Versehen wird bei „Aufräumarbeiten" die aktuelle Version gelöscht.
- Durch zu viele verschiedene Versionsstände wird versehentlich an einem alten Stand eines Programms gearbeitet.

Es kann aber auch sein, dass man eine Funktion in einem Programm ständig weiterentwickelt hat und sich eine Übersicht darüber verschaffen will, was wann oder von wem geändert wurde.

Insbesondere, wenn mehrere Abteilungen oder Entwickler an einem Programm arbeiten, kann es schnell unübersichtlich werden. Wenn beispielsweise ein Backup-Programm für verschiedene Unix-Derivate eingesetzt werden soll und unterschiedliche Filesysteme / Volume Manager unterstützt werden müssen, ist die Wahrscheinlichkeit hoch, dass mehrere Personen an diesem Programm arbeiten. Für solche Zwecke bietet es sich an, ein Versionierungsverwaltungssystem (kurz *VCS* für **V**ersion **C**ontrol **S**ystem) einzusetzen.

Es gibt unterschiedliche Arten von VCS-Lösungen. Einige arbeiten mit zentralen Verwaltungsinstanzen, welche Kopien der Elemente verwalten. Andere Lösungen setzen verteilte Repositories ein. Jeder Entwickler hat seine eigene Kopie der Programme oder Texte und arbeitet daran. Die jeweiligen Repositorys können dann untereinander abgeglichen werden.

7.1 Git

In diesem Buch wird das System *Git* vorgestellt, welches frei verfügbar ist und zum Beispiel auf Linux, Solaris, macOS und Windows läuft. Git arbeitet mit verteilten Repositorys, was ungemein praktisch ist. Man kann unterwegs im Zug auf seinem Notebook an einer Version eines Programms arbeiten und diese dann später, sobald man Netzwerkzugriff hat, mit einem anderen System abgleichen.

https://doi.org/10.1515/9783110445121-321

```
# git --help
usage: git [--version] [--exec-path[=GIT_EXEC_PATH]] [--html-path]
           [-p|--paginate|--no-pager] [--no-replace-objects]
           [--bare] [--git-dir=GIT_DIR] [--work-tree=GIT_WORK_TREE]
           [--help] COMMAND [ARGS]

The most commonly used git commands are:
   add        Add file contents to the index
   bisect     Find by binary search the change that introduced a bug
   branch     List, create, or delete branches
   checkout   Checkout a branch or paths to the working tree
   clone      Clone a repository into a new directory
   commit     Record changes to the repository
   diff       Show changes between commits, commit and working tree, etc
   fetch      Download objects and refs from another repository
   grep       Print lines matching a pattern
   init       Create an empty git repository or reinitialize an existing one
   log        Show commit logs
   merge      Join two or more development histories together
   mv         Move or rename a file, a directory, or a symlink
   pull       Fetch from and merge with another repository or a local branch
   push       Update remote refs along with associated objects
   rebase     Forward-port local commits to the updated upstream head
   reset      Reset current HEAD to the specified state
   rm         Remove files from the working tree and from the index
   show       Show various types of objects
   status     Show the working tree status
   tag        Create, list, delete or verify a tag object signed with GPG

See 'git help COMMAND' for more information on a specific command.
```

Da Git über einen extrem großen Funktionsumfang verfügt, wie dem oben gezeigten Aufruf der Hilfe von Git zu entnehmen ist, kann in diesem kurzen Kapitel unmöglich alles besprochen werden. Die Unterkommandos branch und merge bieten zum Beispiel so viele Funktionen an, dass allein dafür schon fast das gesamte Kapitel verwendet werden müsste, wenn diese im Detail vorgestellt werden sollten.

Es werden hier einige besonders interessante Möglichkeiten vorgestellt, welche bei der Entwicklung von Programmen Unterstützung leisten. Dabei soll sowohl der einzelne Programmierer als auch ein Team von Entwicklern berücksichtigt werden.

Jedoch kann hier lediglich ein Überblick über die Funktionalitäten dieses VCS gegeben werden. Inzwischen gibt es viele sehr gute Bücher zu diesem Thema, wovon einige dem Literaturverzeichnis zu entnehmen sind.

7.2 Begrifflichkeiten innerhalb dieses Kapitels

Um Funktionalitäten von Git erklären zu können, müssen einige Begriffe im Vorfeld erklärt werden.

- Snapshot
  Ein Snapshot stellt die Sicht auf eine Datei oder ein Filesystem zu einem bestimmten Zeitpunkt dar.
- Commit
  Bei einem Commit wird ein Snapshot des aktuellen Zustandes von allen Objekten, welche sich im Index befinden, erstellt. Zusätzlich wird die Referenz auf den neuesten Snapshot angepasst (der HEAD) und weitere Informationen zu dem erstellten Commit abgespeichert (erklärender Text usw.).
- Referenz
  Wenn innerhalb von Git ein Commit durchgeführt wird, speichert das Framework eine Referenz auf den zugehörigen Snapshot.
- Repository
  Das Repository ist die zentrale Datenbank von Git.
- Working Tree
  Im Working Tree findet die Entwicklung des jeweiligen Projektes statt. Der Working Tree enthält alle Dateien, welche von den Benutzern bearbeitet werden.
- HEAD
  Der HEAD stellt die Referenz auf den letzten Commit im aktuellen Branch dar.
- SHA-1
  Über den *Secure Hash Algorithm* wird eine Prüfsumme aus dem aktuell erstellten Commit errechnet und als Referenz verwendet.
- Index
  Der Index enthält alle Objekte, welche im nächsten Commit enthalten sein sollen.
- Clone
  Ein Clone ist eine Kopie eines bestehenden Git-Projektes. Alle Referenzen, Commits und Branches sind in einem Clone enthalten.
- Branch
  Git arbeitet immer mit Branches. Ein Branch enthält ein Repository und stellt dementsprechend einen Arbeitsbereich zur Verfügung. Sobald ein Repository mittels `git init` erzeugt wurde, wird der initiale Branch `master` erzeugt.
- master
  Wie bereits erwähnt, ist `master` der Name des initialen Branches eines neu erzeugten Repositorys .
- Tag
  Ein Tag enthält Metainformationen zu erstellten Commits.

7.3 Grundlegender Aufbau einer Umgebung

Wie schon erwähnt, arbeitet Git als verteiltes System. Jedes Git-Projekt besteht aus drei Teilbereichen:
- Working Tree
  Das Verzeichnis, welches alle zu bearbeitenden Dateien und Objekte enthält, stellt der Working Tree (auch: Working Directory) dar. Ein Working Tree kann auch Unterverzeichnisse enthalten.
- Repository
  Das Repository ist ein Verzeichnis mit Namen .git, welches sich innerhalb des Working Directories befindet. Das Repository basiert auf Snapshots, welche Änderungen des Working Trees nachhalten.
- Index
  Dateien und Objekte, welche dem Repository hinzugefügt werden sollen oder schon im Repository vorhanden sind, jedoch im Working Directory verändert wurden, befinden sich im Index.

7.4 Branches

Ein Branch stellt eine Sicht auf einen Snapshot eines bestimmten Zeitpunktes dar, von welchem aus eine Verzweigung stattfindet, an der weitere Veränderungen durchgeführt werden können. Git arbeitet immer mit Branches. Der initial erzeugte Branch nennt sich . Es können bei Bedarf zusätzliche Branches erzeugt werden.

Zusätzliche Branches bieten sich zum Beispiel an, wenn mehrere Entwickler an einem Projekt arbeiten. So können verschiedene Dateien gleichzeitig bearbeitet werden, wobei jeder Branch einen für sich geschlossenen und konsistenten Stand des Gesamtprojektes darstellt.

Branches sind auch nützlich, wenn ein einzelner Entwickler mehrere Dateien innerhalb eines Projektes bearbeiten will. Sobald alle Änderungen erfolgreich sind, können der Branch und der Hauptzweig zusammengeführt werden.

Local und remote Branches
In der Terminologie von Git wird zwischen lokalen (local) und externen (remote) Branches unterschieden. Ein lokaler Branch bezieht sich auf das jeweils lokal liegende Repository. Alle Objekte, welche im Index enthalten sind, werden mit dem nächsten Commit in das unter dem Working Tree befindliche Repository überführt.

Ein remote Branch ist ein lokaler Branch, welcher mit einem nicht lokalen Repository verbunden ist. Bei dieser Konstellation werden Veränderungen im Working Tree über zwei Stufen verwaltet. Im ersten Schritt werden mittels `git commit` alle Objekte aus dem Index in das lokale Repository eingepflegt. Durch einen `git push` werden dann alle Änderungen des lokalen Repositorys mit dem remote Repository abgeglichen und entsprechend hochgeladen.

7.5 Status von Objekten innerhalb eines Git-Projektes

Eine Datei kann innerhalb einer Git-Umgebung verschiedene Status annehmen. Hierzu muss man wissen, dass ein Repository zu Beginn immer leer angelegt wird. Dabei ist es irrelevant, ob in dem Verzeichnis, welches als Git-Projekt verwendet werden soll, bereits Dateien enthalten sind oder nicht.

Folgende Status einer Datei sind innerhalb von Git möglich:
– Untracked
Eine Datei mit diesem Status wird nicht von Git verwaltet.
– Staged
Wenn eine Datei mittels `git add` der Verwaltung hinzugefügt wurde, befindet sie sich im Status `staged`. Das Objekt liegt jetzt im Index. Oftmals wird der Index als eine Zwischenstufe einer Datei beschrieben. Man kann den Index aber auch als Marker von Dateien ansehen, welche beim nächsten `commit` in das Repository aufgenommen werden.
– Commited
Nachdem eine Datei mittels `git commit` in das Repository aufgenommen wurde, befindet sie sich im Status `commited`.
– Modified
Wenn eine Datei, welche bereits im Repository vorhanden ist, nachträglich verändert wird, befindet sie sich im Status `modified`. Dieser Status besagt, dass die Änderungen beim nächsten `commit` in das Repository überführt werden.

Abbildung 7.1 zeigt die möglichen Status eines Objektes innerhalb von Git.

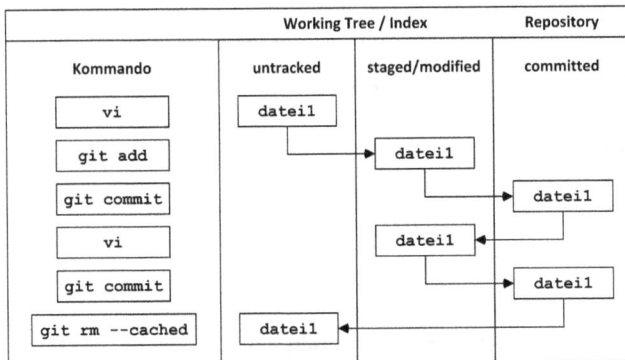

Abb. 7.1: Übersicht der möglichen Status eines Objektes in Git

7.6 Konfigurationsdateien der Git-Umgebung

Git unterscheidet Konfigurationsdateien an drei verschiedenen Lokationen. Auf diesem Weg ist ein Höchstmaß an Flexibilität gewährleistet.

Folgende Speicherorte stehen zur Verfügung:

- `/etc/gitconfig`
  Diese Datei wird zuerst eingelesen und gilt somit für alle Projekte.
  Änderungen in dieser Datei durch:
  `git config --system`
- `${HOME}/.gitconfig`
  Diese Datei wird nach `/etc/gitconfig` eingelesen und gilt für alle Projekte, mit denen der User arbeitet.
  Änderungen in dieser Datei durch:
  `git config --global`
- `Working Directory/.git/config`
  Diese Datei wird zuletzt eingelesen und gilt nur für das jeweilige Projekt.
  Änderungen in dieser Datei durch:
  `git config`

Wenn eine Variable in den Dateien `/etc/gitconfig` und `${HOME}/.gitconfig` enthalten ist, so gilt der Inhalt, welcher in `${HOME}/.gitconfig` vorgegeben ist.

Ist eine Variable in `/etc/gitconfig`, in `${HOME}/.gitconfig` und im Working Tree unter `.git/config` definiert, so gilt in diesem Fall der Wert, welcher in `.git/config` hinterlegt ist.

Die folgende Ausgabe zeigt exemplarisch anhand eines Linux-Systems, wie die Dateien bei Aufruf eines Kommandos überprüft werden. Um zu prüfen, welche Dateien von Git verwendet werden, wird das Kommando *strace*[1] verwendet. Der Umweg über den awk muss genommen werden, da Duplikate aus einem unsortierten Datenstrom entnommen werden sollen.

Die Aufgabe des awk:
- Wenn das zu prüfende Textelemet nicht in Array vorhanden ist:
  - Textelement ausgeben
  - Textelement in Array hinterlegen
- In allen anderen Fällen:
  - Nächste Zeile einlesen, wenn vorhanden

---

[1] Mit Hilfe des Kommandos `strace` können unter Linux Systemcalls sowie Signale, welche ein Prozess sendet oder empfängt, ausgelesen werden. Für Solaris oder AIX steht das Kommando `truss` mit ähnlicher Funktionalität zur Verfügung. Für HP-UX ist das Utility `tusc` verfügbar, welches jedoch erst installiert werden muss.

Die Ausgabe der Kommandopipeline:

```
git_client# strace -e trace=access -f git status 2>&1|grep config|\
 awk '!($1 in tmparray) {print $1; tmparray[$1]=$1}'
access("/etc/gitconfig",
access("/root/.gitconfig",
access(".git/config",
```

Abbildung 7.2 zeigt nochmals, wie die einzelnen Konfigurationsdateien von `git` eingelesen werden.

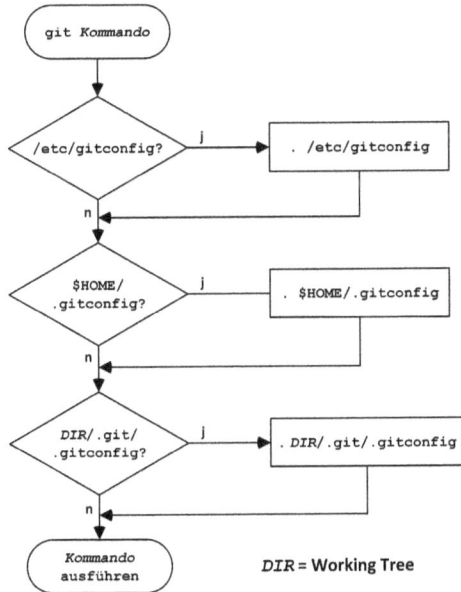

Abb. 7.2: Abarbeitung von Konfigurationsdateien innerhalb von Git

7.7 Variablen einer Git-Umgebung

Git stellt viele Variablen bereit, um das Verhalten zu beeinflussen. Es können hier jedoch nicht alle Variablen vorgestellt werden, da dies einfach zu viele sind. Der Name einer Variablen folgt dem Muster *Bereich.Komponente*. So beginnen etwa viele Variablen mit der Zeichenkette „core", was bedeutet, dass diese sich auf Git selbst und nicht auf zusätzlich eingesetzte Tools beziehen. Ein anderes Beispiel ist der Bereich, welcher sich auf die Benutzer von Git bezieht. Dieser wird durch die Variablen, welche mit dem String „user" beginnen, konfiguriert.

Tabelle 7.1 enthält eine Auswahl einiger interessanter Variablen der Git-Umgebung.

Tab. 7.1: Von Git verwendete Variablen

Variable	Bedeutung	Kommentar
core.fileMode	Wenn false, Unterschiedliche executable-Bits in Index und Working Tree ignorieren	Default: true
core.ignorecase	Wenn true, Groß- und Kleinschreibung bei Dateinamen ignorieren	Default: false
core.trustctime	Wenn false, Unterschiede in der ctime zwischen Index und Working Tree ignorieren	Default: true
core.autocrlf	Wenn true, CRLF in LF beim Lesen konvertieren und beim Schreiben LF zu CRLF	–
core.bare	Wenn true, Repository ohne Working Tree voraussetzen	–
core.sharedRepository	Zugriff für mehrere Benutzer	Default: false
core.compression	Integer zwischen -1 und 9	–
core.loosecompression	Integer zwischen -1 und 9	–
core.excludesfile	Datei, welche Beschreibungen für zu ignorierende Dateien enthält	–
core.editor	Editor, welcher von Git zur Bearbeitung von Commit-Texten geöffnet werden soll	–
core.pager	Kommando, welches von Git zur Ausgabe mehrerer Seiten Text benutzt werden soll	–
clean.requireForce	Wenn true, muss bei einem git-clean die Option „-f" oder „-n" verwendet werden	Default: true
diff.external	Pfad zu einem Programm, welches statt des internen diff-Algorithmus verwendet wird	–
diff.wordRegex	Regulärer Ausdruck, welcher Wörter in einem Text beschreibt	–
remote.*Repository*.receivepack	Absoluter Pfad zum entfernten git-receive-pack	Empfängt Änderungen, welche durch ein push übermittelt wurden
remote.*Repository*.uploadpack	Absoluter Pfad zum entfernten git-upload-pack	Sendet Änderungen, welche durch ein pull angefordert wurden
user.email	email-Adresse des Benutzers	–
user.name	Name des Benutzers	–

7.8 Shellvariablen zur Beeinflussung von Git

Es gibt zusätzlich zu den Variablen, welche in den Konfigurationsdateien von Git gesetzt werden, noch globale Variablen innerhalb der Shell, welche das Verhalten von Git ebenfalls beeinflussen. Einige Funktionalitäten von Git werden sowohl von globalen Shell-Variablen als auch von den Variablen, welche über die Git Konfigurationsdateien gesetzt werden, beeinflusst.

Tabelle 7.2 enthält eine Auswahl von Umgebungsvariablen, welche häufiger verwendet werden.

Tab. 7.2: Shell-Variablen der Git-Umgebung

Variable	Bedeutung	Kommentar
GIT_AUTHOR_EMAIL	email-Adresse des Autors	Default: GIT_AUTHOR_IDENT
GIT_AUTHOR_NAME	Name des Autors	Default: user.name
GIT_COMMITTER_EMAIL	email-Adresse des Committers	Default: user.email
GIT_COMMITTER_NAME	Name des Commiters	Default: user.name
GIT_CONFIG	Lokation der config Datei	Default: .git/config
GIT_CONFIG_NOSYSTEM	Wenn gesetzt, soll die systemweite Konfiguration nicht verwendet werden	Default: false
GIT_DIR	Lokation des .git Verzeichnisses	–
GIT_EDITOR	Welcher Editor soll zur Bearbeitung von Text verwendet werden	Reihenfolge: $GIT_EDITOR, core.editor, $VISUAL, $EDIT, vi
GIT_EXEC_PATH	Verzeichnis, welches die Subkommandos von Git enthält	–
GIT_EXTERNAL_DIFF	Pfad zu einem Programm, welches statt des internen diff-Algorithmus verwendet werden soll	–
GIT_INDEX_FILE	Alternative Lokation des index	Default: $GIT_DIR/index
GIT_PAGER	Programm zur Darstellung mehrseitiger Ausgaben	Reihenfolge: $GIT_PAGER, core.pager, $PAGER, less
GIT_SSH	Kommunikationsprogramm für git fetch und git push	Default: ssh
GIT_WORK_TREE	Root-Verzeichnis des Repositorys	–

7.9 Git konfigurieren

Um Git zu konfigurieren, wird das Subkommando config verwendet. Es stehen hierbei eine große Menge an möglichen Optionen und Kombinationen von Optionen zur Verfügung, welche jedoch nicht alle vorgestellt werden können. Aus diesem Grund werden nur die Optionen gezeigt, welche am häufigsten zum Einsatz kommen.

Die Syntax der wichtigsten Optionen:

```
git config [--(system|global|file Datei)] Var Wert
git config --unset Var
git config --get Var
```

Tabelle 7.3 enthält eine Beschreibung der genannten Optionen.

Tab. 7.3: Optionen des Subkommandos `config`

Option	Bedeutung
`--system`	Verwende /etc/gitconfig als Konfigurationsdatei
`--global`	Verwende ${HOME}/.gitconfig als Konfigurationsdatei
`--file Datei`	Verwendet *Datei* als Konfigurationsdatei
`--unset Var`	Löscht Variable *Var* aus Konfiguration
`--get Var`	Fragt Inhalt der Variablen *Var* ab

Informationen über Autor und email-Adresse hinterlegen

Um Repositorys vernünftig verwalten zu können, bietet es sich an, dass ein Name und eine email-Adresse des jeweiligen Benutzers hinterlegt sind. Dies wird mit Hilfe des oben gezeigten Kommandos `config` erreicht. Im folgenden Beispiel soll für den Benutzer eine globale Einstellung vorgenommen werden. Dementsprechend wird die Datei `${HOME}/.gitconfig` verendet:

```
(1) # git config --global user.name "Joerg Schorn"
    # git config --global user.email "joerg_schorn@yahoo.de"
(2) # git config --get user.name
    Joerg Schorn
    # git config --get user.email
    joerg_schorn@yahoo.de
(3) # cat ${HOME}/.gitconfig
    [user]
    name = Joerg Schorn
    email = joerg_schorn@yahoo.de
```

Nachdem in (1) ein Benutzername und eine email-Adresse hinterlegt wurden, können diese Attribute, wie in Beispiel (2) gezeigt, mittels `git config --get` zum Verifizieren abgefragt werden. In (3) wird der Inhalt der Datei `${HOME}/.gitconfig` angezeigt.

7.10 Anlegen eines Repositorys

Ein Repository wird mithilfe des Subkommandos init erzeugt. Die Syntax mit den wichtigsten Optionen:

```
git init [-q|--quiet] [--bare] [--shared[=Berechtigung]] [Directory]
```

Tabelle 7.4 enthält eine Beschreibung der wichtigsten Optionen.

Tab. 7.4: Einige Optionen des Subkommandos init

Option	Bedeutung
-q|--quiet	Nur Warnungen und Fehler ausgeben
--bare	Nur Repository, kein Working Tree
--shared[=Berechtigung]	Zugriff für mehrere User
	Mögliche Berechtigungen:
	false Kein gemeinsamer Zugriff
	true Gemeinsamer Zugriff
	umask Rechte der umask verwenden
	group Gruppenschreibrechte auf das Repository
	all Wie group, jedoch Leserechte für alle User
	0xxx Oktalcode mit hinterlegten Zugriffsrechten für Owner, Group und Other

7.11 Dateien dem Index hinzufügen

Damit die erzeugten Dateien durch Git verwaltet werden können, müssen diese dem Repository hinzugefügt werden, was in zwei Schritten erfolgt. Durch das Unterkommando add werden Objekte zur Aufnahme oder Veränderung innerhalb des Repositorys vorbereitet. Die Syntax des Unterkommandos mit einigen interessanten Optionen:

```
git add [(-n|--dry-run)] [(-v|--verbose)] [(-f|--force)]
    [(-p|--patch)] [(-u|--update)] [(-a|--All)] [--] Datei..Datein
```

Tabelle 7.5 zeigt die Bedeutung der genannten Optionen.

Tab. 7.5: Optionen des Kommandos add

Option	Bedeutung
-n|--dry-run	Nur testen und keine Aktion durchführen
-v|--verbose	Zusätzliche Informationen ausgeben

Tab. 7.5: Optionen des Kommandos add – Fortsetzung

Option	Bedeutung
-f|--force	Auch hinzufügen, wenn eigentlich nicht erlaubt
-p|--patch	Patch erzeugen
-u|--update	Nur Objekte, welche schon im Repository enthalten sind, betrachten
-A|--all	Alle Objekte betrachten (auch neue im Working Tree)
--	Alle weiteren Argumente der Zeile stellen Dateinamen dar

7.12 Dateien und Objekte aus dem Index in das Repository übernehmen

Sobald die Dateien im Index enthalten sind, können diese in das Repository aufgenommen werden. Hierzu wird das Unterkommando commit verwendet. Die Syntax mit einigen wichtigen Optionen:

```
git commit [(-a|--all)] [(-m "Text"|--message="Text")]
```

Tabelle 7.6 enthält kurze Erläuterungen zu den genannten Optionen.

Tab. 7.6: Optionen des Kommandos commit

Option	Bedeutung
-a|--all	Aktion für alle Dateien durchführen, welche schon bekannt sind
-m "Text"	Verwende Text als Nachricht für den Commit
--message="Text"	Verwende Text als Nachricht für den Commit

Im folgenden Beispiel wird ein neues Git-Repository erzeugt:

```
(1) # pwd
    /var/tmp/git
    # cat >datei1
    eins
    zwei
    drei
    # cat >datei2
    drei
    zwei
    eins
(2) # git status
    fatal: Not a git repository (or any of the parent directories): .git
    # ls -ld .git
```

```
     ls: cannot access .git: No such file or directory
(3)  # git init
     Initialized empty Git repository in /var/tmp/git/.git/
     # ls -ld .git
     drwxr-xr-x. 7 root root 4096 Mar 20 12:03 .git
(4)  # git status
     # On branch master
     #
     # Initial commit
     #
     # Untracked files:
     #   (use "git add <file>..." to include in what will be committed)
     #
     #    datei1
     #    datei2
     nothing added to commit but untracked files present (use "git add" to track)
```

Nachdem in (1) im Verzeichnis /var/tmp/git die Dateien datei1 und datei2 angelegt wurden, zeigt die Ausgabe in (2), dass noch kein Repository erzeugt wurde. In
Schritt (3) wird im bestehenden Verzeichnis ein neues Repository angelegt. Das Kommando git status in (4) zeigt, dass sich die beiden Dateien datei1 und datei2 im
Status untracked befinden. Der Status besagt, dass die Dateien datei1 und datei2
nicht im Repository enthalten sind. Zu diesem Zeitpunkt ist das gesamte Repository
leer und es werden keine Veränderungen an den Dateien im Working Tree überwacht.

```
(5)  # git add *
     # git status
     # On branch master
     #
     # Initial commit
     #
     # Changes to be committed:
     #   (use "git rm --cached <file>..." to unstage)
     #
     #    new file:   datei1
     #    new file:   datei2
(6)  # git commit -m "Initialer Commit"
     [master (root-commit) 915daa3] Initialer Commit
     2 files changed, 6 insertions(+), 0 deletions(-)
     create mode 100644 datei1
     create mode 100644 datei2
(7)  # git status
     # On branch master
     nothing to commit (working directory clean)
```

Nachdem in (5) alle Dateien des Verzeichnisses (also die beiden Dateien datei1 und
datei2) dem Index hinzugefügt wurden, zeigt ein erneuter git status, dass diese

Dateien beim initialen Commit dem Repository hinzugefügt werden. In Schritt (6) wird der erste Commit mit der Nachricht „Initialer Commit" durchgeführt. Ein erneuter Aufruf des Status in (7) zeigt, dass alle Änderungen in das Repository überführt wurden und keine weiteren Commits anstehen.

Zeitpunkte von git add und git commit sind wichtig

Es gilt zu beachten, dass das Kommando git add das Objekt in genau diesem Zustand zu genau diesem Zeitpunkt in den Index aufnimmt, und dieser Zustand durch einen git commit in das Repository übernommen wird. Wenn zwischen git add und git commit Veränderungen an dem Objekt vorgenommen werden, müssen diese wiederum mittels git add kommuniziert werden. Auch hierzu nochmals ein Beispiel:

```
(1) # git init temp_repo
    Initialized empty Git repository in /var/tmp/temp_repo/.git/
    # cd temp_repo/
    # cat >datei1
    Vor "git add ."
    # cat datei1
    Vor "git add ."
(2) # git status
    # On branch master
    #
    # Initial commit
    #
    # Untracked files:
    #   (use "git add <file>..." to include in what will be committed)
    #
    #       datei1
    nothing added to commit but untracked files present (use "git add" to track)
(3) # git add .
    # git status
    # On branch master
    #
    # Initial commit
    #
    # Changes to be committed:
    #   (use "git rm --cached <file>..." to unstage)
    #
    #       new file:   datei1
    #
(4) # cat >datei1
    Nach "git add" und vor "git commit"
(5) # git commit -m "Initaler Commit"
    [master (root-commit) 2f71723] Initaler Commit
     1 files changed, 1 insertions(+), 0 deletions(-)
```

```
     create mode 100644 datei1
(6) # cat datei1
    Nach "git add" und vor "git commit"
(7) # git checkout -- datei1
    # cat datei1
    Vor "git add ."
```

In (1) wird ein neues Projekt in dem Verzeichnis /var/tmp/temp_repo erstellt. Im Working Directory wird eine Datei datei1 mit dem Inhalt „Vor "git add ."" angelegt. In Schritt (2) zeigt die Ausgabe des Kommandos git status, dass noch kein initialer Commit stattgefunden hat und die Datei datei1 nicht in den Index aufgenommen wurde. In (3) wird durch den Aufruf git add . eine Aufnahme der erstellten Textdatei in den Index ausgelöst. Ein erneutes Prüfen mittels git status zeigt, dass weiterhin ein initialer Commit aussteht und die Datei datei1 in den Index aufgenommen wurde. Nachdem in (4) die Textdatei datei1 mit dem Inhalt „Nach "git add" und vor "git commit"" überschrieben wurde, wird in (5) der erste Commit des Repositorys erzeugt. In (6) ist zu erkennen, dass die Datei im Working Tree immer noch den zuvor neu erzeugten Inhalt enthält. Nachdem jedoch in (7) die zuletzt in das Repository überführte Datei datei1 in den Working Tree zurückgeholt wird, erkennt man, dass der Inhalt nun der Version entspricht, welche mittels git add in den Index aufgenommen wurde und nicht der Version, welche zu dem Zeitpunkt des Commits im Working Tree vorhanden war.

Abbildung 7.3 zeigt nochmals das besprochene Beispiel anhand eines Zeitstrahls. In (2) wurde lediglich ein git status und in (6) nur ein cat datei1 aufgerufen. Diese Kommandos haben keine Auswirkung auf den Index oder das Repository. Der Vollständigkeit halber wurden diese Abschnitte jedoch im Zeitstrahl mit festgehalten.

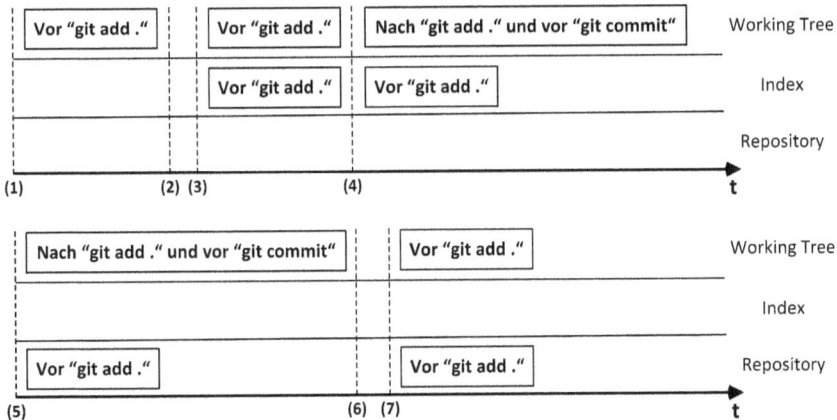

Abb. 7.3: Darstellung der Zeitabschnitte des vorangegangenen Beispiels

7.13 Änderungen innerhalb eines Repositorys verfolgen

Üblicherweise werden Programme mehrfach überarbeitet, bevor sie einen endgültigen Stand erreichen. Mit Hilfe von Git kann relativ einfach eine Änderungshistorie von Dateien angezeigt werden. Zu diesem Zweck steht das Unterkommando log bereit. Mit Hilfe dieses Kommandos kann die Historie eines Projektes abgefragt werden. Es existieren zahlreiche Optionen, welche zur Untersuchung verwendet werden können. Die Syntax des Kommandos:

```
git log [Optionen] [von..bis]
```

Tabelle 7.7 enthält einige interessante Optionen des Kommandos.

Tab. 7.7: Einige Optionen des Unterkommandos log

Option	Bedeutung
--raw	Verwendet das raw-Format zur Ausgabe
--name-only	Zeigt nur die Namen von veränderten Dateien
--name-status	Zeigt zum Namen auch den Status des geänderten Objektes an
--diff-filter=[ACDMRTUXB]	Nur Dateien anzeigen, welche auf die angegebenen Kriterien passen
-<N>	Nur bis zu N Commits anzeigen
<von>..<bis>	Nur die Commits ab <von> bis einschließlich <bis> anzeigen
-- Datei	Zeigt nur die Commits, welche Datei beinhalten

Die Option --name-status verwendet zur Ausgabe die gleichen Status, welche auch als Eingabe der Option --diff-filter verwendet werden können.

Tabelle 7.8 zeigt die verwendeten Zeichen mit einer kurzen Erläuterung.

Tab. 7.8: Mögliche Status der Option „-name-status"

Status	Bedeutung	Kommentar
A	Added	Objekt wurde hinzugefügt
B	pairing Broken	Ein bestimmter Prozentsatz an Veränderungen innerhalb eines Objektes wurde überschritten
C	Copied	Objekt wurde kopiert
D	Deleted	Objekt wurde gelöscht
M	Modified	Objekt wurde verändert
R	Renamed	Objekt wurde umbenannt
T	Typ modifiziert	–
U	Unmerged	–
X	Unknown	Objekt entspricht keinem der genannten Zustände

Einige Beispiele:

```
     # cat >datei1
     1
     2
     3
     # git add *
     # git commit -am "datei1 angelegt"
     [master (root-commit) b1bafaf] datei1 angelegt
      1 file changed, 3 insertions(+)
      create mode 100644 datei1
     # cat >datei1
     1
     2
(1)  # git status
     On branch master
     Changes not staged for commit:
     ...
     modified:   datei1

     no changes added to commit (use "git add" and/or "git commit -a")
(2)  # git diff --name-status
     M       datei1
(3)  # git diff datei1
     diff --git a/datei1 b/datei1
     index 01e79c3..1191247 100644
     --- a/datei1
     +++ b/datei1
     @@ -1,3 +1,2 @@
      1
      2
     -3
```

Die Ausgabe von git status in (1) zeigt, dass datei2 Veränderungen zum letzten
Commit aufweist. In (2) wird der Status der Datei abgefragt, welche seit dem letzten
Commit geändert wurde (**Tabelle 7.8** enthält die Zuordnung von Flag zu Status einer
Datei). Die Ausgabe in (3) zeigt, was sich an Datei datei2 geändert hat. Die Ausgabe
ist wie folgt zu verstehen:
- diff --git a/datei1 b/datei1
  Es wird der interne Diff-Algorithmus von Git verwendet.
- index 01e79c3..1191247 100644
  Diese Zeile enthält eine gekürzte Ausgabe des SHA1 aus dem Working Directory
  und des SHA1 aus dem Repository sowie die Zugriffsrechte auf die Datei.
- --- a/datei1
  Die drei Minuszeichen sind der alten Version der Datei vorangestellt.

- +++ b/datei1
  Die neue Version der Datei wird durch drei vorangestellte Pluszeichen eingeleitet.
- @@ -1,3 +1,2 @@
  Diese Zeile bezieht sich auf den involvierten *Hunk*[2]. Für das gezeigte Beispiel bezieht sich die Veränderung in der alten Datei auf den Bereich von Zeile 1 bis Zeile 3, wohingegen sich die Veränderung in der neuen Datei auf den Bereich von Zeile 1 bis Zeile 2 bezieht.
-     1   <- Diese Zeile ist in beiden Versionen identisch.
      2   <- Diese Zeile ist in beiden Versionen identisch.
    -3   <- Diese Zeile existiert nur in der alten Datei (durch das „-" erkennbar).

7.14 Datenaustausch durch Bare-Repositorys

Bare-Repositorys verfügen über keinen Working Tree, sondern stellen nur das eigentliche Repository zur Verfügung. Diese Art von Repositorys wird vor allen Dingen zum Austausch von mehreren Projekten verwendet. Ein solches Repository kann entweder beim Anlegen mittels git init über die Option „--bare" oder durch Klonen eines bestehenden Repositorys durch Verwendung der selben Option erzeugt werden.

Im nachfolgenden Beispiel wird mittels git clone aus einem bestehenden Projekt, welches in /var/tmp/entwicklung_lokal liegt, ein Bare-Repository erzeugt. Das neu erzeugte Repository liegt unter /var/tmp/entwicklung:

```
git_server# cd /var/tmp/entwicklung_lokal
git_server# ls -l
total 24
-rw-r--r--. 1 root root  9561 Apr  7 18:28 createsubdisks.awk
-rwxr-xr-x. 1 root root 10758 Apr  7 23:33 resizevx.sh
git_server# git log
commit 5595ffd899f354708b5df9c1297758e02127678e
Author: Joerg Schorn <joerg_schorn@yahoo.de>
Date:   Mon Apr 9 02:37:39 2018 -0400

    resize v0.9
git_server# git status
# On branch master
nothing to commit (working directory clean)

git_server# cd ..
git_server# git clone --bare entwicklung_lokal entwicklung
Initialized empty Git repository in /var/tmp/entwicklung/
```

---

2 Ein Hunk ist ein zusammenhängender Abschnitt, welcher den veränderten Bereich markiert.

Ein git log zeigt, dass das Bare-Repository über den gleichen Inhalt verfügt wie das Repository mit Working Directory, wohingegen ein git status nicht erfolgreich ist, da dieses Kommando einen Working Tree voraussetzt:

```
git_server# cd /var/tmp/entwicklung/
git_server# git log
commit 5595ffd899f354708b5df9c1297758e02127678e
Author: Joerg Schorn <joerg_schorn@yahoo.de>
Date:   Mon Apr 9 02:37:39 2018 -0400

    resize v0.9
git_server# git status
fatal: This operation must be run in a work tree
```

Im nächsten Schritt wird auf einem Client ein Klon des Repositorys erzeugt:

```
git_client# git clone git-server:/var/tmp/entwicklung entwicklung
Cloning into 'entwicklung'...
remote: Counting objects: 4, done.
remote: Compressing objects: 100% (4/4), done.
remote: Total 4 (delta 0), reused 0 (delta 0)
Receiving objects: 100% (4/4), 6.96 KiB | 0 bytes/s, done.
Checking connectivity... done.
```

Nachdem das Klonen abgeschlossen ist, kann aufseiten des Clients in die heruntergeladene Umgebung gewechselt und das Repository untersucht werden:

```
    git_client# cd entwicklung
(1) git_client# ls -l
    total 42
    -rw-r--r-- 1 root     root      9561 Apr 10 03:23 createsubdisks.awk
    -rwxr-xr-x 1 root     root     10758 Apr 10 03:23 resizevx.sh
(2) git_client# git log
    commit 5595ffd899f354708b5df9c1297758e02127678e
    Author: Joerg Schorn <joerg_schorn@yahoo.de>
    Date:   Mon Apr 9 02:37:39 2018 -0400

        resize v0.9
(3) git_client# git status
    On branch master
    Your branch is up-to-date with 'origin/master'.
    nothing to commit, working directory clean
```

In (1) ist zu erkennen, dass durch den Vorgang des Klonens auch die Inhalte des Working Trees wiederhergestellt wurden, und auch ein git log zeigt in (2), dass das Repository identisch zum „Original" ist, wie die identische Prüfsumme belegt. In (3) wird zudem noch ein git status aufgerufen, welcher als Ergebnis liefert, dass keine weiteren Commits ausstehen.

Im nächsten Schritt werden auf dem Client Veränderungen am Repository vorgenommen:

```
(1) git_client# vi createsubdisks.awk resizevx.sh # Dateien modifizieren
    git_client# git commit -am "Autor und email-Adresse eingepflegt"
    [master 57f600c] Autor und email-Adresse eingepflegt
     2 files changed, 6 insertions(+)
(2) git_client# git status
    On branch master
    Your branch is ahead of 'origin/master' by 1 commit.
      (use "git push" to publish your local commits)
    nothing to commit, working directory clean
(3) git_client# git push
    Counting objects: 4, done.
    Delta compression using up to 4 threads.
    Compressing objects: 100% (4/4), done.
    Writing objects: 100% (4/4), 465 bytes | 0 bytes/s, done.
    Total 4 (delta 2), reused 0 (delta 0)
    To git-server:/var/tmp/entwicklung
        5595ffd..57f600c  master -> master
```

Nachdem in (1) auf dem Client die Dateien createsubdisks.awk und resizevx.sh angepasst und mittels git commit mit dem neuen Stand ins Repository geschrieben wurden, zeigt der Status in (2), dass der Client zum Server einen neueren Stand aufweist. Diese Angabe wird jedoch nicht über das Netzwerk sondern durch lokal hinterlegte Dateien ermittelt.

Die folgende Ausgabe, welche auf einem Solaris-Client mit Hilfe des Kommandos *truss*[3] erzeugt wurde, zeigt, dass der Abgleich des Standes vom lokalen gegen das entfernte Repository anhand der lokal vorhandenden Dateien .git/refs/heads/master und .git/refs/remotes/origin/master stattfindet:

```
git_client# truss -ft open git status 2>&1|grep -i "master" |\
> nawk '!($0 in tmparray) {print $0; tmparray[$2]=$0}'
5353:   open64(".git/refs/heads/master", O_RDONLY)      = 3
5353:   open64(".git/refs/remotes/origin/master", O_RDONLY) = 4
On branch master
Your branch is ahead of 'origin/master' by 1 commit.
```

Der Inhalt der Dateien und deren Verbindung ist in **Abbildung 7.4** dargestellt.

---

3 Zur Erläuterung des Kommandos truss siehe die Fußnote zu strace in Sektion „Konfigurationsdateien der Git-Umgebung".

Der Inhalt der Dateien

```
.git/refs/heads/master ──────▶ 3503348aeb5597939357d0d9eec5f8286b9984e3 ┐
              ↕
.git/refs/remotes/origin/master ──────▶ 5595ffd899f354708b5df9c1297758e02127678e ┐│
```

Die hinterlegten Commits

```
Autor und Email-Adresse eingepflegt ──────▶ 3503348aeb5597939357d0d9eec5f8286b9984e3 ◀┘

           resize v0.9 ──────▶ 5595ffd899f354708b5df9c1297758e02127678e ◀┘
```

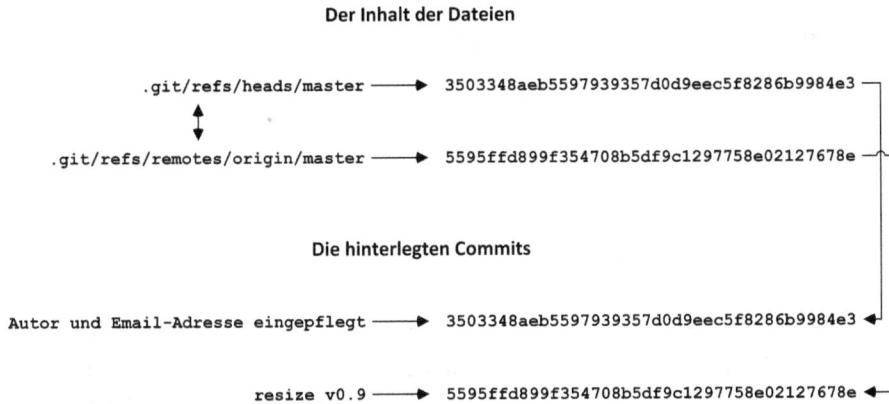

Abb. 7.4: Abgleich lokaler und remote Head

Es wird der neu erstellte Commit, welcher in `.git/refs/heads/master` hinterlegt ist, mit dem Commit des remote Repositorys verglichen, der wiederum in der Datei `.git/refs/remotes/origin/master` abgespeichert ist. Da die Werte voneinander verschieden sind, besteht eine Diskrepanz zwischen dem lokalen und dem externen Repository.

Nachdem das Repository auf den Server hochgeladen wurde, ist der Inhalt beider Dateien identisch, wie die folgende Ausgabe zeigt:

```
git_client# git push
Counting objects: 4, done.
Delta compression using up to 4 threads.
Compressing objects: 100% (4/4), done.
Writing objects: 100% (4/4), 464 bytes | 0 bytes/s, done.
Total 4 (delta 2), reused 0 (delta 0)
To git-server:/var/tmp/entwicklung
   5595ffd..3503348  master -> master
git_client#
git_client# cat .git/refs/heads/master .git/refs/remotes/origin/master
3503348aeb5597939357d0d9eec5f8286b9984e3
3503348aeb5597939357d0d9eec5f8286b9984e3
```

Eine Prüfung auf dem Server zeigt, dass die angepasste Version der Programme hochgeladen wurde:

```
git_server# git log
commit 3503348aeb5597939357d0d9eec5f8286b9984e3
Author: Joerg Schorn <joerg_schorn@yahoo.de>
Date:   Tue Apr 10 03:40:23 2018 +0200

    Autor und email-Adresse eingepflegt
```

```
commit 5595ffd899f354708b5df9c1297758e02127678e
Author: Joerg Schorn <joerg_schorn@yahoo.de>
Date:   Mon Apr 9 02:37:39 2018 -0400

    resize v0.9
```

7.15 Erzeugen von Branches

Wie bereits erwähnt, bieten Branches die Möglichkeit, eine Abzweigung innerhalb eines Repositorys zu nehmen und an einem weiteren Strang parallel zu arbeiten. Dies bietet den Vorteil, dass auf Basis eines bestimmten Softwarestandes Patches oder Erweiterungen im Funktionsumfang getestet werden können, ohne direkten Einfluss auf die zugrunde liegende Version des Softwarepaketes zu nehmen. Die Syntax zum Erstellen eines Branches lautet:

git branch *Name*

Wenn kein Name angegeben wird, listet das gezeigte Kommando alle vorhandenen Branches des aktuellen Projektes auf.

```
(1) # git branch
    * master
(2) # ls -l
    total 0
    -rw-r--r--. 1 root root 0 Apr 16 11:32 datei1
    -rw-r--r--. 1 root root 0 Apr 16 11:32 datei2
    # cat datei*
    #
(3) # git branch tmp_branch
    # git branch
    * master
    tmp_branch
(4) # git checkout tmp_branch
    Switched to branch 'tmp_branch'
    # git branch
    master
    * tmp_branch
(5) # cat >datei1
    Text
    # git add *
    # git commit -m "Commit in tmp_branch"
    [tmp_branch 3ecea85] Commit in tmp_branch
    1 files changed, 1 insertions(+), 0 deletions(-)
```

```
(6) # cat datei*
    Text
(7) # git checkout master
    Switched to branch 'master'
    # cat datei*
    #
```

In (1) zeigt die Ausgabe des Kommandos git branch, dass zu diesem Zeitpunkt nur
der initial erzeugte -Branch zur Verfügung steht. In (2) ist zu erkennen, dass innerhalb des Working Trees zwei leere Dateien datei1 und datei2 vorhanden sind. Nachdem in (3) ein neuer Zweig erstellt wurde, zeigt eine weitere Ausgabe des Kommandos
git branch, dass nun zwei Branches zur Verfügung stehen. Das Sternchen markiert
bei der Ausgabe den Zweig, welcher für aktuelle Veränderungen im Working Tree verwendet wird. In (4) wird auf den Zweig tmp_branch gewechselt. Schritt (5) dient dazu, in diesem Zweig die Datei datei1 zu modifizieren und diese Änderung im Repository abzuspeichern. In (6) zeigt die Ausgabe von cat datei*, dass datei1 die Zeile
„Text" enthält. Nachdem in (7) wieder auf den ursprünglichen Zweig geschwenkt
wird, sind alle Dateien des Working Trees wieder leer, da die Veränderungen im Zweig
tmp_branch getätigt wurden.

7.16 Zusammenführung von Branches

Wenn erfolgreich Erweiterungen anhand eines Branches eingepflegt wurden, können
diese Änderungen in den Branch übernommen werden, welcher als Basis des erzeugten Zweiges dient. Das hierfür zu verwendende Kommando:

git merge *Branch*

Hierzu nochmals ein Beispiel:

```
(1)  # git init temp_repo
     Initialized empty Git repository in /var/tmp/temp_repo/.git/
     # cd temp_repo
     # cat >datei1
     Eine Textdatei
     # git add *
     # git commit -m "Initialer Commit"
     [master (root-commit) a08f921] Initialer Commit
      1 files changed, 1 insertions(+), 0 deletions(-)
      create mode 100644 datei1
(2)  # git status
     # On branch master
     nothing to commit (working directory clean)
```

```
      # git branch
      * master
(3)   # git branch temp_test
      # git branch
      * master
        temp_test
(4)   # git checkout temp_test
      Switched to branch 'temp_test'
      # cat >datei2
      Eine zweite Textdatei
      # git add *
      # git commit -m "Datei datei2 erzeugt"
      [temp_test 14d0bc2] Datei datei2 erzeugt
       1 files changed, 1 insertions(+), 0 deletions(-)
       create mode 100644 datei2
(5)   # git checkout master
      Switched to branch 'master'
      # ls -l
      total 4
      -rw-r--r--. 1 root root 15 Apr 10 16:06 datei1
      # git log --pretty=oneline
      a08f92143a4928b3247886da5ffae115f642e9a8 Initialer Commit
(6)   # git merge temp_test
      Updating a08f921..14d0bc2
      Fast-forward
       datei2 |    1 +
       1 files changed, 1 insertions(+), 0 deletions(-)
       create mode 100644 datei2
(7)   # ls -l
      total 8
      -rw-r--r--. 1 root root 15 Apr 10 16:06 datei1
      -rw-r--r--. 1 root root 22 Apr 10 16:09 datei2
      # git status
      # On branch master
      nothing to commit (working directory clean)
(8)   # git log --pretty=oneline
      14d0bc23c3e055dc392adfbe4331002b3406b112 Datei datei2 erzeugt
      a08f92143a4928b3247886da5ffae115f642e9a8 Initialer Commit
(9)   # git branch -d temp_test
      Deleted branch temp_test (was 14d0bc2).
      # git branch
      * master
      # ls -l
      total 8
      -rw-r--r--. 1 root root 15 Apr 10 16:06 datei1
      -rw-r--r--. 1 root root 22 Apr 10 16:09 datei2
```

In (1) wurde ein temporäres Repository erzeugt, in welches eine Textdatei aufgenommen wurde. Die Ausgabe in (2) zeigt, dass keine Commits ausstehen und zu diesem

Zeitpunkt nur der Hauptzweig vorhanden ist. In (3) wird der Branch `temp_test` erzeugt, welcher daraufhin im erneut aufgerufenen `git branch` zu erkennen ist. In (4) wird in den erzeugten Zweig gewechselt und dort eine Textdatei `datei2` erzeugt. Diese wird im zu diesem Zeitpunkt aktiven Branch `temp_test` dem Repository hinzugefügt. Nachdem in Schritt (5) wieder in den Hauptzweig zurück gewechselt wurde, ist die erzeugte Datei nicht mehr im Working Tree vorhanden. Das ebenfalls ausgeführte Kommando `git log` zeigt, dass hier nach wie vor nur ein Commit stattgefunden hat. Nun wird in (6) der Branch `temp_test` in den Hauptzweig überführt. Ein erneutes Auflisten der vorhandenen Dateien in (7) zeigt, dass nun die zuvor erzeugte Datei `datei2` sichtbar ist. Ein `git log` zeigt nun auch, dass ein weiterer Commit im Hauptzweig stattgefunden hat. Nachdem die Datei erfolgreich überführt wurde, kann in (9) der temporär erzeugte Branch gelöscht werden, was keine weiteren Auswirkungen auf den Branch und das Working Directory hat.

7.17 Wiederherstellung von Dateien oder Verzeichnissen

Gelöschte oder überschriebene Objekte können ebenfalls über das Subkommando checkout wiederhergestellt werden. Die Syntax zur Wiederherstellung lautet:

```
git checkout [--] Objekt [...Objektn]
```

Die beiden Minuszeichen werden verwendet, wenn das wiederherzustellende Objekt den gleichen Namen wie ein Branch trägt. Als Ausgangssituation wird eine Umgebung gewählt, welche zwei Branches beinhaltet, nämlich den Branch , sowie einen weiteren Branch, welcher tmp genannt wurde. Im Hauptzweig () wird nun eine Textdatei tmp angelegt und dem Repository hinzugefügt:

```
# git branch
* master
  tmp
# cat >tmp
1
2
# git add tmp
# git commit -m "Datei tmp eingepflegt"
[master be5ada5] Datei tmp eingepflegt
 1 files changed, 2 insertions(+), 0 deletions(-)
 create mode 100644 tmp
```

Im nächsten Schritt wird die Textdatei tmp gelöscht und soll aus dem Repository wiederhergestellt werden:

```
       # rm -f tmp
       # ls -1
       total 4
       -rw-r--r--. 1 root root 4 Apr 10 05:38 datei1
(1)    # git checkout tmp
       Switched to branch 'tmp'
       # ls -1
       total 4
       -rw-r--r--. 1 root root 4 Apr 10 05:38 datei1
(2)    # git checkout master
       Switched to branch 'master'
(3)    # git checkout -- tmp
       # ls -1
       total 8
       -rw-r--r--. 1 root root 4 Apr 10 05:38 datei1
       -rw-r--r--. 1 root root 4 Apr 10 05:46 tmp
```

Nachdem die Datei tmp gelöscht wurde, soll diese nun in (1) aus dem Repository in den Working Tree geholt werden. Da jedoch auch der Branch tmp vorhanden ist, interpretiert Git die Kommandozeile in der Form, dass in diesen Branch gewechselt werden soll. Nachdem in (2) wieder auf den Branch gewechselt wurde, wird in (3) Git durch die beiden aufeinanderfolgenden Minuszeichen dazu angewiesen, das nachfolgende Argument nicht als Branch sondern als Datei zu interpretieren, welche wiederhergestellt werden soll. Die Ausgabe des Kommandos ls -1 zeigt, dass die Datei wieder im Working Tree vorhanden ist.

7.18 Hooks

Hooks sind Programme, welche zu bestimmten Ereignissen aufgerufen werden. Alle verfügbaren Hooks werden im Unterverzeichnis ${GIT_DIR}/hooks abgelegt. Eine Ausnahme bilden hier die Bare-Repositorys, bei denen das Verzeichnis hooks im Wurzelverzeichnis des Repositorys liegt. Die Programme müssen mit Ausführungsrechten versehen sein.

Die derzeit von Git unterstützten Hooks:

-   applypatch-msg
    Aufruf durch: git am
    Parameter: Name der Textdatei mit Commit-Message
    Der Aufruf erfolgt, bevor ein Patch eingespielt werden soll. Wenn applypatch-msg einen Returncode ungleich 0 liefert, wird git am abgebrochen.
-   pre-applypatch
    Aufruf durch: git am.
    Parameter: –
    Der Name des Hooks ist etwas irreführend. Dieser Hook wird ausgeführt, nachdem

ein Patch eingespielt wurde, jedoch bevor ein `git commit` erfolgt. Wenn dieser Hook einen Returncode ungleich 0 liefert, wird der Commit nicht durchgeführt, nachdem der Patch eingespielt wurde.

- `post-applypatch`
Aufruf durch: `git am`
Parameter: –
Ausführung, nachdem ein Patch eingespielt wurde und der Commit erfolgreich durchgelaufen ist.
- `pre-commit`
Aufruf durch: `git commit`
Parameter: –
Wird ausgeführt, bevor die übergebene Commit-Textnachricht abgefragt wird. Wenn Returncode ungleich 0, wird der Commit nicht durchgeführt. Durch Verwendung des Schalters „-no-verify" kann dieser Hook umgangen werden.
- `prepare-commit-msg`
Aufruf durch: `git commit`
Parameter:
  - Name der Textdatei mit Commit-Message
  - Ursprung der Commit-Nachricht
    * message
      wenn Option „-m" oder „-F" genutzt wurde.
    * merge
      Wenn ein merge durchgeführt werden soll.
    * sqash
      Wenn die Datei `.git/SQUASH_MSG` exisitiert.
    * commit *SHA1*
      Wenn Option „-c", „-C" oder „--amend" genutzt wurde.
Dieser Hook wird aufgerufen, nachdem die Log-Message erstellt und bevor der Editor gestartet wurde.
- `commit-msg`
Aufruf durch: `git commit`
Parameter: Name der Textdatei mit Commit-Message
Dieser Hook kann ebenfalls durch Verwendung der Option „-no-verify" ausgesetzt werden. Wenn der Hook einen Returncode ungleich 0 liefert, wird der Commit abgebrochen.
- `post-commit`
Aufruf durch: `git commit`
Parameter: –
Die Aufgabe des Hooks ist es, Benachrichtigungen auszugeben. Der Hook hat keinen weiteren Einfluss.

- pre-rebase
  Aufruf durch: `git rebase`
  Parameter: –
- post-checkout
  Aufruf durch: `git checkout`
  Parameter:
  - Referenz auf letzten HEAD
  - Referenz auf aktuellen HEAD
  - Ein Flag, welches die folgenden Inhalte aufweisen kann:
    * Wert: 0
      Eine Datei aus dem Index holen.
    * Wert: 1
      Wechsel in einen anderen Branch.
  Dieser Hook hat keinen weiteren Einfluss.
- post-merge
  Aufruf durch: `git merge`
  Parameter: Flag mit folgender Bedeutung:
  - 0 kein squash merge
  - 1 squash merge
- pre-receive
  Aufruf durch: `git-receive-pack`
  Parameter: –
  Dieser Hook wird auf der entfernten Seite aufgerufen, wenn ein lokales Repository gepusht wird. Der Hook wird ausgeführt, bevor auf dem remote Repository ein Update der Referenzen durchgeführt wird. Wenn ein Returncode ungleich 0 erfolgt, wird kein Update der Referenzen durchgeführt.
- update
  Aufruf durch: `git-receive-pack`
  Parameter:
  - Referenz, welche einen Update erfährt
  - SHA1 des alten Objektes, welches referenziert wurde
  - SHA1 des neuen Objektes, welches referenziert werden soll
  Der Aufruf erfolgt auf der entfernten Seite, wenn ein `git push` auf ein lokales Repository erfolgt.
- post-receive
  Aufruf durch: `git-receive-pack`
  Parameter: –
  Der Hook wird gegen das remote Repository aufgerufen, nachdem alle Referenzen bearbeitet wurden.
- post-update
  Aufruf durch: `git-receive-pack`

Parameter: Alle Referenzen, welche bearbeitet wurden. Der Hook wird gegen das remote Repository aufgerufen, nachdem alle Referenzen bearbeitet wurden.
- `pre-auto-gc`
  Aufruf durch: `git gc -auto`
  Parameter: –
  Dieser Hook wird aufgerufen, bevor Cleanup-Jobs durch `git gc` durchgeführt werden. Ein Returncode ungleich 0 führt zum Abbruch des Kommandos.
- `post-rewrite`
  Aufruf durch: `git commit --amend` und `git-rebase`
  Parameter: Liest über `STDIN` eine Liste, welche eine Zuordnung von altem `SHA1` zu neuem `SHA1` enthält.

Einige Beispiele zum Handling von Hooks
Es werden nun exemplarisch einige Hooks vorgestellt. Grundsätzlich ist die Handhabung der zur Verfügung stehenden Hooks identisch.

Hook: pre-commit
Das folgende Beispiel zeigt, wie wichtig es ist, bei Problemen innerhalb eines Hooks eine Meldung auszugeben. Zu diesem Zweck wird der Hook `pre-commit` bereitgestellt, welcher alle übergebenen Parameter, die Prozesskette, welche bis zum Hook selbst führt und eine detaillierte Angabe zum Prozess, welcher für den Hook generiert wurde, in eine Textdatei schreibt. Zusätzlich wird der aufrufende Prozess überwacht und die Ausgabe der Überwachung in eine weitere Textdatei geschrieben. Nachdem die Ausgabe erfolgt ist, liefert der Hook eine 1 (nicht erfolgreich) als Returncode.

Der verwendete Code:

```
#!/bin/ksh
# Beispiel eines pre-commit Hooks
PTREE=/usr/bin/ptree
TRUSS=/usr/bin/truss
#
$TRUSS -t write,_exit,waitid -o /var/tmp/truss.out -fp $PPID &
{
 echo "Empfangene Parameter: $@"
 echo "Prozesskette:"
 $PTREE $$
 echo "Dieser Prozess:"
 ps -fp $$
} >/var/tmp/pre_commit.txt
exit 1
```

Der erzeugte Hook wird anhand eines neu erzeugten Objektes innerhalb des Working Trees angewendet.

```
(1) # git status
    On branch master

    Initial commit

    Changes to be committed:
      (use "git rm --cached <file>..." to unstage)

            new file:   datei1

(2) # git commit -m "Test"
    # git status
    On branch master

    Initial commit

    Changes to be committed:
      (use "git rm --cached <file>..." to unstage)

            new file:   datei1


(3) # cat /var/tmp/truss.out
    waitid(P_PID, 3748, 0x08046EF0, WEXITED|WTRAPPED) = 0
    _exit(1)

(4) # cat /var/tmp/pre_commit.txt
    Empfangene Parameter:
    Prozesskette:
    3668  bash
      3747  git commit -m test
        3748  /bin/ksh .git/hooks/pre-commit
          3749  truss -t write,_exit,waitid -o /var/tmp/truss.out -fp 3747
          3750  ptree 3748
    Dieser Prozess:
        UID   PID  PPID  C   STIME TTY      TIME CMD
       root  3748  3747  0 05:51:32 pts/1    0:00 /bin/ksh .git/hooks/pre-commit
```

Die Ausgabe in (1) zeigt, dass sich in dem Working Tree ein Objekt befindet, welches durch einen Commit in das Repository aufgenommen werden soll. Nachdem in (2) der Commit ohne Fehlermeldung durchgeführt wurde, zeigt ein erneuter git status jedoch, dass das Objekt nicht in das Repository überführt wurde. Die Ausgabe des Kommandos truss zeigt in (3), dass das Kommando git-commit auf die Abarbeitung des Prozesses mit der PID 3748, also des Kommandos pre-commit wartet. Nachdem der aufgerufene Prozess beendet wurde, beendet sich auch der Elternprozess mit einem Returncode von 1, wobei jedoch keine weitere Ausgabe erfolgt. In (4) ist nochmals die Prozesskette zu sehen, welche durch den Einsatz eines Hooks entsteht. Die bash, welche an erster Stelle zu sehen ist, stellt die Arbeitsumgebung dar. Der Prozess mit der PID 3747 ist das aufgerufene git-commit, welches wiederum den Hook pre-commit aufruft. Durch den pre-commit werden wiederum die Kommandos truss sowie ptree aufgerufen. Die darauf folgende Ausgabe zeigt nochmals, dass der Elternprozess des Kommandos pre-commit die PID 3747 zugewiesen bekommen hat, was dem Kommando git commit entspricht.

Der Hook wird nun in der Form angepasst, dass er als Returncode eine 0 (Erfolg) liefert. Das Ergebnis sieht dann wie folgt aus (die truss-Ausgabe ist um einige Zeilen gekürzt):

```
(1) # git commit -m "Test"
    [master (root-commit) 45ffbf5] Test
    1 file changed, 1 insertion(+)
    create mode 100644 datei1
    #
(2) # cat /var/tmp/truss.out
    3898:   waitid(P_PID, 3899, 0x08046EF0, WEXITED|WTRAPPED) = 0
    3898:   write(3, " T e s t\n", 5)                = 5
    3898:   write(3, " x019D8DBB\n02 110\0ADF3".., 127)  = 127
    3898:   write(3, " 4 5 f f b f 5 a 8 6 5 b".., 40)   = 40
    3898:   write(1, " [ m a s t e r   ( r o o".., 36)   = 36
    3898:   write(1, "   1   f i l e   c h a n".., 32)    = 32
    3898:   write(1, "   c r e a t e   m o d e".., 27)    = 27
    3898:   _exit(0)
(3) # cat /var/tmp/ausgabe.txt
    Empfangene Parameter:
    Prozesskette:
    3668  bash
      3898  git commit -m Test
        3899  /bin/ksh .git/hooks/pre-commit
          3900  truss -t write,_exit,waitid -o /var/tmp/truss.out -fp 3898
          3901  ptree 3899
    Dieser Prozess:
       UID   PID  PPID  C   STIME TTY     TIME CMD
       root  3899  3898  0  06:54:20 pts/1  0:00 /bin/ksh .git/hooks/pre-commit
```

In (1) wird nach erfolgreicher Durchführung des Commit eine Meldung ausgegeben, welche die geänderte Datei beinhaltet. Die Ausgabe des truss-Kommandos in (2) zeigt, dass das Kommando git commit die Ausgabe tätigt, nachdem der Hook pre-commit durchgeführt wurde. In (3) ist zur Verdeutlichung nochmals der Prozessbaum und die Prozess ID des Hooks ausgegeben.

Es sollten bei Problemen innerhalb von Hooks immer Meldungen erfolgen, um den Anwender sofort darauf aufmerksam zu machen, denn in den wenigsten Fällen prüft ein Benutzer den Returncode eines Befehls, wenn keine Ausgabe erfolgte.

Hook: post-checkout

Es folgt ein kurzes Beispiel des post-checkout-Hooks. Es wurde zu diesem Zweck ein weiterer Commit erzeugt, um zwei Commit-IDs zur Verfügung zu haben:

```
(1) # git log --pretty=oneline
    1f8c290f3e06c4883da7a3597e0c8789b155bad6 Zweiter Commit
    3bdf20f74b9f529786b2c2fdd2c82cacaf5d5184 Test
(2) # git branch
    * master
      tmpbranch
(3) # git rev-parse HEAD
    1f8c290f3e06c4883da7a3597e0c8789b155bad6
```

In (1) werden die beiden verwendeten Commit-IDs aufgelistet. Die Ausgabe in (2) zeigt, dass master der momentan aktive Branch ist und in (3) ist erkennbar, dass der zu diesem Branch gehörende Commit mit den Ziffern 1f8c beginnt.

Der für dieses Beispiel verwendete Hook gibt alle empfangenen Parameter nach STDOUT aus. Um eventuelle Auswirkungen eines Returncodes ungleich 0 zu prüfen, beendet sich der Hook mit einer 1. Der verwendete Code sieht wie folgt aus:

```
#!/bin/ksh
# Beispiel eines post-checkout Hooks
#
for param in "$@"
do
 echo "Parameter: $param"
done
exit 1
```

In einem ersten Durchlauf wird die Datei datei1 wiederhergestellt:

```
(1) # rm datei1
    # cat datei1
    cat: cannot open datei1
(2) # git checkout -- datei1
    Parameter: 1f8c290f3e06c4883da7a3597e0c8789b155bad6
    Parameter: 1f8c290f3e06c4883da7a3597e0c8789b155bad6
    Parameter: 0
    # cat datei1
    Ein Test
```

Nachdem in (1) die Datei gelöscht wurde, zeigt die Ausgabe des Hooks in (2), dass die Commit-Referenz sich nicht geändert hat. Der letzte Parameter mit Inhalt 0 bedeutet, dass ein Objekt aus dem Index des Repositorys abgerufen wurde.

In dem folgenden Beispiel wird zwischen den angelegten Branches gewechselt:

```
(1) # git checkout tmpbranch
    Switched to branch 'tmpbranch'
    Parameter: 1f8c290f3e06c4883da7a3597e0c8789b155bad6
    Parameter: 3bdf20f74b9f529786b2c2fdd2c82cacaf5d5184
    Parameter: 1
(2) # git checkout master
    Switched to branch 'master'
    Parameter: 3bdf20f74b9f529786b2c2fdd2c82cacaf5d5184
    Parameter: 1f8c290f3e06c4883da7a3597e0c8789b155bad6
    Parameter: 1
```

In (1) wird durch den ersten Parameter angegeben, welchen Wert der letzte Head beinhaltete. Der zweite Wert gibt an, welchem Wert der aktuell verwendete Head entspricht. Der letzte Parameter gibt an, dass ein Wechsel zwischen zwei Branches stattgefunden hat. Der erste Parameter gibt also den Start, und der zweite Parameter gibt das Ziel des Wechsels an. In (2) wird der Weg rückwärts gewählt, weshalb die ersten beiden Parameter in umgekehrter Reihenfolge angezeigt werden. Da ein erneuter Wechsel zwischen zwei Branches stattgefunden hat, enthält Parameter Nummer drei wieder den Wert 1.

```
git-client# cd /var/tmp
git-client# git clone git-server:/var/tmp/entwicklung entwicklung
Cloning into 'entwicklung'...
remote: Counting objects: 4, done.
remote: Compressing objects: 100% (4/4), done.
remote: Total 4 (delta 0), reused 0 (delta 0)
Receiving objects: 100% (4/4), 6.96 KiB | 0 bytes/s, done.
Checking connectivity... done.
```

Der Returncode dieses Hooks hat also keinen Einfluß auf das Kommando git checkout. Bei jedem Aufruf werden drei Parameter übergeben, wovon der erste den ursprünglichen Commit darstellt, der zweite Parameter auf den aktuellen Commit verweist und der dritte Parameter eine 0 beinhaltet, wenn ein Objekt aus dem Repository in das Working Directory kopiert wurde. Enthält der dritte Parameter eine 1, so wurde ein Wechsel in einen Branch durchgeführt.

Hooks und remote Repositorys

Wenn mit remote Repositorys gearbeitet wird, können Hooks ebenfalls von großem Nutzen sein. Auf den folgenden Seiten wird gezeigt, welche Hooks auf der Server-Seite ausgeführt werden, und welche Hooks von den Clients aufgerufen werden.

Um zu zeigen, wann wo welche Hooks aufgerufen werden, werden sowohl auf dem Server als auch auf dem Client alle Hooks aktiviert, welche zur Verfügung stehen.

Die folgenden ausführbaren Programme befinden sich auf dem Server im Verzeichnis /var/tmp/entwicklung/hooks, da es sich hierbei um ein Bare-Repository handelt, und auf dem Client im Verzeichnis /var/tmp/entwicklung/.git/hooks:

```
git_server# ls
applypatch-msg    post-checkout   post-receive   pre-applypatch   prepare-commit-msg
commit-msg        post-commit     post-rewrite    pre-auto-gc     pre-rebase
post-applypatch   post-merge      post-update     pre-commit      pre-receive
update
```

Jeder dieser Hooks enthält den gleichen Code, wobei auf der Seite des aufrufenden Clients die Ausgabe nach /var/tmp/client-hooks.txt und auf der Seite des Servers die Ausgabe nach /var/tmp/server-hooks.txt umgeleitet wird.

Ziel ist es, den Namen des aufgerufenen Programms sowie die übergebenen Parameter in eine Textdatei umzulenken. Auf diese Art kann festgestellt werden, in welcher Reihenfolge welche Hooks auf dem Server sowie auf dem Client aufgerufen werden.

Der angezeigte Code stellt die Variante dar, welche auf der Seite des Servers zum Einsatz kommt:

```
#!/bin/bash
{
 echo "Hook: $0"
 echo "Parameter: $@"
} >>/var/tmp/server-hooks.txt
```

Im ersten Schritt wird auf der Seite des Clients ein Commit durchgeführt:

(1) git_server# cat /var/tmp/server-hooks.txt
     cat: /var/tmp/server-hooks.txt: No such file or directory
     git_client# cat /var/tmp/client-hooks.txt
     cat: cannot open /var/tmp/client-hooks.txt

(2) git_client# git commit -am "resizevx und create-subdisks als final deklariert"
     [master d325b39] resizevx und create-subdisks als final deklariert
      2 files changed, 4 insertions(+)

(3) git_client# cat /var/tmp/client-hooks.txt

a) Hook: .git/hooks/pre-commit
   Parameter:

b) Hook: .git/hooks/prepare-commit-msg
   Parameter: .git/COMMIT_EDITMSG message

```
 c) Hook: .git/hooks/commit-msg
    Parameter: .git/COMMIT_EDITMSG
 d) Hook: .git/hooks/post-commit
    Parameter:
(4) git_client# cat .git/COMMIT_EDITMSG
    resizevx und create-subdisks als final deklariert
(5) git_server# cat /var/tmp/server-hooks.txt
    cat: /var/tmp/server-hooks.txt: No such file or directory
```

In (1) wird geprüft, ob sowohl auf dem Server als auch auf dem Client die zur
Ausgabe verwendete Textdatei nicht vorhanden ist. In (2) wird auf der Seite des Client ein `git commit` aufgerufen, woraufhin in (3) der Inhalt der vom Client erstellten
Textdatei kontrolliert wird. (3a) zeigt den ersten aufgerufenen Hook `pre-commit`,
welcher keine weiteren Parameter empfangen hat. Im nächsten Schritt wird in (3b)
`prepare-commit-msg` aufgerufen. Als Parameter folgt an erster Stelle der Name der
Textdatei, welche den begleitenden Text enthält, gefolgt von der Zeichenkette, welche
Art von Commit-Nachricht hinterlegt wurde. In (3c) erfolgt der Aufruf des nächsten
Hooks `commit-msg`, welcher als Parameter nochmals den Namen der Textdatei übergeben bekommt, welche den zum Commit gehörenden Text enthält. Im letzten Schritt
wird in (3d) der Hook `post-commit` ohne weitere Parameter aufgerufen. Schritt (4)
zeigt, dass die Textdatei, welche durch den Commit erzeugt wurde, auch nach erfolgtem Commit weiterhin verfügbar ist und den Text enthält, welcher beim Aufruf in
(2) verwendet wurde. In (5) ist zu erkennen, dass aufseiten des Servers noch keine
Programme aufgerufen wurden.

Im nächsten Schritt wird nun auf der Seite des Clients ein push durchgeführt, um die
Änderungen aufseiten des Servers bekanntzumachen.

```
(1) git_client# rm /var/tmp/client-hooks.txt
(2) git_client# git push
    Counting objects: 4, done.
    Delta compression using up to 4 threads.
    Compressing objects: 100% (4/4), done.
    Writing objects: 100% (4/4), 421 bytes | 0 bytes/s, done.
    Total 4 (delta 2), reused 0 (delta 0)
    To git-server:/var/tmp/entwicklung
       8e55a73..d325b39  master -> master
(3) git_client# cat /var/tmp/client-hooks.txt
    cat: cannot open /var/tmp/client-hooks.txt
(4) git_server# cat /var/tmp/server-hooks.txt
 a) Hook: hooks/pre-receive
    Parameter:
 b) Hook: hooks/update
    Parameter: refs/heads/master 8e55a73cecc1f4c6035ad4002cc96f92b14d3212
     d325b3991102a186ef91b69397427ec30bda37ea
```

```
    c) Hook: hooks/post-receive
       Parameter:
    d) Hook: hooks/post-update
       Parameter: refs/heads/master
(5) git_server# git log --pretty=oneline|head -2
    d325b3991102a186ef91b69397427ec30bda37ea resizevx und create-subdisks als \
    final deklariert
    8e55a73cecc1f4c6035ad4002cc96f92b14d3212 Autor und email hinterlegt
```

In (1) wird die bereits erstellte Textdatei gelöscht. In (2) wird mittels git push der
Client veranlasst, sämtliche Veränderungen des Repositorys auf den Server hoch-
zuladen. Nachdem der push beendet ist, erkennt man in (3), dass keine weiteren
Hooks durch den Client aufgerufen wurden, da keine neue Textdatei erzeugt wurde.
Schritt (4) zeigt, dass durch den push jedoch auf dem Server einige Hooks angestoßen wurden. In (4a) ist zu erkennen, dass zuerst das Programm pre-receive ohne
weitere Parameter aufgerufen wurde. In (4b) wird der Hook update aufgerufen. Die
übergebenen Parameter sind zu Beginn der Name der Referenz, welche bearbeitet
wurde, gefolgt von dem alten SHA1-Wertes der Referenz sowie dem neuen SHA1-Wert
der Referenz. In (4c) wird ein post-receive ohne weitere Parameter aufgerufen und
in (4d) schließt der Hook post-update die Liste der aufgerufenen Hooks auf der
Server-Seite ab. Als Parameter bekommt dieser Hook nochmals eine Liste mit allen
Referenzen (hier die Referenz master), welche einen Update erfahren haben, übergeben. In (5) werden nochmals mittels git log die letzten beiden Updates auf das
Repository gezeigt. Zu erkennen ist, dass der SHA1 der oberen Zeile (der zuletzt durch-
geführte Commit) dem zweiten übergebenen Parameter aus (4b), und der der SHA1
der unteren Zeile (der vorletzte Commit) dem dritten Parameter aus (4b) entspricht.

Im letzten Test wird auf der Client-Seite der letzte Commit rückgängig gemacht, daraufhin die lokalen Dateien gelöscht und aus dem lokalen Repository wiederhergestellt.
Dies dient dem Zweck, dass sie sich nicht im Status modified befinden. Daraufhin
wird mittels git pull die letzte Release des Repositorys heruntergeladen.

```
(1) git_client# git reset HEAD~
    Unstaged changes after reset:
    M       createsubdisks.awk
    M       resizevx.sh
(2) git_client# rm *
    git_client# git checkout -- createsubdisks.awk
    git_client# git checkout -- resizevx.sh
(3) git_client# git status
    On branch master
    Your branch is behind 'origin/master' by 1 commit, and can be fast-forwarded.
      (use "git pull" to update your local branch)
    nothing to commit, working directory clean
```

```
(4) git_client# rm -f /var/tmp/client-hooks.txt
    git_client# cat /var/tmp/client-hooks.txt
    cat: cannot open /var/tmp/client-hooks.txt
    git_server# rm -f /var/tmp/server-hooks.txt
    git_server# cat /var/tmp/server-hooks.txt
    cat: /var/tmp/server-hooks.txt: No such file or directory
(5) git_client# git pull
    Updating 8e55a73..d325b39
    Fast-forward
     createsubdisks.awk | 2 ++
     resizevx.sh        | 2 ++
     2 files changed, 4 insertions(+)
(6) git_client# cat /var/tmp/client-hooks.txt
 a) Hook: .git/hooks/post-merge
    Parameter: 0
(7) git_server# cat /var/tmp/server-hooks.txt
    cat: /var/tmp/server-hooks.txt: No such file or directory
```

In (1) wird der Index im lokalen Repository des Clients auf den Zustand vor dem letzten Commit zurückgesetzt. Aus diesem Grund werden die beiden Dateien resizevx.sh und createsubdisk.awk als modified erkannt, denn das Zurücksetzen bezieht sich nur auf das Repository und nicht auf das Working Directory. Um die Dateien im Working Tree mit dem Stand im Repository gleichzusetzen, werden diese in (2) zuerst gelöscht, und daraufhin aus dem Repository wiederhergestellt. Ein erneutes Prüfen zeigt in (3), dass auf der lokalen Seite zu diesem Zeitpunkt keine Commits ausstehen, jedoch das lokale Repository einen Commit hinter dem Repository auf der Server-Seite steht. Dies macht auch Sinn, denn es wurde ja genau ein Commit auf der lokalen Seite zurückgerollt. In Schritt (4) werden die von den Hooks zu beschreibenden Textdateien gelöscht, um dort einen sauberen Zustand zu haben. In (5) wird das lokale Repository mit dem Server abgeglichen, wozu das Kommando git pull verwendet wird. Nachdem der Abgleich stattgefunden hat, ist in (6a) zu erkennen, dass vom Client der Hook post-merge aufgerufen wurde, wobei als Parameter eine 0 übergeben wurde. Dies bedeutet, dass kein squash merge durchgeführt wurde. In (7) ist zu erkennen, dass bei einem git pull keine weiteren Hooks auf der Seite des Servers aufgerufen werden.

8 Shellprogramme in der Storageadministration

Die Menge an Daten, welche verwaltet werden, wird immer größer. Dementsprechend wird auch die Administration der Datencontainer (Filesysteme, Festplatten usw.) immer aufwendiger und komplexer. In diesem Kapitel werden zwei wichtige Aufgabenfelder abgedeckt, welche durch den Einsatz von Shellprogrammen wesentlich vereinfacht werden können.

8.1 ASM-Disks suchen

ASM (**A**utomatic **S**torage **M**anagement) ist ein Volume Manager der Firma Oracle, welcher mit der Einführung von *Oracle 10g* vorgestellt wurde. Die Idee dahinter ist, dass der Datenbankadministrator die Platten, welche für Datenbanken verwendet werden sollen, selbst verwalten kann. Da auf einem großen Unix System einige hundert oder tausend Platten vorhanden sein können, und wahrscheinlich nicht alle für die Verwendung von Oracle vorgesehen sind (zum Beispiel die Systemplatten, welche zum Booten der Maschine benötigt werden), wird die Menge der zu nutzenden Disks durch den asm_diskstring begrenzt. Der innerhalb des ASM verwendete Parameter asm_diskstring beschreibt, wie ASM nach zu verwendenden Festplatten sucht, und kann durch Wildcards ergänzt werden.

Das Kommando alter system set asm_diskstring='/dev/mapper/asm*p1'; weist beispielsweise ASM dazu an, nun alle Platten im Verzeichnis /dev/mapper, deren Namen mit „asm" beginnen und mit „p1" aufhören, zu verwenden. Wichtig ist zu beachten, dass die Wildcards zu einer eineindeutigen Zuordnung der Platten durch ASM führen. Wenn asm_diskstring auf '/dev/mapper/asm*' gesetzt wird, führt dies dazu, dass ASM eine Platte mehrfach erkennt, falls Partitionen darauf vorhanden sind. Ein kurzes Beispiel:

```
SQL> show parameter asm_diskstring;

NAME                                 TYPE        VALUE
------------------------------------ ----------- --------------------------------
asm_diskstring                       string      /dev/mapper/asm*p1
SQL> column path format a40;
SQL> select header_status, path from v$asm_disk;

HEADER_STATUS PATH
------------- ----------------------------------------
MEMBER        /dev/mapper/asm-disk01p1
MEMBER        /dev/mapper/asm-disk03p1
MEMBER        /dev/mapper/asm-disk02p1
```

https://doi.org/10.1515/9783110445121-358

Nun wird die Variable diskstring auf „/dev/mapper/asm*" gesetzt und die gleiche
Abfrage nochmals getätigt:

```
SQL> alter system set asm_diskstring='/dev/mapper/asm*';

System altered.
SQL> select header_status, path from v$asm_disk;

HEADER_STATUS PATH
------------- ---------------------------------------
CANDIDATE     /dev/mapper/asm-disk01
CANDIDATE     /dev/mapper/asm-disk03
CANDIDATE     /dev/mapper/asm-disk02
MEMBER        /dev/mapper/asm-disk01p1
MEMBER        /dev/mapper/asm-disk03p1
MEMBER        /dev/mapper/asm-disk02p1
```

Es wird nun sowohl die ganze Platte als auch die Partition auf der Platte durch ASM als
je ein Medium erkannt. Der Status CANDIDATE bedeutet, dass die Disk zur Speicherung
von Daten genutzt werden kann (sie kann einer Diskgruppe hinzugefügt werden), wohingegen der Status MEMBER bedeutet, dass Daten auf der Disk gespeichert sind (sie
ist in einer Diskgruppe enthalten). ASM würde es also in diesem Fall erlauben, dass
Platten zweifach genutzt werden. Bei dem oben gezeigten Beispiel sind die Platten im
Betriebssystem dem Benutzer oracle zugewiesen.

Es sei dabei erwähnt, dass die Platten, welche keine Partition enthalten, normalerweise nicht von oracle zugreifbar sein sollten. Es galt nur zu zeigen, was für Probleme entstehen können, wenn der *asm_diskstring* nicht eindeutig gesetzt ist.

Sehr häufig findet man ASM-Installationen auf Linux-Systemen an. Red Hat liefert von Hause aus einen Algorithmus, um Festplatten redundant anzubinden. Zu diesem Zweck wird das *Device Mapper Multipathing* eingesetzt. Dabei greift zum Initia-
lisieren der Devices ein Daemon (multipathd) auf eine Konfigurationsdatei namens
/etc/multipathd.conf zu. In dieser Datei werden die Festplatten beschrieben, welche vom Betriebssystem angesprochen werden können. Jede*WWN* (WWN = World Wi-
de Number) wird je einem Alias zugeordnet.

```
multipath {
        wwid    33fa6da9874250c49
        alias   asm-disk01
}
```

Ist eine Platte sichtbar, deren WWN nicht in dieser Konfigurationsdatei enthalten ist, so wird der Devicename als Konstrukt aus der vorgestellten Zeichenkette *multipath* mit fortlaufenden Buchstaben erstellt (multipathaa, multipathab,
nultipathac....). Wenn fälschlicherweise Festplatten an einem System sichtbar
gemacht werden, welche schon an einem anderen Rechner in einer ASM-Diskgruppe

vorhanden sind, kann es zu Dateninkonsistenzen kommen, falls diese von dem falschen Host beschrieben werden. In diesem Fall wäre es nützlich, wenn man im Vorfeld prüfen könnte, ob eine oder mehrere Platten in Benutzung durch ASM sind. Um eine Festplatte auf ASM-Nutzung hin zu prüfen, wird das Tool kfed eingesetzt, welches zur Installation von Oracle gehört. Der Aufruf zur Anzeige eines vorhandenen Disk-Headers sieht folgendermaßen aus: kfed read *DEVICEFILE*. Zur Prüfung interessieren folgende zwei Felder:

```
[root@rac2 tmp]# kfed read /dev/mapper/asm-disk02p1 \
 |egrep "^kfdhdb.dskname|^kfdhdb.grpname"
kfdhdb.dskname:              VOTE_0000 ; 0x028: length=9
kfdhdb.grpname:                   VOTE ; 0x048: length=4
```

Es soll ein Programm erstellt werden, welches Festplatten auf ASM-Zugehörigkeit hin überprüft und, wenn gewünscht, mit Hilfe der zur Verfügung stehenden Daten fertige Einträge für die /etc/multipath.conf-Datei erzeugt. Es sollte die Möglichkeit geben, sämtliche Festplatten oder nur einzelne Devices prüfen zu lassen. Auch eine Alternative zu dem Standard-Devicepfad /dev/mapper sollte möglich sein, um Festplatten auch auf Systemen prüfen zu können, welche keinen Device Mapper einsetzen. Wenn das Tool kfed nicht in einem Standardverzeichnis liegt, sollte man es angeben können. Außerdem wäre es nützlich, wenn man den Aliassen der Festplatten einen einheitlichen String voranstellen könnte, damit der asm_diskstring berücksichtigt werden kann. Das Programm wird wie folgt aufgerufen:

```
[root@rac2 tmp]# sh check_asmdisks.sh -?
usage: check_asmdisks.sh [ -c ] [ -d disk1,disk2,..,diskn ]\
 [ -l String ] [ -p path_to_disks ] [ -k KFED-Binary ]
```

Es werden folgende Informationen benötigt:
- Lokation des kfed-Kommandos
- Device-Pfad zu den Festplatten
- WWN zu der jeweiligen Festplatte, wenn Einträge für multipath.conf erzeugt werden sollen
- Eventuell vorangestellte Zeichenkette, um asm_diskstring zu unterstützen

Um an die Lokation des kfed-Kommandos zu gelangen, ist die Startdatei des ohasd (/etc/init.d/init.ohasd) nach dem Eintrag „ORA_CRS_HOME" zu durchsuchen. Dieser verweist auf das Homeverzeichnis der Oracle-Grid-Installation, welche für den Einsatz von ASM erforderlich ist. Um an die Festplattennamen und deren WWN zu gelangen, welche der Device Mapper kennt, muss man die Ausgabe des multipath-Kommandos verarbeiten. Sowohl der Devicename als auch die WWN stehen in der gleichen Zeile der Ausgabe. Es folgt der Quellcode des fertigen Programms.

```
#!/bin/sh
#
# Funktion zum Erzeugen von
# Device-Mapper-Aliassen
create_mapdev() {
# soll mpath Eintrag erzeugt werden?
read devtmp diskname dgname
if [ ! -z "$devtmp" ]
then
 # eventuell vorhandene Partitionsangaben entfernen
 dev=`$BASENAME $devtmp|$SED 's/p1$//;s/s[1-4]$//'`
 # wenn Konfiguration erzeugt werden soll
 if [ $# -eq 1 ]
 then
  # wwn auslesen
  $AWK -v lead=$leadstring -v dev=$dev -v diskname=$diskname \
  -v dgname=$dgname '{if ($1 == dev) {print "multipath \
  {" ; print "wwid " $2 ; print "alias " lead diskname "_" dgname \
  ; print "}"}}' $outfile
 else
  echo "$dev $diskname $dgname"
 fi
fi
}
# defaults setzen
os=`uname`
case $os in
"Linux")
 AWK="/bin/awk"
 SED="/bin/sed"
 GREP="/bin/grep"
 ohasdfile="/etc/init.d/init.ohasd"
 devpath="/dev/mapper"
 MULTIPATH="/sbin/multipath"
 BASENAME="/bin/basename"
 TR="/usr/bin/tr"
;;
esac
b="false"
disks="all"
COMMAND="create_mapdev"
path=""
leadstring=""
# kfed binary ermitteln
if [ -r $ohasdfile ]
then
 tmpstr=`$AWK -F\= '$1 == "ORA_CRS_HOME" {print $2}' $ohasdfile`
 KFED="${tmpstr}/bin/kfed"
else
```

```
 KFED="false"
fi
# Optionen einlesen
while getopts ?bd:p:k:l: opt
do
 case $opt in
 "b")
  # Devicemapper Eintrag soll erzeugt werden
  outfile="/tmp/multipath.out.$$"
  # ist mulipath binary ausfuehrbar
  if [ ! -x $MULTIPATH ]
  then
   echo "Kein Devicemapper vorhanden"
   exit 2
  fi
  # temporaere Datei mit Device-Namen und WWN
  $MULTIPATH -l | $AWK '$3 ~ "^dm" {print $1 " " $2}' | \
   $TR -d "()"  >$outfile
  COMMAND="create_mapdev c"
 ;;
 "d")
  # es sollen einzelne Platten getestet werden
  disks=$OPTARG
 ;;
 "p")
  # Wo liegen Device-Files
  devpath=$OPTARG
 ;;
 "k")
  # Pfad zu KFED binary
  KFED=$OPTARG
 ;;
 "l")
  leadstring=$OPTARG
 ;;
 ?|*)
  echo "usage: $0 [ -b ] [ -d disk1,disk2,..,diskn ] [ -l String ] \
  [ -p path_to_disks ] [ -k KFED-Binary ]"
  exit 1
 ;;
esac
done
# KFED ausfuehrbar?
if [ ! -x $KFED ]
then
 echo "kfed binary \"$KFED\" nicht okay"
 exit 1
fi
# liste der Festplatten erzeugen
```

```
if [ ! "$disks" = "all" ]
then
 for disk in `echo $disks|tr "," " "|$AWK -F\/ '{print $NF}'`
 do
  if [ -z "$path" ]
  then
   path="${devpath}/${disk}[sp]*"
  else
   path="${path} ${devpath}/${disk}[sp]*"
  fi
 done
else
 path="${devpath}/*"
fi
# alle disk pruefen und Ausgabe in create_mapdev umlenken
for disk in $path
do
 $KFED read $disk | $AWK -v disk=$disk '$1 == "kfdhdb.dskname:" \
 {diskname = $2} ; $1 == "kfdhdb.grpname:" {groupname = $2} \
 END {if (length (diskname) > 0) {printf "%-20s %-10s %-10s \n", disk, \
 diskname, groupname}}'|$COMMAND
done
```

8.2 Volumes in Veritas Volume Manager spiegeln

Der *Veritas Volume Manager* ist ein Produkt, welches der Erzeugung und Verwaltung von logischen Partitionen, den sogenannten *Volumes*, dient. Der Veritas Volume Manager ist auf verschiedenen Unix-Plattformen verfügbar und wird auf allen Unix-Versionen in gleicher Weise administriert. Der Volume Manager arbeitet mit folgenden Objekten:

- Physikalische Disk
  Die physikalische Disk ist die Funktionseinheit zur Datenspeicherung, welche von dem jeweiligen Computersystem zum Lesen und Schreiben verwendet wird. Es kann sich dabei um eine echte Festplatte handeln, welche in einem *JBOD* (JBOD steht für Just a **B**unch **O**f **D**isks) enthalten ist, oder auch eine *LUN* (Logical Unit Number), welche oft aus einem Storage Subsystem bereitgestellt wird und normalerweise in Teilen auf mehreren physikalischen Festplatten liegt, was als *RAID*-Verbund bezeichnet wird. (*RAID* ist ein Akronym für **R**edundant **A**rray of **I**ndependent (früher: **I**nexpensive) **D**isks).

- Diskgruppe
  Eine Diskgruppe ist ein Zusammenschluss von Festplatten, welche eine logische Einheit darstellen. Innerhalb einer Diskgruppe können Storageobjekte zur Speicherung erstellt werden. Eine Festplatte kann immer nur genau einer Diskgruppe angehören.

-   VM Disk

    Eine VM Disk ist eine physikalische Platte, welche für den Volume Manager initialisiert wurde. Beim Initialisieren wird die Geometrie der physikalischen Disk erfasst und daraufhin die Festplatte in zwei Bereiche unterteilt. Der eine Bereich, die sogenannte *Private Region*, enthält alle Metadaten, welche für die Integrität und den Betrieb der Diskgruppe nötig sind. Der restliche Bereich der Platte, die *Public Region*, steht als reiner Speicherbereich zur Verfügung.

-   Subdisk

    Eine Subdisk beschreibt einen Bereich auf einer VM Disk, welcher in der Public Region liegt. Die Subdisk hat einen Startpunkt (*Offset*) innerhalb der Public Region und eine bestimmte Länge.

-   Plex

    Die Plex ist der eigentliche Datencontainer (wenn es sich um eine Datenplex handelt). In der Plex werden die Subdisks hinterlegt. Dieses Objekt bestimmt auch, wie die Daten auf den Subdisks abgelegt werden. Wenn die Plex als *Stripe* erstellt wurde, sind die Subdisks nebeneinander angeordnet und werden gleichmäßig beschrieben. Die Anzahl der nebeneinanderliegenden Subdisks wird bei Erstellung angegeben. Oft wird ein Stripe aus vier Spalten betrieben. In diesem Fall liegen vier Subdisks nebeneinander. Dieser Reihe kann wieder eine Reihe mit vier Subdisks folgen und so weiter. Ist die Plex als *Concat* erstellt worden, so sind die Subdisks untereinander angeordnet. Erst wenn die erste Subdisk komplett beschrieben wurde, wird die nachfolgende Subdisk beschrieben.

-   Volume

    Das *Volume* dient als Schnittstelle zum Betriebssystem und verhält sich diesem gegenüber wie eine Partition einer Festplatte. Ein Volume besteht normalerweise mindestens aus einer Plex, welche die Daten enthält. Wenn ein Volume gespiegelt ist, enthält es mindestens zwei Plexe, welche über identische Inhalte verfügen.

In **Abbildung 8.1** ist eine VM Disk mit zwei darauf liegenden Subdisks dargestellt. Die Berechnung des Offsets einer Subdisk orientiert sich am Beginn der Public Region und nicht am Beginn der physikalischen Platte. Die Subdisk disk_1-01 liegt am Beginn der Public Region und ist 10 MB lang (20480 Sektoren zu 512 Byte). Die Subdisk disk_1-02 ist 20 MB groß und beginnt ab Sektor 10240. Ab Sektor 61440 steht noch freier Speicherbereich auf der VM Disk zur Verfügung. Die VM Disk kann einen anderen Namen haben als das zugehörige Device im Betriebssystem. In dem gezeigten Beispiel wird ein Linuxsystem vorausgesetzt, weshalb das der VM Disk disk_1 zugrundeliegende Device vom OS über sde angesprochen wird.

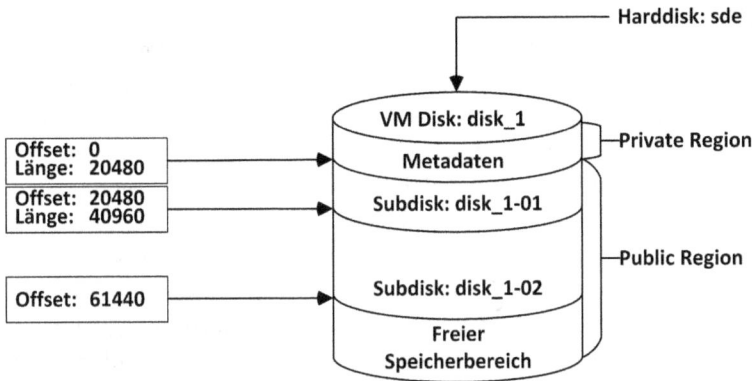

Abb. 8.1: VM Disk mit Subdisks

Abbildung 8.2 zeigt den Aufbau eines Volumes vom Typ *Concat* und vom Typ *Stripe*. Während bei dem Volume vom Typ Concat erst die Subdisk *Subdisk1* komplett beschrieben wird, bevor *Subdisk2* verwendet wird, werden bei einem Volume vom Typ Stripe alle Subdisks beschrieben. Wenn keine weitere Einstellung vorgenommen wird, werden die zu schreibenden Daten in 64-KB-Einheiten aufgeteilt, und diese dann gleichmäßig auf die jeweiligen Subdisks geschrieben.

Bei beiden gezeigten Varianten besteht das Problem, dass das jeweilige Volume nicht verfügbar ist, sobald eine der verwendeten VM Disks ausfällt, da beide Volumes nicht gespiegelt sind, also nur über je eine Plex verfügen.

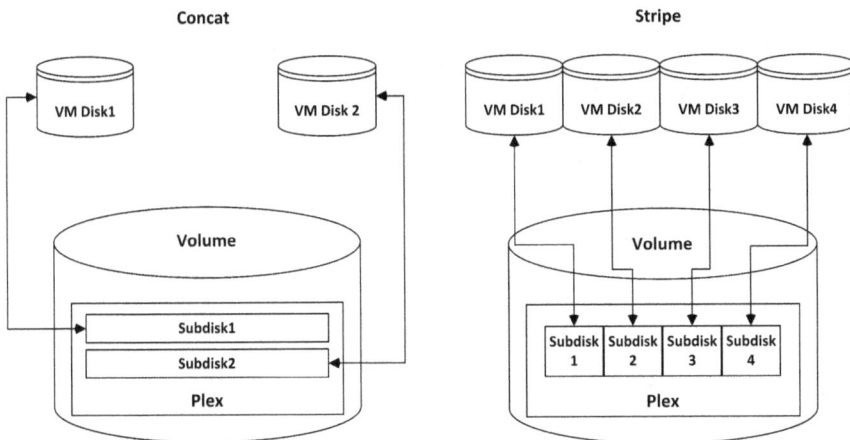

Abb. 8.2: Beispiele für Volume-Layouts in VxVM

Gespiegelte Volumes

Spiegeln ist eine Maßnahme, um Ausfälle von Storageobjekten zu vermeiden. Storagesysteme bieten auf Basis von Hardware die Möglichkeit, Objekte zu spiegeln, der Veritas Volume Manager stellt diese Möglichkeit per Software zur Verfügung. Beide Methoden haben ihre Vor- und auch Nachteile. Für den Systemadministrator gestaltet sich die Verwaltung von Storageobjekten einfacher, wenn die darunterliegende Hardware das Spiegeln übernimmt, was man jedoch meist durch höhere Latenzzeiten und vermehrten Aufwand bei Wiederherstellung erkaufen muss. Wenn man sich für die Softwarelösung entscheidet, gibt es oft weniger Aufwand bei der Wiederherstellung der Redundanz nach Ausfall eines Storagesystems und die Latenz beim Schreiben ist nicht so hoch, jedoch muss mehr administrativer Aufwand betrieben werden, wenn gespiegelte Volumes umgebaut oder vergrößert werden sollen. Eine Gefahr, welche beim Erweitern von gespiegelten Volumes besteht, ist, dass falsche Disks für die jeweiligen Spiegel verwendet werden. Wenn keine *Site Consistency* genutzt wird, welche in den neuen Releases vorgestellt wurde, kann es bei Verwendung des Kommandos vxdmpadm passieren, dass Festplatten für eine Plex verwendet werden, welche nicht dafür vorgesehen waren.

Abbildung 8.3 zeigt zwei gespiegelte Volumes. Das obere Volume verwendet für beide Plexe nur VM Disks, welche in je einer Storagebox liegen. Das untere Volume hat in jedem Spiegel Subdisks aus beiden Storagesystemen.

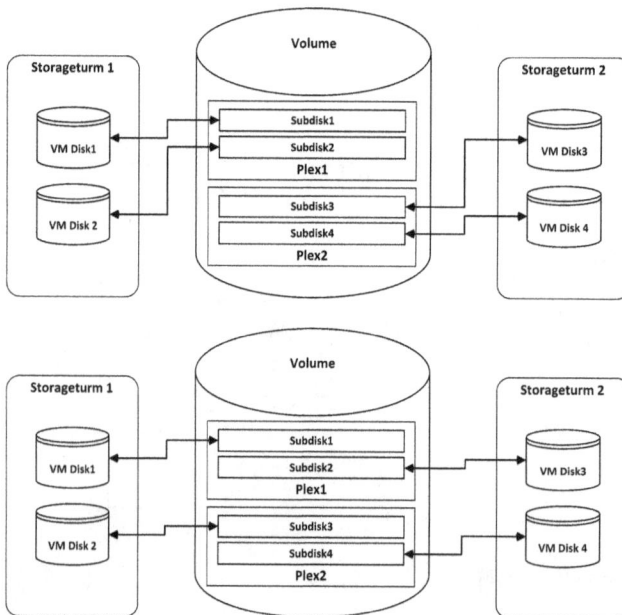

Abb. 8.3: Gespiegelte Volumes in VxVM

In **Abbildung 8.4** wird dargestellt was passiert, wenn Storageturm 2 ausfällt. Das obere Volume hat nach Ausfall noch einen Spiegel zur Verfügung, da die konfigurierten Spiegel nur je eine Storagebox verwenden. Das untere Volume ist komplett ausgefallen, da beide Plexe Subdisks aus Storagebox 2 enthalten.

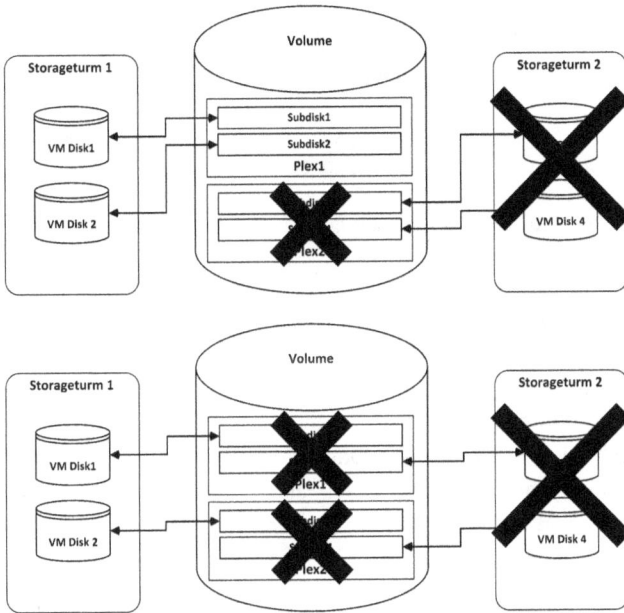

Abb. 8.4: Ausfall eines Storagesystems

Um einen möglichst stabilen Betrieb zu gewährleisten, ist es es unabdingbar, dass die Spiegelung der verwendeten Volumes in sich konsistent ist. Zu diesem Zweck wird hier ein Shellprogramm vorgestellt, welches folgende Punkte abdeckt:

- Prüfung eines angegebenen Volumes auf konsistente Spiegelung
- Erweiterung eines Volumes auf Basis der derzeitigen Konfiguration
  - Prüfung der Spiegelung des Volumes
  - Prüfung, ob genügend Festplatten aus den jeweiligen Storagetürmen zur Erweiterung verfügbar sind
  - Bei Angabe von zu verwendenden Festplatten prüfen, ob diese ausreichen, um gewünschte Endgröße zu erreichen
- Es werden sowohl Concats und Stripes als auch Mischkonfigurationen unterstützt

Voraussetzungen

Um zu überprüfen, ob ein Volume eine gültige Konfiguration hat, wird das Kommando vxprint verwendet. Die Syntax lautet:

```
vxprint -hqtg Diskgruppe [Volume]
```

Die folgende Ausgabe zeigt ein gespiegeltes Volume. Die vorangestellten Zeilennummern gehören nicht zur Ausgabe, sondern dienen lediglich der Orientierung.

```
1 v  mirvol       -           ENABLED  ACTIVE  10240  SELECT  -                     fsgen
2 pl mirvol-01    mirvol      ENABLED  ACTIVE  10240  CONCAT  -                     RW
3 sd iscsi0_0-01  mirvol-01   iscsi0_9 0       10240  0       aluadisk0_0           ENA
4 pl mirvol-02    mirvol      ENABLED  ACTIVE  10240  CONCAT  -                     RW
5 sd disk_1-01    mirvol-02   disk_1   0       10240  0       disk_1                ENA
```

Es soll ganz grob beschrieben werden, wie die Ausgabe zu verstehen ist. Tiefergehende Dokumentation findet sich unter "*http://sort.veritas.com*".

Die Ausgabe ist hierarchisch organisiert. Das bedeutet, die Komponenten, welche aufeinander aufbauen, sind untereinander angezeigt. Das Volume, welches oben gezeigt ist, besteht aus zwei Plexen, welche wiederum jeweils aus einer Subdisk bestehen. Die Zeilen sollen grob beschrieben werden, um das Programm, welches erstellt wird, besser verstehen zu können.

– v

Wenn eine Zeile mit einem „v" beginnt (Zeile 1), so wird dort ein Volume beschrieben. In diesem Beispiel heißt das Volume mirvol, ist verfügbar (ENABLED ACTIVE) und 5 MB groß (10240 512 Byte-Blocks).

– pl

Wenn eine Zeile mit dem String „pl" beginnt (Zeilen 2 und 4), sind dort Angaben zu dem jeweiligen Spiegel (Plex), der dem Volume zugeordnet ist, zu finden. In dem gezeigten Beispiel sind zwei Spiegel enthalten. Das Volume besteht aus der Plex mirvol-01 und der Plex mirvol-02. Dem Namen der Plex folgt die Angabe, welchem Volume diese jeweils zugeordnet ist. In dem oben gezeigten Fall sind beide Plexe dem Volume mirvol zugeordnet. Beide Spiegel können genutzt werden (ENABLED ACTIVE), haben eine Größe von 5 MB, sind als CONCAT aufgesetzt und greifen beide je auf eine Subdisk zu.

– sd

Die Zeilen, welche eine Subdisk beschreiben, beginnen mit der Zeichenkombination „sd". Die erste angezeigte Subdisk iscsi0_9-01 (Zeile 3) ist der Plex mirvol-01 zugeordnet. Die Subdisk liegt auf der VM Disk iscsi0_0, ist 5 MB groß und verweist auf die LUN aluadisk0_0.

Die zweite Subdisk disk_1-01 (Zeile 5) wird von Plex mirvol-02 angesprochen

und liegt auf der VM Disk disk_1. Das physikalische Device dahinter wird ebenfalls über disk_1 angesprochen.

Tabelle 8.1 zeigt nochmals tabellarisch, wie die einzelnen Zeilen zu interpretieren
sind.

Tab. 8.1: Ausgabefelder des vxprint-Kommandos

v	Name	-	K-Status	Status	Länge	Read-Policy	Pref-Plex	Type
pl	Name	Volume	K-Status	Status	Länge	Layout	-	Modus
sd	Name	Plex	VM Disk	Disk-Offset	Länge	[Spalte/]Offset	Device	Modus

Einen Überblick über die jeweils zur Verfügung stehenden Plattenbereiche einer
Diskgruppe gibt das Kommando vxdg mit dem Argument „free“:

```
# vxdg -g testdg free
DISK            DEVICE          TAG             OFFSET      LENGTH      FLAGS
disk_1          disk_1          disk_1          10240       2017024     -
disk_2          disk_2          disk_2          0           2027264     -
iscsi0_0        aluadisk0_0     aluadisk0_0     10240       4110080     -
iscsi0_3        aluadisk0_3     aluadisk0_3     0           4120320     -
```

Die Ausgabe ist wie folgt zu verstehen:
– DISK
  Dies ist der Name, welcher innerhalb einer Diskgruppe für ein Festplattenobjekt
  verwendet wird. Dieser Name kann frei vergeben werden und muss nicht mit dem
  Namen des dahinter liegenden physikalischen Devices zusammenhängen.
– DEVICE
  Dies ist der Name des Festplatten-Devices, welchen das *Device Discovery Layer*
  erkannt hat. Das Device Discovery Layer ist vereinfacht dargestellt eine Schicht
  im Volume Manager, die erkennt, welches Storagesystem angeschlossen ist und
  dementsprechende Namen für die jeweils sichtbaren LUNs vergibt. Der Name
  baut sich üblicherweise auf über: *Storagebox_Index* (wenn das Standardna-
  mensschema verwendet wird).
– OFFSET
  Der Offset gibt an, wie weit nach hinten der freie Bereich verschoben ist. Der Offset
  ist in Sektoren angegeben.
– LENGTH
  In dieser Spalte wird angegeben, wie groß ein zusammenhängender Bereich in
  Sektoren ist. Es kann passieren, dass mehrere Bereiche auf einer Festplatte frei
  sind. Dann wird die jeweilige Platte auch mehrfach in der Ausgabe mit unterschiedlichen Offsets und Längen angezeigt.

- FLAGS
  Flags der Festplatte

Ein Sektor ist üblicherweise 512 Byte groß. Die Ausnahme bildet hier HP-UX, wo ein Sektor einem Kilobyte (1024 Byte) entspricht.

Nochmals die Ausgabe der Plex `mirvol-01` des vorher gezeigten Volumes:

```
pl mirvol-01    mirvol    ENABLED ACTIVE 10240 CONCAT  -           RW
sd iscsi0_9-01 mirvol-01 iscsi0_9 0      10240 0       aluadisk0_0 ENA
```

Man erkennt, dass die Subdisk `iscsi0_9-01` 10240 Sektoren lang ist. Dies passt auch zu der Ausgabe des Kommandos `vxdg -g testdg free`, welche besagt, dass der erste freie Bereich auf `iscsi0_0` ab Sektor 10240 beginnt.

Um eine konsistente Spiegelung der Volumes zu gewährleisten, muss das Programm erkennen, welches Storagesystem für welchen Spiegel verwendet wurde, da nur aus diesem Plattenturm weitere LUNs für den jeweiligen Spiegel verwendet werden dürfen. Aus diesem Grund müssen folgende Punkte gegeben sein:

- Zuordnung VM Disk zu Physical Disk
  Es muss eine Verbindung von VM Disks zu den verwendeten physikalischen Platten hergestellt werden.
- Zuordnung von Physical Disk zu Storageturm
  Die verwendeten Physical Disks müssen mit dem jeweiligen Storageturm verknüpft werden.

Wenn beide oben genannten Bedingungen erfüllt sind, kann die Verbindung von VM Disk zu Storageturm hergestellt werden.

Eine Übersicht über die verschiedenen Storagesysteme, welche an dem Rechner angeschlossen sind, gibt das Kommando `vxdmpadm`:

```
# vxdmpadm listenclosure all
ENCLR_NAME   ENCLR_TYPE   ENCLR_SNO   STATUS      ARRAY_TYPE  LUN_COUNT
=================================================================
disk         Disk         DISKS       CONNECTED   Disk              5
aluadisk0    aluadisk     ALUAdisk    CONNECTED   ALUA             21
```

Die Ausgabe zeigt, dass zwei Storagesysteme eingesetzt werden. Zum einen der Typ *disk*, welcher generisch für alle Festplatten steht, die von keiner *ASL* (**A**rray **S**upport **L**ibrary) unterstützt werden. Zusätzlich ist unter dem Namen *aluadisk0* noch ein *ALUA*-System angeschlossen. ALUA steht für **A**symmetric **L**ogical **U**nit **A**ccess und bezeichnet ein Verfahren, bei welchem eine LUN innerhalb einer Box zwar von mehreren Storageprozessoren verwaltet wird, jedoch immer nur einer der Prozessoren der LUN direkt „vorgeschaltet" ist (Ownership). Es handelt sich dabei um eine Mischung aus

Aktiv/Aktiv- und Aktiv/Passiv-Anbindung. Aber das hat auch keine weitere Bedeutung für das Programm, welches entwickelt werden soll.

Es sind in diesem Beispiel zwei Storagesysteme an dem Rechner sichtbar. Um festzustellen, welches Device welcher Storagebox zugeordnet ist, wird wieder das Kommando vxdmpadm verwendet. Der erste Aufruf listet alle Devices (die sogenannten *DMPNODES*) auf, welche an dem System *disk* bereitgestellt sind, und der zweite Aufruf zeigt alle LUNs, welche dem Storagesystem *aluadisk0* zugeordnet sind.

```
# vxdmpadm getdmpnode enclosure=disk
NAME                STATE        ENCLR-TYPE    PATHS   ENBL   DSBL   ENCLR-NAME
================================================================================
disk_0              ENABLED      Disk          1       1      0      disk
disk_1              ENABLED      Disk          1       1      0      disk
disk_2              ENABLED      Disk          1       1      0      disk
disk_3              ENABLED      Disk          1       1      0      disk
disk_4              ENABLED      Disk          1       1      0      disk
# vxdmpadm getdmpnode enclosure=aluadisk0
NAME                STATE        ENCLR-TYPE    PATHS   ENBL   DSBL   ENCLR-NAME
================================================================================
aluadisk0_0         ENABLED      aluadisk      1       1      0      aluadisk0
aluadisk0_1         ENABLED      aluadisk      1       1      0      aluadisk0
aluadisk0_2         ENABLED      aluadisk      1       1      0      aluadisk0
aluadisk0_3         ENABLED      aluadisk      1       1      0      aluadisk0
aluadisk0_4         ENABLED      aluadisk      1       1      0      aluadisk0
```

Auch zu dieser Ausgabe nochmals das bereits gezeigte Volume:

```
v  mirvol        -           ENABLED  ACTIVE  10240  SELECT  -              fsgen
pl mirvol-01     mirvol      ENABLED  ACTIVE  10240  CONCAT  -              RW
sd iscsi0_0-01   mirvol-01   iscsi0_0 0       10240  0       aluadisk0_0    ENA
pl mirvol-02     mirvol      ENABLED  ACTIVE  10240  CONCAT  -              RW
sd disk_1-01     mirvol-02   disk_1   0       10240  0       disk_1         ENA
```

Die Ausgabe zeigt, dass beide Spiegel des Volumes in unterschiedlichen Storageboxen liegen. Die Subdisk iscsi0_0-01 greift auf das Device aluadisk0_0 zu, welches aus dem Storageturm *aluadisk0* bereitgestellt wird. Die untere Plex verwendet eine Subdisk, welche aus dem Storageturm *disk* bereitgestellt wird.

Es scheint einfach, anhand dieser Daten ein Programm zu entwickeln, welches die Verbindung von Subdisk zu Storageturm herstellt, da die vorletzte Spalte in der Zeile, welche die Subdisk beschreibt, den Namen der verwendeten Storagebox im Devicenamen mitführt. Dies ist jedoch nur dann der Fall, wenn *Enclosure Based Names* für die Devices verwendet werden.

Es folgt nochmals die Ausgabe des gleichen Volumes unter Linux und ohne Enclosure Based Names:

```
v  mirvol       -          ENABLED ACTIVE 10240 SELECT   -       fsgen
pl mirvol-01    mirvol     ENABLED ACTIVE 10240 CONCAT   -       RW
sd iscsi0_0-01  mirvol-01  iscsi0_0 0      10240 0       sdq     ENA
pl mirvol-02    mirvol     ENABLED ACTIVE 10240 CONCAT   -       RW
sd disk_1-01    mirvol-02  disk_1 0        10240 0       sde     ENA
```

In der gezeigten Ausgabe findet sich kein Hinweis darauf, ob die vorhandenen Subdisks in unterschiedlichen Storageboxen liegen, und somit ein Ausfall eines Plattenturmes durch die Volume-Konfiguration abgefangen werden kann. Aber auch hier gilt, dass mittels vxdmpadm aufgelöst werden kann, welches Storagesubsystem sich hinter welchen OS-Devicenamen verbirgt. Ohne weitere Angabe zeigt vxdmpadm getdmpnode alle sichtbaren Devices an, so dass in der Ausgabe nach den Namen „sdq" und „sde" gesucht werden kann:

```
# vxdmpadm getdmpnode|egrep "^sdq|^sde"
sde              ENABLED    OTHER_DISKS  1     1     0     other_disks
sdq              ENABLED    aluadisk     1     1     0     aluadisk0
```

Aufbau des Programms

Insgesamt können drei Teilbereiche für diese Aufgabe beschrieben werden. Folgende Sektionen sind erkennbar:

– Ermitteln der benötigten Parameter

Im ersten Teil des Programms werden die übergebenen Parameter ausgewertet, das zu erweiternde Volume auf Konsistenz geprüft und zur weiteren Bearbeitung benötigte Listen erstellt.

– Berechnung der zu verwendenden Subdisks

Der zweite Bereich wird durch ein aufzurufendes awk-Programm abgedeckt. In diesem Unterprogramm werden die verfügbaren Platten ausgewertet, aufgrund des Aufbaus der jeweiligen Plex Subdisks errechnet und eine Ausgabedatei erstellt, welche alle Parameter enthält, die zur Erstellung der Subdisks benötigt werden.

– Erweiterung der Plexe und Anpassung der Volumegröße an enthaltene Spiegel

Im letzten Abschnitt wird die vom awk erstellte Textdatei eingelesen und anhand der darin enthaltenen Informationen die Subdisks aufgebaut, diese an die zugehörigen Plexe gehängt und anschließend das Volume vergrößert.

Auf den folgenden Seiten sollen diese Teilbereiche etwas näher erläutert werden. Das Programm ist mit insgesamt fast 950 Zeilen zu groß geworden, um es hier abzudrucken. Es wird zusammen mit dem Programm zum Suchen von ASM-Disks und der Funktion zur Überwachung von Kommandos im Download-Bereich des Verlages bereitgestellt.

Ermittlung der relevanten Informationen

Der erste Teil des Programms dient dazu, die zur weiteren Verarbeitung benötigten Informationen bereitzustellen. Die Informationen, welche zur Berechnung der Subdisks und Vergrößerung des Volumes benötigt werden:

- Der Name der Diskgruppe, die das Volume enthält
- Der Name des zu erweiternden Volumes
- Namen der Plexe, welche von diesem Volume genutzt werden
- Größe der Plexe
- Zielgröße des Volumes
- Aufbau der Plexe (Concat oder Stripe)
- Eventuell Anzahl Spalten, wenn die Plex als Stripe aufgesetzt ist
- Die in den Plexen verwendeten Storagesysteme
- Die in der Diskgruppe noch vorhandenen freien Speicherplätze bezogen auf das darunterliegende Storagesystem

Ermittlung der Diskgruppe und des Volumes

Das Programm bekommt mindestens den Namen des Volumes im Aufruf übergeben. Wenn auf dem System nur ein Volume mit diesem Namen vorhanden ist, kann aufgrund des von der Shell bereitgestellten Globbings[1] der Name der zugehörigen Diskgruppe ermittelt werden. Die Variable dg wird zu Beginn des Programms mit der Zeichenkette „/dev/vx/dsk/*" besetzt. Es wird also auf alle vorhanden Diskgruppen verwiesen.

Nachdem der Name des zu erweiternden Volumes eingelesen wurde, kann die zugehörige Diskgruppe ermittelt werden mittels dg=`echo $dg/$vol|cut -d"/" -f5`. Damit dieses Konstrukt auch angewendet werden kann, wenn eine Diskgruppe beim Aufruf des Programms angegeben wird, wird bei Benennung der Diskgruppe die Variable dg in der Form dg="/dev/vx/dsk/$dg" gesetzt.

Ermittlung der Plexe, der Plexgrößen, des Layouts der Plexe und der verwendeten VM Disks

Alle diese Informationen lassen sich der Ausgabe des vxprint-Kommandos entnehmen. Es bietet sich an, alle Informationen, welche sich auf je eine Plex beziehen, in eine Zeile zu schreiben, was auf den ersten Blick etwas schwierig aussieht, da beliebig viele Subdisks auf beliebig vielen VM Disks unterhalb einer Plex stehen können.

Die hierfür nötigen Schritte:

- Aus den Zeilen, welche mit einem „pl" beginnen, die Felder 2 (Plexname), 6 (Größe der Plex), 7 (Concat oder Stripe) und 8 (Anzahl Spalten, wenn Stripe) extrahieren.

---

[1] Siehe hierzu auch das Kapitel **Datenverarbeitung**.

– Aus den Zeilen, welche mit einem „sd" beginnen, Feld Nummer 4 (Name der VM Disk) extrahieren.

Diese Daten lassen sich sehr gut mit Hilfe des awk auslesen. Der Aufruf zur Auflistung der relevanten Informationen:

```
# vxprint -htqg testdg mirvol|awk '$1 == "pl" {print $2,";",$6,";",$7,";",$8}
   $1 == "sd" {print $4}'
mirvol-01 ; 10240 ; CONCAT ; -
iscsi0_0
mirvol-02 ; 10240 ; CONCAT ; -
disk_1
```

Bei der Ausgabe sollten die VM Disks in der Zeile stehen, welche auch den Namen der zugehörigen Plex enthält. Dies lässt sich mit einem kleinen Trick erreichen. In den Zeilen wird als Feldtrenner ein Semikolon verwendet. Dieses wird zunächst auch den Zeilen vorangestellt, welche die Information der VM Disks enthalten. Die Zeilen, welche sich auf die Plex beziehen, sollen mit einer Raute beginnen:

```
# vxprint -htqg testdg mirvol|awk '$1 == "pl" {print "#",$2,";",$6,";",$7,";",$8}
   $1 == "sd" {print ";",$4}'
# mirvol-01 ; 10240 ; CONCAT ; -
; iscsi0_0
# mirvol-02 ; 10240 ; CONCAT ; -
; disk_1
```

Im nächsten Schritt werden alle Zeilenumbrüche entfernt:

```
# vxprint -htqg testdg mirvol|awk '$1 == "pl" {print "#",$2,";",$6,";",$7,";",$8}
   $1 == "sd" {print ";",$4}'|tr -d "\n"
# mirvol-01 ; 10240 ; CONCAT ; -; iscsi0_0# mirvol-02 ; 10240 ; CONCAT ; -; \
 disk_1#
```

Dadurch, dass die Zeilenumbrüche entfernt wurden, stehen nun die Subdiskinformationen hinter den zugehörigen Plexen. Die einzelnen Bereiche sind durch Rauten getrennt, welche nun wieder durch Zeilenumbrüche ersetzt werden. Zusätzlich werden sämtliche Leerzeichen entfernt:

```
# vxprint -htqg testdg mirvol |\
   awk '$1 == "pl" {print "#",$2,";",$6,";",$7,";",$8} \
   $1 == "sd" {print ";",$4}'|tr -d "\n" | tr "#" "\n" | tr -d " "

mirvol-01;10240;CONCAT;-;iscsi0_0
mirvol-02;10240;CONCAT;-;disk_1#
```

Die Raute am Ende der Ausgabe ist kein Bug im Kommando tr, sondern stellt den Prompt (Variable: PS1) der Shell dar. Da die Ausgabe nach den Plexnamen sortiert werden soll, muss der letzten Zeile ein Zeilenumbruch folgen, denn sonst liefert das Kommando sort eine Warnung. Das Kommando sortiert zwar die Zeilen trotzdem, jedoch könnte es in der einen oder anderen Umgebung zu unerwünschten Effekten führen:

```
# vxprint -htqg testdg mirvol |\
    awk '$1 == "pl" {print "#",$2,";",$6,";",$7,";",$8} \
    $1 == "sd" {print ";",$4}'|tr -d "\n" | tr "#" "\n" | tr -d " "|\
    sort -t ";" -k1
sort: missing NEWLINE added at end of input file STDIN
mirvol-01;10240;CONCAT;-;iscsi0_0
mirvol-02;10240;CONCAT;-;disk_1
```

Es soll nach der letzten Zeile ein echo erfolgen, um einen Zeilenumbruch einzufügen. Dies birgt aber das Problem in sich, dass das sort-Kommando dann nur eine leere Zeile sortiert, egal, wie viele Zeilen vorher ausgegeben wurden. Ein Beispiel:

```
# cat liste
8
5
7
# cat liste|sort -n
5
7
8
# cat liste; echo|sort -n
8
5
7
```

Da das Semikolon als Ende der vorangegangenen Befehlskette ausgewertet wird, liest sort nur die Leerzeile ein und gibt diese wieder aus. Aber auch für dieses Problem gibt es eine einfache Lösung. Hier bietet sich der Einsatz eines Kommandoblocks an:

```
# {
    vxprint -htqg testdg mirvol |\
      awk '$1 == "pl" {print "#",$2,";",$6,";",$7,";",$8} \
      $1 == "sd" {print ";",$4}'|tr -d "\n" | tr "#" "\n" | tr -d " "\
      ; echo
    }|sort -t ";" -k 1

mirvol-01;10240;CONCAT;-;iscsi0_0
mirvol-02;10240;CONCAT;-;disk_1
```

Es besteht jedoch noch ein weiterer Stolperstein: Veritas bietet die Möglichkeit, besondere Volume-Konfigurationen aufzubauen.

Zu nennen sind hier erst einmal die *RAID5*-Volumes, welche Ausfallsicherheit durch Berechnung von Parity-Blöcken sicherstellen. RAID5 wird über einen Stripe mit einer zusätzlichen Spalte für die zu berechnenden Parity-Blöcke bereitgestellt (siehe hierzu auch das Kapitel **Datenverarbeitung**). Das Programm unterstützt keine RAID5-Volumes und bricht ab, wenn eine solche Konfiguration erkannt wird.

Eine andere Konfiguration wird jedoch häufiger angetroffen und dient der Verkürzung von Wiederanlaufzeiten bei Ausfall eines Rechners, der Filesysteme gemountet hatte. Die Problematik: Wenn über den Volume Manager gespiegelt wird, so muss die Software Sorge dafür tragen, dass ein `write` auf allen zur Verfügung stehenden Spiegeln ausgeführt wird, da ansonsten aus dem Volume eventuell inkonsistente Daten gelesen werden. Dies bedeutet, dass der Volume Manager bei Ausfall eines Rechners alle Spiegel neu synchronisieren muss, sobald die Volumes wieder verwendet werden sollen. Bei großen Volumes kann dies dementsprechend lange dauern und wird mit eingeschränkter Leistung erkauft. Um diese Zeiten zu verkürzen, kann man auf sogenannte *Dirty Region Logs* zurückgreifen. Wenn diese eingesetzt werden, wird das Volume in Regionen unterteilt, welche über eine Bitmap dargestellt werden. Immer, wenn in eine dieser Regionen geschrieben wird, setzt der Volume Manager einen Marker in der Bitmap. Beim nächsten Schreiben in eine andere Region wird der vorher gesetzte Marker gelöscht und der nächste Marker gesetzt. Sollte der Rechner ausfallen, so wird beim Neustart der Volumes geprüft, welche Regionen verändert wurden und nur für diese Regionen wird ein Resync durchgeführt, was viel Zeit sparen kann. Für die Bitmap wird dem Volume eine weitere Plex hinzugefügt, welche bei der Vergrößerung jedoch nicht beachtet wird. Diese muss dementsprechend aus der zu erstellenden Liste herausgenommen werden.

Anzeige eines Volumes, welches über eine DRL-Plex verfügt:

```
v  mirvol       -             ENABLED  ACTIVE   204800   SELECT   -                      fsgen
pl mirvol-01    mirvol        ENABLED  ACTIVE   204800   CONCAT   -                      RW
sd iscsi0_0-01  mirvol-01     iscsi0_0 0        204800   0        aluadisk0_0   ENA
pl mirvol-02    mirvol        ENABLED  ACTIVE   204800   CONCAT   -                      RW
sd disk_1-01    mirvol-02     disk_1   0        204800   0        disk_1        ENA
pl mirvol-03    mirvol        ENABLED  ACTIVE   LOGONLY  CONCAT   -                      RW
sd disk_1-02    mirvol-03     disk_1   204800   528      LOG      disk_1        ENA
```

Die Plex `mirvol-03` ist als DRL konfiguriert, was daran erkannt werden kann, dass statt der Größe der Plex der String „LOGONLY" angezeigt wird. Die der DRL-Plex zugeordnete Subdisk zeigt statt des Offsets den String „LOG" an.

Eine DRL-Plex muss nicht zwingend am Ende der Ausgabe stehen. Je nachdem, wann DRL für ein Volume eingeschaltet wurde und ob danach noch weitere Spiegel hinzugefügt wurden, kann diese auch vor einer weiteren Plex angezeigt werden.

Das gleiche Volume, nachdem ein weiterer Spiegel hinzugefügt wurde:

```
v  mirvol       -          ENABLED  ACTIVE  204800  SELECT  -             fsgen
pl mirvol-01    mirvol     ENABLED  ACTIVE  204800  CONCAT  -             RW
sd iscsi0_0-01  mirvol-01  iscsi0_0 0       204800  0       aluadisk0_0   ENA
pl mirvol-02    mirvol     ENABLED  ACTIVE  204800  CONCAT  -             RW
sd disk_1-01    mirvol-02  disk_1   0       204800  0       disk_1        ENA
pl mirvol-03    mirvol     ENABLED  ACTIVE  LOGONLY CONCAT  -             RW
sd disk_1-02    mirvol-03  disk_1   204800  528     LOG     disk_1        ENA
pl mirvol-04    mirvol     ENABLED  ACTIVE  204800  CONCAT  -             RW
sd iscsi0_3-01  mirvol-04  iscsi0_3 0       204800  0       aluadisk0_3   ENA
```

Zusätzlich kann ein Volume auch über ein *DCO* (**D**ata **C**hange **O**bject) verfügen, welches ebenfalls anhand einer Bitmap zur schnelleren Synchronisation beiträgt. Das DCO wird meist dann konfiguriert, wenn bewusst für Backup-Zwecke Spiegel von Volumes abgetrennt werden sollen.

Diese DCOs sollen ebenfalls aus der Liste der zu erweiternden Spiegel genommen werden, da diese nicht mitvergrößert werden. Ein DCO steht immer am Ende des zugehörigen Volumes. Es folgt die Anzeige eines Volumes, für welches ein DCO konfiguriert wurde:

```
v  backup_vol      -              ENABLED ACTIVE  204800 SELECT -           fsgen
pl backup_vol-01 backup_vol     ENABLED ACTIVE  204800 STRIPE 2/128       RW
sd disk_2-01     backup_vol-01 disk_2 0       102400 0/0    disk_2      ENA
sd disk_1-03     backup_vol-01 disk_1 205328  102400 1/0    disk_1      ENA
pl backup_vol-02 backup_vol     ENABLED ACTIVE  204800 STRIPE 2/128       RW
sd aluadisk0_9-01 backup_vol-02 aluadisk0_9 0   102400 0/0  aluadisk0_9  ENA
sd aluadisk0_10-01 backup_vol-02 aluadisk0_10 0 102400 1/0  aluadisk0_10 ENA
dc backup_vol_dco backup_vol backup_vol_dcl
v  backup_vol_dcl -              ENABLED ACTIVE  544    SELECT -           gen
pl backup_vol_dcl-01 backup_vol_dcl ENABLED ACTIVE 544 CONCAT -          RW
sd aluadisk0_11-01 backup_vol_dcl-01 aluadisk0_11 0 544 0  aluadisk0_11 ENA
pl backup_vol_dcl-02 backup_vol_dcl ENABLED ACTIVE 544 CONCAT -          RW
sd aluadisk0_9-02 backup_vol_dcl-02 aluadisk0_9 102400 544 0 aluadisk0_9 ENA
```

Das DCO ist keine reine Plex, wie zu erkennen ist. Dies liegt darin begründet, dass ein DCO meist dann zum Einsatz kommt, wenn aus einem Volume ein Spiegel herausgelöst wird, um damit ein weiteres Volume aufzubauen. Dies kann zum Beispiel für Backups nützlich sein. Nun muss sowohl im Original als auch im abgetrennten Spiegel nachgehalten werden, wo Veränderungen stattgefunden haben, da dies beim späteren Resync berücksichtigt werden muss. Tiefergehende Informationen zu DRL- und DCO-Objekten findet sich ebenfalls in der Online-Bibliothek von Veritas.

Das Programm muss also DRL-Plexe und DC-Objekte aus den zu ermittelnden Spiegeln herausfiltern. Dies kann sehr gut mit Hilfe des sed gelöst werden. Zuerst werden die DRL-Plexe ausgeblendet. Das Kommando, welches durch den sed angewendet wird, lautet d (für **d**elete).

Zeilen, welche mit der Zeichenkette „pl" beginnen und den String „LOGONLY" enthalten, sollen einschließlich der Zeile, welche mit „sd" beginnt und die Zeichenkette „LOG" enthält, gelöscht werden. Die Vorschrift hierzu: /^pl.*LOGONLY/,/sd.*LOG/d.

Da die ebenfalls auszublendenden DC-Objekte immer am Ende eines Volumes auftreten, gilt hier als Formel: /^dc/,$d'", also von der Zeile, welche mit den Zeichen „dc" beginnt, bis zum Ende der Ausgabe alle Zeilen löschen.

Das fertige Konstrukt zum Filtern der Ausgabe des zu erweiternden Volumes:

```
# {
    vxprint -htqg testdg mirvol|sed '/^pl.*LOGONLY/,/sd.*LOG/d;/^dc/,$d' |\
    awk '$1 == "pl" {print "#",$2,";",$6,";",$7,";",$8} $1 == "sd" \
    {print ";",$4}' |tr -d "\n" | tr "#" "\n" | tr -d " "; echo
}|sort -t ";" -k 1
```

Verknüpfen von VM Diskname zu darunter liegenden Storagesystem
Damit die richtigen VM Disks für die jeweils zu vergrößernden Plexe verwendet werden, muss eine Verknüpfung zwischen dem Namen einer VM Disk und dem dazu gehörenden Storageturm hergestellt werden. Dies wird darüber erreicht, dass zuerst alle in der Diskgruppe vorhandenen VM Disks mit ihrem zugehörigen Devicenamen aufgelistet werden. Das Schema: *Devicename VM-Diskname*. Die Ausgabe wird in eine temporäre Datei geschrieben. Für jeden sichtbaren Storageturm wird der Name des Storagesystems an die Textdatei $jbodfile angehängt, und eine temporäre Datei erstellt, welche alle Devices enthält, die der Storageturm dem System zur Verfügung stellt. Im nächsten Schritt werden die beiden Dateien über das Feld, welches den Devicenamen enthält, miteinander verknüpft. Aus der Ergebnisliste wird der VM-Diskname herausgezogen und ebenfalls an die Textdatei $jbodfile angehängt.

Zusätzlich findet noch eine weitere Zuordnung statt. Es wird die Ausgabe des Kommandos vxdg free ebenfalls mit der Textdatei $jbodfile verknüpft, wobei wieder der Devicename als Schlüssel verwendet wird. Aus dieser Verknüpfung werden die Spalten mit Angabe der VM Disk, des Offsets und der Länge des freien Speicherbereiches in eine Textdatei mit dem Namensschema /tmp/free_*Enclosurename* geschrieben.

Für den awk-Teil des Programms sind die Dateien $jbodfile und die Dateien mit dem Namensschema /tmp/free_*Enclosurename* wichtig. Diese werden in Arrays eingelesen und zur Berechnung der Subdiskgrößen herangezogen. Über das $jbodfile wird bestimmt, welche VM Disks für welche Plex verwendet werden dürfen, und über die Datei /tmp/free_*Enclosurename* wird ermittelt, wieviel Platz noch in dem jeweiligen Storagesystem zur Verfügung steht.

Abbildung 8.5 zeigt, wie die Zuordnung für eine Diskgruppe mit zwei Festplatten aussehen würde, wenn zwei Storagetürme mit je zwei LUNs an dem System sichtbar wären.

1. Durchlauf

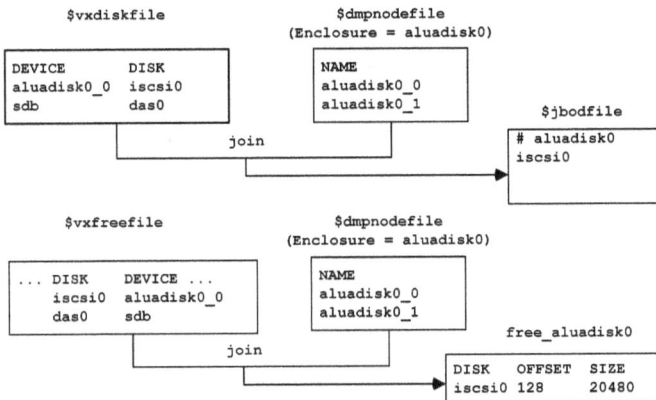

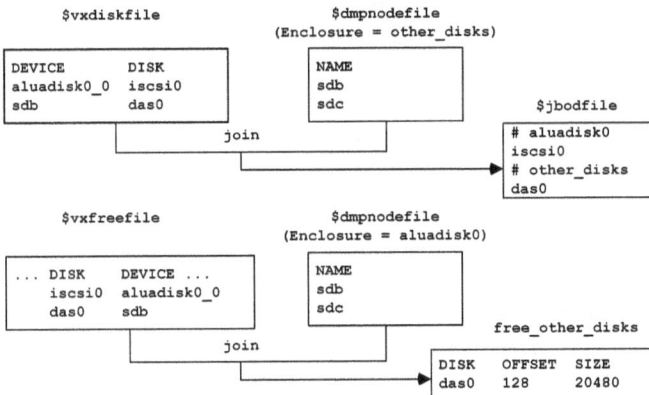

Abb. 8.5: Zuordnung von VM Disk zu Storageturm

Das Schema zeigt, dass insgesamt drei Dateien zur weiteren Verarbeitung durch den awk erstellt wurden. Da zwei Storagesysteme sichtbar sind, gibt es eine Textdatei free_aluadisk0 und eine Datei free_other_disks. Die Datei $jbodfile enthält immer alle sichtbaren Storagetürme und benötigt deshalb kein spezielles Namensschema. Die Datei $dmpnodefile wird für jeden Schleifendurchlauf neu geschrieben, wohingegen die Dateien $vxdiskfile und $vxfreefile vor Abarbeitung der Schleife erstellt werden.

Die Dateien, welche freie Speicherbereiche beinhalten, haben je einen Eintrag, da es pro Storagesystem je eine LUN innerhalb der Diskgruppe gibt. Dementsprechend findet sich auch in der Datei $jbodfile für beide vorhandenen Storagesysteme je ein Eintrag.

Abbildung 8.6 zeigt eine Übersicht der verschiedenen Bereiche, welche miteinander verknüpft werden müssen, um die Berechnung und Erstellung der benötigten Subdisks durchführen zu können.

vxprint

v	mirvol	–		ENABLED	ACTIVE	20480	SELECT	–		fsgen
pl	**mirvol-01**	mirvol		ENABLED	ACTIVE	**20480**	CONCAT	–		RW
sd	iscsi0_0-01	mirvol-01	iscsi0_0	0		10240	0	aluadisk0_0		ENA
sd	iscsi0_1-01	mirvol-01	iscsi0_1	0		10240	10240	aluadisk0_3		ENA
pl	**mirvol-02**	mirvol		ENABLED	ACTIVE	**20480**	CONCAT	–		RW
sd	disk_1-01	mirvol-02	disk_1	0		10240	0	**disk_1**		ENA
sd	disk_2-01	mirvol-02	disk_2	0		10240	10240	**disk_2**		ENA

$VXPRINT -htqg $dg $vol | $SED '/^pl.*LOGONLY/,/sd.*LOG/d;/^dc/,/$d' | $AWK '$1 == "pl" {print "#",$2,";",$6,";",$7,";",$8} $1 == "sd" \
{print ";",$4}' | $TR -d "\n" | $TR "#" "\n" | $TR -d " "

Ergebnis

mirvol-01	20480	CONCAT	–	iscsi0_0	iscsi0_1
mirvol-02	20480	CONCAT	–	disk_1	disk_2

vxdg free

disk_1	**disk_1**	disk_1	10240	2017024	–
disk_2	**disk_2**	disk_2	10240	2017024	–
iscsi0_0	**aluadisk0_0**	aluadisk0_0	10240	4110080	–
iscsi0_1	**aluadisk0_3**	aluadisk0_3	10240	4110080	–

vxdmpadm getdmpnodes

disk_0	aluadisk0_0
disk_1	aluadisk0_3

vxdmpadm listenclosure

disk
aluadisk0

vxdisk list

aluadisk0_0	auto:cdsdisk	iscsi0_0	testdg	online
aluadisk0_3	auto:cdsdisk	iscsi0_1	testdg	online
disk_1	auto:cdsdisk	disk_1	testdg	online
disk_2	auto:cdsdisk	disk_2	testdg	online

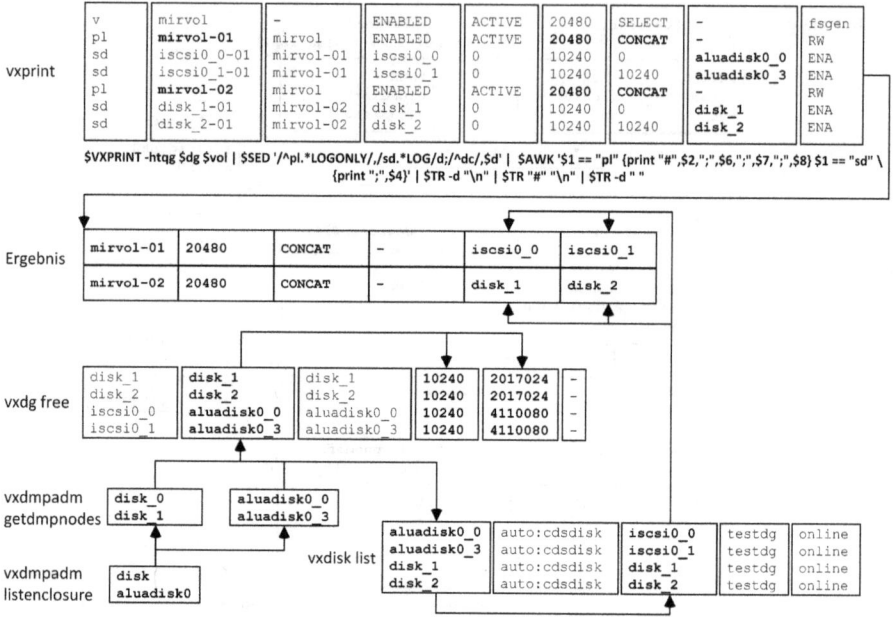

Abb. 8.6: Zu verarbeitende Teilbereiche des resize-Programms

Berechnung der Subdisks durch den awk

Der Programmteil, welcher die Größe der jeweils zu verwendenden Subdisks ermittelt, wird mit Hilfe des awk realisiert und arbeitet nach dem *First-Fit*[2]-Algorithmus.

Dem Programm werden folgende Argumente übergeben:
- Name der Plex
  Die Ausgabedatei.
- Layout der Plex
  Das Layout der zu erweiternden Plex spielt eine entscheidende Rolle für die Stückelung der Subdisks. Während bei einem Concat stets der größte zusammenhängende Speicherbereich eines Storageobjekts gewählt werden kann, muss bei einem Stripe dem Umstand Rechnung getragen werden, dass der größtmögliche Speicherbereich gefunden werden muss, welcher auf verschiedenen verfügbaren Storageobjekten verwendet werden kann.

---

2 Es wird immer das erste passende Element gewählt.

In **Tabelle 8.2** ist eine Beispielrechnung aufgeführt. Es soll ein Volume, welches als Stripe mit vier Spalten aufgesetzt ist, um 840 MB erweitert werden. Pro Spalte werden also 210 MB benötigt.

Tab. 8.2: Beispielberechnung für Subdisks eines 4er-Stripe-Volumes

Durchlauf	disk_1 Länge/Offset	disk_2 Länge/Offset	disk_3 Länge/Offset	disk_4 Länge/Offset	Erzeugte Subdisks
	100M/1	100M/300	300M/1	1G/0	
	100M/1000	50M/10	10M/1000	–	
	50M/2000	50M/70	–	–	
	–	50M/200	–	–	
1	–	–	200M/101	900M/100	4 x 100 MB
	100M/1000	50M/10	10M/1000	–	
	50M/2000	50M/70	–	–	
	–	50M/200	–	–	
2	–	–	150M/151	850M/150	4 x 50 MB
	50M/1050	–	10M/1000	–	
	50M/2000	50M/70	–	–	
	–	50M/200	–	–	
3	–	–	100M/201	800/200	4 x 50 MB
	–	–	10M/1000	–	
	50M/2000	–	–	–	
	–	50M/200	–	–	
4	–	–	90M/211	790M/210	4 x 10 MB
	–	–	10M/1000	–	
	40M/2010	–	–	–	
	–	40M/210	–	–	

Im ersten Durchlauf wird als größtmögliche Einheit eine 100-MB-Subdisk ermittelt und auf den vier zur Verfügung stehenden Platten erzeugt. In den nächsten zwei Durchläufen werden je 50 MB als größte Einheit für alle 4 VM Disks ermittelt, und im letzten Durchlauf werden 4 Subdisks zu je 10 MB erstellt.

Auf der folgenden Seite ist der Algorithmus abgebildet, welcher zur Berechnung der Subdiskgrößen verwendet wurde. Es kann allerdings nur ein grober Überblick gegeben werden, da zu dem awk-Teil noch wesentlich mehr Funktionen gehören.

create_subdisks(startsize, cols)

startsize=startsize/cols
need=startsize
remain=startsize

curr=submax
curr=find_start(curr, cols)

curr=0? — n

j

return 1

curr=get_bigger(curr)

curr=0? — n

j

return 1

count_complete=
get_diskcount(curr)

count_complete=0? — n

j

curr < need? — j → need=curr

n

remain < need? — j → need=remain

n

rcount=cols
plexrow=""

count_complete=
get_diskcount(curr)

count_complete=0? — j

n

split(count_complete,tmp,";")
count=tmp[1]

count > rcount? — j → count=rcount

n

split(tmp[2],disk," ")

for (li=1; li <= count; li++)

rcount--

subdisk=get_subdisk(disk[li],curr)

split(subdisk, sub_el, ",")

calc_new_values(sub_el[1], sub_el[2], sub_el[3], need)

plexrow leer? — n

j

plexrow=plex "#" subdisk "," need "," rcount "," layout

plexrow=plexrow "#" subdisk "," need "," rcount "," layout

rcount > 0? — j

n

return 0

print plexrow
remain=remain-need
Plexrow=""

remain > 0? — j

n

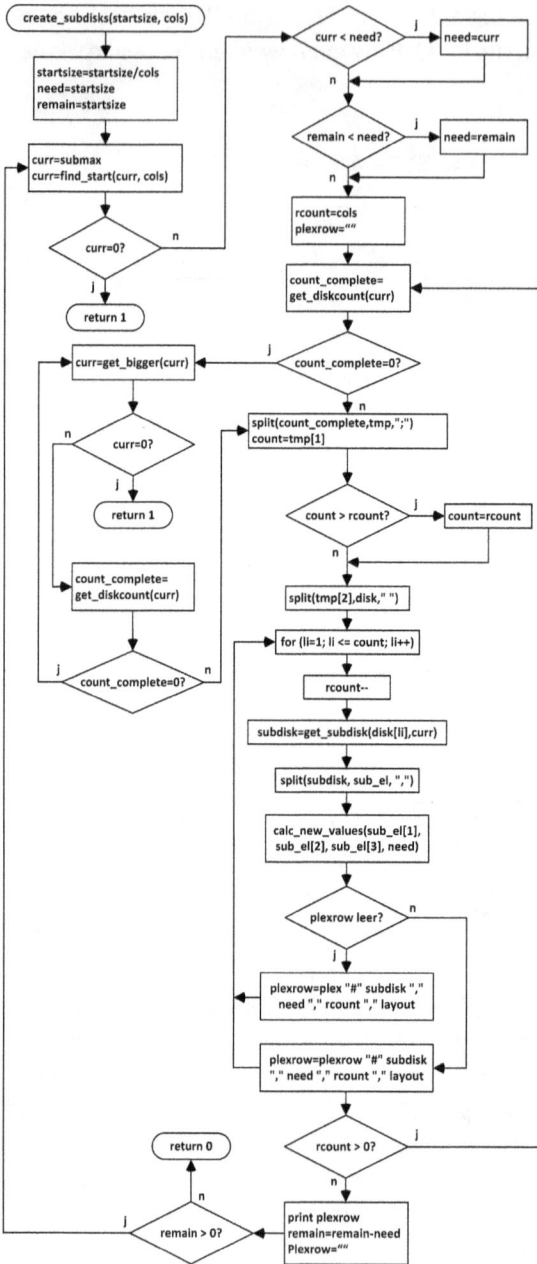

Aufgerufene Funktionen

`find_start`
Ermittelt größtmögliche Subdisk, ab übergebener Startgröße und für übergebene Anzahl Spalten
Aufruf:
`find_start (Chunksize, Columns)`
Return:
`Chunksize oder 0 (keine Bereiche gefunden)`

`get_diskcount`
Liefert die Anzahl unterschiedlicher LUNs und zugehörige Disknamen zu angegebener Größe
Aufruf:
`get_diskcount (Size)`
Return:
`count;VM-Disk,...,VM-Disk`
`Oder 0 (keine Disks gefunden)`

`calc_new_values`
Errechnet für die benutzte Platte aufgrund der momentanen Größe und der Größe der benötigten Subdisk die verbleibende Größe und den neuen Offset des jeweiligen Bereichs auf der Platte
Aufruf:
`calc_new_values (Disk, Offset, Size, Need)`

`get_bigger`
Sucht nach nächstgrößerem Speicherlement auf vorhandenen Festplatten
Aufruf:
`get_bigger (Size)`
Return:
`Zahl > Size oder 0 (keine Bereiche gefunden)`

Verwendete Variablen

`startsize`
Zielgröße der Plex

`cols`
Anzahl der Spalten der Plex

`need`
Maximal benötigter Restspeicherplatz für Subdisk

`remain`
Speicherplatz, welcher noch durch Subdisks belegt werden muss, bis Zielgröße erreicht ist

`submax`
Größter gefundener Speicherplatz auf Festplatte

`curr`
Momentan zu prüfende Subdiskgröße

`cols`
Anzahl der Spalten der Plex

`plexrow`
Zeichenkette, welche Elemente der momentan bearbeiteten Zeile der Plex darstellt

`count`
Enthält Anzahl verschiedener VM-Disks mit identischer Subdiskgröße

`rcount`
Noch verbleibende Elemente für aktuelle Zeile der Plex

Abb. 8.7: Berechnung der Subdisks im awk

Nachdem der awk die entsprechenden Subdisks mit den jeweiligen Offsets berechnet hat, werden diese in eine Textdatei geschrieben. Die Datei ist wie folgt aufgebaut:

Plexname#VM Disk,Offset,VM Disk-Größe,Subdisklänge,Spalte,Layout

Wenn mehrere Spalten für eine Plex mit Subdisks zu befüllen sind, werden diese durch ein Hash getrennt. Es folgt ein Beispiel für ein Volume, welches eine Plex als Stripe mit zwei Spalten (testvol-01) und eine Plex als Concat (testvol-02) enthält:

```
testvol-01#iscsi2,40960,4079360,20480,1,stripe#iscsi3,40960,4079360,20480,0,stripe
testvol-02#das2,0,2027264,40960,0,concat
```

Da die Plex testvol-01 als Stripe über zwei Spalten aufgesetzt ist, wird der Counter der jeweiligen Spalte hochgezählt (für Spalte 0 und Spalte 1), und jede Subdisk dieser Plex ist halb so groß wie die Subdisk, welche für Plex testvol-02 erstellt wird.

Es wird nun der Programmteil vorgestellt, welcher diese Datei einliest und das Volume entsprechend vergrößert. Die Zeilennummern gehören nicht zum Programm, sondern dienen der Orientierung.

```
 1  for line in `cat $awkfile`
 2  do
 3   IFS="#" # Hash als feldtrenner fuer Plex und Spalten
 4   set $line
 5   plex=$1
 6   shift
 7   while [ $# -ge 1 ]
 8   do
 9    tmpstr=$1
10    shift
11    (
12     IFS="," # Elemente der Subdisk werden durch Komma getrennt
13     set $tmpstr
14     dm=$1; offset=$2; need=$4; col=$5, layout=$6
15     subdisk=`$EGREP "^${dm}-" $subdiskfile` # Suche nach VM Disk in Textdatei
16     if [ ! -z "$subdisk" ] # Subdiskcounter um eins erhoehen
17     then
18      count=`echo $subdisk|cut -d "-" -f2`
19      subdisk=`echo $subdisk|cut -d "-" -f1`
20      count=`$EXPR $count + 1`
21      if [ $count -le 9 ]
22      then
23       count="0${count}"
24      fi
25      subdisk="${subdisk}-${count}"
26     else
27      # Wenn noch keine Subdisk, erste Subdisk auf VM Disk erzeugen
28      subdisk="${dm}-01"
```

```
29    fi
30    $VXMAKE -g $dg sd $subdisk disk=$dm offset=$offset len=$need
31    if [ "$layout" = "concat" ]
32    then
33     # Wenn Concat-Volume, Subdisk an Plex haengen
34     $VXSD -g $dg assoc $plex $subdisk
35     if [ $? -ne 0 ]
36     then
37      echo "Problem occurred on plex $plex" >&2
38      exit 1
39     fi
40    else
41     # Ansonsten Subdisk an Plex:Spalte haengen
42     $VXSD -g $dg assoc $plex ${subdisk}:${col}
43     if [ $? -ne 0 ]
44     then
45      echo "Problem occurred on plex $plex" >&2
46      exit 1
47     fi
48    fi
49   )
50   done
51 done
```

Für die einzulesende Datei gilt es zu beachten, dass in jeder Zeile unterschiedliche Objekte durch unterschiedliche Trennzeichen angegeben sind. Der Plexname wird von einem Hash gefolgt, und die Elemente einer Subdisk sind durch Komma getrennt. Es sind aber zusätzlich noch die Spalten eines Stripes durch Komma getrennt. Um diese Elemente einlesen zu können, bedient man sich einer gekapselten Umgebung innerhalb einer Subshell. Dies hat den Vorteil, dass man mit unterschiedlichen Trennzeichen (IFS) arbeiten kann, und diese nur für die jeweilige Umgebung gültig sind.

Die äußere Umgebung verwendet ein Hash als Trennzeichen. In Zeile 4 wird die eingelesene Zeile mit Positionsparametern versehen, wobei das Hashzeichen die einzelnen Positionen trennt. Für die Zeile, welche testvol-01 beschreibt, wären das insgesamt drei Felder. $1 enthält den Plexnamen, $2 enthält die Angaben zu Spalte 1 aus dem Stripe und $3 entspricht Spalte 0.

Nachdem in Zeile 6 das erste Element links herausgeschoben wurde, bleiben die Elemente übrig, welche je eine Subdisk beschreiben. Im Fall testvol-01 sind dies zwei Elemente, und im Fall testvol-02 bleibt ein Element übrig.

Zwischen Zeile 7 und Zeile 50 wird eine Schleife aufgebaut, welche für alle verbleibenden Elemente der Zeile aufgerufen wird. In dieser Schleife wird eine Variable tmpstr mit dem Inhalt von $1 (also den Beschreibungen zu den jeweiligen Subdisks, durch Komma getrennt) beschrieben und das gesicherte Element nach links herausgeschoben (Zeile 10).

Es wird nun eine Subshell geöffnet, und in dieser die Variable IFS mit einem Komma belegt. Auf diesem Weg können alle relevanten Informationen direkt in Variablen eingelesen werden (Zeile 14). Zeile 15 bis Zeile 29 dienen dazu, die Subdisks mit einem Namen zu versehen. Zu diesem Zweck wird geprüft, ob schon eine Subdisk auf der zu verwendenden VM Disk liegt. Wenn dies der Fall ist, wird der höchste Index der Subdisk gesucht, welcher genutzt wird, und um eins erhöht. Wenn noch keine Subdisk auf der VM Disk liegt, wird die erste Subdisk über das Namensschema VM Disk-01 aufgebaut.

In Zeile 30 wird die Subdisk erzeugt und daraufhin in Zeile 31 geprüft, ob die Subdisk an ein Concat angehängt werden muss oder alternativ in Zeile 42 an das Ende einer Spalte eines Stripe-Sets gehängt werden soll.

Nachdem in Zeile 49 die Subshell beendet wurde, schließt Zeile 50 die Schleife über die einzulesenden Elemente der jeweiligen Zeile.

Zeile 51 schließt die Schleife über alle Zeilen der einzulesenden Datei.

Test des Programms

Das Programm zum Vergrößern von Volumes soll nun noch getestet werden. Hierzu wurde ein gespiegeltes Volume angelegt, welches sowohl einen Stripe als auch einen Concat enthält. Das Namensschema anhand der Storagesysteme wurde zum Test abgeschaltet. Das Volume ist unter /mnt eingehängt und hat eine Größe von 10 MB:

```
# vxprint -htqg testdg testvol
v  testvol       -           ENABLED  ACTIVE  20480   SELECT    testvol-01 fsgen
pl testvol-01    testvol     ENABLED  ACTIVE  20480   STRIPE    2/128      RW
sd disk1-01      testvol-01  disk1    0       10240   0/0       sdk        ENA
sd disk2-01      testvol-01  disk2    0       10240   1/0       sdt        ENA
pl testvol-02    testvol     ENABLED  ACTIVE  20480   CONCAT    -          RW
sd disk5-01      testvol-02  disk5    0       20480   0         sdb        ENA
#
# df -h /mnt
Filesystem          Size  Used Avail Use% Mounted on
/dev/vx/dsk/testdg/testvol
                    10M   3.1M  6.5M  33% /mnt
```

```
(1) # vxresize -g testdg testvol 1g
    VxVM vxassist ERROR V-5-1-2536 Volume testvol has different organization in\
      each mirrors
    VxVM vxresize ERROR V-5-1-4703 Problem running vxassist command for volume\
      testvol, in diskgroup testdg
(2) # ./resizevx.sh -v testvol -s 1g
    Adjusting volume size to 2097152 for testvol in the background...
    Waiting for job to finish in the background
    nohup: appending output to `nohup.out'
```

Während in (1) das Standardkommando vxdmpadm abbricht, da die Spiegel des Volumes unterschiedlich aufgebaut sind, kann das Programm resizevx.sh die Vergrößerung durchführen.

Der Aufbau des Volumes nach erfolgter Erweiterung:

```
v  testvol     -           ENABLED  ACTIVE  20480     SELECT   testvol-01 fsgen
pl testvol-01  testvol      ENABLED  ACTIVE  2097152   STRIPE   2/128    RW
sd disk1-01    testvol-01   disk1    0       10240     0/0      sdk      ENA
sd disk4-01    testvol-01   disk4    0       1038336   0/10240  sdq      ENA
sd disk2-01    testvol-01   disk2    0       10240     1/0      sdt      ENA
sd disk3-01    testvol-01   disk3    0       1038336   1/10240  sdf      ENA
pl testvol-02  testvol      ENABLED  ACTIVE  2097152   CONCAT   -        RW
sd disk5-01    testvol-02   disk5    0       20480     0        sdb      ENA
sd disk6-01    testvol-02   disk6    0       2027264   20480    sdc      ENA
sd disk5-02    testvol-02   disk5    20480   49408     2047744  sdb      ENA
```

Der First-Fit-Algorithmus zeigt sich im Aufbau des Spiegels testvol-02. Der Algorithmus zur Berechnung der Subdisks arbeitet eine nach Größe sortierte Liste von freien Speicherbereichen ab. Aus diesem Grund liegt die erste neu hinzugefügte Subdisk auf der LUN sdc (VM Disk disk6). Da dies jedoch nicht ausreicht, um die geforderte Endgröße zu erreichen, wird der nächstgrößere Speicherbereich gewählt, weshalb die nächste Subdisk auf Festplatte sdb (VM Disk disk5) gelegt wurde.

9 Tipps und Tricks

9.1 Subprozesse durch Pipes

Es kommt vor, dass innerhalb eines Shellprogramms Werte durch eine Pipe eingelesen und hinter dieser verarbeitet werden. Wenn hinter der Pipe Variablen zugewiesen werden, sind diese jedoch nach Abarbeitung der Pipe nicht mehr gültig. Ein Beispiel:

```
# echo "Schorn"|read name
# echo "Name: $name"
Name:
```

Wie bereits im Kapitel **Programmieren mit Shells** besprochen, dient eine Pipe dazu, Daten zwischen verschiedenen Programmen auszutauschen. Dies setzt voraus, dass Sender und Empfänger gleichzeitig verfügbar sind, was dazu führt, dass für jedes Kommando, welches von einer Pipe liest, ein Prozess gestartet werden muss. Zur näheren Betrachtung soll eine Kette aus drei Instanzen eines Programms aufgebaut werden, welche über Pipes miteinander kommunizieren. Die erzeugten Instanzen schreiben jeweils ihre PID und die zugehörigen Filedeskriptoren in eine Textdatei. Der Sourcecode sieht wie folgt aus:

```
#!/bin/bash
ps -fp $$ >>/tmp/ausgabe
ls -li /proc/$$/fd >>/tmp/ausgabe
sleep 1
```

Aufgerufen werden drei Instanzen dieses Programms, welche je über eine Pipe Daten an das Nachfolgeprogramm schicken oder Daten vom Vorgänger empfangen. Es findet jedoch kein Datenaustausch zwischen diesen Programmen statt, was für das Beispiel auch nicht nötig ist.

Aufruf der Programmkette:

```
# ./prog.sh links | ./prog.sh mitte | ./prog.sh rechts
```

Der Inhalt der erzeugten Textdatei:

```
# cat /tmp/ausgabe
    UID   PID  PPID  C   STIME TTY       TIME CMD
   root  1398   734  0 23:28:51 pts/1    0:00 /bin/bash ./prog.sh links
total 2
       3353 c--------- 1 root     tty     24,  1 Apr 27 23:28 0
    1051929 p--------- 0 root     root         0 Apr 27 23:28 1
    2100505 c--------- 1 root     tty     24,  1 Apr 27 23:28 2
```

https://doi.org/10.1515/9783110445121-387

```
267390233 -r-xr-xr-x   1 root      root            79 Apr 27 23:28 255

      UID   PID  PPID   C    STIME TTY        TIME CMD
     root  1400   734   0 23:28:51 pts/1     0:00 /bin/bash ./prog.sh mitte
total 2
            793 p---------  0 root      root             0 Apr 27 23:28 0
        1049369 p---------  0 root      root             0 Apr 27 23:28 1
        2097945 c---------  1 root      tty         24,  1 Apr 27 23:28 2
      267387673 -r-xr-xr-x  1 root      root            79 Apr 27 23:28 255

      UID   PID  PPID   C    STIME TTY        TIME CMD
     root  1404   734   0 23:28:51 pts/1     0:00 /bin/bash ./prog.sh rechts
total 2
           1369 p---------  0 root      root             0 Apr 27 23:28 0
        1049945 c---------  1 root      tty         24,  1 Apr 27 23:28 1
        2098521 c---------  1 root      tty         24,  1 Apr 27 23:28 2
      267388249 -r-xr-xr-x  1 root      root            79 Apr 27 23:28 255
```

Man erkennt, dass jeder Aufruf des Programms einen eigenen Subprozess erzeugt hat. Alle diese Subprozesse liegen unterhalb der Shell, von welcher aus der Aufruf stattgefunden hat, was man daran erkennt, dass jeder Prozess als PPID die 734 hinterlegt hat, welche der PID aktuell laufenden Shell entspricht:

```
# ps -fp $$
      UID   PID  PPID   C    STIME TTY        TIME CMD
     root   734   728   0 21:52:17 pts/1     0:00 bash
```

Da die Pipes zur Ein- und Ausgabeumlenkung verwendet werden, wurden die Kanäle 0 und 1 automatisch angepasst. Man erkennt, dass das erste Kommando in der Kette nur die Ausgabe in eine Pipe umgelenkt hat. Das mittlere Kommando hat sowohl den Eingabe- als auch den Ausgabekanal über eine Pipe realisiert, und das letzte Kommando in der Kette liest über eine Pipe ein, schreibt jedoch über ein Character-Device nach STDOUT. Variablen können nur an Child-Prozesse vererbt werden. Die erzeugten Prozesse können keine Variablen an ihre Eltern-Prozesse senden. Das bedeutet für das eingangs erwähnte Beispiel "echo "Schorn"|read name", dass die Variable name nur für den Subprozess gültig ist, der temporär durch die Pipe erzeugt wurde. Sobald die Variable eingelesen wurde, beendet sich der Subprozess wieder und die Variable ist nicht mehr gültig.

Abbildung 9.1 stellt schematisch dar, was bei Ausführung des Beispiels passiert. Nachdem der erzeugte Subprozess die Variable name eingelesen hat, wird dieser wieder beendet und die weitere Verarbeitung findet im Elternprozess statt. Die Variable name ist dort nicht mehr gesetzt.

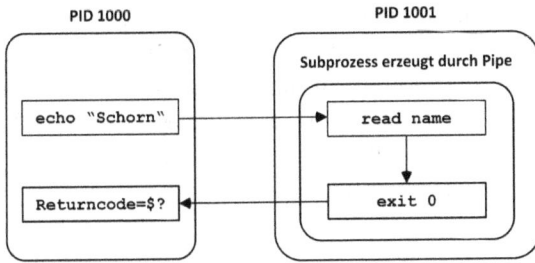

Abb. 9.1: Durch eine Pipe erzeugter Subprozess

Abhilfe kann man hier schaffen, indem hinter der Pipe in einer Subshell weitergearbeitet wird.

```
# echo "Schorn"|(
> read name
> echo "Eingegebener Name: $name"
> )
Eingegebener Name: Schorn
```

Es gilt zu beachten, dass die Variablen nicht mehr zur Verfügung stehen, sobald die Subshell beendet wird.

Für die Kornshell besteht noch die Möglichkeit, über einen Hintergrundprozess zu arbeiten und die im Kapitel **Programmieren mit Shells** vorgestellte Option des Kommandos read zu benutzen. Hierzu noch ein kurzes Beispiel:

```
# echo "Schorn" |&
[1]     2110
# read -p name
[1] + Done                echo "Schorn" |&
# echo $name
Schorn
```

9.2 Dateien über Zwischenserver mittels Pipe kopieren

Es kommt oft vor, dass größere Softwarepakete auf Rechnern installiert werden sollen. Hierbei kann es passieren, dass bestimmte Zielsysteme aufgrund von Restriktionen nur über Sprungserver mit eingeschränkten Funktionalitäten erreichbar sind. Wenn ein solcher Sprungserver nicht über ausreichend Plattenkapazität verfügt, um das Softwarepaket zwischenzuspeichern, muss das jedoch nicht heißen, dass die Software nicht kopiert werden kann. Hier können die *Named Pipes* nützlich sein und als „Zwischenspeicher" dienen. Eine Pipe hat aus Anwendersicht immer die Größe Null, wobei tatsächlich das OS noch einen Buffer für die Pipe bereitstellt, welcher üblicherweise einigen Kilobyte entspricht. Aus einer Pipe kann nur gelesen werden, wenn zum gleichen Zeitpunkt in diese Pipe geschrieben wird. Der Trick, um Dateien ohne Zwischenspeicherung über einen Sprungserver zu kopieren, besteht darin, dass von dem Ausgangssystem durch eine Terminalsession in diese Pipe geschrieben wird, von dem Sprungserver aus dieser Pipe gelesen und der Stream dann über eine weitere Session an das Zielsystem gesendet und dort ausgepackt wird.

Von diesem System aus soll übertragen werden:

```
[root@rhel643 route]# pwd
/var/tmp/route
[root@rhel643 route]# cat senden
Zeile 1
Zeile 2
Zeile 3
Zeile 4
```

Dies ist der Sprungserver, auf welchem mittels mknod[1] eine Pipe erzeugt wird:

```
root@server:/var/tmp/route# pwd
/var/tmp/route
root@server:/var/tmp/route# mknod routepipe p
root@server:/var/tmp/route# ls -l
total 0
prw-r--r--   1 root      root             0 Feb 24 23:24 routepipe
```

Und dies ist das Zielsystem:

```
[root@rhel644 route]# pwd
/var/tmp/route
[root@rhel644 route]# ls -l
total 0
```

Im ersten Schritt wird auf dem Rechner *rhel643* über das Kommando gzip ein Stream aus der Textdatei senden erzeugt, welcher dann durch eine Pipe in eine Subshell umgeleitet wird. In dieser Subshell wird eine ssh-Session zu dem Sprungserver aufgebaut und dort der Stream über das Kommando cat in die vorher angelegte Named Pipe umgelenkt.

```
[root@rhel643 route]# gzip -c senden | \
 (ssh server "cat >/var/tmp/route/routepipe")
Password:
```

---

[1] Alternativ kann auch das Kommando mkfifo DATEINAME verwendet werden.

Auf dem Sprungserver wird nun aus der Pipe gelesen und der Stream wiederum in eine Subshell umgeleitet. Diese Subshell öffnet eine ssh-Session auf das Zielsystem. In dieser Session wird der Stream durch das Kommando gzip eingelesen und das Ergebnis in die Datei /var/tmp/route/empfangen umgeleitet:

```
root@server:/var/tmp/route# cat routepipe | \
 (ssh rhel644 "gzip -dc - >/var/tmp/route/empfangen")
root@rhel644's password:
```

Das Zielsystem enthält nun im Zielordner die gesendete Datei, wobei der Name nun nicht mehr senden, sondern empfangen lautet:

```
[root@rhel644 route]# ls -l
total 4
-rw-r--r--. 1 root root 32 Feb 24 17:30 empfangen
[root@rhel644 route]# cat empfangen
Zeile 1
Zeile 2
Zeile 3
Zeile 4
```

Dieser Trick funktioniert, weil Pipes nach dem *FIFO*[2]-Prinzip arbeiten, wodurch die Reihenfolge der Zeichen, welche in die Pipe geschrieben werden, der Reihenfolge entsprechen, wie diese aus der Pipe gelesen werden.

9.3 Begrenzte Anzahl an Argumenten

Die Bourne-Shell kann direkt nur 9 Positionsparameter ansprechen. (Die Parameter $1 bis $9 stehen für übergebene Argumente, wohingegen Parameter $0 den Namen des eigentlichen Programms enthält). Ein Beispiel mit Hilfe des Kommandos set:

```
# set A B C D E F G H I J K L
# echo "Anzahl Parameter: $# Gelistete Parameter: $@"
Anzahl Parameter: 12 Gelistete Parameter: A B C D E F G H I J K L
# echo $8 $9 $10
H I A0
```

Die Positionsparameter 8 und 9 werden noch richtig aufgelöst, Parameter 10 wird jedoch als Wert von Parameter 1 mit einer angehängten 0 dargestellt ($1=A, $10=A0). Da nicht mehr Positionsparameter für die Bourne-Shell vorgesehen wurden, hilft auch das Klammern der Variablen nicht weiter:

---

2 First In First Out.

```
# echo ${10}
bad substitution
```

Man kann jedoch mit dem Kommando shift die ersten *N* Parameter aus der Kette herausschieben und danach die verbleibenden Argumente einlesen:

```
# set A B C D E F G H I J K L
# echo "Anzahl Parameter: $# Gelistete Parameter: $@"
Anzahl Parameter: 12 Gelistete Parameter: A B C D E F G H I J K L
# echo $8 $9 ; shift 9 ; echo $1 $2
H I
J K
```

Für die Kornshell und Bourne-again-Shell ist dies nicht notwendig. Es können theoretisch beliebig viele Parameter übergeben werden, wobei jedoch darauf zu achten ist, dass alle Positionsparameter größer 9 geklammert sein müssen:

```
# set A B C D E F G H I J K L
# echo "Anzahl Parameter: $# Gelistete Parameter: $@"
Anzahl Parameter: 12 Gelistete Parameter: A B C D E F G H I J K L
# echo $8 $9 $10   # Argument 10 wird falsch aufgelöst
H I A0
# echo $8 $9 ${10} # Argument 10 wird richtig aufgelöst
H I J
```

9.4 switch/case im gawk aktivieren

Der gawk bietet die Kontrollstruktur switch/case seit längerer Zeit an, jedoch war dieses Konstrukt lange in einer Testphase und deshalb per Default nicht aktiviert. Wenn man diese Möglichkeit jedoch trotzdem nutzen möchte und noch nicht über eine Version >= 4.0 verfügt, muss diese neu übersetzt werden. Dafür sind folgende Schritte notwendig:

- gawk Sourcecode herunterladen
  Die Sourcen des gawk finden sich unter: http://ftp.gnu.org/gnu/gawk
- tar-Archiv entpacken
  Das heruntergeladene Archiv muss auf das Zielsystem kopiert und dort mit der Kommandokette gzip -dc *Archiv*|tar xf - dekomprimiert und auspackt werden. Es wird ein Unterordner mit der jeweiligen Version des gawk erzeugt (zum Beispiel gawk-3.1.8).
- Konfigurationsdateien vorbereiten
  Im Wurzelverzeichnis des entpackten Archivs befindet sich ein Konfigurationsprogramm, welches alle für den Übersetzungslauf benötigten Dateien vorbereitet. Es wird auch der jeweils zur Verfügung stehende C-Compiler berücksichtigt.

Das Konfigurationsprogramm wird wie folgt aufgerufen:

`./configure -enable-switch`

– Übersetzung starten

Im letzten Schritt wird der Übersetzer gestartet. Hierzu wird der Befehl make ausgeführt:

`make`

Nach Ausführung der oben genannten Schritte befindet sich eine neu erstellte Version des gawk im Wurzelverzeichnis des Archivs, welche auch case-Konstrukte interpretieren kann.

9.5 Aufsummieren von Spalten

Es kommt häufiger vor, dass eine Spalte innerhalb einer Datei aufsummiert werden soll. Die einfachste Methode besteht darin, für diese Aufgabe den awk zu verwenden:

```
# cat datei
eins;1
zwei;2
drei;3
vier;4
fuenf;5
# awk -F\; '{sum+=$2} END {print sum}' datei
15
```

9.6 Komprimierte tar-Archive auspacken

Oftmals werden Installationsmedien in Form von komprimierten tar-Archiven geliefert. Viele Administratoren gehen zum Auspacken dieser Archive in der Art vor, dass erst das komprimierte Archiv entpackt und im zweiten Schritt das tar-Archiv ausgepackt wird. Dieses Vorgehen benötigt jedoch mehr Speicherplatz und mehr Zeit beim Extrahieren. Es bietet sich bei solchen Archiven an, das Dekompressionstool die Ausgabe nach STDOUT schreiben zu lassen, und diese dann in den tar einzulesen. Das Kommando lautet dann:

```
gzip -dc Archiv.tar.gz|tar -xf -
```

9.7 Überwachung von Befehlen

In vielen IT-Landschaften müssen bestimmte Services rund um die Uhr verfügbar sein. Dies setzt voraus, dass auch die eingesetzten Computersysteme fehlerfrei laufen. Um mögliche Risiken einer Unterbrechung schon im Vorfeld zu erkennen, werden viele Komponenten eines Rechnerverbundes überwacht. Doch auch die Überwachung selbst kann zu Problemen führen. Es kann beispielsweise passieren, dass der Befehl zur Abfrage einer Komponente nicht mehr antwortet und somit die Überwachung selbst ebenfalls nicht mehr funktioniert.

Für solche Fälle soll die Funktion timerun entwickelt werden. Ziel dieser Funktion ist es, einen übergebenen Befehl in einer vorgegebenen Zeitspanne auszuführen. Wird der Befehl nicht bearbeitet, beendet die Funktion den Befehl.

Folgende Punkte müssen dabei bedacht werden:
- Das an die Funktion übergebene Programm muss im Hintergrund laufen, da die Funktion ansonsten nicht regulierend eingreifen kann.
- Falls das Programm von der Funktion beendet werden muss, so müssen zuvor gestartete Subprozesse beendet werden.
- Da ein Kommando verschiedene Rückgabewerte liefern kann, muss die Funktion den jeweiligen Returncode des aufgerufenen Programms auslesen.

Die Syntax des Funktionsaufrufes:

```
timerun Zeitspanne Kommando
```

Returncodes von Hintergrundprozessen abfragen
Das auszuführende Kommando muss in den Hintergrund gelegt werden, damit die Funktion überwachen kann, ob es in der vorgegeben Zeit abgearbeitet wird. Man kann jedoch nicht so einfach den Exit Status eines in den Hintergrund gelegten Programms abfragen, da die Shell den Rückgabewert des zuletzt ausgeführten Kommandos liefert. In diesem Fall bezieht sich der Returncode darauf, ob ein Programm erfolgreich im Hintergrund gestartet werden konnte oder nicht, wie das folgende Beispiel zeigt.

```
# ls /tmmp &
/tmmp: No such file or directory
5364
# echo $?
0
```

Das Kommando ls war nicht erfolgreich, jedoch konnte das Kommando von der Shell erfolgreich im Hintergrund gestartet werden, weshalb als Return-Code eine 0 in der Variablen ? abgelegt wurde. Das Problem ist also, dass der Rückgabewert des Programms ausgelesen werden muss, obwohl dieses im Hintergrund gestartet wurde. Dies kann dadurch gelöst werden, dass eine Subshell mit dem Kommando gestartet und die Ausgabe des Rückgabewertes in eine Datei umgelenkt wird. Hierzu ein kurzes Beispiel:

```
# (ls /tmmp ; echo $? >/tmp/ls.return) &
/tmmp: No such file or directory
4139
# echo $?
0
# cat /tmp/ls.return
2
```

Die Subshell konnte wieder erfolgreich gestartet werden, was sich durch die 0 in $? zeigt. Das in der Subshell gestartete Kommando ls konnte jedoch nicht auf /tmmp zugreifen, weshalb in die Textdatei /tmp/ls.return eine 2 geschrieben wurde.

Grobe Übersicht der Überwachung

Für die Überwachung werden insgesamt drei Funktionen benötigt, welche auf gemeinsam verwendete Variablen zugreifen. Die verwendeten Funktionen:
- Funktion timerun
  Aufruf durch: Anwender
  Diese Funktion ruft das zu überwachende Programm im Hintergund auf und kontrolliert, ob der erzeugte Prozess auch nach Ablauf der maximal erlaubten Zeit noch vorhanden ist. Ist der Prozess noch in der Prozessliste enthalten, so wird der Prozess mit allen Subprozessen beendet.
  Returncodes:
  - Returncode des aufgerufenen Programms, wenn Zeit eingehalten wird.
  - 100   Prozess (und ggf. Subprozesse) musste mittels TERM gestoppt werden.
  - 101   Prozess (und ggf. Subprozesse) musste mittels KILL gestoppt werden.
  - 102   Prozess (oder ggf. Subprozesse) konnte nicht gestoppt werden.
- Funktion get_all_subprocesses
  Aufruf durch: timerun
  Mittels get_all_subprocesses werden alle von einem angegebenen Prozess erzeugten Subprozesse ermittelt. Die PIDs der gefundenen Subprozesse werden in Textdateien hinterlegt und sind nach einzelnen Ebenen unterteilt. Jede Gruppe an Subprozessen ist eine Ebene vom jeweiligen Elternprozess entfernt.
- Funktion kill_all_subprocesses
  Aufruf durch: timerun
  Die Funktion kill_all_subprocesses liest alle durch get_all_subprocesses erzeugten Dateien in umgekehrter Reihenfolge ein und beendet die Prozesse mit den in den Dateien enthaltenen PIDs.

Die Funktionen verwenden globale Variablen. Dies hat mehrere Gründe:

- Die Überwachung von Prozessen soll auch in einer Bourne-Shell verwendet werden können, welche keine lokalen Variablen unterstützt.
- Die Funktion find_all_subprocesses muss für unterschiedliche Unix-Derivate verschiedene Schalter verwenden. Da diese Funktion iterativ aufgerufen wird, ist es aus Sicht der Ressourcennutzung besser, vor Aufruf der Funktion abzufragen, welches Betriebssystem genutzt wird, und das Ergebnis dann in eine Variable zu schreiben, welche innerhalb der Funktion abgefragt wird.
- Zusätzlich muss der Zähler, welcher die Ebene der Subprozesse darstellt, von außen mit einem Startwert initialisiert werden, da dieser ansonsten bei jeder Iteration innerhalb von find_all_subprocesses neu überschrieben würde.
- Da die Funktion kill_all_subprocesses die von find_all_subprocesses erzeugten Textdateien in umgekehrter Reihenfolge einlesen muss, bietet es sich an, den Zähler zu dekrementieren, welcher von der vorausgegangenen Funktion inkrementiert wurde.

Abbildung 9.2 zeigt, welche Funktion auf welche der globalen Variablen zugreift. Die Rechtecke mit abgerundeten Kanten enthalten die Namen der globalen Variablen.

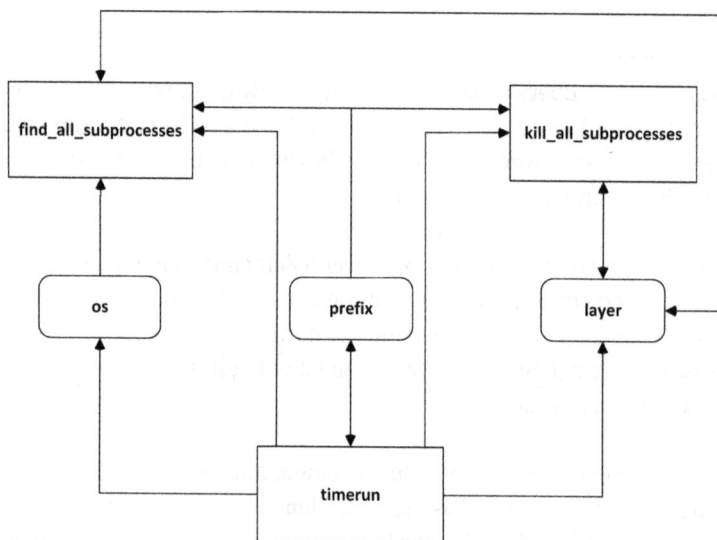

Abb. 9.2: Übersicht timerun-Konstrukt

Erzeugte Subprozesse berücksichtigen

Es sollen beliebige Kommandos und Befehlsketten überwacht werden. Wenn der Elternprozess beendet wird, weil die maximal erlaubte Zeit überschritten wurde, kann es passieren, dass die Kindprozesse nicht mehr heruntergefahren werden können und somit Probleme für den Betrieb auftreten.

Es müssen also alle Kindprozesse beendet sein, bevor der Elternprozess aus der Prozessliste entfernt wird. Einige Unixderivate stellen Kommandos bereit, um Abhängigkeiten von Prozessen aufzuzeigen, wie es zum Beispiel das Kommando ptree unter Solaris macht. Die Problematik hierbei ist jedoch, dass die Ausgabe für diese Kommandos nicht einheitlich ist, oder dass die Ausgabe zu viele Sonderzeichen enthält, welche die automatisierte Interpretation aus einem Shellprogramm heraus unnötig verkomplizieren.

Aus diesem Grund wird hier eine weitere Funktion vorgestellt, welche alle Prozesse auflistet, die von einem bestimmten Prozess gestartet wurden. Die Aufgabe, welche sich hierbei stellt ist, dass die erzeugten Kindprozesse ihrerseits wiederum Elternprozesse darstellen können. Das bedeutet, die Funktion muss für jeden Prozess nach weiteren abhängigen Prozessen suchen, bis das Ende der Prozesskette erreicht wird.

Für einige Programmiersprachen stellt dies einen größeren Aufwand dar, da für jeden Durchlauf von jeder PID ein weiterer Durchlauf erfolgen muss und so weiter. Für ein Shellprogramm ist dies jedoch nicht so kompliziert, da dies mit einem simplen Trick gelöst werden kann. Die Funktion, welche nach Kindprozessen einer bestimmten PID sucht, ruft sich selbst innerhalb der Funktion auf und kann so iterativ durch alle nachfolgenden PIDs einer übergebenen Prozess-ID gehen.

Hierbei muss jedoch auch berücksichtigt werden, dass die PID eines Kindprozesses kleiner sein kann als die PID des Elternprozesses. Damit die Reihenfolge der zu stoppenden Prozesse eingehalten werden kann, wird ein Zähler mitgeführt, welcher für jeden Aufruf der Funktion erhöht wird. In eine Ausgabedatei, welche auf dem jeweiligen Zähler endet, werden die gefundenen Subprozesse geschrieben.

Auch die Implementation des jeweiligen ps-Kommandos ist wichtig. So muss die Prozessliste unter FreeBSD über die Schalter „-aj" generiert werden, wohingegen für Solaris und Linux die Schalter „-ef" verwendet werden können. Dementsprechend wird innerhalb der Funktion der Inhalt der Variablen os abgefragt und die jeweils benötigte Optionskette für das Kommando ps verwendet.

Die Ebene der Abhängigkeit zum Elternprozess wird mit jeder Iteration der Funktion erhöht. Dies gilt aber immer zum direkt vorausgegangenen Elternprozess. Wenn ein Prozess zwei Kindprozesse erzeugt, und jeder dieser Kindprozesse nochmals einen Kindprozess, so gibt es in Summe 4 Ebenen, obwohl der Baum von außen betrachtet drei Ebenen aufweist. Dies liegt darin begründet, dass es für dieses Beispiel 4 Aufrufe der Funktion gäbe.

Abbildung 9.3 zeigt, wie die Variable layer in dem abgebildeten Prozessbaum für jeden gefundenen Subprozess erhöht würde. Es ist zu erkennen, dass trotz der Tatsache, dass für jeden Subprozess, welcher wiederum Subprozesse verwaltet, die Variable layer inkrementiert wird, die Reihenfolge für das Beenden sämtlicher Kindprozesse in sich konsistent bleibt.

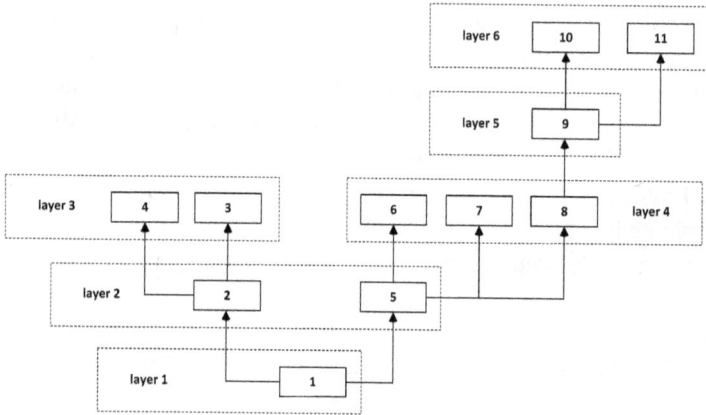

Abb. 9.3: Erzeugte Ebenen durch die Funktion find_all_subprocesses

Die Funktion `find_all_subprocesses` zur Auflistung sämtlicher Kindprozesse einer übergeben PID ist als Programmablaufplan in **Abbildung 9.4** dargestellt:

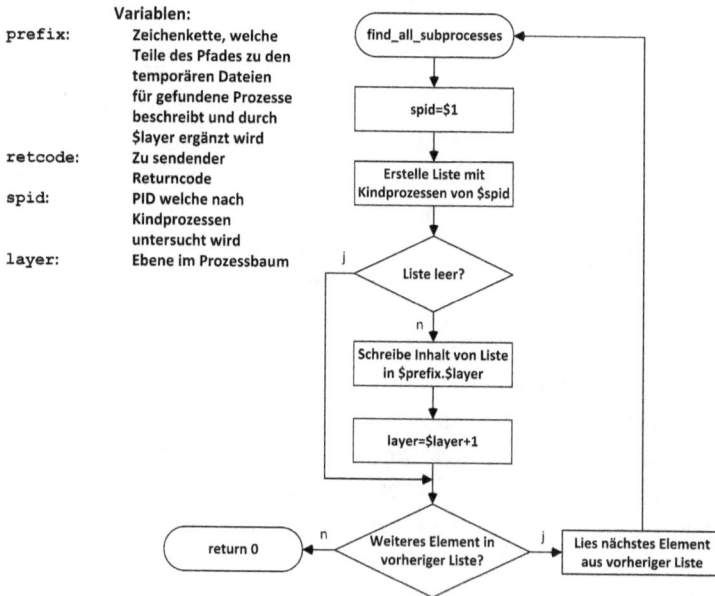

Abb. 9.4: Funktion find_all_subprocesses

Das Konstrukt sieht etwas verwirrend aus. Anhand der Grafik **Abbildung 9.3** lässt sich das so erklären, dass ein Teil der Verzweigungen auf dem Weg nach oben und ein anderer wiederum auf dem Weg nach unten erzeugt wird.

Die Kindprozesse von Prozess 1 sind 2 und 5. Die PIDs werden in eine Textdatei geschrieben, und daraufhin wird das erste Element (zum Beispiel Prozess 2) weiter verfolgt. Prozess 2 hat zwei Kindprozesse, nämlich 3 und 4. Das dazugehörige Ergebnis wird in die Datei mit dem Index 3 (layer 3) geschrieben. Da beide Prozesse keine Kindprozesse haben, fällt der Algorithmus auf das zweite Element der darunterliegenden Liste zurück, also auf Prozess 5. Dieser hat 3 Kindprozesse, welche wiederum erst in einer Textdatei festgehalten und danach in einer Schleife untersucht werden. Analog wird mit den restlichen Elementen verfahren.

Es werden also bei entsprechender Tiefe des zu untersuchenden Prozessbaumes viele Listen erzeugt, welche ineinander verschachtelt abgearbeitet werden.

Der Sourcecode zur Funktion find_all_subprocesses:

```
find_all_subprocesses() {
spid=$1 # PPID
#
# FreeBSD brauchet andere Optionen als Linux oder Solaris
if [ "$os" = "SunOS" -o "$os" = "Linux" ]
then
  childlist=`ps -ef|awk '($3 == "'$spid'" && $2 != "'$spid'") {print $2}'`
elif [ "$os" = "FreeBSD" ]
then
  childlist=`ps -aj|awk '($3 == "'$spid'" && $2 != "'$spid'") {print $2}'`
fi
if [ ! -z "$childlist" ]
then
 layer=`expr $layer + 1`
 echo $childlist >${prefix}.${layer}
fi
# Fuer jeden Kindprozess nach Kindprozessen suchen
for pid in $childlist
do
  find_all_subprocesses $pid
done
}
```

Um alle Subprozesse zu beenden, wird die Funktion kill_all_subprocesses aufgerufen, welche die von get_all_subprocesses erzeugten Ausgabedateien in umgekehrter Reihenfolge einliest. Diese enthalten sämtliche Kindprozesse des zu überwachenden Prozesses.

Abbildung 9.5 zeigt den Aufbau der Funktion `kill_all_subprocesses`.

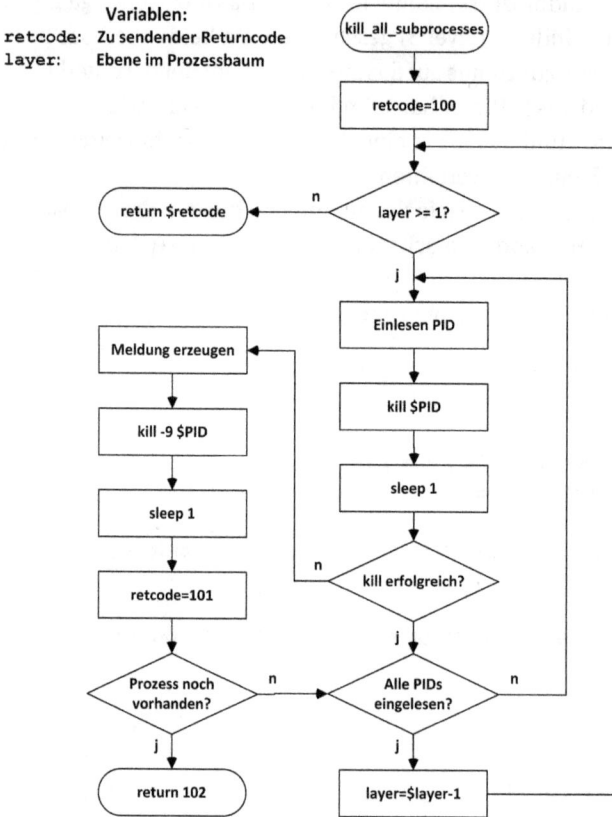

Variablen:
`retcode:` Zu sendender Returncode
`layer:` Ebene im Prozessbaum

Abb. 9.5: Funktion kill_all_subprocesses

Der entsprechende Sourcedode:

```
kill_all_subprocesses() {
 retcode=100 # normaler kill hat gereicht
 while [ $layer -ge 1 ]
 do
  for kpid in `cat ${prefix}.${layer}`
  do
   kill $kpid >/dev/null 2>&1
   sleep 1
   kill -0 $kpid >/dev/null 2>&1
   if [ $? -eq 0 ] # wenn Prozess noch in Prozessliste
   then
     echo "Process $kpid still exists" >&2
```

```
    echo "Killing by using KILL" >&2
    kill -9 $pid >/dev/null 2>&1
    sleep 1
    retcode=101 # KILL wurde genutzt
    kill -0 $pid >/dev/null 2>&1
    if [ $? -eq 0 ]
    then
      echo "Process $pid cannot be killed" >&2
      return 102 # Prozess kann nicht beendet werden
    fi
    fi
  done
  rm -f ${prefix}.${layer}
  layer=`expr $layer - 1`
 done
 return $retcode
}
```

Implementation der Funktion timerun

Bei der Entwicklung der Funktion `timerun` wurde bewusst darauf verzichtet, die Argumente *Timeout* und *Kommando* über das Built-in `getopts` einzulesen.

Zusätzlich ist der Aufruf starr vorgegeben. Das erste Argument muss den Timeout darstellen, den das Kommando gesetzt bekommt. Die restlichen Argumente stellen das auszuführende Kommando inkl. aller Optionen dar. Diese Restriktion hat zwei Gründe:

– Vereinfachtes Handling der Funktion
  Wenn der erste übergebene Parameter den Timeout darstellt, muss dieser nur aus der Parameterliste herausgeschoben werden, um den Rest der Parameter als aufzurufendes Kommandokonstrukt zu verwenden.
– Beibehaltung maskierter Positionsparameter
  Die Funktion verwendet das Konstrukt „`("$@"; echo $? >$returnfile ) &`“, um das auszuführende Kommando mit sämtlichen Argumenten und Optionen in den Hintergrund zu legen. Auf diese Art bleiben alle Maskierungen für eventuelle Argumente erhalten. Siehe hierzu auch Kapitel **Nähere Betrachtung der Shells**.

Grenzen der Funktion timerun

Aufgrund der Tatsche, dass die Shell jede Kommandozeile auswertet, auf ihre Syntax prüft und daraufhin die entsprechenden Kommandos ausführt, können keine Kommandoketten an die Funktion übergeben werden.

Das Konstrukt `timerun 5 cd /tmp; pwd` wird über die Shell aufgelöst als:

– `timerun 5 cd /tmp`
– `pwd`

Es wird also in einer Subshell das Kommando cd /tmp durchgeführt und, nachdem die Subshell beendet ist, in dem aktuellen Verzeichnis ein pwd aufgerufen.

Abhilfe kann es schaffen, innerhalb der Funktion timerun dem Kommandoaufruf ein eval voranzustellen (eval ("$@" ; echo $? >$returnfile)) und die Kommandokette bei Aufruf in doppelte Anführungszeichen zu setzen. Jedoch kann dies wiederum dazu führen, dass innerhalb der Kette eventuell Maskierungen verlorengehen. Hier gilt es, bei entsprechendem Bedarf diese Möglichkeit für die jeweilige Umgebung zu testen, oder alternativ die Kommandokette in eine aufzurufende Datei einzubetten.

Abbildung 9.6 zeigt die Schritte, welche von der Funktion timerun durchgeführt werden.

Bedingung1:		Variablen:	
$cmd_count <= $cmd_timeout und $end != „true"	os:	Verwendetes Betriebssystem	
	returnfile:	Ausgabedatei für Returncode des	
Bedingung2:		Hintergrundprozesses	
$cmd_count > $cmd_timeout und $end != „true"	retcode:	Zu sendender Returncode	
	cmdtimeout:	Maximal erlaubte Laufzeit des Kommandos	
	cmdpid:	PID des zu überwachenden Prozesses	
	cmd_count:	Zähler, welcher jede Sekunde inkrementiert wird	
	prefix:	Zeichenkette, welche Teil des Pfades zu den	
		temporären Dateien für gefundene Prozesse	
		beschreibt und durch $layer ergänzt wird	
	layer:	Ebene im Prozessbaum	

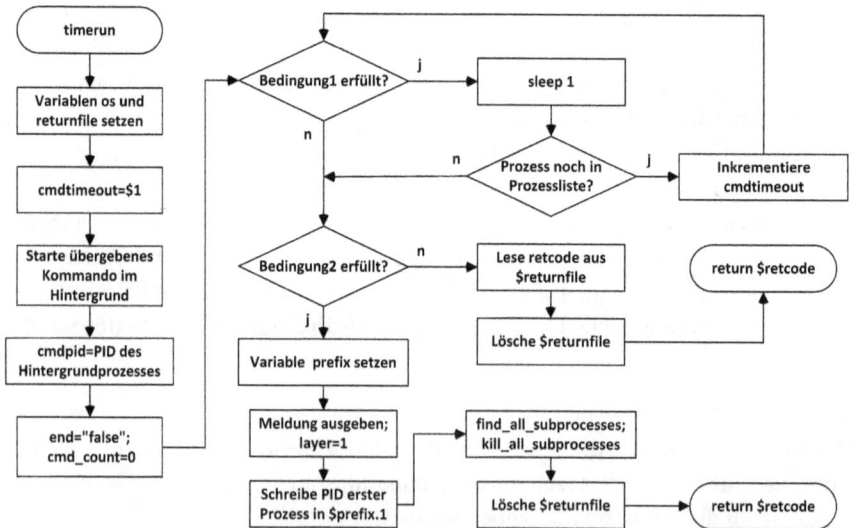

Abb. 9.6: Funktion timerun

Der Sourcecode zur Funktion timerun:

```
timerun (){
 # Aufruf: timerun timeout cmd
 #
 os=`uname` # OS Typ speichern
 returnfile=`mktemp -u` # Datei mit Returncode des Kommandos
 cmd_timeout=$1 # Timeout fuer Kommando
 shift
 ( "$@" ; echo $? >$returnfile ) & # Kommando im Hintergrund ausfuehren
 cmdpid=$! # PID des zu ueberwachenden Kommandos
 end="false"
 cmd_count=0
 #
 #So lange das Kommando laeuft und Timeout noch nicht ueberschritten wurde
 while [ $cmd_count -le $cmd_timeout -a $end != "true" ]
 do
  kill -0 $cmdpid >/dev/null 2>&1 # Pruefen, ob Prozess noch in Prozessliste
  if [ $? -ne 0 ]
  then
   end="true" # Wenn Prozess nicht mehr da, Schleife verlassen
  else
   sleep 1
   cmd_count=`expr $cmd_count + 1`
  fi
 done
 #
 # Pruefen, ob Timeout erreicht und Prozess noch in Prozessliste
 if [ $cmd_count -gt $cmd_timeout -a $end != "true" ]
 then
  prefix=`mktemp -u` # temporaere Dateien fuer Prozessliste
  echo "Process $cmdpid still exists" >&2
  echo "Killing sub-processes..:" >&2
  layer=1
  echo $cmdpid >${prefix}.1 # erster Subprozess
  find_all_subprocesses $cmdpid # Prozessliste erstellen lassen
  kill_all_subprocesses # und alle Prozesse in Reihenfolge entfernen
  rm -f $returnfile # Datei mit Returncode des zu ueberwachenden Programms
  return $retcode # Rueckgabe des Returncodes an Aufrufer
 else
  retcode=`cat $returnfile` # Ansonsten Returncode des Prozesses auslesen
  rm -f $returnfile # temporaere Datei loeschen
  return $retcode # und Returncode an Aufrufer senden
 fi
}
```

Test der Funktion

Für den ersten Test wird eine Prozesskette bestehend aus 5 Ebenen erzeugt. Jede Prozessebene wartet 10 Minuten im Hintergrund. Zu diesem Zweck werden 5 Dateien erstellt, wobei jede Datei jeweils eine nachfolgende aufruft. Der Aufbau ist wie folgt:

```
# more sub_1
sleep 600 &
sh sub_2
wait
```

Ein erster Test unter FreeBSD zeigt, dass die Funktion alle Przesse beendet und als Returncode eine 100 liefert (Prozesse konnten mittels TERM beendet werden):

```
# uname
FreeBSD
# timerun 2 sh sub_1
Process 910 still exists
Killing sub-processes..:
[3]   Done                    (${@}; echo ${?} >${returnfile})
# echo $?
100
```

Der gleiche Aufruf unter Solaris:

```
# uname
SunOS
# timerun 2 sh sub_1
[1] 16573
Process 16573 still exists
Killing sub-processes..:
16584 Terminated
16582 Terminated
16580 Terminated
16578 Terminated
16576 Terminated
[1]+  Done                    ( "$@"; echo $? >$returnfile )
# echo $?
100
```

Und der Test unter Linux:

```
# uname
Linux
# timerun 2 sh sub_1
[1] 10567
Process 10567 still exists
Killing sub-processes..:
sub_5: line 2: 10578 Terminated              sleep 600
```

```
sub_4: line 3: 10576 Terminated              sleep 600
sub_3: line 3: 10574 Terminated              sleep 600
sub_2: line 3: 10572 Terminated              sleep 600
sub_1: line 3: 10570 Terminated              sleep 600
[1]+  Done                     ( "$@"; echo $? > $returnfile )
# echo $?
100
```

Im zweiten Test soll verhindert werden, dass ein TERM-Signal einen Prozess der Kette beenden kann. Hierzu wird in der Datei sub_4 das entsprechende Signal über einen Trap abgefangen:

```
# cat sub_4
trap "" 15 # SIGTERM abfangen
sleep 600 &
sh sub_5
wait
```

Das Verhalten der Funktion wird nun nochmals unter Linux untersucht:

```
# uname
Linux
# timerun 2 sh sub_1
[1] 10771
Process 10771 still exists
Killing sub-processes..:
Process 10782 still exists
Killing by using KILL
sub_5: line 2: 10782 Killed              sleep 600
Process 10780 still exists
Killing by using KILL
sub_4: line 4: 10780 Killed              sleep 600
sub_3: line 3: 10778 Terminated          sleep 600
sub_2: line 3: 10776 Terminated          sleep 600
sub_1: line 3: 10774 Terminated          sleep 600
# echo $?
101
```

An dem Beispiel ist zu erkennen, dass nun zwei Prozesse durch einen KILL (Signal 9) beendet werden mussten. Da sub_4 das Signal TERM abfängt, gilt dies auch für das nachfolgende sub_5, denn dieses Verhalten wird durch sub_4 vererbt. Alle Prozesse, welche vor sub_4 erzeugt wurden, können jedoch mit einem TERM beendet werden.

Der letzte Test zeigt, dass Returncodes von Programmen, welche innerhalb der vorgegebenen Zeit abgearbeitet wurden, an die Shell gesendet werden.

Ein Test unter Solaris:

```
# uname
SunOS
# timerun 1 pwd
/var/tmp/timerun
[1] 1755
[1]    Done                    ( "$@"; echo $? > $returnfile )
# echo $?
0
```

Ein weiterer Test mit FreeBSD:

```
# uname
FreeBSD
# timerun 1 pwwd
pwwd: not found
[12]    Done                   ( {@}; echo ${?} >${returnfile} )
# echo $?
127
```

Und ein Test unter Linux:

```
# uname
Linux
# timerun 1 test -d /var/tmp
[1] 12327
[1]+  Done                     ( "$@"; echo $? > $returnfile )
# echo $?
0
```

```
# timerun 1 test -d /vartmp
[1] 12334
[1]+  Done                     ( "$@"; echo $? > $returnfile )
# echo $?
1
```

Literatur

[1] Document Library Veritas. https://sort.veritas.com/documents/.

[2] J. Bianco, P. Lees, und K. Rabito. *Sun Cluster 3 Programming*. Sun Microsystems Press/Prentice Hall, Upper Saddle River, New Jersey, 2004.

[3] R. Dietze. *Sun Cluster*. Springer-Verlag Berlin Heidelberg, Berlin, 2010.

[4] R. Dietze, T. Heuser, und J. Schilling. *OpenSolaris für Anwender, Administratoren und Rechenzentren*. Springer-Verlag Berlin Heidelberg, Berlin, 2006.

[5] D. Dougherty und A. Robbins. *sed & awk*. O'Reilly Media, Inc., Sebastopol, Kalifornien, 2013.

[6] J. E. F. Friedl. *Mastering Regular Expressions*. O'Reilly Media, Inc., Sebastopol, Kalifornien, 1997.

[7] V. Haenel und J. Plenz. *Git*. Open Source Press, München, 2014.

[8] R. Preißel und B. Stachmann. *Git*. dpunkt.verlag, Heidelberg, 2016.

[9] T. Read. *Oracle Solaris Cluster Essentials*. Prentice Hall/Pearson Education, Boston, Massachusetts, 2011.

[10] A. Robbins und N. H. F. Beebe. *Classic Shell Scripting*. O'Reilly Media, Inc., Sebastopol, Kalifornien, 2008.

[11] B. Rosenblatt und A. Robbins. *Learning the Korn Shell*. O'Reilly Media, Inc., Sebastopol, Kalifornien, 2001.

[12] W. Schorn und J. Schorn. *Scriptprogrammierung für Solaris und Linux*. Addison-Wesley, München, 2004.

[13] R. Strohm. *Oracle Clusterware Administration und Deployment Guide 11g Release 2*. Oracle, Redwood City, Kalifornien, 2015.

[14] T. Support. *Sun Cluster Data Services Developer'sGuide for Solaris OS*. Sun Microsystems, Santa Clara, Kalifornien, 2009.

[15] T. Support. *Cluster Server 7.1 Agent Developer's Guide - AIX, Linux, Solaris und Windows*. Veritas Technologies LLC, Mountain View, Kalifornien, 2016.

https://doi.org/10.1515/9783110445121-407

Stichwortverzeichnis

https://doi.org/10.1515/9783110445121-409

www.ingramcontent.com/pod-product-compliance
Lightning Source LLC
Chambersburg PA
CBHW080655220326
41598CB00033B/5210